SAME

The Same Planet

同一颗星球

PLANET

环境与社会

ENVIRONMENT AND SOCIETY

A Critical Introduction

批判性导论

〔Second Edition〕

〔美〕保罗·罗宾斯
(Paul Robbins)
〔美〕约翰·欣茨
(John Hintz)
〔美〕萨拉·A. 摩尔
(Sarah A. Moore)
著

居方 译

刘东 主编

江苏人民出版社

图书在版编目(CIP)数据

环境与社会:批判性导论/(美)保罗·罗宾斯,(美)约翰·欣茨,(美)萨拉·A.摩尔著;居方译.—南京:江苏人民出版社,2020.10

("同一颗星球"丛书)

书名原文:Environment and Society:A Critical Introduction 2nd Edition

ISBN 978-7-214-24849-7

Ⅰ.①环… Ⅱ.①保… ②约… ③萨… ④居… Ⅲ.①环境社会学—普及读物 Ⅳ.①X24-49

中国版本图书馆CIP数据核字(2020)第081566号

书　　名	环境与社会:批判性导论
著　　者	[美]保罗·罗宾斯　约翰·欣茨　萨拉·A.摩尔
译　　者	居　方
责任编辑	龚　权
特约编辑	孟　璐
装帧设计	宋　涛
出版发行	江苏人民出版社
出版社地址	南京市湖南路1号A楼,邮编:210009
出版社网址	http://www.jspph.com
照　　排	江苏凤凰制版有限公司
印　　刷	江苏凤凰盐城印刷有限公司
开　　本	652毫米×960毫米　1/16
印　　张	29　插页6
字　　数	365千字
版　　次	2020年10月第1版　2020年10月第1次印刷
标准书号	ISBN 978-7-214-24849-7
定　　价	88.00元

(江苏人民出版社图书凡印装错误可向承印厂调换)

我们很难辨别环境的终点和社会的起点。

我们确实面对许多环境问题,但是我们相信通过探索人类和事物的特性、差异以及共性,可以找到最好的解决办法。

——保罗·罗宾斯

总　序

这套书的选题，我已经默默准备很多年了，就连眼下的这篇总序，也是早在六年前就已起草了。

无论从什么角度讲，当代中国遭遇的环境危机，都绝对是最让自己长期忧心的问题，甚至可以说，这种人与自然的尖锐矛盾，由于更涉及长时段的阴影，就比任何单纯人世的腐恶，更让自己愁肠百结、夜不成寐，因为它注定会带来更为深重的，甚至根本无法再挽回的影响。换句话说，如果政治哲学所能关心的，还只是在一代人中间的公平问题，那么生态哲学所要关切的，则属于更加长远的代际公平问题。从这个角度看，如果偏是在我们这一代手中，只因为日益膨胀的消费物欲，就把原应递相授受、永续共享的家园，糟蹋成了永远无法修复的、连物种也已大都灭绝的环境，那么，我们还有何脸面去见列祖列宗？我们又让子孙后代去哪里安身？

正因为这样，早在尚且不管不顾的20世纪末，我就大声疾呼这方面的"观念转变"了："……作为一个鲜明而典型的案例，剥夺了起码生趣的大气污染，挥之不去地刺痛着我们：其实现代性的种种负面效应，并不是离我们还远，而是构成了身边的基本事实——不管我们是否承认，它都早已被大多数国民所体认，被陡然上升的死亡率所证实。准此，它就不可能再被轻轻放过，而必须被投以全力的警觉，就像当年全力捍卫‘改革’时一样。”①

的确，面对这铺天盖地的有毒雾霾，乃至危如累卵的整个生态，作为长期惯于书斋生活的学者，除了去束手或搓手之外，要是觉得还能做点什么的话，也无非是去推动新一轮的阅读，以增强全体国民，首先是知识群体的环境意识，唤醒他们对于自身行为的责任伦理，激活他们对于文明规则的从头反思。无论如何，正是中外心智的下述反差，增强了这种阅读的紧迫性：几乎全世界的环境主义者，都属于人文类型的学者，而唯独中国本身的环保专家，却基本都属于科学主义者。正由于这样，这些人总是误以为，只要能用上更先进的科技手段，就准能改变当前的被动局面，殊不知这种局面本身就是由科技“进步”造成的。而问题的真正解决，却要从生活方式的改变入手，可那方面又谈不上什么“进步”，只有思想观念的幡然改变。

幸而，在熙熙攘攘、利来利往的红尘中，还总有几位谈得来的出版家，能跟自己结成良好的工作关系，而且我们借助于这样的合作，也已经打造过不少的丛书品牌，包括那套同样由江苏人民出版社出版的、卷帙浩繁的“海外中国研究丛书”；事实上，也正是在那套丛书中，我们已经推出了聚焦中国环境的子系列，包括那本触目惊心的《一江黑水》，也包括那本广受好评的《大象的退却》……不过，我和出版社的同事都觉得，光是这样还远远不够，必须另做一套更加专门的丛书，来译介国际上研究环境历史与生态危机的主流著作。也就是说，正是迫在眉睫的环境与生态问题，促使我们更要去超越民族国家的疆域，以便从“全球史”的宏大视野，来看待当代中国由发展所带来的问题。

这种高瞻远瞩的“全球史”立场，足以提升我们自己的眼光，去把地表上的每个典型的环境案例都看成整个地球家园的有机脉

① 刘东：《别以为那离我们还远》，载《理论与心智》，杭州：浙江大学出版社，2015 年，第 89 页。

动。那不单意味着,我们可以从其他国家的环境案例中找到一些珍贵的教训与手段,更意味着,我们与生活在那些国家的人们,根本就是在共享着“同一个”家园,从而也就必须共担起沉重的责任。从这个角度讲,当代中国的尖锐环境危机,就远不止是严重的中国问题,还属于更加深远的世界性难题。一方面,正如我曾经指出过的:“那些非西方社会其实只是在受到西方冲击并且纷纷效法西方以后,其生存环境才变得如此恶劣。因此,在迄今为止的文明进程中,最不公正的历史事实之一是,原本产自某一文明内部的恶果,竟要由所有其他文明来痛苦地承受……”[①]而另一方面,也同样无可讳言的是,当代中国所造成的严重生态失衡,转而又加剧了世界性的环境危机。甚至,从任何有限国度来认定的高速发展,只要再换从全球史的视野来观察,就有可能意味着整个世界的生态灾难。

正因为这样,只去强调“全球意识”都还嫌不够,因为那样的地球表象跟我们太过贴近,使人们往往会鼠目寸光地看到,那个球体不过就是更加新颖的商机,或者更加开阔的商战市场。所以,必须更上一层地去提倡“星球意识”,让全人类都能从更高的视点上看到,我们都是居住在“同一颗星球”上的。由此一来,我们就热切地期盼着,被选择到这套译丛里的著作,不光能增进有关自然史的丰富知识,更能唤起对于大自然的责任感,以及拯救这个唯一家园的危机感。的确,思想意识的改变是再重要不过了,否则即使耳边充满了危急的报道,人们也仍然有可能对之充耳不闻。甚至,还有人专门喜欢到电影院里,去欣赏刻意编造这些祸殃的灾难片,而且其中的毁灭场面越是惨不忍睹,他们就越是愿意乐呵呵地为之掏钱。这到底是麻木还是疯狂呢?抑或是两者兼而有之?

不管怎么说,从更加开阔的“星球意识”出发,我们还是要借这套书去尖锐地提醒,整个人类正搭乘着这颗星球,或曰正驾驶着这

---

① 刘东:《别以为那离我们还远》,载《理论与心智》,第85页。

颗星球,来到了那个至关重要的,或已是最后的"十字路口"!我们当然也有可能由于心念一转而做出生活方式的转变,那或许就将是最后的转机与生机了。不过,我们同样也有可能——依我看恐怕是更有可能——不管不顾地懵懵懂懂下去,沿着心理的惯性而"一条道走到黑",一直走到人类自身的万劫不复。而无论选择了什么,我们都必须在事先就意识到,在我们将要做出的历史性选择中,总是凝聚着对于后世的重大责任,也就是说,只要我们继续像"击鼓传花"一般地,把手中的危机像烫手山芋一样传递下去,那么,我们的子孙后代就有可能再无容身之地了。而在这样的意义上,在我们将要做出的历史性选择中,也同样凝聚着对于整个人类的重大责任,也就是说,只要我们继续执迷与沉湎其中,现代智人(homo sapiens)这个曾因智能而骄傲的物种,到了归零之后的、重新开始的地质年代中,就完全有可能因为自身的缺乏远见,而沦为一种遥远和虚缈的传说,就像如今流传的恐龙灭绝的故事一样……

2004年,正是怀着这种挥之不去的忧患,我在受命为《世界文化报告》之"中国部分"所写的提纲中,强烈发出了"重估发展蓝图"的呼吁——"现在,面对由于短视的和缺乏社会蓝图的发展所带来的、同样是积重难返的问题,中国肯定已经走到了这样一个关口:必须以当年讨论'真理标准'的热情和规模,在全体公民中间展开一场有关'发展模式'的民主讨论。这场讨论理应关照到存在于人口与资源、眼前与未来、保护与发展等一系列尖锐矛盾。从而,这场讨论也理应为今后的国策制订和资源配置,提供更多的合理性与合法性支持"①。2014年,还是沿着这样的问题意识,我又在清华园里特别开设的课堂上,继续提出了"寻找发展模式"的呼吁:"如果我们不能寻找到适合自己独特国情的'发展模式',而只是在

① 刘东:《中国文化与全球化》,载《中国学术》,第19—20期合辑。

盲目追随当今这种传自西方的、对于大自然的掠夺式开发，那么，人们也许会在很近的将来就发现，这种有史以来最大规模的超高速发展，终将演变成一次波及全世界的灾难性盲动。”①

所以我们无论如何，都要在对于这颗“星球”的自觉意识中，首先把胸次和襟抱高高地提升起来。正像面对一幅需要凝神观赏的画作那样，我们在当下这个很可能会迷失的瞬间，也必须从忙忙碌碌、浑浑噩噩的日常营生中，大大地后退一步，并默默地驻足一刻，以便用更富距离感和更加陌生化的眼光来重新回顾人类与自然的共生历史，也从头来检讨已把我们带到了“此时此地”的文明规则。而这样的一种眼光，也就迥然不同于以往匍匐于地面的观看，它很有可能会把我们的眼界带往太空，像那些有幸腾空而起的宇航员一样，惊喜地回望这颗被蔚蓝大海所覆盖的美丽星球，从而对我们的家园产生新颖的宇宙意识，并且从这种宽阔的宇宙意识中，油然地升腾起对于环境的珍惜与挚爱。是啊，正因为这种由后退一步所看到的壮阔景观，对于全体人类来说，甚至对于世上的所有物种来说，都必须更加学会分享与共享、珍惜与挚爱、高远与开阔，而且，不管未来文明的规则将是怎样的，它都首先必须是这样的。

我们就只有这样一个家园，让我们救救这颗“唯一的星球”吧！

刘东

2018年3月15日改定

---

① 刘东:《再造传统:带着警觉加入全球》，上海:上海人民出版社，2014年，第237页。

目 录

致 谢

如果没有威利·布莱克维尔公司(Wiley Blackwell)贾斯汀·范根(Justin Vaughan)对我们的鞭策和鼓励,也不会有这本书的问世。作为一名编辑,他的创意不仅限于编辑文字,也是这本书构想和写作上的重要灵感来源。在波士顿,他还邀请我们共进晚餐。此外,衷心地感谢威利·布莱克维尔公司本·撒切尔(Ben Thatcher)的耐心与辛勤付出。

保罗·罗宾斯(Paul Robbins)和萨拉·摩尔(Sarah Moore)希望在此对亚利桑那大学地理与发展学院表示感谢,整个学院激励的氛围促进了作者的思考和写作,尤其是约翰·保罗·琼斯三世(John Paul Jones III)、萨莉·马斯森(Sallie Marston)和马弗·沃特斯顿(Marv Waterstone)。此外,还要感谢环境与社会专业的同学们,他们为前期的资料准备付出了大量的艰辛劳动。保罗和萨拉也要感谢他们现在的和以前的研究生,他们在本书中体现和表达了丰富的想法。威斯康星大学麦迪逊校区,包括地理系和尼尔森环境研究学院同样也是活力之源。保罗和萨拉还希望感谢马蒂·罗宾斯(Marty Robbins)、维琪·罗宾斯(Vicki Robbins)和玛丽·若·乔伊内(Mari Jo Joiner)。特别要感谢大丹犬卡其(Khaki)和奥尼克斯(Onyx),它们自身就代表着深刻的社会与环境问题。

约翰·欣茨(John Hintz)希望向布鲁姆斯堡大学环境地质和地理科学系的同事表示感谢,他们尽可能地帮助他减少了学术的压力。此外,他也要感谢来自家人的大力支持[米歇尔(Michelle)、莱伊尔(Lyell)、克莱尔(Claire)、提奥(Theo)、卡罗琳(Carolyn),妈妈和爸爸]。

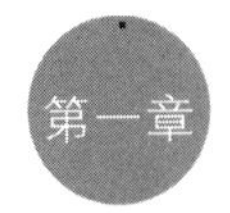

引言　从人造荒野出发的观点

图片来源：Oostvaardersplassen，荷兰的一处自然保护区。

有关森林、土地、河流以及海洋的新闻提要表明，我们的世界正危机四伏。亚洲和美洲的海岸风暴肆虐，海平面缓慢上涨，这些情况越发令人担忧。全球淡水资源急剧匮乏，这不仅是因为用水过量，还因为污染的普遍存在；美国科罗拉多河(the Colorado River)或者法国罗纳河(the Rhone River)里的每一滴水，在流入大海前都经过复杂的水坝和分配系统管理，或者受到了城市和工业污染的影响。经过长年累月的密集型耕作，以及为了追求食物和纤维的持续增长而不断使用化肥和杀虫剂，农业土壤已渐贫瘠；在印度北部，小麦和水稻的产量经历了数十年的增长后出现瓶颈。全球气温不断上升，整个生态系统都因此受到威胁。多种动植物正在从地球上消失,再不复返。也许影响最大的是,全球系统赖以生存的海洋已出现濒临崩溃的迹象。这些严重的问题使观察家们得出结论:环境或许不可逆转地被破坏了,我们有可能已经走到"自然的尽头"(McKibben,1990)。

但是在荷兰的弗莱沃兰德省,野生物种正前所未有地蓬勃发展。红鹿在田野中漫步,野马成群结队地行进,狐狸与包括白鹭和大雁在内的野生鸟类构成的生态系统逐渐改善。欧洲原牛(一种巨大的欧洲野牛)虽然已经绝迹几个世纪,但是它们人类育种的表亲——赫克牛(Heck Cattle)却在田间吃草。它们有着长长的牛角和茂密的毛发,在沼泽地里发出咕噜咕噜的声响(图 1.1)。这片面积 15 000 英亩,被称为奥斯特瓦德斯普拉森(Oostvaardersplassen)的广阔原野上,到处都是野生动物。特别值得一提的是,这些野生动物正繁荣生长于地球上人类最密集的一块土地。游客花上 45 美元就可以参观这个野生动物园。毫无疑问,这里创造了一种巨大的惊喜。因为当这个世界正逐渐被人类的活动污染、影响和蚕食时,对我们绝大多数人来说,来到这里就像去野外游玩一样。

图片来源:Roel Hoeve/Foto Natura/Corbis.

图 1.1 赫克牛

如果说这个地方是一片荒野，那么它绝不是天然形成的。生物学家在20世纪80年代构想并创建了这个公园，在此之前，这里不过是泥泞的低地，没有野生动物。随着时间的推移，在精心引进了多种动植物后，这里已经被打造出一片动物繁衍生息的风景。格外引人注目的是，与荷兰许多的土地一样，该公园所在的地区是经过填海开垦形成的。在欧洲原牛生活的时期，奥斯特瓦德斯普拉森可能还在海平面以下呢！人们试图仿造出更新世（一万年前）的生态，所以这个地方是人造的。它是再荒野化[①]的产物，也就是说，为了恢复或者创造它们受人类影响前可能存在的景象，人类重新塑造了消失已久的生态系统（Kolbert，2012）。

奥斯特瓦德斯普拉森优美的风景带来的问题与它所回答的问题一样多。引进哪种动物，不引进哪种？是谁决定这种没有人的状态，就是自然的状态？在欧洲原牛等一些动物绝迹的地方，人类培育的替代物在生态问题上是否可以被接受？鉴于赫克牛实际上是纳粹分子为了恢复"纯粹的"欧洲自然而培育出来的，这些引进在社会上能否被接受？在极度渴望保护现有荒野（更不用说干净的水和空气）的世界里，付出高昂的代价创造新的荒野是务实的，还是精英主义的想法？

荷兰的这种观念，可以让我们更容易理解全球的情况，尽管它不一定能更容易地解决问题。对环境进行巨大的改造，也许能保护环境——这个矛盾的观点象征了我们与非人类世界的长期关系状况。从这点来看，奥斯特瓦德斯普拉森绝不是个例。美国的黄石公园虽被称为荒野，但它是在野蛮地驱逐了许多土著部落后建成的，这些部落曾在这里生活，改造了这里的景观，依靠这片即将成为无人公园里的土地上的资源生存。亚洲和拉丁美洲的咖啡种

---

① 再荒野化（Rewilding）：一种保护性做法，在这种情况下，有意地恢复或建造被认为是过去的生态系统中或受人类影响前的生态功能和进化过程；再荒野化通常需要在生态系统中重新引进或者恢复庞大的捕食者。

植园虽被认为纯粹是经济的、人造的风景，也常有大量的野生鸟类、哺乳动物和昆虫出现，所以根本不受农场主、保全主义者或者其他任何人的意图所控制。我们寻找任何没有人的地方时，都会遇到人类创造和毁坏的痕迹，并且，任何有人类活动的地方，都有非人类的系统和生物，它们完全按照各自的方式运转。

因此，在奥斯特瓦德斯普拉森这样的地区，作出决定不能仅凭该地区是“自然的”或“社会的”。在这里，两者既都不存在，也都存在，动植物和因人类的参与作用而产生的水域共同创造出新的栖息地和环境。所以，野生动物公园和咖啡种植园都是人类世[①]的风景。这个专有名词指的是我们当前的时代，人们对地球产生巨大的影响，但是要控制这些环境和它们纷繁复杂的生态，又必然是难以实现的。

如果要决定做什么（不做什么），并且解决在自然界生存这个更复杂的难题，我们需要使用一些特殊方法才能用全新的方式看待世界，评价前面可能出现的道路。例如，如果把它看成是一个伦理学的问题，创造出荷兰式的荒野则要梳理出许多相互矛盾的主张和观点，例如什么是最符合伦理的，人们是为了谁的利益提出这种观点（是在这项工作中，对所需稀缺资源持相反意见的人，还是动物自身?），我们将以什么标准裁定“好的”政策等问题。相反，如果从政治经济学的观点来看，人们得研究在改造这些泥泞的土地过程中创造或者破坏了哪些价值，挑选出了哪些具体的物种，以及为什么如此选择；在这个过程中，谁的腰包鼓了起来，以及通过专家权力和保护机构的循环，如何控制并且指导决定。实际上，看待这个问题有许多办法，包括人口中心论的思考和与之对立的强调市场逻辑的思考，公共风险认知的观点和与之对立的对公园进行浪漫主义社会建构的观点。

---

① 人类世（Anthropocene）：一种比喻的术语，有时用来指我们当前的时代，人们对地球环境产生巨大的影响，但是要控制这些环境和它们纷繁复杂的生态，又必然是难以实现的。

这是一本什么样的书

本书旨在解释以上这些不同的理解方法和视角，并在实际操作中将其一一展现。我们的策略是，首先提出对环境与社会关系的主要思考模式，然后应用到我们周围的一些熟悉的事物中。对于环境，我们是指水体中、陆地上和空气中的非人类世界的全部，包括形态万千的具体事物，例如树木、二氧化碳或者水；连接和改变它们的有机和无机的系统与过程，如光合作用，捕食者与猎物的关系，或者土壤风化。相反，社会则包括地球上的人类，以及掌控人类相互关系的文化、政治、经济交流等更复杂的系统。

从一开始，我们就必须坚持这两个分类是相互关联、密不可分的。人类显然是环境的生物，依赖有机的过程。同样，环境过程联系着人们并影响人类间的关系，因此从这个意义来说，它们在根本上也是社会的。例如，光合作用是农业的基础，因此在文明的历史长河中，它或许是最关键的环境过程。更复杂的是：人类改变了大气中的碳含量，这可能会进一步剧烈地改变全球的光合作用，并且对人类的粮食和社会组织产生影响。很显然，我们很难辨别环境的终点与社会的起点。另一方面，关于这些关系和联系始终没有统一的说法。本文所总结的视角展现了许多截然不同的观点：社会和环境在哪些方面是相关联的，在什么情况下它们会改变或者可以被改变，通常什么做法是最佳选择等。这些视角会对思考我们在生态系统中的位置和解决那些迫在眉睫的问题有深刻启发，例如全球变暖、森林采伐或者世界渔场的减少等问题。

第一部分，我们将详细介绍理解环境与社会关系的一些最重要的方法。第二章，我们将从自然科学史和社会科学史最根本的视角——人口出发。我们将解释人类的数量为何会对非人类世界构成越来越大的威胁，并且把这个观点与“人口增长的过程不仅消耗了世界资源,也潜在地创造了世界资源”的观点进行对比。第三章,我们将用经济学的方法思考环境。这些观点强调用市场的力量——一个我们将经济交换体系纳入其中的范畴——应对稀缺,推动人类找到解决问题的创造性的办法。第四章将重点强调制度的方法,我们将其定义为支配我们与自然、资源相互作用的规则和规范。制度的方法主要把环境问题当作“公共财产”问题的产物来解决,它们可以通过创造性的规则制定、激励措施和自我调节来解决问题。第五章,我们将用以伦理学为基础的方法研究环境,它们通常用激进的方式重新思考人类在这个既有人,还有其他生物和非生物的世界中的位置。第六章,我们将把环境看作一种有风险、危险的问题进行探讨。考虑到环境和环境问题内在的不确定性和多变性,这种方法为得出可能的最佳选择提出了一系列正规程序。第七章描述了政治经济学的方法,它认为人类与自然的关系植根于经济,但也坚持经济依赖并从根本上影响权力关系:谁得到什么,谁为谁工作,谁付钱。与以市场为基础的方法不同,它们指出了市场经济对环境有腐蚀性的影响。本书的第一部分到第八章结束,这章强调用社会建构的方法来解决环境和社会问题,我们将其定义为人们经常通过媒体、政府、教育或者产业制度传承或强加的语言、故事和形象理解和认识环境问题与过程的倾向。这些故事并非没有危害,因为它们可能鼓励或者忽略了非常现实的举动、影响,以及对环境与社会造成严重后果的行为。

当然,这些看待问题的方法也会与其他方法重叠在一起。例如,在政治经济学中,环境公正的问题对于理解为什么有些人会接触到更多危害非常关键。我们不仅介绍了许多重要概念,还把许多观点放在更广阔的范畴中思考。与性别有关的问题格外重要,因此我们没有单独设立一章,而是将它们穿插在全书中的各类主题里,如人口和政治经济学。

第二部分介绍了 9 个关键的事物,并以这些方法为例对它们依次探讨。每章都以这些事物的“简史”开始，接着讨论该事物的特点在一些方面呈现出的难题或复杂难解的问题，随后从相互矛盾的观点出发，提出思考该事物的不同方法。第九章，我们介绍了二氧化碳这种有趣的气体，它在地球上复杂的历史表明，它随着时间推移而变化多样，对生活在地球上的生命形态起到深远影响。此外，作为一种最重要的温室气体，二氧化碳受到的争议越来越大，对它的控制、管理和循环，各方有不同的看法。第十章，我们讨论的是树木。从一开始，这些植物就伴随着人类文明的发展，虽然这种长久的关系中曾出现过跌宕起伏。在这一章，我们借此机会详细介绍、解释了森林砍伐和森林重造的不同理论，并提出让树木在法律上代表自己这个惊人的伦理提议。第十一章的主题是狼，目前该物种与人类存在一种爱恨交织的关系，它们重返北美、欧洲和亚洲的部分地区，表明人类和动物之间的关系发生了巨大变化。这一章强调了不同文化对同一种动物的理解，以及我们的伦理和制度对许多与人类共享景观的动物的影响。第十二章解决的是铀的问题，这种自然元素因具有超凡的威力和用途而被人类加以利用，但是在历史上，它曾多次带来危险、不公和环境危害。第十三章的主角是金枪鱼，以及随之而来的海洋世界面临的深刻问题。这章介绍了在复杂的世界中控制和管理鱼类的生产与消费时，人类的经济状况和伦理道德之间的冲突。第十四章讨论的是草坪，以及为了维护草坪而添加的人工化学物质造成的风险。第十五章的重点是一种世界上使用量增长最快的商品：瓶装水。难得的是，它具有双重身份，在世界上的某些地区，它是解决供水问题的办法，而在其他地区，它明显是奢侈品——环境问题也就随之而来。第十六章，我们探讨了薯条（也被称作“薯片”）。这种烹饪方法的发明把长达几个世纪、跨越大西洋的“哥伦布交换”的复杂历史同有关健康的争论，以及21世纪的工业化食品经济联系在一起。第十七章，我们以电子垃圾结束本书的讨论，所有来自手机、电脑和其他电子产品的有害垃圾，不断堆积在世界各地的垃圾场，但是对于寻找可回收材料的人和公司来说，它们却成为"财富"的来源。

我们选择事物而不是问题来探讨，是颇有用意的。首先，虽然许多事物明显与问题相连（例如，树木和砍伐森林，我们将在第十章看到），但人类与非人类的关系并非都是问题。其次，我们采用这样的结构，是希望人们认真地思考世界上不同的事物（例如，长颈鹿、手机、绦虫、钻石、链锯……）与人类的特殊关系，因为它们具体的特性（例如，它们会游水、融化、迁徙、吃起来有毒……）会呈现各种独特的难题。我们可以借此机会不再将环境当作一种没有差别的普通问题看待，因为普通问题一般是一种立刻显现的特殊危机。例如，尽管全球气候变化是一连串至关重要（且无序）的问题，但人类与二氧化碳长久而复杂的关系本身提供了一个值得关注的切入点，它充满了具体的挑战和机遇。我们确实面对许多环境问题，但是我们相信通过探索人类和事物的特性、差异以及共性，可以找到最好的解决办法。

我们绝对不可能列出所有社会环境状况、它们间的互相作用以及问题。我们只是提出了一些关键的范例，以说明如何利用事物来思考，并证明用不同方法看待环境问题产生的结果。

在本书中，我们也以专栏中的案例为例展开讨论，讨论的标题"环境解决办法？"使用问号，既有我们的考虑，也是为了提出问题。我们谈到的所有事例，都曾被认为是一种解决环境问题的办法。我们希望读者思考这些办法是否合理，质询每一种办法背后的理论假设，利用本书提供的方法批判地思考如何明智地应对环境面临的挑战。

还需要注意的是，尽管这本书非常认真地对待环境科学，但它并不是一本环境科学的教科书。本书，特别是在后半部分，描述和定义了环境科学中一些关键的概念和过程，包括碳封存、生态演替和捕食者猎物关系等。用术语具体地描述它们，能够解释并理解人类和社会过程对非人类过程的影响，或者与它们的联系。在整本书中，我们引用了来自环境科学的最新资料（例如，政府间气候变化专门委员会关于全球气候变化的报告），但是这本书并不需要读者对该学科或者知识有任何了解。我们相信，随着本书的问世，理应出现更多严谨的环境科学方法，或者，这本书可以用在致力于把环境伦理、经济学、政策与生态学、水文学和生态保护等联系起来的课程中，反之亦然。

作者的观点

最后，我们在书中提出了许多彼此矛盾的观点。例如，很难既认为所有的环境问题都来自地球上人类的总量，同时又认为人口的增长会提高效率并可能降低对环境的影响。即使观点彼此间不矛盾（例如，第六章的风险认知可能在第八章被看成一种社会构建），但是它们确实强调着不同的因素或者问题，并且暗示了不同的解决办法。

考虑到这点，读者自然会问本书作者的观点是什么，我们站在哪一边。这个问题很难回答，不仅因为我们三个人有各自的世界观，还因为我们作为研究者，经常采用不同的视角和理论来研究不同的事物，从而培养一种多元化的思维方式。

然而，我们的确有一些观点是一致的。首先，我们都热切关注全世界的自然环境状况。我们的研究分别聚焦不同的环境主题，包括欣茨教授有关美国西部熊的生存状态研究，摩尔教授对墨西哥固体有害废物管理的研究，以及罗宾斯教授对印度森林保护的调查。通过这些经历，我们最终得出一种共同的研究方法，用政治生态学①来描述它则再好不过：自然和社会共同产生于包含人类与

① 政治生态学（Political Ecology）：一种把生态问题和广义的政治经济学视角联系起来解决环境问题的方法。

非人类的政治经济学。这是什么意思?为了使其尽可能地简单明了,我们认为人与人之间以及人与环境之间的关系,即使形式多样,并且随着历史发展而变化,它们一直主要受到权力的相互作用控制(Robbins,2012)。这意味着从政治经济学和社会建构来说,我们对一些主题有某种特殊的认同。

例如,在研究黄石公园熊的保护时,欣茨认为研究人类如何看待熊,以及了解哪些媒介、假设和故事会影响这种看法非常重要,因为它们预示着人们是否通过政策、规章采取行动,是否支持环境法。另一个例子是,在考察墨西哥的固体废物时,摩尔认为谁控制着获得和利用垃圾的权力至关重要,因为在很大程度上,它决定了如何管理废物,问题得到了解决还是被忽略,以及危害和利益流向何处。在调查印度的森林时,罗宾斯想知道,在一个腐败体制决定森林砍伐和环境改变的速度及流动的情况下,当地人和林业官员如何互相胁迫。简而言之,人们对彼此的控制权、对环境的控制权以及对其他人如何看待环境的控制权是我们首选的出发点。

我们也有一个共同的设想,虽然持久不变的权力制度常常导致不合情理的结果,但有时也会给进步的环境行动提供机会,为改善人类与环境的关系开辟道路。换言之,我们身处错综复杂的网络,它可以让我们将许多线索结合起来,利用多种资源,带来全新的结果。

因此,我们也要强调,在整本书中存在某种形式的和解生态学①的思考。正如生态学家迈克尔·罗森兹维格(Michael Rosenzweig,2003)所说,它描述的是一种设想、创造和维持人类利用、经过和居住的地方的生物栖息地、生产环境和生物多样性的科学。这种观点认为,尽管人类过去的许多行为已经造成了环境问题,并使问题持续,但是解决这些问题的办法绝不可能是创造一个

① 和解生态学(Reconciliation Ecology):设想、创造和维持人类利用、经过和居住的地方的生物栖息地、生产环境和生物多样性的科学。

在某种程度上，没有人类的活动、工作、创造性和工艺的世界。这种观点并不否认为野生动物、敏感的物种或者稀有的生态系统创造一个特殊场所（例如保护区）的重要性。但是它确实强调需要通过人类活动，在城市、乡镇、实验室、工厂和农村，而不是凭空想象的自然世界、“遥不可及的”某处，实现创造“更加绿色的”世界的重要工作。艾玛·马瑞斯（Emma Marris）曾描述过这种世界的可能性，她把地球和地球生态系统比喻为“喧闹的花园”，即旷野的自然和人类活动的混合物（Marris，2011）。

然而，权衡了我们各自全部的观点，我们坚信本书所描述的方法对问题的分析提出了挑战。因此，我们希望在对社会与环境的诸多看法中，展现最有说服力、最引人入胜的观点。尽管我们不可能不带任何偏见地思考自然，但是我们可以公正地陈述各种观点，不做任何夸张的描述。只有读者才能评判我们是否真正地做到了这点。

参考文献

Kolbert, E. (2012), “Recall of the Wild”(《荒野的回忆》), *The New Yorker*(《纽约客》) December 24.

Marris, E. (2011), *Rambunctious Garden: Saving Nature in a Post-Wild World*(《喧闹的花园：在人类统领的世界里保护自然》), New York: Bloomsbury.

McKibben, B. (1990), *The End of Nature*(《自然的终结》), New York: Random House.

Robbins, P. (2012), *Political Ecology: A Critical Introduction*(《政治生态学：批判性导论》), Oxford: Wiley Blackwell.

Rosenzweig, M. L. (2003), *Win-Win Ecology: How the Earth's Species Can Survive in the Midst of Human Enterprise*(《双赢生态学：地球物种如何在人类事业中生存》), Oxford: Oxford University Press.

第一部分

方法与视角

人口与稀缺

图片来源:Vladimir Wrangel/Shutterstock.

拥挤的沙漠之城

几乎在一周中的任何一天来到位于亚利桑那州的菲尼克斯(Phoenix),都如同进入迷雾中一般,这里被尾气、臭氧和漫天的扬尘所笼罩。这座拥有400万人口的沙漠之都,周围有10个独立的城市,它们正好都位于被称为“太阳谷”的沙漠盆地,共同构成一个大都市圈。

事实上,这个城市在19、20世纪之交还没有出现。此处全年降水量只有7英寸(177.8毫米),夏季气温连续数天超过120华氏度(48.9℃)。早在几百年前,一些土著部落就适应了这里的环境,在此繁衍生息。然而在美国西进扩张时期,这里却在很大程度上被人们忽略而没有成为定居地。

自20世纪50年代以来,新的人口开始来到这里,带来了对土地和水新的需求。从20世纪60年代的50万人发展成现在的规模,山谷的人口以每10年40%的速度增长。20世纪90年代,高科技生产、服务业和退休社区带动了阳光地带经济的蓬勃发展,这里每天大约增加300人。到2012年,菲尼克斯的人口已经达到150万人,成为全美第五大城市。

每增加一个人,都会带来对有限的水资源需求的增加,产生成堆的垃圾,新家园的建设也会给大片地区造成混乱。因为温度可能连续数周超过100华氏度(38℃),夏季对空调的需求也不断上升。该地区拥有数十万辆轿车(平均每个家庭拥有两辆轿车),每辆车每年排放出大约与车身等重的温室气体,这导致了本地空气的严重污染和全球气候的剧烈变化。人口剧增导致城市赖以生存的土地、水和空气的紧缺,这些问题显而易见。

然而,令我们担忧的不仅仅是人口的问题。在菲尼克斯,人均日用水量超过225加仑,而附近的图森(Tucson)人均日用水量在160加仑左右。即使和这样的城市相比,菲尼克斯的情况也非常糟糕。水都用在哪儿了?它主要用在了洗碗机和抽水马桶,还有绿色的草坪和沙漠里大片的绿色景观。根据最精确的估计,人类生存每天最少要消耗大约5加仑的水,有鉴于此,菲尼克斯人民的富裕程度和生活水平以及居民的总数,显然都是造成如此大用水量的重要因素。

换句话说，人类对该地区的资源造成了巨大的压力，它的影响不仅限于水。随着新的居住点增多，它们不断吞食山谷里的土地资源，沙漠中重要稀有物种（例如毒蜥，一种珍稀的本地蜥蜴）的栖息地也在减少，全球生物多样性从而受到影响。密集的人类居住点和活动不仅带来了侵略性物种，促进了它们的传播，还加大了该地区发生火灾的风险。在太阳谷，人类的足迹越来越多。

菲尼克斯人口的爆发性增长在多大程度上代表了环境的危机？人们的富裕程度和生活方式如何影响了这种危机？是否有足够的水可以保障这个城市的生存？许多对环境和社会关系的探索通常始于一个基本的问题：人是否确实太多了？世界是否可以维持所有人的生活？如果答案是否定的话，人类的数量是否应该停止增长？我们该怎么办？什么时候采取行动呢？

“几何”增长的问题

无论是对生态学领域还是社会或政策的研究，这些都绝不是新问题。人口过剩确实是个老问题，这个概念最著名的、距我们这个时代最近的追随者，就是尊敬的托马斯·罗伯特·马尔萨斯（Thomas Robert Malthus）博士，其生活年代跨越18世纪晚期和19世纪早期。他清楚而坚定地指出，人口增长的能力超过了地球可持续提供资源的能力。如果考虑到人类的繁衍能力和地球资源供给内在的有限性，人类的数量将是地球状况和地球资源唯一的、最大的影响因素。相反，地球的资源是对人类发展和扩张最终、最有力的限制。

更准确地说，马尔萨斯清楚地描述了这种关系的数学基础，它强调人口实际上是呈“几何状的”（用今天的话说，“指数的”[①]递

---

① 指数增长（Exponential Growth）：增长的速度与当前数值成数学比例，造成数量上持续的、非线性的上升；在人口方面，它指的是一种不断加快、复合性的增长状态，对稀缺的资源产生生态影响。

增），因为动物或者人类通过交配可以生育许多子女，他们各自又可以生育许多子女。假设一对夫妻有六个孩子（马尔萨斯时代典型的家庭规模），这意味着由 2 个人发展成第一代的 6 个人，第二代的 18 个人，第三代的 54 个人，以此类推。这种增长若用图形来表示，将呈现出比直线更陡的曲线，接近于渐近线，也就是说，随着每一代的发展，更多的后代降生，人数也会陡增。

另一方面，马尔萨斯认为，随着时间的推移，对持续增长的人口的粮食供给基本上是固定的，或者，也许经过“算术的”（用今天的话说，“线性的”）增长稍微有些变化。例如，可以通过耕作更多的土地提高粮食供应量，但它们不是以同人口增长几乎相同的速度增加。久而久之，“几何”增长一直超过“算术”增长的速度，这会产生显而易见的后果。

这些是马尔萨斯的重要论著《人口原理》（Malthus，1992）的核心观点，它最早发表于 1798 年。马尔萨斯在书中指出，战争、饥荒、贫困和疾病是人口增长的自然限制，它们制约着人口的增长。其次，他认为提高穷人福利的政策会适得其反，因为这样只会鼓励不必要的生育和资源浪费。再次，他主张防止周期性、不可避免的资源危机的关键在于自我约束的道德准则。

就自然的限制而言，马尔萨斯认为，饥荒、饥饿和死亡是可以预测的。此外，他坚持认为即使随着时间推移，资源会有所增加，但是稀缺的铁律意味着周期性危机和人口崩溃几乎在所难免。图 2.1 描绘了这些假设的、由人口变化导致的周期性危机，它展现了人口与自然资源相对关系的马尔萨斯主义动态模型。

马尔萨斯坦率地承认，穷人是最弱势的群体。然而他坚持认为，努力地维持、保护和补贴穷人的生活是非常没有意义的，因为他们推动或主导了人口的增长。不仅如此，马尔萨斯在评价穷人的时候，言辞更加苛刻。他认为穷人依赖捐赠，不善于管理时间和金钱，并且更热衷于非理性的生育。

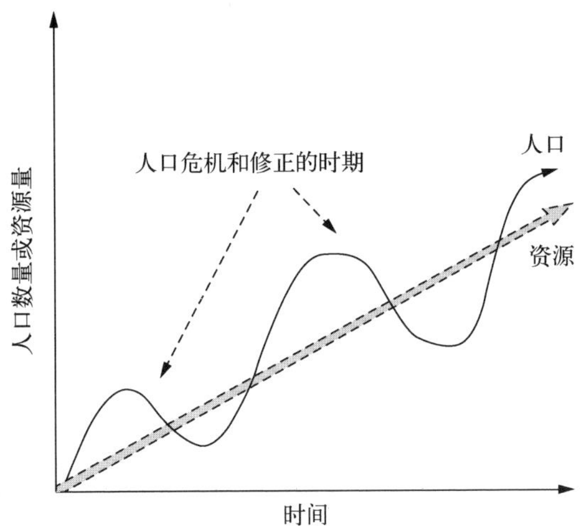

注：虽然环境的极限会随着资源产生的增长稳步上升，但是它们控制着人口的变化趋势，即在经历了快速的增长之后，随之而来的周期性灾难和调整又让人口减少到符合环境极限的水平。

图 2.1 根据马尔萨斯主义的概念假设的人口趋势

马尔萨斯反对人口增长，他坚持认为解决危机最好的方法是宣传道德约束。具体地说，对女性进行道德约束。他认为她们应该维护美德，并且暗示她们对人口失控负有责任。他尤其批评了“较不文明的”民族（在当时它们是指那些南欧的民族），他认为他们是因为缺乏自我约束，才不可避免地陷入贫困。

> 几乎毫无疑问的是，与过去和非文明国家的女性相比，在现代欧洲，很多女性在她们一生中相当长的一段时间里，都遵守道德。（Malthus 1992，Book Ⅱ，Chapter XIII，43—44）
>
> 在一些南方国家，几乎每一次冲动都立刻得到纵容，激情沦为简单的动物欲望，它很快就会减淡，并因过度放纵最终会熄灭。（Malthus 1992，Book Ⅳ，Chapter Ⅰ，212）

《人口原理》的社会和政治偏见以及写作的背景显而易见。马尔萨斯在解释贫困时，没有考虑经济体制、政治结构，或者富人或精英阶层行为的过失。也许，即使按照他所生活年代的标准来看，他对女性特殊的道德观也反映了对两性关系深刻的偏见。

实际人口增长

一些对近期趋势的研究也表明，经历了两百年的人口发展，马尔萨斯的一些关键主张确实站得住脚。准确地讲，在过去几百年里，人口明显地呈指数性增长。图 2.2 简要地反映了这种增长。在两千年前的罗马帝国时期，全世界只有 3 亿人；今天，世界人口超过了 70 亿，增加了 20 多倍，大部分的增长就发生在过去的一百年。

所以，尽管这种构想有许多深刻的局限和问题（更多讨论请见下文），马尔萨斯和他的追随者们无疑提出了一系列的问题，包括社会与环境的关系、资源稀缺的本质、它可能存在的不可避免性，以及我们能否克服这种稀缺。

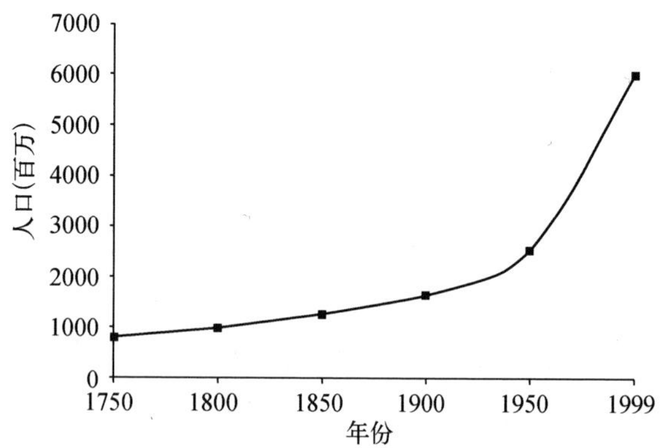

注：最近几十年的迅速上升反映了人口呈指数增长。
资料来源：After Demeny，1990.

图 2.2　1750 年以来的世界人口数量变化

人口、发展与环境影响

对人口、经济发展和环境影响感兴趣的学者已经开始着手处理马尔萨斯提出来的问题。保罗·厄尔里奇(Paul Ehrlich)和约翰·厚德伦(John Holdren)(1974)开创了一种研究并衡量人类对环境影响的方法,这种方法不仅考虑人口的数量,还包括他们总的消耗速度和消耗类型。他们提出,每增加一个人都会对地球产生影响,尽管影响的程度也受其他因素的制约,包括人群的平均富裕度(例如,孟加拉人消耗的水和能源远少于美国人)和可以用来缓解人类影响的技术(例如,使用太阳能排放的碳很可能比使用煤炭少很多,这取决于如何生产太阳能板及其所有者的能源使用量)。为了解释这种关系,他们研究出一个决定环境影响水平(I)的简化方程式(IPAT),即环境影响水平(I)是人口(P)、富裕度(A)和技术(T)的产物。

$$I = P \times A \times T$$

在这个方程式中,环境影响被广义地理解为资源基础的退化、生态系统的衰退、废物的产生等,而人口是指特定群体(通常是一个国家)的人数。马尔萨斯并未考虑富裕度这个量值,它由下列两个因素中的任意一个来衡量,(1) 该人群的消耗水平,或者(2) 人均国内生产总值。换言之,人们需要考虑该国或该地区人均(每个人)消耗商品的数量,或者用该国的生产总值除以人口。马尔萨斯也没有考虑到技术的因素,它是指可以让该人群生产其所需和所消耗商品的一整套方法。

虽然这种构想会让人口与环境退化之间的关系比马尔萨斯提出的更加复杂,但是它已经被“新马尔萨斯主义者”[①]采用。他们是

① 新马尔萨斯主义者(Neo-Malthuscians):马尔萨斯在19世纪建立的学说在当代的追随者,他们认为人口增长超过了有限的自然资源,是环境退化和危机唯一的最主要推动因素。

用以人口为基础的方法来思考环境问题的追随者,主张人口是这个方程式中最重要的因子。保罗·厄尔里奇(1974:1216)解释道,之所以人口最急需关注,“准确地说是因为在环境退化的所有构成要素中,人口最难以做出让步,反应也最迟缓”。

表 2.1 哪个国家人口过剩?人口数量、人均国内生产总值、能源使用和其他资源需求的比较。不同地区的人口数量、富裕程度和技术水平千差万别,很难明确其对环境的影响。

国家	总人口(百万)①	GDP(人均美元)②	能源使用(人均等值石油千克)③	每年总的森林覆盖率变化(包括种植园)④	每年森林覆盖率变化(仅指自然森林)④	温室气体排放(人均等值二氧化碳吨)⑤
中国	1 294	3 936	861	+1.2	+0.6	3.91
美国	288	33 939	8 095	+0.2	+0.1	23.92
孟加拉	143	1 527	133	+1.3	-0.8	0.38
土耳其	68	6 830	1 071	+0.2	…	4.07
英国	60	23 637	3 886	+0.6	+1.5	11.19
肯尼亚	32	1 003	489	-0.5	-0.5	0.81

注:① 2002 年;
② 2000 年(数字受到购买力平价的控制,购买力平价即指当地市场的购买力);
③ 1999 年;
④ 1990—2000 年;
⑤ 2005 年。
资料来源:数据来自《世界资源机构数据》(2005)。

对于这种假设,人们有很多质疑。巴里·康芒纳(Barry Commoner)等批评家就强调,技术已经远远超过人数总量,成为影响环境最重要的因素,他们尤其引述了以石化为基础的经济,如杀虫剂、化石燃料以及极大地增加了个人对环境影响的一系列现代发展。如表 2.1 所示,即使在当前这种经济状况下,环境影响也会千差万别。他暗示替代性经济很可能抵消人口增长的影响(Commoner,1988)。

还有人主张发展会彻底减少人类的影响,其速度远比人口增长快得多。一些分析家所称的库兹涅茨环境曲线[1][以经济学家西

[1] 库兹涅茨(环境)曲线[Kuznets Curve (Environmental)]:其理论来源是经济发展期间收入的不平等会加大,而当总体富裕达到一定状态后,收入不平等又会减少;该理论预测在发展期间环境影响会增加,只有在经济成熟后才会回落。

蒙·库兹涅茨(Simon Kuznets)命名]可以预测,随着发展的深入,对环境造成的影响加剧,人均资源使用量上升,污染加重,对森林等生态系统的破坏加重并且愈演愈烈。然而,到达一定阈值后,管理措施加强,富裕程度提高,经济开始转型,它们使人类的影响急剧下降。这种观点的支持者指出,在许多森林曾被严重砍伐的欠发达地区,城市化进程和富裕程度的提高使人们离开很多农村地区,因此森林转型[①]得到实现,那里恢复了茂密的森林覆盖(Perz,2007,Chap. 10)。

承载力和生态足迹

在方程式的另一边,即便假设如何衡量每个人的影响已经确定,但在多大程度上一种影响算得上是“极大的”,也是不确定的。正如 IPAT 和它的变化预测了未来社会对自然的影响,人们常常援引承载力的概念来表示当地可以接纳人口的极限。承载力[②]是指一个地区在一段不确定的时间里,如果人们按照一种特定的生活方式(技术和消耗水平)生活,理论上能够容纳的人数。

假设所有人都像美国人那样生活,我们以此为基础计算承载力,那么估计地球只能容纳 20 亿人,相当于不到世界现有人口的三分之一(Chambers et al. , 2002)。如果认真考虑到这点,我们也许不得不提出这个问题:究竟怎样制定人们的生活标准。换句话说,为了使欧美保持现有的能源消耗水平,中国不应该再进一步发展,这种观点合理吗? 北美(美国和加拿大)的人民应该为了保持自己现有的生活水平,要求印度控制经济增长吗? 对许多人来说,这些极端、棘手的伦理问题,已经使人们强烈要求减少自身对环境

---

① 森林转型理论(Forest Transition Theory):该模型预测一个地区在发展过程中,当森林作为一种资源或者土地被开垦用于农业生产时,会有一段时期的森林砍伐,随着经济发生变化,人口迁出并且/或者以节约为导向,森林会得到恢复。

② 承载力(Carrying Capavity):系统理论上可以承载人口(动物、人类及其他)的极限。

的影响——他们的生态足迹[①]。

分析生态足迹并不是要确定一个区域以特定的标准所能承受的具体人数(尽管它可以),而是要估算出为了他们的生存,生产资源、处理废物需要的生产性土地和水的总面积。尽管它可以应用在多个尺度上,有些人用它来分析整个城市区域,甚至国家对环境的影响,但许多人发现它对于估算自己的日常行为,如吃饭、洗澡、驾车、上厕所、洗衣服等等对环境的影响很有用。很多网站可以在用户输入自己的数据后发送一个代表了他们对环境影响程度的数值。当然,你可能总是有些怀疑,但是对许多人来说,这确实让他们恍然大悟("在饭店吃晚餐让我增加了20平方公里的生态足迹?!")。因此,即使过多的人口不会真的"耗尽"地球资源,但是我们提出下列问题也是合理的:在人口众多的地区(例如菲尼克斯),人们对生活质量可以有怎样的预期;富人在地球上留下了深刻的生态足迹,他们对此应尽哪些义务。

专栏 2.1 环境解决办法?独生子女政策

1979年,中华人民共和国实施了一项激进的计划生育政策,它打破了全国原有的生育政策,并改变了这个国家的人口状况。通过对生育超过一个孩子的家庭处以一系列的惩罚,并给予每个独生子女家庭获得教育和其他精英的权利,家庭的人数发生了变化。该法律努力推广小规模的家庭模式,除了农村家庭和一些少数民族以外,大部分中国人都受到这项法律的约束。1979年,中国的生育率相对高达2.9,在农村地区这个数字可能翻倍。根据2012年世界银行的报告,目前中国的生育率为1.6,这个数字引起了人们的关注。许多人对这种彻底转变家庭人口数量的模式表示欢迎,但是也有人认为这没有必要,是一种倒退。

① 生态足迹(Ecological Footprint):理论上维持个人、群体、系统、组织所需的地球表面的空间范围;一项环境影响指数。

放缓的人口增长会带来一些好处。尽管随着中国十亿人口中越来越多的人进入中产阶级,经济对资源的总体需求不断增加,但是对自然资源的需求可能减少。废物产生、空气污染、温室气体对环境的冲击可能会减小,观察家也为此庆贺,虽然中国工业化进程的加快再次意味着这三个方面的问题会全面加剧。

这项政策的弊端虽然比较间接,但是影响广泛。首先,重男轻女的文化倾向造成大量的人工流产,导致在目前这一代人中,男女人口比率严重失调。预计十五岁以下的人口中,男女比例约为120:100。随着时间的推移,这种趋势将更加明显,全国人口和计划生育委员会预计,到2020年,中国的男性将比女性多三千万,这将对社会稳定造成很大的影响。其次,子女共同承担父母养老的传统家庭结构将面临更多的压力。随着老龄人口的增多,从事生产的劳动力减少,中国许多的老年人要面对非常严峻的问题。

也许,独生子女政策最被淡化的一点是,法律只是家庭人数大幅度减小的部分原因。在亚洲,工业化的发展造成人口出生率的下降,这是因为变化中的经济形势鼓励更小规模的家庭。在过去的四十年里,日本和韩国这些国家没有出台任何鼓励生育的政策,因此一方面人口出生率急剧下降,另一方面社会问题和动荡不安也随之减少。考虑到中国对资源的需求和生态影响的足迹仍然急剧地增加,批评家认为这项政策在很大程度上是失败的。例如,2008年,中国的碳排放量为70亿吨,占世界总排放量的23.53%。到2011年,这个数字已经升至接近100亿。不用说,这项政策的支持者认为,尽管问题依然严峻,但如果没有独生子女政策,情况会更糟。

问题的另一面:人口与创新

考虑到饥荒、稀缺和生态灾难等许多摆在人口增长面前的问题,也许难以想象一些思想家、研究者和历史观察家居然会提出相反的论点:人口增长是创新和文明的根源。但是,仍有大量的证据支持这种主张。

按照这种思路,鉴于可用资源的相对稀缺性,人口的增长引发了对替代品的寻找,以及用新方法从较少的资源中获得更多的收益。回顾几千年的农业发展历程,有证据表明,这总是跟粮食供给有关。这是因为历史上曾经需要广泛地应用生产技术生产粮食,这意味着大片的土地用于生产有限的粮食。环境系统(特别是土壤的肥沃程度)限制了产量,因为在同一块土地耕种一定量的粮食,一两季后,产量往往会减少。解决土壤枯竭最简单的方法是将这块土地搁置一段时间,这就意味着这块田地将要闲置一季或者更久。休耕期间,人们在其他地方耕作。

对于有限的人口而言,这样的系统非常简单可行。但是随着人口的增长,对粮食的需求也在增加,因此必须增加耕地的数量(让生产体系分布更加广泛,即利用更多的土地),或者加快休耕土地交替的进度,后者意味着需要缩短土地休耕的周期。如果做出第二种决定,则要想办法保持土壤的肥沃,从而在同样的土地上生产出更多的粮食。农业史上不乏这样的创新,从利用粪肥和化肥使土壤更加肥沃,到利用间作的复杂体系保持土壤的丰沃。后一种情况是指同时耕种不同的作物,或轮流耕作,而不是持续耕种同一种粮食作物。伊斯特·博塞鲁普(Ester Boserup,1965)曾用如今已成为经典的分析,将之解释为农业增长的条件,即经历了一段较长的历史时期后,因为粮食的需求随着人口的增加而增加,等量土地上的粮食产量将呈指数性增长。更多的人意味着更多的粮食。

这种论点被称作诱导性增强①,并可以延伸到其他各种问题和自然资源(见第三章)。

新的耕作技术和拥有大量资金投入的农业生产系统,即所谓的绿色革命②,使全球粮食生产蓬勃发展。例如,1965 年到 1980 年间,印度小麦的产量是原来的三倍,远超过人口增长的速度。20 世纪 70 年代,印度尼西亚水稻产量增加了 37%,菲律宾的水稻产量增加了 40% 有余。实际上,从 20 世纪 60 年代中期至今的这段时间,粮食的产量超过了消耗量,和之前的 100 年相比,更多人已经脱离了贫困线。

然而,随着绿色革命和粮食生产的发展,出现了许多其他的环境问题,包括地球上大草原和雨林中未开垦土地的减少以及与之共存的生物多样性的减少。在新土地未被用作增加粮食供给的情况下,更加密集的生产也意味着使用大量的肥料和杀虫剂。这些化学品让土地付出了沉重的代价,而它们本身就来自石化产品则意味着它们依赖石油的开采和生产,这会对该系统造成各种环境影响。此外,生产农业设备(例如拖拉机、收割机)并发动设备,都离不开能源。所有的能源均来自不断开采日益稀缺的石油资源,而石油的生产不仅代价高昂,还会破坏环境。在绿色革命之后的一些年里,获得每一卡路里的粮食,都需要付出更高的生态代价。天底下没有免费的午餐。

这些结果也让人们对评价人口影响的尺度提出了疑问。例如,在巴西人口密集的区域,为了生产大豆以满足消费和工业应用两方面的需求,农业可能发展迅速,但是被这些作物取代的森林受到了严重的影响。然而,推动这种需求的"人"却生活在几千英里

---

① 诱导性增强(Induced Intensification):该论点预测在农业人口增长的地区,对粮食的需求促成了技术的革新,使得在等量的可利用土地上生产出更多的粮食。

② 绿色革命(Green Revolution):由高校和国际研究中心开发出的一系列技术革命,在 20 世纪 50 年代到 20 世纪 80 年代被应用于农业。它极大地提高了农业产量,但是也伴随着化学物质(化肥和杀虫剂)投入的增加以及用水量和对机械需求的上升。

以外的欧洲和美国,他们在人口密度低、人口增长缓慢的环境中,以高冲击性的生活方式蓬勃发展。农业产品的流通使评价当地、区域和全球人口的影响格外困难。

这绝不是说未加限制的人口数量带来了无限的生产能力和无限的产出,尽管这种观点被批评家们描绘为"富饶"(它源自希腊语,字面意思是"富饶的象征")。然而,就假设自然的极限等问题而言,它的确提出了严肃的质疑。如果人口的增长不总是导致稀缺,或者如果它有时会带来资源的增加,那么马尔萨斯主义的视角还有什么价值?

对人口的限制:是结果而不是原因?

除此之外,人口数量的近期趋势让一些以人口为中心的看法和假设充满争议。特别是在过去几年里,全世界人口增长的速度急剧下降。有些地方甚至出现了负增长。对马尔萨斯主义者来说,这应该是令人鼓舞的。然而更深刻的是,它提出了关于人口的一个基本问题:人口是推动环境变化的社会因素,还是社会、环境状况的产物?

请思考下面这种情况:衡量地球上人口总数自然增长速度的人口增长率(用百分比表示),在20世纪60年代和70年代间达到顶峰(图2.3)。这段时间之后,就一直下降,几近跌破1%,近乎到达人口零增长[①](ZGP)的状态。无论人们如何思考人口(例如,相对于富裕度)对地球造成的危害,我们都必须知道造成这种变化的原因。

① 人口零增长(Zero Population Growth):出生人数和死亡人数相当,因此没有净增长,对担心人口过剩的人来说,这是一种理想的状态。

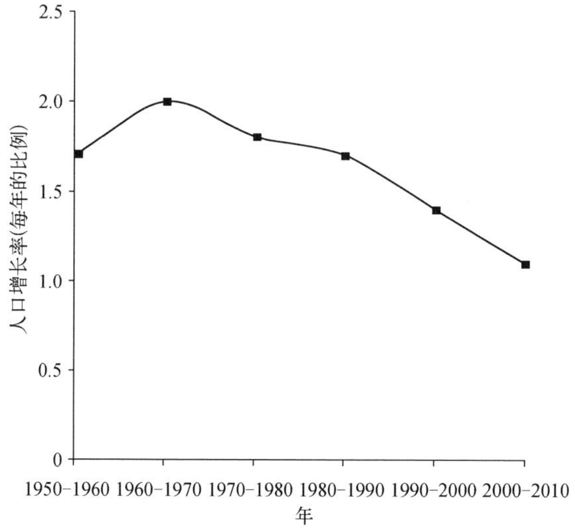

注:人口增长率在20世纪60年代达到峰值,此后稳步持续减少。

图2.3　全球人口增长率

是什么导致了人口增长速度的下降?尽管人口持续增长,但是在未来50年里它很有可能趋于稳定,这对全世界人与自然的关系会产生什么影响?

发展与人口转型

全球人口变化最明显的先例莫过于19世纪和20世纪早期欧洲人口变化的历史。欧洲的人口经历了从1 800年以前的相对稳定到19世纪的高水平增长,之后趋于平稳,实际上,目前一些国家已经出现了人口下降。我们可以更仔细深入地分析造成这种趋势的原因,通过研究欧洲(或其他地方)具体的出生率和死亡率来寻找线索。

在传统的农业社会,死亡率[①](通常用某一人群每年每1 000 人中

① 死亡率(Death Rate):衡量某一群体人口的死亡,通常用每年每千人中死亡的人数表示。

死亡的人数来衡量）和出生率[①]（每年每1 000人中出生的人数）会有一些变化，但是相对来说，两者都维持在很高的水平（大约40‰或50‰）。它们也经常相互抵消，因此每年出生的人数并不多于死亡的人数，其结果是人口增长缓慢或者微不足道。

以欧洲为例，最初的人口增长是由于总的人口死亡率下降。更先进的药品和医疗水平使死亡率大幅降低，死亡的人数因此减少，特别是新生儿、死于难产的女性，以及其他曾经的弱势群体。死亡率从高达40‰或50‰左右降低到不足15‰，与之前的任何时候相比，19、20世纪的欧洲人口数量更多，人们寿命更长。如果死亡率下降，出生率保持不变，人口就会增长，并且通常按照指数规律的速度增长。只要出生率高于死亡率，来到世间的人就会比离开的人多。因此欧洲人口出现增长。

在19世纪末、20世纪初，出生率也曾出现下降。造成这种现象的原因有许多，有些仍然是争论不断的话题。然而，随着人们迁入城市，对家庭农业劳动力的需求有所下降，抚养、教育子女的成本却在增加。这导致了家庭中儿童数量的减少，出生率从高峰时期的40‰—50‰降低到10‰—15‰。一旦出生率和死亡率持平，人口增长就会停滞。在许多国家，如俄罗斯，目前死亡率高于出生率，这导致了人口的减少。图2.4显示的是目前的人口增长速度，它体现了国际间人口增长的显著差异。

人口转型模型[②]又被称为DTM（如图2.5所示），它抽象地再现了欧洲在此期间经历的变化。总的来说，它假设某种形式的经济发展以及从农业到工业社会的转变会促进一段时期人口的高速增长，随后出现增长的停止。

利用DTM预测世界其他地区以及其他历史阶段可能发生的事情，是个很不错的设想。毕竟在欧洲，伴随人口转型发生的相关

---

① 出生率（Birth Rate）：衡量某一群体人口的自然增长，通常用每年每千人中出生的人数表示。

② 人口转型模型（Demographic Transition Model）：一种人口变化的模型，它预测现代化会使人口死亡率下降，随后，工业化和城市化会使出生率下降；人口在一段时期迅速增长之后，逐渐稳定，从而形成一条S型曲线。

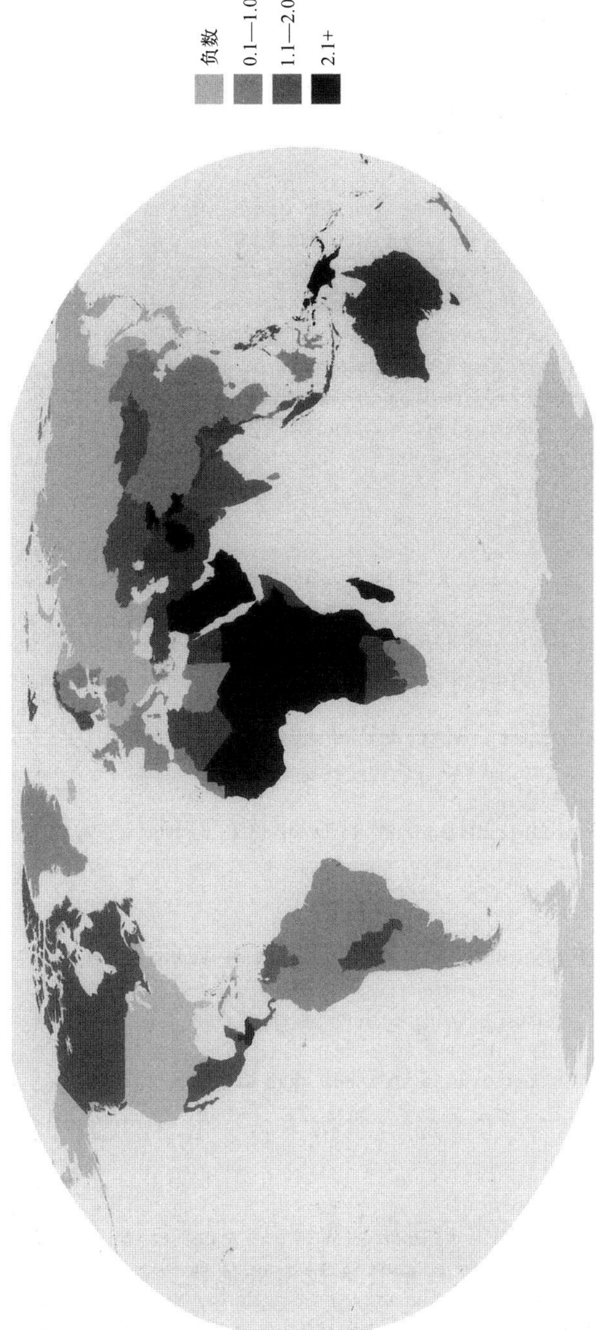

资料来源：数据来自美国人口资料局，http://www.prb.org/DataFinder/Topic/Rankings.aspx? ind = 250。

图 2.4 全球各国人口增长率

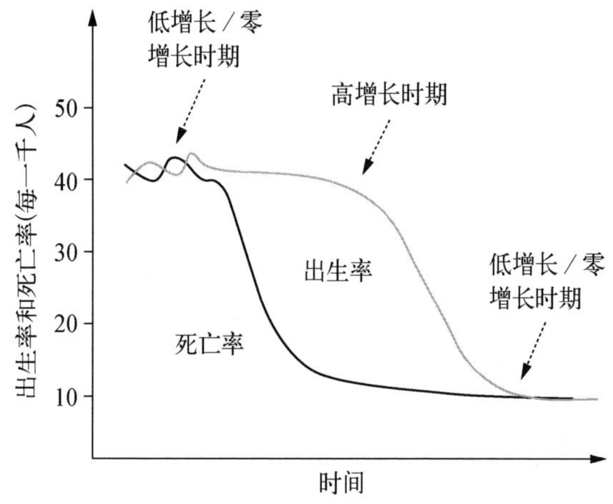

注:理论上说,死亡率降低导致人口增长,但是随着出生率也降低,人口增长放缓,当两者出现均衡时,最终停止增长。

图 2.5　人口转型模型

变化也正在世界上其他地区发生。城市化、农业人口比例的减少、工作的改变、与生育有关的代价和好处等,虽然发生的时间和条件各不相同,但它们都体现在中国、印度,以及非洲和中南美洲的大部分地区的生活中。对人口学家来说,存在一种与人口转型平行的预望(Newbold,2010)。类似地,也许可以预计人类对环境的压力将停止增长(假设每个人的富裕程度和消耗水平都没有变化)。

女性的权利、教育、独立自主和生育行为

但是,全世界越来越多的证据表明人口和资源的转型千变万化,有许多原因远不是仅凭 DTM 就可以解释的。例如,在一些国家和地区,因为没有显著的经济增长或变化,人口增长迅速下降。印度南部的喀拉拉邦(Kerala)就是这个结果的最好证明。在 20 世纪 50 年代,这个农村的小城邦是印度人口增长最快的地区,但是到了 90 年代,却是人口增长率最低的地区之一,人口增长率从 1951 年的 44‰降到 1991 年的 18‰(Parayil,2000)。现实与 DTM

相反,人口依然主要为农村人口,生活在人均国民生产总值水平之下,甚至低于印度所有其他州,既然如此,那么为什么会产生这样的转型?

也许要从严格意义上的经济因素之外寻找答案。在喀拉拉邦,女性的受教育程度和文化水平高于全国平均水平,人们也可获得高于全国平均水平的农村医疗——特别是对于女性来说。此外,女性的受教育程度和文化水平都与低生育率①有很大关系。生育率可以用来衡量一个地区育龄妇女生育子女的数量(图2.6)。在女性的权利受到尊重和保护的地区,人口增长则会停止。

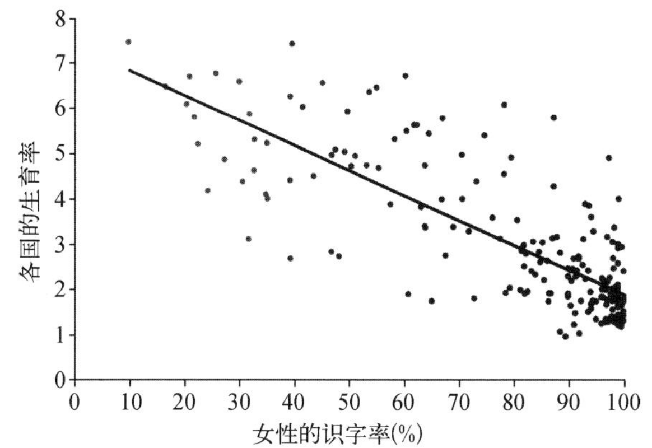

注:随着女性文化程度的提高,女性独立自主和就业的程度随之提高,生育率则下降至更替水平*。

资料来源:作者的分析;数据引自美国人口资料局(2008)。

图2.6　世界范围内各国的生育率与女性的识字率(2006)

这种相关性是否具有因果关系存在争议。例如,在低生育率的国家,女性可以更自由地接受教育。女性受教育和低生育这两者本身可能就是其他文化和社会因素的产物。即使如此,生育率的降低也与使用避孕套,女性可以获得所需的生育医疗,以及女

① 生育率(Fertility Rate):育龄妇女生育子女的平均数量。

* 更替水平指保持人口总数原有水平的出生率。——译者注

性在家庭和社区中拥有社会/政治的“独立自主”（指独立做出决定的社会能力）有关。简单地说，越来越清楚的是，从女性在社会上的政治经济状况可以最准确地预测出人口状况。如果在一定程度上，人口是环境的影响因素，那么解决生态问题的办法在于全世界女性获得的权利。

人口中心主义潜在的暴力与不公正

考虑到人口可能是其他政治经济过程产生的一种结果，富裕程度和资源消耗在很大程度上决定了各种人口规模对环境的影响，况且有些人口增长可能会带来资源的增加而不是减少，从严格的人口学角度来思考环境问题会产生什么影响呢？

对于批评人口控制的人来说，它的影响确实是深刻的。对他们而言，人口政治的历史和竭力控制人口的做法充满了暴力和不公正。想一想印度在 20 世纪 70 年代英迪拉·甘地（Indira Gandhi）统治时期曾出现的危机。1975 年，甘地夫人颁布婚姻法，采取激进的手段，把终止人口增长作为国家政策的核心部分，例如搭建大规模的灭菌营，根据家庭规模配给粮食和服务，甚至在一些村落和贫民窟强行消毒。此外，大部分的严厉措施是在政治势力最弱的群体中执行，包括边缘的低种姓群体和城市的贫困人口。全世界新马尔萨斯主义的观察家热烈欢迎这项举措，而一些美国和欧洲的观察家则呼吁，对抗人口过剩的各种战争需要后勤保障（Hartmann，1995）。

然而，这些措施中没有一项曾减缓或者停止印度的人口增长，只是在几十年后的今天，因为复杂的政治和经济因素，印度的人口增长才有所放慢，其中包括女性获得的权利和受教育的机会。这些措施换来的只是对贫困和不幸的人们施加的可怕暴力，这足以使他们陷入恐惧，也使所有印度人对任何有关人口的讨论普遍缺乏信任感。因此，许多持批评意见的观察家认为，在国际媒体、政府强制性的人口政策以及各种环境分析中,马尔萨斯主义观点的经久不衰其实是很危险的,因为它分散了从其他方面(经济、社会或者政治)寻找环境退化原因的注意力。它往往也不公正地中伤了那些与生态变化或者负面环境影响没什么关系,或者根本无关的地区和人民。例如,尽管印度的人口也许多达十亿,但是在人口是其四分之一的美国,全球气候变暖的关键因素——二氧化碳的排放量是它的五倍多(见第九章)。

更尖锐的是,批评家们坚称把环境的政治变为一种人口政治,就是让政策行为、指责以及社会控制专门针对女性和她们的身体。正如伊丽莎白·哈特曼(Elizabeth Hartmann)在她的批判性著作《生育的对与错》中说到的那样,通过力求限制人口增长,新马尔萨斯主义者试图有效地限制女性的发展和权利,而且:

> 解决人口问题的办法不是减少权利,而在于扩大权利。因为人口问题实际上不是人口数量的问题,而与缺乏基本的权利有关。太多的人几乎无法获得资源。太多的女性对于自己的生育几乎没有控制权。人口的快速增长不是落后的原因,而是社会改革步伐缓慢的表现。(Hartmann,1995:39)

人口的视角

本章我们学习了:

- 人口增长对环境系统的可持续性有严重的影响,特别是在历史上,当增长呈“几何型”或者“指数型”的时候。
- 因为技术和富裕程度上的差别,各个民族和群体对环境的影响可能千差万别。
- 因为诱导性增强和革新,人口增长经常带来承载力的提升。

- 承载力和生态足迹的分析可以被用作衡量人类个体和群体影响的指标。
- 马尔萨斯主义的思想对预测和理解人类与环境的关系有严重的局限,因为人口是其他因素产生的一种结果,包括发展和女性的权利和教育。

当然,即使接受了对马尔萨斯主义思想重要的批评,也不能完全忽略人口的问题。试想亚利桑那州菲尼克斯人民的生活方式,也许太阳谷可以承受的人数是有限的,超过该限制的每个人都在增加当地的负担,对本地生物多样性、开放空间、清洁的空气都会造成影响。然而,当这些资源变得稀缺、愈发珍贵时,提供资源的激励措施也可能应运而生。例如,环境组织(例如自然保护区)正在亚利桑那不断地购买土地,其目的是保护它们不被开发,让它们空置而不被破坏,允许它们为沙漠里的动植物提供栖息地。这种做法的支持者认为,这些环境"服务"的稀缺性正是保护它们的关键。市场可以提供并生产稀缺的环境商品这一观点,将在后面接着讨论。

问题回顾

1. 马尔萨斯预言什么"危机"是不可避免的?他提出的解决办法是什么?

2. 尽管马尔萨斯把将会出现的危机归咎于穷人,当代的思想家如保罗·厄尔里奇却认为极其富有的人负有同样的责任。这是为什么?(暗示:思考 $I = P \times A \times T$)

3. 谁的生态足迹更广,是你还是孟加拉海边以捕鱼为生的渔夫?并解释原因。

4. 人口增长如何推动粗放型农业向密集型农业转变?这种转变如何时常带来创新?

5. 是什么造成了印度喀拉拉邦人口大幅度下降?将喀拉拉邦

的例子与 20 世纪 70 年代印度实施的全国性人口控制政策作比较。

练习 2.1　你的生态足迹是什么?

进入生态足迹网站(http://myfootprint.org/en/),阅读关于生态足迹的分析。完成生态足迹的测试后,请留意你的回答和结果。现在,重做这项测试三次。每次在你原先答案的基础上改变一个答案,如同你已经改变了自己的一种行为。记录以下问题的答案:改变的行为如何改变产生的足迹?足迹发生了多大的变化?哪些特别的变化看起来会带来最大的生态利益?

你的生态足迹是多少?与全国以及全球的平均值相比,结果如何?在哪些方面高于或者低于平均值?如果每个人都按照你的方式生活,需要多少个地球才能维持这种状态?你为什么认为自己的总体影响高于/低于/等于平均值?在你的生活、经历或者现状中,有哪些因素可以解释你总体的足迹?它们会改变吗?往哪个方向改变?

在另外三次测试中,你的行为有哪三个变化?这些变化中哪个对你的足迹影响最大?哪个变化实际上是最可行、最可能的(例如哪个最简单)?从生态利益的角度来说,最容易的变化会带来最大的区别吗?为什么?什么原因让某些选择比其他选择更困难?从这点来看,相对于消耗水平、富裕程度和生活方式这些因素,你认为全球人口在多大程度上是导致环境变化的原因?

练习 2.2　哪里的生育率高?为什么?

访问人口资料局的数据中心(Datafinder,http://www.prb.org/Datafinder.aspx)。利用那里能找到的工具(包括表格、地图和其他资源)以及其他一些关键的指标,例如发展、财富、女性的教育等,研究 4 到 5 个国家的总体生育率。在哪些地方人口数量多的家庭(生育率高于 3.5)更常见,为什么?在哪些地区生育率较低(低于

2.5),为什么?可能有哪些措施、政策或者干预会切实地促进人口高速增长的国家生育率下降?

练习 2.3　人太少?

2012 年,日本和德国的出生率分别是 9‰和 8‰,这一比率相当地低。生育数量的逐年减少预示那里将出现全面的"生育低谷"。你能想象这些地区因为儿童太少可能出现的问题吗?在未来二十年,这些国家将面临哪些挑战?该如何应对?

参考文献

Boserup E. (1965), *Conditions of Agricultural Growth: The Economics of Agrarian Change under Population Pressure*(《农业增长的条件:人口压力下的农业转变经济学》),Chicago,IL:Aldine.

Chambers, N., C. Simmons, et al. (2002), *Sharing Nature's Interest*(《共享自然的兴趣》),London:Earthscan.

Commoner, B. (1988), "The environment"(《环境》), In P. Borelli(ed.) *Crossroads: Environmental Priorities for the Future* (《十字路口:未来的环境优先》),Washington, DC: Island Press, pp. 121—169.

Demeny, P. (1990), "Population" (《人口》), in B. L. Turner, W. C. Clark, R. Kate, et al., *The Earth as Transformed by Human Action*(《地球因人类行为而转变》)Cambridge: Cambridge University Press.

Ehrlich, P. R., J. Holdren(1974), "Impact of Population Growth"(《人口增长的影响》), *Science*(《科学》), 171(3977):1212—1217.

Hartmann, B. (1995), *Reproductive Rights and Wrongs: The Global Politics of Population Control* (《生育的对与错:人口控制的全球政治》), Boston, MA: South End Press.

Malthus, T. R. (1992), *An Essay on the Principle of Population* (*selected and introduced by D. Winch*) [《论人口原则》(D. 温奇节选并导读)], Cambridge: Cambridge University Press.

Newbold, B. K. (2010), *Population Geography: Tools and Issues* (《人口地理学:方法与问题》), Oxford: Rowman & Littlefield.

Parayil, G., ed., (2000), *Kerala: The Development Experience*(《喀拉拉邦:发展历程》), London: Zed Books.

Perz, S. G. (2007), "Grand Theory and Context-specificity in the Study of

Forest Dynamics: Forest Transition Theory and Other Directions"(《森林动态中的大理论和特殊性:森林转型理论与其他方向》),*Professional Geographer*(《专业地理学人》),59(1):105—114.

人口资料局(2008)《世界人口数据表》。2009 年 10 月 7 日检索,来自 www. prb. org/Publications/Datasheets/2008/2008wpds. aspx。

世界银行(2012)世界发展指标。2013 年 8 月 14 日检索,来自 http://data. worldbank. org/data-catalog/world-development-indicators。

世界资源研究所(2007)地球趋势数据。2009 年 10 月 7 日检索,来自 http://earthtrends. wri. org/。

推荐阅读

Ehrlich, P. R., A. H. Ehrlich (1991), *The Population Explosion* (《人口爆炸》),New York: Simon and Schuster.

Kates, C. A. (2004),"Reproductive Liberty and Overpopulation"(《生育自由与人口过剩》),*Environmental Values* (《环境价值》),13(1):51—79.

Lambin, E. F., B. L. Turner et al. (2001),"The Causes of Land-use and Land-cover Change: Moving Beyond the Myths" (《土地利用与土地覆盖变化的原因:超越神话》),*Global Environmental Change -Human and Policy Dimensions* (《全球环境变化——人类与政策的维度》),11(4):261—269.

Mamdani, M. (1972),*The Myth of Population Control: Family, Caste, and Class in an Indian Village* (《人口控制的神话:一个印度村庄的家庭,种性与阶级》),New York: Monthly Review Press.

Patel, T. (1994), *Fertility Behavior: Population and Society in a Rajasthani Village* (《生育行为:一个拉贾斯坦邦村庄的人口与社会》),Bombay: Oxford University Press.

Sayre, N. F. (2008) ,"The Genesis, History, and Limits of Carrying Capacity" (《承载能力的起源、历史与局限》),*Annals of the Association of American Geographers* (《美国地理学家协会年报》),98(1):120—134.

Warner, S. (2004),"Reproductive Liberty and Overpopulation: A Response" (《生育自由与人口过剩:应对》), *Environmental Values* (《环境价值》),13(3):393—399.

联合国(2011),"As World Passes 7 Billion Milestone, UN Urges Action to Meet Key Challenges","当世界人口跨越 70 亿大关,联合国呼吁采取行动应对关键挑战"(在线),联合国新闻中心,2013 年 8 月 8 日检索,来自:http://www. un. org/apps/news/story. asp? NewsID =40257#UNtVYndnhnU

市场与商品

图片来源:Sima/Shutterstock.

打　赌

使用的东西越多,可以得到的东西就越多吗？人口的增长对自然和社会有益吗？在20世纪70年代末之前,人口中心主义的思想处于绝对的主导地位,这样的问题会被认为是有悖常理,甚至是难以启齿的。当时,保罗·厄尔里奇是人口危机理论最声名显赫的代言人,他被认为是当下最杰出,最令人信服的新马尔萨斯主义者(见第二章)。他的著作《人口炸弹》(1968)是许多环境主义者思想和言论的基础。

因此,当 1980 年厄尔里奇受到一位与环境主义没什么关系的思想家的挑战,要进行一场公开的赌约时,这是令人惊讶的,至少公众这么认为。提议打赌的是经济学家朱利安・西蒙(Julian Simon),他一直认为人口的增长改善了生活条件和环境质量,因为,(1) 人越多意味着好主意越多,(2) 对物质(包括干净的空气和水)更多的需求会催生去发现、构建,并且有创造性地保护世界的动力。他的思想最终发表在 1980 年的一期《科学》杂志上,这篇颇有争议的文章题为《资源、人口、环境:虚假坏新闻的过剩》(Simon,1980),他坚持认为,随着每个生命来到人间,情况将逐渐变好,而不是越来越差。

正如《纽约时报》的一位记者在十年后记录下的那样(Tierney,1990),他们下注一千美元,厄尔里奇和他的同事选择了五种金属——铬、铜、镍、锡和钨,打赌十年后它们的价格变化。如果西蒙是对的,那么这个星球的未来总是比现在更好,人类不断的创新和经济增长会使这些商品的稀缺性下降。如果厄尔里奇是对的,这个星球就是一个饱受疯狂消费折磨的有限空间,它们的价格会大幅提高。毕竟,人们预测 20 世纪 80 年代是空前增长的十年,越来越多的人出生,人口的增长比人类历史上任何一个时期都要迅速。

在这场打赌中,厄尔里奇输了。因为人们发现了各种金属的其他来源渠道,而且全世界的实验室和工厂开发出它们全新的替代品,这五种商品的价格无一例外地大幅度下降。对于西蒙来说,这似乎证明了一种与拥护世界末日论的马尔萨斯环境主义完全不同的世界观。

当然,人们也会追问这场赌约真正的环境价值是什么,这确实也是几十年来争论不休的问题。在多大程度上,这两个人真正地"拿地球打赌"?如果他们不是拿在生态资产中相对微不足道的一部分商品的价格来打赌,结果会怎么样?如果他们对全球气温或者大气层中温室气体浓度的升降下赌注呢?如果人口继续快速增长,这些商品以及其他商品的未来会怎样?

然而,西蒙以公开的方式表达了他对自然与社会关系的观点,它与人口中心主义的思想截然不同。西蒙最基本的经济世界观就体现在这场赌约上。除了必要的乐观主义,该观点的核心是人类的创造潜能,激励在过程中的重要性,以及利用价格衡量并创造勇敢的新世界(Field, 2005)。

维持环境商品:市场反应模型

与认为人口导致稀缺(马尔萨斯主义者或其他)的观点不同,从经济角度思考的观点认为稀缺并不会限制社会与环境的关系,反而是促进两者相互作用的引擎。在此,供求关系的作用激发了人类潜在的创造力,并因为经济的刺激被释放出来,由此获得稀缺的资源,或者其实资源并不稀缺。

可获得的资源因为包含价值,所以成为社会商品被开发利用。汽车通过燃烧石油搭载人们去工作,在远离人群的地方修建垃圾填埋场处理垃圾,人们消费蔬菜维持健康。一旦开发环境商品,即使森林、渔场这些可再生资源的供应量也会减少(正如任何一个优秀的马尔萨斯主义者认为的那样!)。但是当商品变得稀缺,它们的市场价格往往会上涨;想一想:黄金可是比铅更昂贵。这种价格上涨并没有立刻引起迫在眉睫的生态灾难,而是给生产者和消费者带来了全新的、有趣的选择(图 3.1)。

对生产者来说,价格上升可能创造许多创新的机会,可以发现获取能源的新渠道,或者开发提取、生产、合成环境商品的新技术,包括之前相对于资源价格太高而不能考虑的技术。例如在美国西南部,采铜业在一百多年里一直是当地的支柱产业,但是在 20 世纪六七十年代戛然而止。矿产储量较低或矿藏分布太过分散的地区,就不值得花费大成本从地面开采。但是在 21 世纪第一个 10 年

注：壳牌石油加油站经营者史蒂夫·格罗西（Steve Grossi）的石油价格标牌，他的加油站位于亨廷顿海滩（Huntington Beach）。

图片来源：Reuters/Robert Galbraith.

图3.1　环境的稀缺推动着市场

的最后几年，铜价上涨，用成本较高的开采工艺开采长期闲置的露天矿场开始变得有利可图，这促成了采矿业的复兴和产量的上升。

同样，当一种商品的价格相对于不常用的替代品的价格上涨时，人们可能会转向这种替代品，作为一种更实惠的选择。历史上不乏此类替代品的例子，从鲸油被碳矿物油取代到铜管被高分子塑料管取代。这些应对稀缺的措施推动了革新，而革新自身也创造了新的经济，它们在全新的、前所未有的生产系统中雇佣了许多技术员、工人和设计师。

在环境商品市场中，生产者和供应者不是唯一有创造性的组成部分。无论是出于生产需要消费这些商品的公司，还是消费商品的个体，他们都会对价格作出回应。对消费者来说，某种商品价格的上涨将导致他们减少使用该商品——需求下降。他们可能再使用或者循环利用曾经用过的商品，找到新的替代品，或者提高使用的效率。如果水价涨到无法浇灌花园的程度，消费者可能就会放弃户外植物，用耗水量低的物种代替，或者再利用洗衣机或者水槽里“可再利用的废水”养护景观。值得注意的是，这些保护措施并不是被利他主义或环保意识所推动，而是人们对市场力量的简单回应。

在这个过程中，稀缺通过供求规律得到缓解，它们共同控制并维持着人与自然的关系。经济学家和地理学家将之称为“市场反应模型”①（图 3.2）。在这个模型中价格信号被转化成市场上具有理性和创造性的人所作出的调整，因此即使在稀缺的情况下也能有充足的供应。显然在 1980 年的那场打赌中，这种逻辑让西蒙战胜了厄尔里奇。

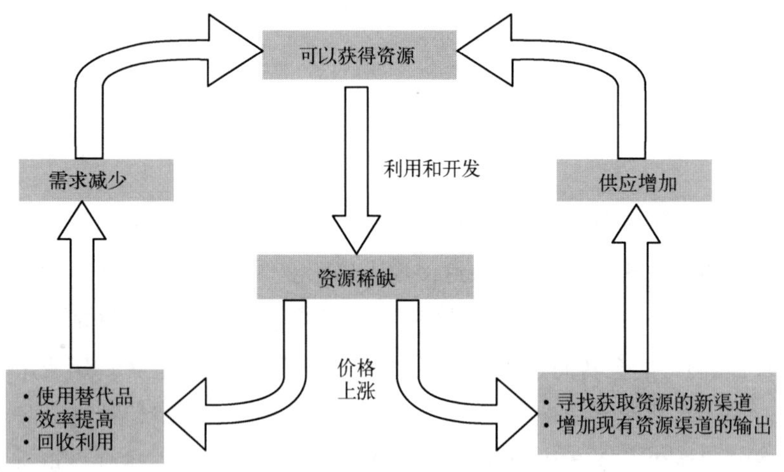

注：理论上说，环境商品和服务的稀缺引发市场对价格上涨作出一系列调整，结果实际上提高了资源的可利用性。

资料来源：Rees（1990），P. 39.

图 3.2　市场反应模型

① 市场反应模型（Market Response Model）：该模型预测对资源稀缺作出的经济反应将导致价格上升，这会造成对该资源的需求下降或者供给增加，或者两种情况同时发生。

管理环境危害：科斯定理

环境问题并不总是关于分散的、单个事物的稀缺性，例如铜或者石油。如何将市场的视角应用于所有的环境对象和条件（例如适合游泳的溪流、多样性的雨林、干净的海滩），而不仅是传统的商品（例如牛奶、钨、鳕鱼）？从理论上说，如果人类活动使干净的空气或水变得稀缺，而我觉得干净的空气或水很重要，我应该愿意为这种情况的补救买单。然而，如果其他人污染了空气或水，却由我遭受环境恶化对下游或者更远端的影响，那么我买单的意愿又如何实现呢？

许多经济学家已经回答了这个问题，其中诺贝尔经济学奖获得者罗纳德·H.科斯（Ronald H. Coase）的答案最为著名。科斯在1960年提出了一个当代经济学开创性的命题（常被称作"科斯定理"①），它认为在利益冲突的情况下，产权人之间的议价将得出最有效率的结果（Coase，1960）。

科斯提出，契约是许多环境问题最高效的解决办法。设想一下这个场景：生活在蒙大拿州美丽山谷的一个家庭，他们住在牧场旁边。果不其然，牧场既很嘈杂又会散发出难闻的气味。当一方的经济活动是以另一方的利益为代价时，这种影响被称作外部效应。我们将在下文和第四章看到，对于环境问题来说，这种情况司空见惯。此外，在蒙大拿州，这些情况也引发许多激烈的争论。

如何协调这样的情况呢？一种可能的办法是为了保护房屋所有者，县政府禁止在该地区经营牧场，要求牧场关闭。另一个办法是明确在农村地区牛群比住房更重要，因此停止在该地区开发房

---

① 科斯定理（Coase Theorem）：它以新古典经济学为基础，认为外部效应（例如污染）可以通过契约或者双方议价得到最有效率的控制，它假设达成议价的交易成本不会过高。

地产。或者，设计出复杂的规则，规定开发商如何建造防臭、隔音的房屋，牧场主如何更安静地转移或者饲养牛群。对任何一方来说，这些解决办法未必都是社会公平或公正的。尽管最后一种办法也许更公平一些，但是相比其他选择，它可能在经济上更缺乏效率，成本更高。谁将为这些重新设计买单，并按照什么条件执行？用什么办法可以得出最佳的结果？

按照科斯的方法，最好让双方通过契约自行解决问题，并在此过程中发现放牧、山景、牛群的气味真正的成本和价值。不管双方在这种情况下最初拥有哪些权利，通过彼此让步，他们做出的任何决定都是效率最高的结果。

如果这家人在牧场经营多年以后迁入此地，或者如果这家人没有合法的权利限制牧场主的行为，他们只能忍受，否则就要承担臭味的代价，花更高的价钱购买其他地方的土地，搬离牧场。他们现有的房屋与新房子的差价反映出人们为了不住在牛群旁边，愿意付出的代价。可是，也许新房子的成本远高于他们能支付给牧场主让他干脆把牛舍搬到另一块土地的费用。通过付给牧场主更少的钱，这家人就可以依旧享受美景，且不受臭味的烦扰，同时还抵消了牧场主这么做的成本。在这种情况下，双方（而不是依赖管理者）通过协商找到解决环境困扰的合理价格，而且每个人都获得了最佳的结果。

另一方面，如果这家人先于牧场主来到这里，或享有本县所赋予的某种免受恶臭环境干扰的权利，就会出现其他选择。在那种情况下，牛群的所有者可能得不惜代价停止放牧，把土地卖给房产开发商。对牧场主来说，直接付钱给房屋所有者可能更便宜些，必要的时候还得给他们一些小恩小惠让他们忍受一下难闻的气味。另一方面，如果搬迁牛舍比花钱哄哄邻居便宜，牧场主便会始终做出这个选择。

值得注意的是，在这种情形的一开始，合法权益如何配置并不重要——牧场主可能拥有放牧的权利,家庭住户可能有权不受牛群气味之扰,或者与两者无关。在任何一种情况下,如果可以制定出契约并在双方中执行,他们就总能做出经济上最有效率的决定。这种决定完全符合市场反应模型,但是它清晰的逻辑还可以延伸到环境外部效应[①]的复杂世界。

然而,科斯规定了两个关键的假设,要想顺利实现这种效率,这两个假设必须是成立的:财产权必须专有,转移和保护约定的权利必须免费。在上述例子中,要想实现科斯所说的效率,这意味着,(1)牧场主和房屋所有者双方必须可以完全控制各自的土地和对土地做出的决定,同时,更重要的是,(2)他们协商、约定和执行协议和契约必须不花费时间或金钱。换句话说,如果达成协议、实现谅解、制订公平的规定和限制条件等在社会上和经济上是免费或者便宜的,那么自由市场体制就是有效率的。也就是说它的前提是协议和权利的执行(监督、监控和处罚违规)没有成本。

当然,现实中这完全不可能。对牧场主和房屋所有者来说,协商契约需要花费时间和律师费,维持县法院运转和供养处理、管理契约的公务员们的隐性成本其实相当高。确定更难以界定的商品和服务(例如生物多样性)的产权甚至更加困难。对于极其复杂的系统(例如全球气候)来说,执行契约似乎更是不可能做到的。问题在于现实中很难分配"短暂的"、移动的、无形的东西——比如空气,清楚地约定所有人之间的关系,并强制执行。若使"空气"市场运转,空气必须由为此买单的人所有,他可以从中得到价值,保持空气清洁可以获得个人利益,而且能从法律上向污染空气,或者违反空气状况约定协议的人提出挑战。

尽管在某些方面这样一种市场是不可思议的(因为它很难封

① 外部效应(Externality):成本或者利益溢出的部分,即当工厂的工业活动造成区域外的污染时,必须向他人支付的部分。

闭起来,见第四章),可是最近有证据表明它有可能存在。它不是分配拥有清洁空气的权利,而是最近出现在美国和其他地方,赋予污染权利的做法。二氧化硫是造成酸雨的主要原因,在20世纪90年代早期有一个特殊的例子——美国环境保护局(EPA)对工业排放二氧化硫设定了上限。但它不是对每一家工厂的排放设置限制,而是将总的污染许可水平分成若干个单位,再以可出售的信用的形式分配给生产者。如果有公司找到一种花费低廉的方法,把产生的二氧化硫降到低于它们所持信用的水平,它们就可以出售多余的信用来获利。更激进的是,如果环保组织认为该信用制度的总排放限值过高,而且它们也愿意为降低限制出价,它们就有权像其他任何人那样,在市场上购买信用,让它们退出流通。因此,这也增加了污染信用的稀缺性和成本,激励行业提高效率。这样的市场已经运转了15年,在众多努力中,是唯一运转那么久的(更多请见下文“限额与交易”)。

不管这种制度有什么缺陷,它依然证明了各种环境商品和服务都可以按照市场规律运作,但是正如科斯所说,要使它们运转良好,对自然的私有产权必须明确地分派给公司或个人。这是任何用市场的方法解决问题的逻辑和现实的前提,但是它当然也会造成严重的社会、环境和政治影响,正如我们将见到的那样。

市场失效

在自然生活中的一些方面,市场和契约支配的方式可能失效。当市场模型的假设与真实世界不匹配时,就会出现市场失效[①]。对市场假设主要的挑战包括:(1)交易不是通过免费的手段实现(按

① 市场失效(Market Failure):生产、交换商品或服务缺乏效率;这是卖方垄断或者不受控制的外部效应等市场问题引起的一系列有悖常理的经济结果。

照科斯的假设),(2) 契约和产权的界定和执行通常要付出很高的法律和法规的代价,(3) 不是所有协议方都拥有全面的、平等的信息。当环境商品和服务在大量的个体间传播时,这种情况尤为突出。

例如,考虑一下上文说到的牧场与住宅的问题。但是现在,假设这个问题中有数千个分散的房屋所有者和上百个牧场。在这些情况下,通过协约得出分散的协商办法将变得极其复杂,每个牧场主与不同的产权所有人都有不同的约定,监督和行使他们的权利同样很复杂。

对有些人来说,总是有一种坐享其成的诱惑,等待他人的协商结果,却不花费任何时间或精力参与协商。这种"搭顺风车"的问题是一种典型的公共财产环境问题(见第四章)。在这种情况下,按协议解决问题的交易成本[①]比问题的成本高很多。通常,这些情况的解决方法在于条例和条约,而不是市场。例如,美国环境保护局是一个依靠联邦税收维持,具有警察权力的实体,它开创并执行可交易的污染信用制度,成功减少了酸雨在美国的发生频率。还有个例子,欧洲通过制定"赫尔辛基议定书"来管理硫的减排,这项协议要实现签署文件的 21 个国家总共减少 30% 排放量的目标。高效的市场需要共同的投入。自由市场几乎很少有自由可言。

其他方面的不对称性也给市场带来问题。最严重的不对称性之一是卖方垄断[②],即多个买方面对单一的供应方或者所有者,或者买方垄方[③],即多个卖方面对唯一的买方。在任意一种情况下,

---

① 交易成本(Transaction Costs):在经济学上一切与交换有关的成本,包括起草契约、在市场上传递或者商议价格等;尽管大多数经济模型假设交易成本较低,但是实际上这些成本相当高,特别是对于外部效应很高的制度来说。

② 卖方垄断(Monopoly):在这种市场情况下,有很多买方却只有一个卖方,导致了商品或者服务定价的反常或者人为的上涨。

③ 买方垄断(Monopsony):在这种市场情况下,有很多卖方却只有一个买方,导致了商品或者服务定价的反常或者人为的下降。

个人或者公司有定价权,它们毫无竞争地买卖商品或者服务,激励措施也不起作用。这两种情况都不罕见,美国和欧洲的资本主义经济史充斥着这样的例子,通过财富(在铁路、肉类包装、通信等许多方面)的聚集,出现卖方垄断和买方垄断。对环境商品和服务而言,它们的发展也同样不平衡。例如在19世纪的美国,大部分的市政供水由私有企业开发。然而,公共事业的垄断无法高效地管理和设定水价,这导致了大部分公共事业最终变成国有。

如果考虑到在契约协议或者市场中,有许多可能的参与者还没有出生,这将提出一个更深入的问题。我们也许可以对砍伐森林,或者利用木材生产建设的相对价值进行协商,但是一百年后的人们呢?他们在这个市场中有一席之地吗?严格地遵守市场逻辑,就不会顾及到这些人。毕竟,不考虑后代,仅仅搞清楚环境经济状况就够难了。也有人认为目前的经济发展和保护无论以什么样的方式进行市场协商,永远要符合后代的利益,使他们受益于更好的经济和环境状况。

用以市场为基础的方法解决环境问题

我们已经明白市场可能失效,甚至连极力支持市场环保主义的人士也承认它需要某种形式的经济监管指导。近些年出台了一系列以市场为基础的政策办法来解决无数的环境问题。在某些方面,不管怎样,这些方法都利用了激励、所有权、定价和交易等概念解决环境问题(表3.1)。

表3.1展现了以市场为基础的解决办法。对一些主要环境管理机制的概述,涉及市场的构成,且部分以市场逻辑为基础。注意在所有的情况下,国家依然对市场运作、实现环境目标发挥重要作用。

表 3.1　以市场为基础的环境管理机制

管理机制	概　　念	市场构成	国家的角色
绿色税	个人或企业通过避免使用代价更高的"棕色"替代品,选择参与"更绿色的"行为	激励行为	定税和征税
限额与交易	限制污染物或其他"危害"总量,把可以交易的污染权分配给污染者	奖励效率	设定限制和执行契约
绿色消费	个人消费者按照他们获准的环境影响力选择商品或服务,通常为更环保的商品付出更高代价	支付意愿	监管和批准生产者和销售者的要求

绿色税收

控制市场并由此影响个人和公司的环境决策,其最直接的办法之一就是人为地改变价格。毕竟,根据市场反应模型,正是上涨的价格推动着供应者寻找新的渠道,革新者寻找替代品,消费者节约等其他选择的出现。对某些商品或者服务征税,并以此提高价格,会导致这些资源使用的减少,或者在新的来源或选择方面的创造性革新。税收收入可以被政府直接用于提供服务或者寻找其他的选择。

这样的"绿色税"有许多实例。例如,在面对垃圾填埋场的费用、劳动开支、提供垃圾处理的相关成本时,许多城市要求每个家庭用特殊的垃圾袋处理所有的废物,消费者需自行购买垃圾袋,通常每个垃圾袋花费一美元或者更多。结果,循环利用率大幅度提升,消费者对包装和废物更加留心。有观察表明,通过使垃圾的成本在消费者中内在化,家庭的垃圾量有所减少。

更激进的是,有人提议用这种税收来控制造成全球变暖的温室气体。1991 年,瑞典实行了碳排放税,包括荷兰、芬兰和挪威在内的其他国家紧随其后。美国和欧盟也已经有这方面的考虑,尽管它们面对着政治上更强烈的反对。

专栏3.1　环境解决办法?将天然气作为桥梁燃料

想一想,在未来我们从风能、太阳能、地热、潮汐这些可再生能源中获得电力、交通、农业、工业需要的几乎所有能量。虚构的后碳经济代表了(至少在理论上)伟大的环境双赢。首先,按照它的字面意思,可再生能源耗之不尽。后碳经济将消除对越来越久远的化石燃料不断追寻的需要。其次,后碳经济将以数量级的幅度减少人为排放、将造成气候变化的温室气体总量。

但是,世上当然没有免费的午餐。开发出主要利用可更新燃料推动社会进步的技术和基础设施得花上几十年,在此期间,我们不能继续现有的道路。如果由煤炭或者石油驱动的发展再持续30到60年,到本世纪末全球气温可能上升超过4℃,这将是灾难性的。明智的做法是向低碳密集型的燃料转换,它们可以作为一种通往后碳未来的“桥梁”。可以说,最有前途的“桥梁燃料”是天然气。

相对于煤炭和石油,天然气有一些明显的优势。将燃煤型工厂转变成天然气工厂是可行的(在全球,这种转变的确正在可以容易获得天然气而且天然气价格低廉的地区进行)。天然气的碳排放量比石油或者煤炭少得多(同时,也消除了或者极大减少了空气中的汞、二氧化硫等污染物)。此外,天然气相对充足。

然而,问题是大部分剩余的、可以开采的天然气是所谓的“致密气”,它聚集在整个沉积岩层(通常是页岩)里连接不是很紧密的空隙中。可以利用液压水力劈裂(或者液压破碎法)这种新研发的提取技术回收致密气。这项技术横向钻井,深入气体丰富的页岩层,然后在高压下注入水、沙子和化学物质击碎岩石,用压力使气体到达表面。在过去10年里,液压破碎法极大地提高了天然气的开采量。例如,自20世纪80年代以来,美国天然气的产量上升了30%,这毫无疑问地减少了该国的碳足迹。此外,页岩气足以满足美国未来几十年的能源需求。

尽管天然气在环境保护方面具有优势,但是液压破碎法对使用它的地区造成了不利的环境影响。注入到地下的化学物质包含一些有毒的化合物,它们可能污染当地水质。释放出的甲烷常常进入液压破碎操作处附近的地下蓄水层。压缩站会排放出通过空气传播的有毒有害物。这些(以及其他)环境问题使得液压破碎法具有极大的争议。

然而,也许液压破碎革命对环境最大的挑战,是它给可更新能源带来的挑战。随着天然气产量增加,以及更多的基础设施用于天然气运输,它的价格急剧下跌。廉价的天然气不仅压低了"污浊"能源的生产价格,例如煤炭,也压低了非常重要的可再生能源,包括风能和太阳能的价格。因此,天然气的供应量越大,重要的可替代和可持续的能源选择在经济上的竞争力就越弱。这种市场结果削弱了廉价的天然气带来的益处,它也表明增加的液压破碎可能进一步将能源经济锁定在可以推动气候变化的技术,而不是作为可更新资源的桥梁。

交易和存储环境"危害"

在这些市场化的手段中,结合科斯的见解,利用契约的交换,尽可能高效地减少环境问题的政策措施也十分重要。这样的机制常以"限额与交易"①的形式出现,即国家设定了一种环境危害的最大可排放量,允许各公司自行达到目标或者向其他能更高效减少

---

① 限额与交易(Cap and Trade):一种以市场为基础管理环境污染物的制度,在这种情况下,在管辖区域(州、国家、全世界等)对所有的排放设定总限额,个人或企业拥有总量中可交换的份额,理论上,它可以带来最高效的总体制度,保持和减少总体污染水平。

排放的公司购买配额，由它们来实现这一目标。与传统的规定一样，这种做法达到了相同的结果，但是总成本却更低（因此经济学家把这种结果称作“更高效”）。

如图 3.3 所示，可以利用规定，减少工业背景下的排放量，要求 A 和 B 两工厂减少 30% 的污染物，结果是它们总共排放 700 吨污染物，大气中减少了 300 吨的污染。然而，B 工厂因为生产技术和系统的原因，减少污染的成本是每吨 25 美元，而相对老旧的 A 工厂要想达到同样的效果，每吨需要花费 50 美元。因此，在总量上限定 700 吨的排污量，允许两个工厂按照各自意愿交易排放许可量，要比总共花费12 000美元减少污染效率高得多。在那种情况下，虽然 A 工厂能自行减少一部分污染排放，但是它向减排效率更高的 B 工厂购买了剩余的污染信用额度，B 工厂的大力减排使它实现了净目标。这两种制度能减少等量的污染，但是限额与交易的方法效率更高。

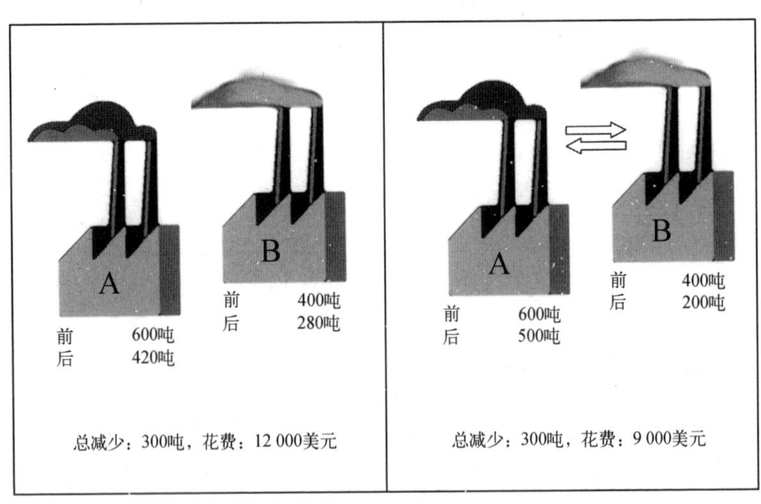

管理的方法
（减少30%）

限额与交易的方法
（最多700吨）

注：两种方法都会实现期望的污染净减少，但是理论上，限额与交易的方法在总体上更便宜。

图 3.3　管理：限额与交易

这里存在一个基本的观点：能够以更低成本（因为可以利用的技术、专业技能或者经验）减排的企业，可以协助其他减排能力相对较弱的企业减排，并为此得到回报。美国二氧化硫“酸雨”的交易制度从 1995 年开始执行，报告显示排放量显著下降。支持者声称，与其他不灵活的方法要求每个企业必须精确达到同样的目标相比，交易制度减少了 30% 以上的排放量（例如，参见全球造船业大胆的观点，www. seaat. org/）。

显然，这些体系并不是没有问题和局限的。例如，这里没有考虑到地理的因素。如果个别工厂被允许在本地排污从而抵消它们在远处减少的排放，即使总的减排达标，环境影响在当地可能依然是灾难性的。实际上，设定限额，确定上限，监控和执行减排等方面的问题依然存在。使用市场手段也无助于污染控制的去政治化，因为决定允许的污染量，需要复杂的权衡和管理经验。

将这种方法略作变动后，一些规定允许通过第三方供应商把市场拓展到“存储”和“提取”环境服务的领域。最明显的是，美国的湿地保护已经进入一种类似银行业的体系。该体系对湿地设定了总量限额，实行湿地总量净减少为零，但是只要依据它提供的类似“服务”，经 EPA 批准，允许在其他地方创造湿地来弥补任何当地湿地的减少。例如，在建设新门店的过程中，新的连锁零售大卖场破坏了湿地，按照法律的要求，它得在其他地方创建类似的湿地。然而，因为湿地建设需要专业性的操作，这可能超出了破坏原有生态体系的个人或企业的技术能力与生态能力，因此他们可以求助于第三方来创建和管理新的湿地。此外，机智的开发商可能先建立一大块湿地，或者一系列的湿地，因为他预料到在未来，为了履行义务，新的建设将需要购买一些湿地份额，这种做法类似于某种银行。

这样的制度带来了许多实际的问题，它们对由这种努力尝试产生的生态效应提出了疑问。例如，在湿地的案例中，必须要保证新建环境的确提供了在破坏原有风景的过程中失去的生态系统服务。这样的监督监管需要付出大量的管理努力，许多生态学专家实地研究这种制度，并对此长时间认真地审查。的确，虽然人们经常吹嘘以市场为基础的办法不需要政府干预，但是它可能需要国家管理的延伸，以及更多体制内的科学家和监察员，由公共开支负担，保证市场交易的合法性（Robertson，2006）。

绿色消费

用以市场为基础的办法解决环境问题，往往也强调消费者需要有改变环境状况的能力。市场的倡导者指明朝向绿色价值的整体社会性转变，提出改变生产制度最有力的办法就是让消费者“用钱投票”，通常按照溢价选择和购买绿色产品。有机食品是目前消费文化中的主流，它们的成功表明消费者愿意花额外的钱，激励更多生产者改变方法和技术。

然而，这些办法有很大的局限。毕竟，消费者如何知道贴着体面的绿色标签的产品对环境有什么特殊的影响？他们如何知道这些产品和企业不是仅仅“被漂绿”[①]，在呈现它们和广告宣传时，它们被着重地渲染成有利于环境，或者对环境无害，在实际的生产、包装或处理中对环境只造成微不足道的重大变化？事实上，许多企业在做绿色广告上花费的时间和金钱比花在绿色行为上的多得多（TerraChoice Environmental Marketing Inc，2007）。

绿色认证[②]是确认绿色广告真实性的一种方法，在这个过程中，第三方监督一系列产品生产，并给予达到特定标准的产品认证性的“许可印章”。目前有许多政府和非政府性的绿色认证体系，产品范围包括木材、有机食品和节能的电器等。然而，随着绿色证

① 漂绿（Greenwashing）：夸大或虚假地营销产品、商品或者服务，称它们对环境有利。

② 绿色认证（Green Certification）：为证明商品对生态有利，对商品进行认证，例如有机种植的蔬菜或可持续收获的木制品。

明体系的不断发展,它们的可信度和一致性越来越受到质疑。例如,有些证明是由企业自己,而不是第三方观察员确定的。此外,许多国家采用各自的标准。例如,马来西亚制定自己独立的可持续性木材认证,它的认证标准与国际标准存在直接冲突。这使得全球环保商品贸易成为混乱的大杂烩。

超越市场失效:自然与经济的差距

即便我们不考虑执行以市场为基础的环境政策存在的问题,还有更大的问题隐约显现。采用经济学的逻辑来看待自然,带来了更多根本性的问题:它很难坚持生态中心主义的价值(见第五章),这是因为金钱的行为与生态系统不匹配,并且根本上的经济不平等给用社会公正的方式协调市场与环境的关系造成了障碍。

非市场价值

本质上,只有严格地从经济的角度来衡量成功时,市场反应模型才可以被认为是真正地顺利运行。抹香鲸油变得稀缺并且被化石燃料取代,这就是 19 世纪的真实情况,它对人们的影响是微不足道或者是有利的。在旧资源稀缺性的推动下,通过市场的力量,可以获得新的资源。但是这个故事对于抹香鲸本身有什么教训呢? 早在市场反应"开始生效",促使人类去寻找新的油品来源之前,抹香鲸曾被逼到濒临灭绝的地步,只是因为在 20 世纪颁布了国际禁令禁止捕鲸,人们才阻止了这个结局的发生。实际上,我们已经证实全球绿色市场对雨林的减少、生物多样性的下降以及全球变暖导致的潜在灾难性影响反应迟缓,至少在迫切需要解决它们的一段时间内,提出了是否能通过交易获得它们的价值的问题。

因此,这个问题不仅是市场就其本身而言可能失效(而且许多它最忠实的支持者确实承认这一点),也是市场的成功只能从经济的,而且是人类中心主义的角度来判定。如果存在市场上无法获取的价值,例如一种具有进化,美学,或者道德“价值”的物种,在耗尽之后最终可以被替代,这将造成什么差别?尽管经济价值让我们明确了人们可能愿意为哪些抽象、无形的商品和服务(例如抹香鲸在地球上的某处出现)买单,但是从金钱的角度来说,它未必表明它们应该被重视。

金钱与自然

除此之外,通过市场,特别是从金钱的角度来确定生态状况的价值,还有许多其他根本性的问题。首先,资本主义的历史表明市场会产生剧烈的波动,并且经常出现泡沫和泡沫破裂。对资本来说,这未必是件坏事,资本在不同的危机间转移,从投资森林转换到塑料,再到生物燃料。但是,不同自然物的金钱价值的剧烈波动通常是由投机买卖的行为推动的,它们可能与自然系统的周期和社会价值的改变都不一致。然而,如果不使用其他的估价体系,这些爆发性指标就是衡量市场的唯一方法。正如地理学家大卫·哈维(David Harvey)所描述的,这就变成“一种同义重复,在这种重复中,已达成的价格成为资产金钱价值的唯一指标,同时我们也在努力地确定它们的独立价值。市场价格的迅速变化暗示了资产价值也在迅速地变化”(Harvey, 1996:152)。但是,市场以往的崩溃和高潮不断地表明市场波动也许不能反映它们所衡量的社会价值。我们可以信任用一种变动的商品交换市场来反映变化速度缓慢、稳定的环境价值吗?

用商品的方法来研究环境,也倾向于强调分散且特殊的物品和服务交换。由各方来评估分散的组成部分,可以在市场上最有效地管理河流复杂的生态系统。例如,在某种条件下,河流也许能提供湿地,防洪,使鳟鱼的栖息地最大化,或者促进运输的发展、提供娱乐场所。理论上,按照这些服务互相排斥的程度,市场可以最好地裁定什么是最理想的服务，并且利用河流提供这种服务。然而事实上，这些功能在许多方面互相联系、互相依赖，准确地说这是因为溪流的生态错综复杂。河流中许多不被重视的方面可能对其他的组成部分有价值，它们互相生成，互相依赖，从这个角度说，分散的市场是“反生态的”。经过把系统分解成可出售的服务，这些相互的联系就被切断、转移和分割。仅仅体现分散商品和服务价值的市场可以保证整个生态系统的正常运行吗？

公平危机：从经济不公正转向环境不公正？

把市场的逻辑应用到环境中，便提出了关于公平与权利的基本问题，因为按照环境市场化的程度，个人和组织参与环境整治行动的能力，甚至获得基本环境服务的权利（例如干净的空气或者荒野），都受制于他们可以获得的资本。这会对民主有所启示。这里以及本书其他地方提到的“民主”是指在社会中，人们对政治决策和结果拥有平等的话语权。因此，只有在可以获得的经济资源在群体中平等分配的情况下，市场环保主义才是民主的。

当然，没有什么比上述观点更脱离实际的了。将关于自然的决定转变成在市场内做出的决定可能是不民主的，因为在政治制度里，金钱几乎永远都不可能平均分配。按照全球的标准，美国是极其富裕的国家，1999 年美国最富有的五分之一人口拥有全国 49% 的收入，而最贫困的五分之一人口，收入不到全国的 4%。从总体财富的角度来看，在 1998 年，最富有的 5% 的人口拥有全国 60% 的财富。从全球来看，统计数据更加惊人，全世界最富裕的五分之一人口拥有总收入的 83%，最富裕的 10% 的成年人口控制了世界总资产的 85%。财富和收入聚集在企业实体的手中，而不是人民手中，这一点也非常值得我们关注。所以，全世界的家庭中金钱和资产的控制权也是不平等的，女性可能没有获得和控制金钱的权利，即使她们的劳动和付出给家庭带来了收入。考虑到该现实,在这个经济能力差别很大的世界,仅仅依靠经济上的意愿做出带有政治意味的环境决定,可能代表了对民主深刻的颠覆。

此外,正如沙朗·贝德(Sharon Beder)所主张的,以市场为基础的解决办法在经济和科学上中立的表象,可能在一定程度上更进一步掩盖了它们根本的政治特征:

> 把经济的手段描绘成中立的方法,这让它们不受公众的检查,并且把它们交到了经济学家和管理者的手中……市场体制把权力交给了最有经济能力的人。(Beder, 1996:61)

市场支持者们回应道,即使是没有什么财产的个人也通过市场行为发挥极大的作用,特别是当他们聚集成庞大的消费者群体时。所以,他们还提出大部分的环境价值是人们普遍的渴望,"我们"只是缺少高效地实现这些全球目标的手段。可是,提出当前收入和资本根本上的不平等是否应该作为建立环境管理的基础这个问题是合理的。市场是否能带来人与自然之间不仅高效而且民主的关系?

许多观察家坚持认为,在开始思考全球资本主义经济全面且显然是不间断的增长时,依赖市场解决环境问题是有问题的(见第六章)。随着全球贸易以越来越快的速度不断吞食、转移以及倾倒资源、物品和燃料,我们很难想象如何在利用这些能源的同时控制它们。但必须承认的是,在21世纪初,"市场""自由贸易"和"生态经济"这样的话语是最主要、最普遍和广为接受的思考环境的方法。

市场的视角

本章我们学习了:

- 主要的思想流派认为,只要环境商品和服务可以被出售或者交易,用经济的力量通过市场反应模型就能减少稀缺。

- 市场反应模型通过创造激励措施,即增加环境商品和服务的供给或者减少需求来缓解稀缺。
- 按照这种理论,个人契约可以比管理更高效地减轻环境的外部效应。
- 因此许多以市场为基础的机制可能为了解决环境问题而存在,包括绿色税、污染市场和绿色消费者选择。
- 然而市场也会失效,这对相信它们可以不断解决环境问题提出了质疑。
- 以市场为基础的环境主义还面临其他的问题,包括难以估计一些环境商品的价值,市场可能变化无常以及经济的办法未必就是民主的办法。

问题回顾

1. 比较朱利安·西蒙和保罗·厄尔里奇关于人口增长对环境状况总体影响的观点(你的回答要包括“稀缺”这个词)。
2. 举例说明影响人类使用和开发某种自然资源方式的供需“法则”。
3. (请解释)下面哪种环境问题更适合用科斯定理来解决:(1)临近地块私有土地使用的纠纷;(2)在整个区域里减少水污染。
4. 回顾环境政策可以利用的市场机制。哪些需要最广泛的国家执行力?
5. 如果不是完全不可能的话,河流生态复杂的本质(就此而言,或者任何类似的自然的组成“部分”)为何使它难以用金钱来衡量?

练习 3.1　绿色消费的代价

去附近的杂货店或者超市,选出四五种不同的产品(例如水果、蔬菜、包装商品、肉、纸制品、清洁剂等)。找出这种产品的传统商品和它的"绿色"替代品。这可能包括例如"有机"生长的水果或者蔬菜、"散养"的肉、"本地生长的"农产品、"绿色"或"保护生态的"产品、用"可循环"或者"可回收"材料制造的产品。每种产品"绿色的"和传统的版本间有什么价格差别(按照它相对应的单位)?

当你选择"绿色"商品而不是传统的商品时,食品杂货的开销平均增长了多少?普通的美国四口之家每年食品杂货的花费是8 500美元(普通的英国家庭大约花费6 300美元)。假设你的增长比例具有典型性,并且所有传统的食品杂货都换成"绿色"替代品,每个普通家庭要为这些纯"绿色"商品多花费多少钱?哪些人能负担得起这笔额外的支出?

这笔额外支出有什么好处?为什么"绿色"替代品生产成本更高?每件产品多收的钱都去了哪儿?你怎么知道?你该去哪里寻找答案呢?

练习 3.2 营销绿色技术

在这项练习中,你要确认一项"绿色的"创新或者新技术,并思考营销推广它的方法。首先,写下并描述一种对环境有益的技术或者过程,它可能用在校园里,或者在你的朋友或同学中使用。它可能包括一些装置,如减少水流量的淋浴喷头或高能效灯泡,也可能需要一种可以改变人们行为方式的产品,比如免费的共享自行车。接下来思考,相对于现有的技术或其他的替代品,这种替代品的花费可能是多少?它是不是贵很多,或者更不方便了?为什么会这样?最后,为这种产品制定出一个令人信服的营销策略,它可能包括短文、照片、标语、引人注意的短语,甚至是打油诗。必须包含一些信息证明你的创新实际上改善了现有的环境。什么将使这个替代品真正地引人注目,尤其是如果它的价格更高的话?

练习3.3　用经济思考

设想在一个风景优美的峡谷,每年有许多来自本地和外地的游客参观游览。试想这样一个场景:一家采矿公司向当地政府申请,要求对公众关闭景区,并在此进行煤炭生产。如果用经济学的角度思考并裁定峡谷的两种利用方法之间的相对价值,为了做出比较或者评价,你需要了解什么?哪些定量数据会告诉你答案,它们可能从何而来?有哪些内容是你可能需要知道但是难以衡量的?一旦列出各种可能得到、对决定有用的信息和数据,你认为它们对于做决定来说足够吗,为什么?

参考文献

Beder, S. (1996), "Charging the Eearth: The Promotion of Price-based Measures for Pollution Control"(《向地球收费:推进用以价格为基础的方法控制污染》), *Ecological Economics*(《生态经济学》),16(1):51—63.

Coase, R. H. (1960), "The problem of social cost."(《社会成本的问题》), *Journal of Law and Economics*(《法律与经济》),3(10月):1—44.

Ehrlich, P. R. (1968), *The Population Bomb*(《人口爆炸》), New York: Ballantine Books.

Field, B. C. (2005), *Natural Resource Economics: An Introduction*(《自然资源经济学:导论》), Long Grove, IL: Waveland Press.

Harvey, D. (1996), *Justice, Nature, and the Geography of Difference*(《公正、自然与差异的地理》), Cambridge, MA: Blackwell.

Rees, J. (1990), *Natural Resources: Allocation, Economics, and Policy*(《自然资源:分配、经济学与政策》), New York: Routledge.

Robertson, M. M. (2006), "The Nature that Capital can See: Science, State, and Market in the Commodification of Ecosystem Services"(《资本可见的自然:生态系统服务商品化中的科学、政府与市场》), *Environment and Planning D: Society and Space*(《环境与规划D:社会与空间》), 24(3): 367—387.

Simon, J. L. (1980), "Resources, Population, Environment: An Oversupply of False Bad News"(《资源、人口、环境:错误坏消息的过剩》), *Science*(《科学》),208(4451):1431—1437.

TerraChoice Environmental Marketing Inc. (2007), *The Six Sins of*

Greenwashing: *A Study of Environmental Claims in North American Consumer Markets* (《漂绿的六宗罪:北美消费市场环境诉求的研究》), Reading, PA: Author.

Tierney, J. (1990), "Betting on the Planet" (《拿地球打赌》), *The New York Times*(《纽约时报》), 12 月 2 日, pp. 52—53, 76—81.

推荐阅读

Crook, C., R. A. Clapp (1998), "Is Market-Oriented Forest Conservation A Contradiction in Terms?" (《市场为导向的森林保护肯定矛盾吗》), *Environmental Conservation* (《环境保护》), 25(2): 131—145.

Field, B. C. (2001), *Natural Resource Economics*: *An Introduction* (《自然资源经济学:导论》), Long Grove, IL: Waveland Press.

Godal, O., Y. Ermoliev, et al. (2003), "Carbon Trading with Imperfectly Observable Emissions" (《不能完全观察到排放的碳交易》), *Environmental and Resource Economics* (《环境与资源经济学》), 25(2): 151—169.

Johnson, E., R. Heinen (2004), "Carbon Trading: Time for Industry Involvement" (《碳交易:行业投入的时候到了》), *Environment International* (《环境国际》), 30(2): 279—288.

Randall, A. (1983), "The Problem of Market Failure" (《市场失效的问题》), *Natural Resources Journal*(《自然资源》), 23: 131—148.

Rees, J. (1990), *Natural Resources*: *Allocation*, *Economics*, *and Policy* (《自然资源:分配、经济学与政策》), New York: Routledge.

Robertson, M. M. (2006), "Emerging Ecosystem Service Markets: Trends in A Decade of Entrepreneurial Wetland Banking" (《新兴生态系统服务市场:十年来企业化湿地银行业的趋势》), *Frontiers in Ecology and the Environment* (《生态与环境前沿》), 4(6): 297—302.

Sen, A. K. (2001), *Development as Freedom* (《自由发展》), Oxford: Oxford University Press.

Taylor, P. L., D. L. Murray, et al. (2005), "Keeping Trade Fair: Governance Challenges in the Fair Trade Coffee Initiative" (《保持贸易公平:公平交易咖啡行动中的管理挑战》), *Sustainable Development* (《可持续发展》), 13(3): 199—208.

制度与“公地”

图片来源:Iko/Shutterstock.

控制碳排放?

关于气候变化科学和这个问题的紧迫性,人们的意见越来越统一。政府间气候变化专门委员会的职责正是围绕全球变暖进行科学研究。根据它的发现,全球气温正在上升,海平面也在升高,饮用水的获取可能会出现问题，极端气候将变得更加常见和严重。不同的地区可能对这些变化感受不同，但是没有国家会不受它们影响。

考虑到问题的广泛性和严重性，为什么全球的碳排放如此难以控制？人们可能会想到许多充分的原因，但是他们往往会忽略没有看到的问题，比如政府被石油公司左右等。

有一种令人信服的观点认为，问题的根源在于碳不是固定不动的。每一次燃烧活动（开车、燃烧木材、燃烧煤炭发电等）都会排放出碳，它随之很快进入大气中。一国排放的碳立即成为各国共同承受的负担。此外，从每个国家各自的角度考虑，减少碳并不是“免费的”，因为需要制定的新规定可能会减少经济生产或者改变经济生产的方向。生产“减少了碳排放量的”产品——无论是汽车，电脑还是蔬菜——可能比生产“现有的”产品更困难。因此如果这样的产品更贵，它在全球市场上就没有竞争力，特别是如果它必须与不实行碳排放量减少的地区生产的产品竞争。因此，包括美国在内的许多国家担心，如果它们在这个方面作出牺牲，而其他国家没有，自己将不再具有竞争力。同时，所有国家共享碳排放量减少带来的利益，却只有个别国家为此付出代价。

就许多环境问题来说，代价经常需要共同承担，利益却归个体所有；另一方面，个体付出的代价也许会带来集体的获益。在没有“超级政府”强制实行环境法律，以及对不合作的行为几乎没有或者完全没有处罚措施的情况下，国家间必须开展合作。这些不协调意味着寄希望于全球自发地应对气候变化可能是不现实的。可以说，当刺激的手段不断诱惑个人和国家追求自我利益……而导致整个星球毁灭时，必须互相合作，建立某种规则和信任。本章，我们将设法解决这个一直存在，令人烦恼的问题：如果真有可能的话，如何形成全球性的行为规则和规范，鼓励分担成本，共同获益？在多大的范围内，这种合作是可能的？

囚徒困境

这些问题引起了人们普遍的关注，因为它们无所不在。我们日常生活中以及全世界有无数这样的事例。

例如，邻居们需要拔除草坪上的杂草，以防它们蔓延越过界限。否则，任何一个不合作的邻居在享受着邻居辛苦劳动带来的好处（自己院子里的蒲公英少了一些）的同时，却给蒲公英提供了源源不断的种子，它们有可能传播到别人家的草坪里。

对个人来说，把翻新洗手间后剩下的一点油漆随手倒进雨水沟里，要比花时间到批准的垃圾站合法地处理它更有诱惑。如果只有一户家庭这么做，那么他们不仅减少了劳动负担，还因为大部分勤劳而又合作的邻居没有把油漆倒进公共水道，享受着健康环境带来的益处。但是既然对所有人都存在这样的诱惑，倾倒油漆的发生率就会比任何个人期望的发生率高很多。

美国或者欧洲城市的房屋所有者遇到的情况与印度农村村民遇到的情况也差不多。在那儿，来自集体森林的收益包括在树荫下放养家禽，获得树上掉下来的种子或者豆荚以及其他资源。只有当森林里的树木没有被砍伐用作燃料或者建筑材料时，才可以获得这些集体享有的利益。对任何一个单一的家庭来说，出于自身目的砍伐一两棵树是有诱惑的，但是这会使村里的森林密度和健康发生递增的变化。只要其他人克制自己不这么做，这些最小限度的代价就会分摊到全村。对这家人来说，收益是显而易见的，要不然，他们可能需要去很远的地方捡拾柴火。但是因为所有人都受到打破规则的诱惑，并且预料别人可能也会“作弊”和砍树，户主们可能受到诱惑尽快砍树，争取在其他邻居动手之前获取资源。

在这些情况下，要得到最佳的结果必须合作，但是存在一种“搭便车”的诱惑，让别人花费时间和金钱或者遵守规则，自己却不这么做。因为每个人都受到这种刺激,所以合作彻底失败的可能性总是若隐若现。

“囚徒困境”[①]的故事是这些情况的一个通俗比喻。这个故事在当代犯罪类电视剧中经常重现,如《法律与秩序》或《真相追击》。假设两个人因为犯罪被指控,可能是盗窃这样的罪行,警方获得最佳证据(虽然不是唯一的证据)的可能将是窃贼互相指认对方。两个疑犯被警方拘留,单独审讯。每一个人都被单独告知,如果他们指认对方,他们将被无罪释放,或者获得大幅度的减刑。在理想的世界中,符合逻辑的决定是两个疑犯都保持缄默。如果都不开口,就算要服刑,他们俩的刑期也很短。问题是他们都知道对方很可能背叛自己。如果一个人选择沉默,而另一个人“背叛”,沉默的人将会有苦日子过,而另一个人则将被释放。没有人愿意做傻瓜,被对方整惨,因此可以预见的结果是他们互相指认,这就造成可能是最坏的共同结局,两个人都要过苦日子。双方费尽心思避免被对方惩罚性地“背叛”,实际上是为警方服务。这种情况是让每个人都“背叛”对方,事实上这么做也是合理的,尽管对每个人来说结果注定很糟。如果能够控制双方的行为,理性的人绝不会这么做。

这类有趣的困境属于博弈论[②]的领域。用数学分析的形式进行决策的思想家利用它研究能用博弈的术语表达的各种情形。对博弈论者来说,某些博弈为研究人们的思想和行为提供了模型。博弈最有趣的地方在于,问题的关键是预测对方可能作出的选择,它主要是虚张声势,并且放马后炮。正如我们所举的两个囚徒的案例,他们试图预测对方可能做出的决定,最终却得出很糟糕的共同决定。按照这种思路以及二战中流亡科学家约翰·冯·诺伊曼(John von Neumann)所建立的模型,博弈论把“博弈”理解为“一种

---

① 囚徒困境(Prisoner's Dilemma):一种用寓言描述博弈理论的情形。在这种情况下,许多为追求各自利益而作出决定的个人往往得出对每个人未必最优的集体结果。

② 博弈论(Game Theory):应用数学的一个分支,被用作建立模型并预测在战略性情况下人们的行为,在这种情况下,人们的选择是预测他人行为的基础。

冲突,在这种情况下,得知了别人也在做决定后,一方必须作出选择,并按照规定,冲突的结果将由所有作出的选择决定”(Poundstone,1992:6)。

和囚徒困境一样,博弈论中的各方通常通过合作实现最佳结果,而他们各自受到的诱惑往往是选择不合作的理由。上述两位嫌犯所遇到的问题可以由博弈论者用抽象的术语表达,如图 4. 1 所示。通过引入现金奖励和惩罚,涉及投资公共商品或私人银行让决定更错综复杂,可能会使这些博弈更加复杂难懂。高深的数学可以用来预测包括报复、相互学习和系统奔溃在内的行为。

	囚徒B“不吭声”	囚徒B“背叛”
囚徒A“不吭声”	A、B都被轻判	B 释放 A 坐牢
囚徒A“背叛”	A 释放 B 坐牢	A、B都要过苦日子

注:左上角是最佳结果,也是最不可能发生的结果;因为每个参与者都倾向于避免对于个人最差的结果,即右上角和左下角,所以导致了右下角最差的共同结果。

图 4.1　用博弈论的术语表述囚徒困境

公地悲剧

博弈论这一数学理论最早应用于互相核毁灭的冷战逻辑。20 世纪 50 年代,得到了兰德公司和美国国防部的资助,博弈论者提出了这些令人难以想象的问题:在不知道敌人是否可能使用核武器以及在什么时候使用的情况下,最先使用核武器进行打击是否合理? 投掷核弹是否合理?

但是，上述任何一点与环境和社会可能存在什么关系？将这种想法应用到我们与自然世界的相互作用中，可能会得出一些残酷而悲剧性的结果。因为尽管围绕着环境保护可能存在合作，但是可能出现决定的动机诱使人们"背叛"，用博弈论的话语来说，它将导致管理的混乱或者控制我们对环境的消费和利用，并因此造成环境的毁灭。

顺着这些思路思考，加内特·哈丁（Garrett Hardin）提出了一个观点，通过公共财产（commons）把环境与社会联系起来，虽然它在某些方面存在问题，却引人注目且经久不衰。1968 年，他在发表于《科学》的文章《公地悲剧》中（冯·诺伊曼被重点引用），用这个逻辑分析人口过剩的问题。他认为，尽管对任何个人或家庭来说，自由生育的好处是直接的，但是代价却由全世界分摊，增加了人类给地球造成的负担。这是一种囚徒困境，在这种情况下，有些人可能为了全世界的利益选择放弃生育更多的孩子，而其他人则难免会"背叛"或者"搭顺风车"。至少如果对人类行为没有某种强迫性约束，就极有可能产生最糟糕的结果[如今它有时被称作"纳什均衡"，以纪念它的发现者——数学家约翰·福布斯·纳什（John Forbes Nash），他因影片《美丽心灵》为人们所知]。按照这种逻辑，如果没有某种形式的执行机制，人口过剩就在所难免（第二章）。

因为使用了农业的比喻来说明这个问题，这篇文章更加引人注目。哈丁没有直接思考人类繁殖的问题，而是让我们"想象一片对所有人开放的牧场……"在这里，许多牧民管理着各自的畜群。哈丁认为，如果严格遵循囚徒困境的逻辑，那么扩大畜群的规模符合每个牧民的利益，因为每增加一个动物没有花费他任何成本，却使他获益匪浅。但是因为所有牧民都有相同的动机，不可避免的结果就是牧场被糟蹋得一塌糊涂。因为资源属于所有人，它不属于任何一个人，也就不可避免地因放牧而最终被破坏。他用文章中特有的语言解释道：

> 毁灭是所有人奔向的目的地，每个人都在社会里追求着各自利益的最大化，认为公共资源是可以自由使用的。公共资源的自由使用会带来一切的毁灭。（Hardin，1968：1243）

哈丁进一步断言，当面对有说服力、内在的、恰当的和发展的逻辑时，良心和好意是没用的。不管多么地令人不悦，真正的解决办法一定是不可避免地采取其他形式。地球上的人们必须选择用强迫（“相互协同一致的相互强迫”，第1247页）的手段让我们服从专制的统治，或者采取严格的私有产权和继承的形式，这样糟糕决定的所有后果将只由产权所有者承担。第一种办法被哈丁否定，他总结道，专制统治的问题在于总有一种可能，管理体制将受到一个公共资源使用者的过度影响，它无法自我约束：“谁将监管监管者自己呢？”（第1245—1246页）。哈丁倾向于并支持后一种办法——私有化，无论它是多么地不公正（不是所有富人都是聪明人，他指出：“一个傻瓜可能生来就有上百万财产。”第1247页），但是这种办法也许是人们可以利用的最好的办法。当“公共开放”资源是有界限的，并且由个体所有者或者强大的国家管理机构掌握时，无论是国家还是私人控制，他认为某种形式的圈地是必要的。

这篇文章的作用和影响力是巨大的，至今依然如此。它很可能依然是社会科学最常引用的学术文章，为众多领域提供了基础的论点，比如进化生物学和经济学，并且在关于环境稀缺的辩论中经常被援引。因为哈丁用环境危机来打比方很有说服力，所以对许多人（管理者和学者）来说，他的这篇有关人口的文章很快就成为一个关键的比喻，指导他们更广泛地思考所有的环境问题。各种形式的自然（渔场、油田和气候系统）都可以被看作是公共资源，那些难以封闭的体系会招致搭顺风车和背叛。

这样看来，环境问题的解决办法似乎的确以哈丁提出的形式出现：国家以某种形式对环境行使超级警察权，或者对所有环境体系或事物拥有私有产权。依照这样的思维方式，环境公共资源会不可避免地导致悲剧，所以必须通过法律和财产私有化的手段，使它变成非公共资源。这种思维方式与第三章中说到的市场逻辑（即外部效应内在化）非常合拍。

集体行动的证据与逻辑

就在囚徒困境和公地悲剧的逻辑逐渐被广泛接受的同时，令人困惑的、与之矛盾的证据开始出现。当人类学家、社会学家、历史学家和地理学家考察全世界的资源管理时，他们陆续报告了不符合哈丁预测的行为。尤其是他们发现无数的事例表明，管理难以封闭的资源——从渔业、树木、牧场到计算机处理时间——的复杂体系，既不依靠某种专制的执行部门，也不依赖分配它们的专有权。某种其他形式的管理可能不仅存在，而且实际上它在全世界的自然公共资源中扮演着主导的角色。

例如，有观察发现，缅因州龙虾养殖场的经营和发展不是通过集权化的州法律，而是养殖户自发地限制进入渔场的渔船数量和捕捞渔网的分布。在印度南部，村庄的灌溉系统自我管理细致得当，那里的灌溉者严格遵守细则，在开合防洪闸浇灌农田的同时，保持水流通畅以供下游用户使用。在东非，树木土地使用权的传统允许不拥有生长树木的土地的家庭利用林木产品，同时为了维持收成限制他们的使用权。在全世界，无数变化多样的制度体系似乎通过某种形式的当地组织，打破了囚徒困境的铁律。

所有这些案例似乎有一个共同点，即它们有某种形式的制度①，这里被理解成限制个人行为的制度，它们不仅包括正式的法

① 制度（Institutions）：管理集体行动的规定和规则，特别指管理公共财产环境资源的规定，例如河流、海洋或者大气。

律，还有非正式的规定，甚至是强有力的社会规范，它们指导着人们对他人行为的预期，从而有秩序、有节制地使用自然资源。即使这些制度以极其非正式的形式表现出来，我们也都能迅速地辨认出。例如，人们通常会在电影院的卖票处排队购票，而不是在售票窗口一拥而上。对于更复杂的问题，例如维护渔场，规定可能相当复杂，而且自我管理和执行的机制可能深深地扎根于传统的社会体系。然而，根本的原则是适用的；通过合作可以实现对集体有益、使环境状况可持续的结果。可是，要想更好地解释这些案例，这些成功合作体制的见证者需要找到更多的故事、比喻和理论。对“悲剧”看法的修改有赖于一个共同点：需要解释规定和规则怎样限制行为，并实现合作的结果。

这些重新思考，主要是确定这些被遵守的制度之间的区别与“公地悲剧”中假设的财产的含义。这不仅要承认这些规定的缺失将会导致悲剧性的结局，也必须承认财产是通过习俗、规定和/或规章的形式，而不是以私人专属所有权的形式运转的。“公共财产”[①]是对包括所有这些不同形式的描述。不同于完全不拥有资源（拉丁文称作：res nullius），公共财产（拉丁文称作：res communes）包含某种形式的集体所有权，因此它既不是对世界上每一个人开放，也未必为某一个体所独有（Ciriacy-Wantrup，Bishop，1975）。当然，这样的集体或者所有者的共同体可能有许多形式，包括在乡村渔场中相识的人，或者分散在城市中，共同拥有城市土地合作权的人。

但是即使在共同体拥有权利的情况下也无法解释集体成员如何、为何可以实现相互理解，达成一致，以及最重要的互相约束。确切地说，肯定有潜在的原因让人们通过集体行动，克服“公

① 公共财产（Common Property）：一种商品或者资源（例如带宽、牧场和海洋），它们的特点使之很难完全封闭和划分，因此非所有者能够享有资源的利益，而所有者得承担他人的行动造成的代价，通常需要某种有创意的制度对它们进行管理。

地悲剧”这种最糟糕的环境案例的结果。以诺贝尔奖获得者、政治经济学家埃莉诺·奥斯特罗姆(Elinor Ostrom)为代表的“新制度主义”学者,回到囚徒困境的博弈论逻辑,开始批判性地分析博弈论的假设。尤其是他们问道:在接受盘问之前,如果两个假设的囚徒可以与对方交谈并“彻底了解情况”会怎样?那会改变结果吗?从逻辑上说有这种可能。接下来的实验中,人们受到金钱的刺激,会展开复杂的合作博弈,也证实了这点。当博弈论的参与者可以合谋或者商议时,他们更可能开展合作(Ostrom,1990)。某些条件似乎会使共同管理自然资源成为可能,也确实很有可能。按照这种方法,“新制度主义者”(他们追随强调规定和社会组织的经济学流派)没有否定支持哈丁的逻辑,但是确实指出了并不“免费的”公共资源因鼓励合作的规定而治理得当的情况。

专栏4.1 环境解决办法?《蒙特利尔议定书》

氯氟烃(CFC)是一种有许多工业用途的人工化合物,它的应用包括冷却和灭火,还有从溶剂到喷雾罐中的推进燃料。作为20世纪二三十年代化学革命的一部分,氯氟烃被视为一种灵活,便宜,而有效的化学制品,在整个20世纪被广泛使用。以经济的观点来看,这些化学制品最令人兴奋之处在于它们极其不易起反应,它们的分解非常、非常地缓慢。

当人们发现氯氟烃中的氯暴露在大气中会破坏臭氧,反应结果会产生更多微量的氯,它继而会引发数百个这样的反应后,这个福音就迅速成了诅咒。这种持续的反应会导致覆盖地球的臭氧层出现巨大的缺口:臭氧空洞。在20世纪70年代,科学家们观察到平流层中出现了那样的空洞,它引起了人们对此的深重关切。因为大气层中的臭氧阻挡了致命的辐射进入地球,而微量的氯氟烃会破坏大量的臭氧,氯氟烃在其他情况下极不易发生反应,在变得活泼前它们要在大气层停留一百多年，所以在20世纪80年代末以前，就注定了世界需要处理非常严重的问题。更糟糕的是，当时氯氟烃已经被广泛地运用到各种各样的经济活动中，其广泛程度简直令人难以想象，许多行业严重依赖这种化学制品；化工企业尤其要为自己的产品辩护。

如果这还不够糟糕，臭氧危机代表了一个经典的公共财产问题和囚徒困境。任何企业或者国家使用它的替代品的代价都是相当高的，因此除非每个人都立刻停止使用氯氟烃，否则“搭顺风车”——即通过继续使用氯氟烃，并向其他国家和公司抛售更便宜的商品和服务，其可能性和诱惑力会非常高。尽管个别国家和州（例如俄勒冈州）的确设立了使用氯氟烃的禁令，但是如果没有集体的行动，这个问题就无法得到解决。

引人注目的是，1987年，国际社会克服了协调行动的成本和困难，各国在蒙特利尔坐下来召开国际会议进行协商。同一年，他们签署了条约，这使得在全球范围（几乎是全球范围类的禁令内），大部分的氯氟烃减少了。之后历经数年的会谈和决议巩固了《蒙特利尔议定书》取得的成果，这项条约也许是历史上达成的最有效的全球环境共识的典范。许多人把《蒙特利尔议定书》的成功看作未来达成全球性协议的范本，特别是围绕着气候变化和温室气体排放这个极大的难题。

制定可持续的环境制度

为了理解“公共资源”如何实际运作，制度主义者强调某些规约或原则往往会带来可持续的结果。在任何现实世界的公共资源中,可持续地管理资源的核心挑战聚焦在许多分立的、理性的问题上,每个问题都提出了一些难题。例如如何管理渔场的问题。在这种情况下,资源在很大程度上是无形的、高度移动的、可耗减的(如果过度捕捞),而且不可能封闭。对制度主义者来说,核心的挑战变成了:渔民如何避免"自由模式",即每个人为了争夺逐渐减少的资源加倍努力,捕捞的速度甚至超过了鱼群繁殖的速度。眼下,这个问题已经非常普遍,我们马上就要面对许多其他问题:

- 渔民如何将渔船的数量控制在合理的水平?
- 渔民如何补偿花费时间或者精力管理渔场的人?
- 集体如何做出有关公平规则的决定?
- 考虑到鱼群的数量很难跟踪计算,他们如何知道规则是否被遵守?
- 他们如何处理那些违反了规定,在集体决定必须限制捕捞的时期过度捕捞的人?
- 他们如何解决权利的冲突?
- 怎样防止任何当地制定的制度不被上级机构,例如中央政府或"联邦"政府废除?

因为大多数公共资源管理的挑战会遇到众多类似的问题,管理这些资源的总体方案原则已经被研究出来。按照奥斯特罗姆(1992)的说法,成功的公共资源管理必须包括以下几点要素。

界限

资源和用户群应该已经有明确的界限。这意味着在我们的例子中,渔场应该有确切的领域或者鱼群数量,而不是一个含糊的区域。同样重要的是,必须明确有权使用渔场的渔民;渔场不能对任何从其他地方驾船驶入该区域的人开放。

均衡

管理中累积的成本应该和收益一致。负责组织或监督渔场成本的人应该具有和其他没有负担成本的人相比同等或者更高的使用权。公共资源成员对集体的任何设备或者劳动投入，都应该得到某种形式的补偿。

集体选择

安排必须到位，这样管理资源的具体规定才能由资源使用者制定，并且/或者能通过某种集体审议讨论进行修改。

监督

需要有某种监督体制，这样集体就能知道人们的行为和资源使用情况，而且可以核实资源本身的状态以供调整。这意味着一些资源必须用于监督出入渔场的船只和对鱼群库存进行可靠的抽样调查。与之前提到的原则相一致，这些活动的成本需要在集体中平摊，应该由集体决定执行的制度。

处罚

对违反者必须进行处罚，但是处罚应该分等级，也就是说，这项体制应该鼓励自觉遵守规则，对初犯者施以轻罚，并在迫不得已时强制执行。对渔场来说，这意味着渔民应该互相监督，自觉遵守规定。如果（通过上述建立的监督体制）发现某个渔民过度捕捞或者违反其他规定，可以鼓励他们继续遵守规定而不会受到过分和不恰当的胁迫，或者被驱逐。

解决冲突

必须研究出解决使用者之间冲突的社会机制。共同财产的体制中可能存在许多相互抱怨，就养鱼业这种情况来说，有力的管理体制将以低成本的方式解决互相的埋怨，而不用付诸昂贵的诉讼或者请求更高一级的机构来裁定。这些机制可能是由受尊敬的市民组成的一个小型委员会，采用独立的第三方调解制度，或者任何在社会上合适的制度。

自主

若要让一种公共财产管理体制运转，必须允许它至少在某种程度上享有自主权，不受上级或者非本地机构的干涉。试想集体经过数年的辛勤努力，开发出一种如前文所述渔民共同管理的制度，结果市政当局派来一名政府官员审查这些规定，并开始干涉他们的具体事务。如果能预料到这种情况，渔民们一开始就不可能花费时间和精力制定这样的制度。

要使公共财产体制运转看起来很复杂，考虑到这点，它们似乎确实非常罕见！事实却并非如此。一旦用新制度主义的视角来看待这个问题，世界上到处都是“公共资源”。事实上，在合作经常是一种规则的时候，它却被当成一件怪事或者一个例外，这真是对我们普遍的集体智慧令人痛心的评论。

新颖的流动性公共资源：灌溉

世界上大部分的作物，包括你可能消费的几乎所有蔬菜和许多谷物，都来自灌溉的农田。食用植物的浇灌有可能是文明社会最古老的问题。保持并且管理灌溉的难题已经困扰了环境管理者数千年。管理灌溉最大的挑战是许多用水者通常通过同一个复杂的沟渠和城墙体系连接，在这个系统中，水由最高点（系统的“头”）流向最低点农田（系统的“尾”）。农田可能是私有的，但是灌溉用水必须集体管理。这些由水闸、运河和闸门组成的如迷宫一般的系统，需要每个使用者小心翼翼地遵守一整套规定，这些规定允许他们在一段时间里获得各自分配的用水，同时也维持着水的供应，因此其他用户，特别是下游用户也能得到公平分配的用水（图 4.2）。显然，系统可能发生故障。如果系统源头的某个人在用水之后没有打开或关闭闸门，下游用户将接收不到任何的供水。如果各方没有合作，共同冲洗整个系统，水就会变咸，从而导致所有农民的作物遭受损失。虽然存在这些困难，但是全世界到处都有当地的灌溉系统，在这些系统中，众多用户展开合作，共同决策，监控基础设施，并且实现公正的结果，稀缺的水资源几乎没有浪费或者损失。

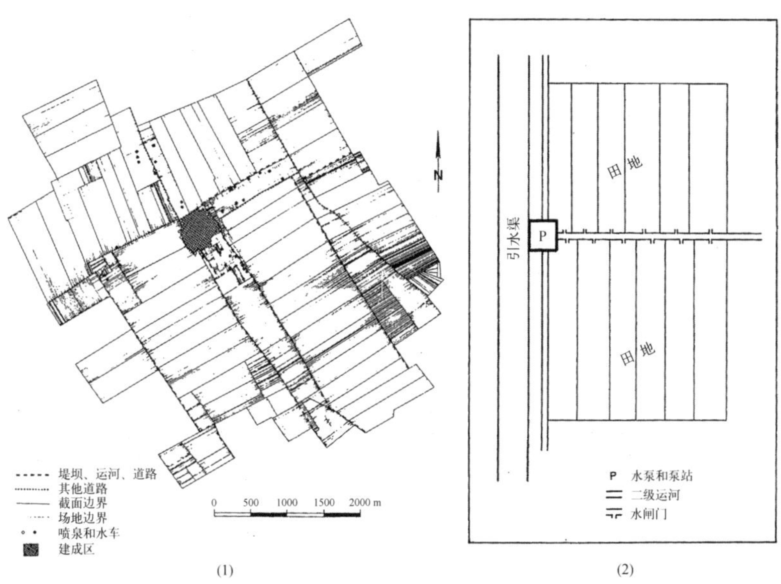

注：灌溉系统是由水闸、运河和闸门组成的如迷宫一般的系统，它考验了人们合作管理环境商品能力的极限。来自尼罗河谷的木沙村（Musha）的例子表明了一块私有农田与邻近农田的相互联系，它们通过对共有用水的共同需求联系起来。

资料来源：转引自 Turner and Brush (1987)。

图 4.2　灌溉系统

野生动物公共资源：通过狩猎集体管理

甚至世界上的野生动物也可以被视为一种公共资源。过去的一个世纪里,在美国,麋鹿等重要物种的数量下降严重,管理者已经致力于开发公共财产的管理办法,解决过度捕猎的问题。在历史上,因为这些动物分布广泛,不是单个土地所有者的财产,所以猎杀它们不会受到惩罚,这导致了在19世纪末麋鹿数量的减少。在多个州,例如蒙大拿州,现行的管理制度借鉴了公共财产方案中的许多原则。政府不仅严控狩猎者的数量,还根据对参与这项运动人数的全面监控,限制任一年颁发的狩猎许可证的数量。颁发许可证时,优先考虑本州的居民。政府官员设定了总的限额,所有的规定都通过集体审查程序进行监督,包括蒙大拿州猎户也参与审查。结果是形成这样一种制度,通过(1)排除一些潜在的外来使用者,(2)设置规定和限制条件,(3)由资源使用者自行协商、审查并且监督这些规定,把成为“开放使用权”的资源(自由放牧的麋鹿)变为“公共财产”。在美国各地,这种制度有不同的表现形式。

最大的公共资源:全球气候

但是,并非所有公共资源都是当地的,例如灌溉,或者是区域性的,例如麋鹿群。这让我们重新回到管理气候这个问题。全球气候具备了一种必将失败的公共财产制度的所有特点:很难把别人排斥在外,而且对个人、公司或者国家来说,为了推迟这种集体商品被耗尽,可能要付出很高的代价。然而,可以用一种新的方法来思考这个问题,即把全球气候当作公共财产。气候作为一种公共资源,我们可以把它设想成一种共有的商品,并且通过某种集体的协议,制造污染的人可能会约束自己的行为。

毫无疑问,集体的行动可能存在,并且在过去十年已经出现许多治理问题的新制度,包括《京都议定书》(见第九章)。从本质上,这项协议要求签署协议的国家相互约束,必须遵守排放要求,即使在没有任何更高权力机构制约的情况下,它也有制定规则和作出决策的机制；毕竟，没有真正的“世界政府”来强制执行全球性协议。

当然，渔场这一公共财产面临的问题在很大程度上与全球气候类似。很难监控谁正在干什么。对不遵守规定搭顺风车的人，或者没有签署协议的资源使用者（污染者）（例如美国）难以进行处罚。除了签约国参与多轮谈判制定规则，是否存在制定和修改规则的集体选择制度也不甚明了。因为这些原因，用制度的方法分析气候问题阐明了一些地区必须创造性地把全球气候当作一种公共财产问题来解决，这样未来就可以成功地控制气候变化。

所有的共有者都平等吗？规模重要吗？

尽管制度视角看起来很有吸引力，也很有效，但它还是不乏批评者。从本质上，这些批判围绕着一些公共财产理论从博弈论继承而来的假设。具体地说，正如在囚徒困境和公地悲剧中体现的那样，这些理论假设在决定博弈的结果和选择进行合作时，个人可以自由行使相对相似的权力。在一个政治权力错综复杂，极其不平等的世界，这种假设是不现实，也可能是危险的。

想一想，获得资源的途径和管理资源的规定已经深受性别、社会和政治等因素的影响。在许多地方，传统规定所有制和财产继承都是家长制和父系制的，这意味着女性无法拥有财产，或者至少不能继承财产。同时，女性的劳动对于维护或者使用公共资源是必须的，她们负责抽水，管理灌溉基础设施，维护社区公园或者森林等。这对于公共财产管理具有重要的意义，因为在一些不是所有使用者拥有同等的使用权或者负有同等责任的地区，很难将使用者与规定匹配，并且形成集体选择的制度。

因为这些原因，在印度的村庄很难形成共同财产管理的制度。这里的传统决策机构［被称作印度村务委员会（panchayats）］往往由男性主导,他们通常是来自精英家族或种姓的男性。如果这些决策机构恰好是规定进入村庄牧场放牧权的机构,它们则可能被使用资源的人们,包括女性和牧牛的边缘群体,视为完全不合理。另一方面,如果组建新的集体决策组织制定新规则,虽然它们包括了女性和较边缘的群体,但是它们依然可能由历史上就具有影响力的集体主导,这还是缺乏合理性。在任何一种情况下,弱势的组织都会使感到被排除在外的人,或者认为制定规则正代表着他们的传统权利被剥夺的人,在使用放牧的土地时没有任何区别。在权力重叠的复杂背景下,形成清晰的共有财产制度也许是令人满意的,但是它可能绝不是一件容易的事(图4.3)。

注:在世界上的许多地方,使用公共财产的责任与公共资源规则的控制权通常按照性别、阶级或者种族划分,这带来了管理上的难题。

图4.3 一个正在照料畜群的印度女性

这种深刻见解(从女性主义政治经济学的领域:见第七章)可以拓展到所有公共资源,使用者是否因为收入、种族或者其他许多差别性因素，被赋予了不同的权力。在这种情况下，公共资源的变化更加复杂，并且有时难以持续。社会差异和社会权力让集体决策难上加难，这是因为各方可能互不信任，而且公共财产管理决定和自愿接受的集体规则可能只符合一小部分共同使用者的利益。记住，公共财产资源管理的第一条也是最重要的一条规则是：限定和排除某些可能的用户群体(Ostrom，2002)。当这些排除是建立在不平等的基础之上时，许多人将不愿意合作，失败也就在所难免。因此，尽管“出台正确的规则”是用制度来解决环境危机所赞成的方法，但是有些问题，尤其是权力问题，先一步出现。

在全世界范围内有无数当地公共财产管理制度的经验，它们在多大程度上能超越人们日常的经历，去解决更严重的问题，传递到更广泛的群体中，对此人们持有不同的意见，用制度进行分析的最后一个问题正在于此。有些人认为集体行动只会出现在小范围的群体中，正如在灌溉社区，面对面的相互联系建立了信任。然而，其他证据表明来自远方的人们可以通过合作管理制度联合起来，他们因共享的公共财产而团结在一起，就像在大气和气候系统的案例中一样。

我们能把本地公共资源放大到全球的公共资源吗？也许，这个星球的未来就取决于这个问题的解决与否。

制度的视角

本章我们学习了：

- 很多环境问题看起来很棘手是因为它们往往是集体行动的问题。

- 围绕这些问题的协调失败是由于“囚徒困境”，这个比喻描述了个人往往会理性地寻求自己眼前的利益，为此付出的代价是通过合作可能获得的更大的利益。

● 这些围绕环境问题的合作失败通常会导致“公地悲剧”,在这种情况下,集体商品(例如空气、水和生物多样性)的状况会恶化。

● 然而,世界上存在许多人们成功合作,共同保护公共财产的实例。

● 因此,公共财产的理论应运而生,它们强调在完全没有所有者或责任方的情况下,虽然可能发生哈丁所说的悲剧,但是作为公共财产,大多数公共资源被集体拥有和控制。

● 通过制定和改进指导公共财产合作行为的社会制度,集体可以避免公共资源的悲剧。

● 制度形成和集体行动的障碍来自社会、政治和经济的不平等,它们使合作难以进行或者不可能实现。

问题回顾

1. 复习“囚徒困境”的案例。这种情景做出了怎样的假设?必须在什么情况下才会出现对于两个囚徒来说都是糟糕的结局?要想得出对于双方更有利的结果,必须对假设作出哪些改动?

2. 在哈丁的牧场公共资源假设中,牧民不可避免的、“悲剧性”行为是什么?

3. 对于哈丁来说,只需要作出哪两个选择,就能改变“公地悲剧”?他更倾向于哪个选择?为什么?

4. 在珍贵的海洋渔场中,精心设计的界限为什么有助于产生一种可管理的共有物(防止它沦为一种无法管理的无主物)?

5. 在所有可以想象的公共财产资源中,为什么大气可能是最难以管理的?

练习 4.1 封闭和技术

公地悲剧的支持者们建议尝试着把可以自由获得或者开放使

用的资源封闭、私有化，或者使获得和使用它们的权利成为独享的。有时，因为资源的物理特征，比如一大片共享的牧场，或网络上对所有人开放的电子信息缓存，这么做很难。有时候，技术可以用来帮助限制获得公共资源，让财产权的分配更加容易，就像在19世纪美国的西部，设置有刺的金属线可以很容易地把广阔的牧场分隔开来。描述三种因为新的发明和技术已经更容易被划分的资源。什么资源仍然难以用技术的方法行使财产权呢？

练习4.2 公共资源到处被过度开发吗？

列出现实世界中你所熟悉的10种公共财产资源。描述其中一个案例，说明它没有被（悲剧性地）过度开采（在讨论中使用“制度”这个术语）。

练习4.3 附近的制度

说出一种你可以使用的公共财产资源。这可能是一种环境资源（当地的公园）或者分享的商品（电脑网络）。你和谁分享它的使用权？因为合作或者集体行为失败造成的耗减、过度使用或者退化，会产生什么风险？有一套关于资源使用管理默认的规则或规定吗？可以运用制度分析的原则，改进这些规定或者管理制度吗？要改善资源的使用或者分享方式，有哪些障碍呢？

参考文献

Ciriacy-Wantrup, S. V., R. C. Bishop (1975), "Common Property as A Concept in Natural Resources Policy"(《公共财产作为自然资源政策的一个概念》), *Natural Resources Journal* (《自然资源》)15:713—727.

Ostrom, E. (1992), *Crafting Institutions for Self-Governing Irrigation Systems* (《设计自我管理灌溉体系的制度》), San Francisco, CA: Institute for Contemporary Studies.

Ostrom, E., ed., (2002), *The Drama of the Commons* (《公共资源的故事》), Washington, DC: National Academy Press.

Poundstone, W. (1992), *Prisoner's Dilemma* (《囚徒困境》), New York: Anchor Books.

Turner, B. L. II, S. B. Brush, eds., (1987), *Comparative Farming Systems*(《比较农业体系》), New York: Guilford Press.

推荐阅读

Benjaminsen, T. A., E. Sjaastad (2008), "Where to Draw the Line: Mapping of Land Rights in a South African commons" (《在哪儿画一道线:南非公共资源土地权的地图》), *Political Geography*(《政治地理学》), 27(3): 263—279.

Commons, J. R. (1934), *Institutional Economics* (《制度经济学》), New York: Macmillan.

Common Economies Project (2005), "Community Economies" (《公共经济》),2005 年 5 月 30 日检索, www. communityeconomies. org.

Hardin, G. (1968), "The Tragedy of the Commons"(《公地悲剧》), *Science* (《科学》), 162:1243—1248.

Kropotkin, P. (1888), *Mutual Aid: A Factor in Evolution* (《互助:进化的因素》), Boston, MA: Porter Sargent.

Mansfield, B. (2004), "Neoliberalism in the Oceans: 'Rationalization', Property Rights, and the Commons Question" (《海洋中的新自由主义:'理性化'、财产权与公共财产的问题》), *Geoforum*(《地球论坛》), 35: 313—326.

Ostrom, E. (1990), *Governing the Commons: The Evolution of Institutions for Collective Action* (《管理公共资源:集体行为制度的演进》), Cambridge: Cambridge University Press.

Ostrom, E. (2005), *Understanding Institutional Diversity*(《理解制度的多样性》), Princeton, NJ: Princeton University Press.

St. Martin, K. (2001), "Making Space for Community Resource Management in Fisheries"(《为渔场公共资源管理让出空间》), *Annals of the Association of American Geographers* (《美国地理学家协会年报》), 91(1): 122—142.

Tucker, C. M., J. C. Randolph et al., (2007), "Institutions, Biophysical Factors and History: An Integrative Analysis of Private and Common Property Forests in Guatemala and Honduras" (《制度、生物物理因素与历史:危地马拉和洪都拉斯私有与公共森林的综合分析》), *Human Ecology*(《人类生态学》), 35:259—274.

第五章

环境伦理学

图片来源:© OnTheRoad/Alamy.

低价肉的代价

现在的猪和以前不一样了。过去,猪可以在谷仓前的空地上自由活动,像处理垃圾一样把厨房里的剩饭剩菜一扫而尽,当然,在闷热的天气里,还可以在泥巴里快乐地打滚,但是这些日子都一去不复返了。至少，在美国，大约 95% 的猪都被圈养在大规模的“工厂化农场”①里。

以“育种母猪”为例（养殖这种母猪的唯一目的就是生育、喂养“肉用猪”）。在八个月大的时候，母猪第一次（人工）受孕。一旦怀孕，母猪立刻被放进“妊娠期板条箱”。在这种尺寸通常大约为 2×7 英尺的板条箱里，母猪无法翻身，不得不贴着四周的金属栏杆才能站立或者躺下。在快要生产前，它被转移到“产崽板条箱”里，这差不多是一个经过改造的妊娠期板条箱（见图 5.1），可以让猪仔在隔开的小块区域喝奶，而不会彼此挤压（尽管许多猪仔仍然在这块狭小的区域扭动，并很快被压死）。几乎猪仔刚断奶，这头母猪就又开始怀孕了，根本没有允许它在每次怀孕之间有五到六个月的休息（Marcus，2005）。

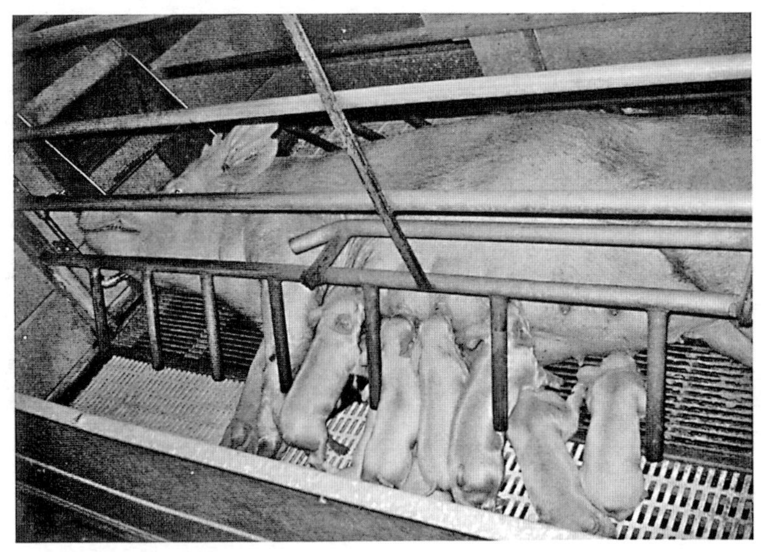

注：它要在这里待上 35 天（左右），哺育幼崽。将母猪放进板条箱是一种经济上高效的母猪养殖方式，但是这样做是否有错？

图片来源：© Jonathan Hallett.

图 5.1　母猪的“产崽板条箱”

① 工厂化农场（Factory Farms）：密集型动物饲养的农业经营；工厂化农场在尽可能少的空间里饲养尽可能多的动物，试图使产量最大化，它通常会造成严重的空气污染和水污染。

为什么这些动物被关在这么狭窄的空间里呢？在每一次妊娠期和哺乳期之后，为什么不给它们一段时间休养生息呢？这都是为了产业的效率。毕竟，这些工厂化农场的经营方式更像工厂，而不是农场。更小的板条箱意味着可以在同等的空间里饲养更多的猪。把母猪限制在这个空间里，能以令人难以置信的精度跟踪它们的妊娠期和预产期。按照商业的逻辑，没有怀孕、没有哺育的育种母猪就是被浪费的资本。这种产业模式绝不仅限于猪的养殖。绝大多数的生蛋鸡（被饲养用来产蛋的鸡），肉鸡（被饲养用做食肉的鸡）还有火鸡，它们完整的（短暂的）一生都在狭小封闭的室内空间。类似的，越来越多的牛几乎没见过牧场或是没有在牧场放养，大部分时间里，它们都挤在拥挤不堪的饲养场，吃着以玉米为主的人工饲料。

很多人对动物养殖呈现出的越来越严重的工业化特征反应强烈——或赞成或反对。支持者可能会赞成在更少的土地上饲养更多的动物，从而为其他经济发展活动腾出空间。另一些人可能会引用下面的事实：由于工厂化的养殖（以及政府补贴和其他常被忽略的可变因素），美国肉类的价格在过去的 30 年里已经大幅下降。生活在官方划定的贫困线附近的家庭，可能有史以来头一次每天吃得起肉。虽然这些观点得到了行业代表的大力支持，但是它们的确体现了一系列合理的要求——这种做法的正当理由。最引人注目的是，实用性是这些理由的基础，更快的经济增长和可以获得更多的消费性产品就是工厂化养殖存在的“很好的”理由。

与此同时，工厂化农场的反对者也有各种各样的观点。有些人抗议工业化的发展导致农村社区人口减少，例如在美国的玉米种植带和东南部地区，小农场在竞争过程中纷纷破产。还有一些人反对这些规模巨大的经营模式——光一个生产单位就可以容纳数万，甚至数十万头猪，这不仅造成严重的空气污染和水污染，还给其他居民带来困扰以及与定期清洁危害性大的泼洒物有关的成本。这些理由引起了人们的高度重视,它们(主要)从人类为中心的角度看待问题,这也是认为工厂化养殖“不好的”原因。

然而,许多工厂化养殖最激烈的反对者抗议的原因,从表面上看起来再简单、再直接不过:动物不是“资本”。它们是活生生的,有感知力的生命。在他们看来,用这样的方式对待动物是错误的。对那些批评者来说,工厂化养殖的做法在伦理上是站不住脚的。与之前的理由一样,这也是出于一种伦理的原因,但是它的立足点不同,它的立足点是动物自身的感受。

在每一种情况下,伦理学①都在发挥作用:它是对与错的研究。在特定的情况下,人们应该做什么?并且为什么应该这样做?纵观历史,伦理准则为文明提供了指导原则,包括许多关键的哲学思想和宗教理论。从佛教戒律到科学人道主义的伦理法则,世界上有无数这样的伦理传统。但是,正如你在一开始的讨论中所见到的,本章的重点是从伦理学的角度思考,质疑以人类为中心的逻辑,并提出要以环境为中心,用这些方法看待环境问题。

与佛教和许多其他传统伦理体系不同,在“西方”文明特殊的伦理传统中,这些重新思考(从以人类为中心转变为以环境为中心来看待对与错)不过是最近才有的事。在大多数时候,“西方”哲学传统有关行为对与错的问题都围绕人类之间的行为。的确,很多重要的环境运动、规定和观点本身都建立在对他人的人类伦理关怀之上。以对环境公正②的讨论(更多详细的讨论见第七章)为例,因为穷人和少数族裔接触到危险的几率更高,所以环境风险备受关注。然而,直到最近,伦理学家才将调查和思考的范围扩大,把环境伦理包括在内。在自然界中以及在对待非人类世界时,什么

---

① 伦理学/伦理的(Ethics/Ethical):哲学的一个分支,讨论道德或者世界上人类行为对与错的问题。

② 环境公正(Environmental Justice):该原则也是一种思想或研究主体,它强调需要在人群中平等地分配环境商品(公园、干净的空气、健康的工作条件)和环境危害(污染、危害、废物),不考虑他们的种族、民族或者性别。相反,环境不公正描述的是弱势群体不成比例地接触到不健康或者危险的情形。

是正确或者错误的行为方式？例如，在阅读了本章开头的故事之后，有人会问，为了实现生命的圆满，猪需要拥有自由翻身的权利吗？对猪来说，生命的圆满重要吗？这样对待猪有错吗？在我们可以从环境生态学的角度解答上述或者当代其他的问题之前，让我们先退一步，回到一些有影响力的文献中去，因为它们帮助奠定了对待非人类世界正确行为的基础。

改善自然：从《圣经》的传统到约翰·洛克

许多环境思想家会引用以下两种观点，不管怎样，直到上个世纪，它们一直主导着西方文明与自然世界的关系。第一种观点认为人类与自然是分开的，并且高于自然。第二种观点认为只有当对人类有用的时候，自然才有价值。这些观点从何而来？林恩·怀特（Lynn White，1968）在其著作《生态危机的历史根源》中说到，来自《旧约》的统治论点[①]将人类确立为尘世间唯一按照上帝形象创造的生物（因此，它从逻辑上使人类与其他的一切区分开来，并且高于它们）：

> 要生养众多，遍满地面，治理这地，也要管理海里的鱼、空中的鸟和地上各样行动的活物。（Genesis，1:28）

这种宗教性的授权绝不是没有威慑力的命令。地球上的任何一处，没有什么地方或者生物不被人类"治理"。如果人们确实是在万能的上帝的带领下这么做，那么很清楚的是，人类治理并统治大地上的一切不仅是被许可的，它在伦理上也是必须完成的一件任务。这是该做的事情。正因如此，按照怀特（还有许多其他人）的说法，《圣经》的传统为人类提供了一种环境伦理，尽管它最好的情

---

① 统治论点（Dominion Thesis）：来源于《创世纪》，统治论点主张人类是创造的巅峰；正因为如此，人类被赋予可以按照任何认为是有利的方式，在伦理上自由利用自然的权利。

况是对那些于人类没有利用价值,或无法被人类直接控制的动植物和地区保持沉默;最坏的情况是对它们抱有敌意。那么,新英格兰殖民地的清教徒如此害怕和鄙夷荒野,有什么好奇怪的呢?北美第一项政府环境行动不是建立公园,或者对树木砍伐进行管理,而是(在 16 世纪,奇怪地!)向马萨诸塞殖民地提供公共补贴的灭狼计划,这令人惊讶吗?

另一方面,人们围绕《圣经》中对非人类世界内在的敌意或漠然展开激烈的讨论。例如,许多人发现《圣经》全篇都强烈地呼吁人类对自然有管理职责①,有呵护和保护自然世界的道德责任。作为自然的管理者,征服自然的授权属于维护的伦理范畴。在世界各地的人类活动和运动中,这种管理职责的宗教伦理到处可见:以色列的基布兹合作农场,法国反企业的“乡下人”农民运动,以及最近在美国福音派教会发起的制止全球变暖的激烈运动。但是从任何一个角度——统治、管理或者介于两者之间的某种职责——来看,西方文明,特别是现代的西方文明,看起来的确展现出人类中心主义②的(即以人类为中心)伦理,对许多环保主义者来说,它尚有许多有待改进之处。

然而,这些伦理更多地植根于政治哲学,而不是《圣经》。从《旧约》快进到 17 世纪的英国,我们发现哲学家约翰·洛克(John Locke)的一本重要著作,进一步清晰地表达了西方一种以人类为中心的环境伦理。

在他 1690 年完成的《政府论下篇》中,洛克写下了日后成为自由主义哲学的决定性的论述。在这篇不加修饰的政治著作中,洛克“主要关心的……是确立民选民主政府的合法性,并因此反对普遍的君权神授的观点”(Katz,1997:225)。这并不奇怪,在 18 世纪

① 管理职责(Stewardship):对财产或者他人的命运负有责任;管理土地和自然资源的职责通常用于宗教的背景中,例如“照顾万物”。

② 人类中心主义(Anthropocentrism):一种伦理立场,当考虑在自然中以及对待自然的行为对错时,把人类看作核心的因素(相较于生态中心主义)。

的美国,洛克反对君主制的观点非常流行。在这个刚刚独立的合众国,洛克《下篇》中的财产理论帮助人类为统治自然找到新启蒙时期的理论依据奠定了基础。

政治自由主义者们信任政府,但是他们认为政府总是、并只是发挥非常有限的作用。对洛克和追随他的大多数自由主义者来说,政府应该只有在必须保护个体公民"天生的"自由时才发挥作用。在这种背景下,自由是指获得、拥有和维护财产的权利和能力。没有财产,政府就没有必要存在,因为如果没有财产,就没有什么需要保护。

那么,什么是财产呢?在洛克看来,个人财产从他的身体开始。除了身体,个人的劳动也是财产的一部分。因此,只有自由的人才拥有使用自己的身体和劳动的权利。(在这里,我们特意区分了性别:值得注意的是,洛克指的是那个时期自由的男人,对于18世纪的读者来说,他们可能已经将许多主体,特别是女人和非白人,排除在外。)在任何一种情况下,从自然中获得(或者对洛克来说,"占用")财产,只需要个人将劳动与某"一部分"自然相融合。通过猎鹿、捡拾苹果、砍伐树木制作锯木,或者清空森林来耕作田地,个人已经将外在的自然转化为个人的财产。更进一步说,他们已经做了该做的事。

对洛克来说,利用自然尤其意味着通过个体的劳动,将外在(没有或者几乎没有价值的)的自然转变成财产(自然经过改善变得有价值)。因此,由洛克创建的环境伦理显然不仅是以人类为中心的,而且也纯粹是功利主义的①。这就是说,自然中任何一部分的价值都只取决于它对人类的作用。对于刚独立的美国和其他国家,它产生了巨大的影响。按照这种说法,被驯养的动物(财产,人

---

① 功利主义的(Utilitarian):一种伦理理论,它假定商品的价值应该只由(或者至少主要由)它对社会的用途来判断;根据18—19世纪的哲学家杰里米·边沁(Jeremy Bentham)的说法,有用性等同于快乐或者幸福的最大化,痛苦和苦难的最小化。

类劳动的产品)比任何野生动物都更有价值。农田或者为了获取木材被砍伐的森林比任何天然的大草原或者原始森林都更有价值。对洛克来说,美国的西部边疆,毫不夸张地讲就是荒地。即使它有被用作仓库的潜在价值,但是“荒野的西部”(包括原始部落)因为没有被利用,所以都是没有价值的。

在说到什么是正当地利用自然时,洛克关于占用自然的伦理学理论有两点(可能非常不重要的)局限。首先,在自然物即将变质或者被浪费之前,个人的获取量不应该超过他可以使用的量。此外,个人占用的土地不应该超过他可以利用的范围。就这一点而论,洛克的理论与美国早期的理想非常吻合,为帝国主义的西进扩张提供了理由,但是与此同时,它也推广了这样一种理想,即尊重每一个公民的尊严和机会均等。19 世纪末,这种人类中心主义的功利主义环境伦理找到了一个善于表达,颇具影响力的支持者,吉福德·平肖(Gifford Pinchot),他是西奥多·罗斯福(Theodore Roosevelt)的挚友,也是美国林务局第一任负责人。平肖极力主张高效地利用自然资源,然而不会没有人质疑这个观点。

加利福尼亚的优胜美地,吉福德·平肖与约翰·缪尔的对决

吉福德·平肖是环境保护史上一个标志性的人物。从耶鲁大学本科毕业后,平肖在法国接受了林业科学研究生课程的培训(当时,北美尚未有林学院)。仅仅几年后,格罗弗·克利夫兰(Grover Cleveland)总统就任命平肖到联邦政府林业部门工作,随后在西奥多·罗斯福的政府中,平肖成为美国林务局第一任负责人。平肖一生都倡导他所称的“保全”①——即高效、可持续地使用自然资

① 保全(Conservation):为了保持资源在一段时间里持续的生产力而管理资源或者系统,通常与科学地管理集体商品有关,例如渔场或者森林(相较于保存)。

源,永远“为了最多的人谋求最大的利益”。这句话是平肖最著名的格言,概括了他坚定的功利主义环境伦理观。

值得注意的是,当时美国的很大一部分区域由联邦政府管辖,特别是西部的国土(事实上,今天美国大约30%的国土仍然在联邦政府的管控之下)。这些土地由森林、沙漠、山脉、河流、湿地和峡谷组成,它们蕴含着丰富的资源,包括木材、矿产和水电。虽然很多土地已经被私人利用,包括被用于农业和铁路,但是大片的区域依然未被开发。应该如何管理这些公共土地是平肖进行伦理讨论的中心,今天它仍然是环境政治问题的核心。

平肖认为自己属于中间派。在他的一侧是伐木工人、采矿利益集团以及其他大企业组成的反对者,他们希望以最快的速度获取最大的利润,(从法律上和伦理上)自由地砍伐、开挖私有和公有的国土。在整个19世纪,这些“木材大亨”和他们的盟友不可持续地大肆掠夺自然资源。但是,在19、20世纪之交的时候,随着罗斯福总统上任以及其他反托拉斯政治平民主义者的出现,平肖和他通过政府干预合理利用资源的观点占据了上风。

然而,平肖的对立面是保存[①]——一种与保全相对的环境伦理的支持者。保存主义者不管开发是否高效,一律反对人类对自然的开发。自然,特别是未被破坏或风景优美的大片“荒野”[②],应该被保留下来,保持原样,不被人类利用或者滥用。在19世纪,这种保存的传统得到了发展,它植根于美国的超验主义哲学,亨利·戴维·梭罗(Henry David Thoreau)和他同时代的人都是超验主义的倡导者,他们认为人类的潜能在于直觉力,以及与自然世界密切的关系。这种体现在国家公园运动中的哲学,强调为了自然本身而保护自然。

---

① 保存(Preservation):为了保护和保存而管理资源或环境,通常以自身的存在为目的,正如在荒野保存中那样(相较于保全)。

② 荒野(Wilderness):一片自然状态的土地,它或多或少不受人为力量的影响;荒野越来越被看作是一种社会建构。

在20世纪即将来临之际,一个瘦小而结实的苏格兰移民,约翰·缪尔(John Muir)成为保存理论最善于表达、最著名的发言人。从美国中西部到佛罗里达,再到中美洲和阿拉斯加,经过了多年的游历,缪尔最终在加利福尼亚的内华达山脉定居。1892年,他创立了塞拉俱乐部*,正是通过缪尔的游说和塞拉俱乐部的活动,优胜美地国家公园才拓展到今天的范围。

二三十年后,正是在他钟爱的优胜美地,缪尔与他环境保护事业曾经的战友平肖产生分歧,这场对峙将成为美国历史上一场决定性的环境争论。这场辩论围绕着赫奇赫奇峡谷的命运展开。这片峡谷崎岖幽深,风光优美,由于冰川作用形成。它位于优胜美地遥远的西北角,与优胜美地峡谷相似,但是规模和知名度都相对较小。旧金山市希望在赫奇赫奇峡谷修建水坝,建成一个大型水库,为日益发展的城市提供永久性的城市水源(图5.2)。

注:1914年未建水坝前(左),和今天建成水坝后(右)为旧金山市提供清洁可靠的淡水来源。使峡谷保持"荒野的"状态,还是因其直接对人类有用而占用峡谷,峡谷的命运引起了讨论。

图片来源:F. E. Matthes/United States Geological Survey Photographic Archive(左);© Anthony Dunn/Alamy(右).

图5.2 赫奇赫奇峡谷

对平肖来说,做出这个决定非常容易。修建水库或保持荒野的状态,哪个决定正确呢?这很简单。在国会作证时,平肖解释

* 塞拉俱乐部:又称山峦协会,美国环保组织名。——译者注

道,与使峡谷保持自然的状态相比,水库将给更多人带来更大的益处。通过这种简单的计算,在峡谷修建大坝被认为是正确的选择。可是另一方面,缪尔却不这么看。正如他在多年前成功地游说了政府永久保护优胜美地峡谷和蝴蝶森林*的巨杉时所说,这个公园是独一无二的自然宝藏。它是风景奇观的宝库,在这里,疲惫的现代人可以见证自然世界的精神境界,它不应该被人类利用开发。

他主张为了保存而保护自然景观,使它几乎没有或者没有人类的痕迹:维持荒野的状态。在近一个世纪的时间里,保存运动按照这些无形的、非功利主义的方式,为保存荒野据理力争。按照这些支持者的观点,正确的做法应该是使所剩无几的原始自然景观保留下来。随着优胜美地、黄石、冰川等国家公园的建立,大量土地处于闲置状态,没有被人类明显和直接地开发利用。然而,这些土地被"搁置",主要是因为比起被保留下来建成公园,它们没有"更好的"用途。赫奇赫奇峡谷之所以成为环境政治史上一个分水岭,是因为人们第一次直接用功利主义与非功利主义的方法,如此高度公开地辩论一个特定地区的命运。曾经是反对盲目滥用自然的盟友,在赫奇赫奇峡谷问题上,保全主义和保存主义各自的支持者分道扬镳。这种分歧——保全与保存,或者明智地利用资源与保存荒野——将在北美的环境保护主义中贯穿整个20世纪,并延伸到21世纪。但是,在20世纪中期,迅速发展的生态科学将为新的环境伦理提供动力,这种"第三条道路"比狭隘的人类中心主义的保全或保存荒野涵盖的范围更广。

---

* 蝴蝶森林(Mariposa Grove):又称马里波萨林地。——译者注

奥尔多·利奥波德和"土地伦理"

生态学[①],对有机物与它们周围(有生命的和没有生命的)环境之间相互联系的科学研究,是一个相对新兴的研究领域。虽然"生态系统"这个生态学的核心术语现在听起来非常稀松平常,但是直到20世纪30年代它才产生。奥尔多·利奥波德(Aldo Leopold)是北美早期主要的生态学家之一,也是将生态学的见解融入到环境保护伦理中主要的推动者。利奥波德曾在耶鲁林学院(由平肖创立,并且是北美第一所自然资源科学管理学院)接受护林人培训,他是一位非常有影响力的环境主义作家,留下了许多著作。

专栏5.1 环境解决办法?《濒危物种法案》

1973年,美国国会两院通过《濒危物种法案》(ESA),该法案获得两党压倒性的支持(参议院90—0,众议院390—12;美国参议院2012年)。ESA为濒危的动植物以及它们赖以生存的生态系统提供了监管保护。"物种"的定义广泛,包括所有动植物的种和亚种。脊椎动物"不同的种群"也可以列入其中。ESA将保护状态分为两类,濒危和受胁。濒危物种是指"在整个生命跨度或者某个重要的年龄段,任何濒临灭绝的物种",而受胁物种是指"任何有可能濒临灭绝的物种"。

一旦列出某个物种,美国渔业和野生动物局(该机构负责列出并管理濒危物种)就必须制订并实施物种恢复计划。根据规定,制定名录的(且合理的)目标是及时恢复物种,并将其从ESA中去除。某个物种一旦被确定已经得到恢复,就要

---

① 生态学(Ecology):对有机物之间以及有机物与它们所生活的栖息地或生态系统间相互作用的科学研究。

被“从名录中删除”,它的管理将转交给各州。

有两条管理规定使ESA具有特殊的效力。首先,ESA禁止联邦政府采取任何会进一步危害列入名录物种的行动。1978年,为了保护螺镖鲈这种体型相对较小的鱼类,有关它的争论暂时中止了在泰利柯河(Tellico River)上修建大型水坝的行为。这个要求得到了联邦法院的极力支持。其次,ESA禁止在所有土地上杀害或伤害列入名录的物种,无论是共有还是私有的土地。这项条款可能是ESA最有争议的部分,因为如果出现濒危物种,它将严格限制私人土地所有者在自己土地上的行为。毫无意外,作为一个反对ESA的运动组织,“财产权运动”主张只要不直接危害他人,联邦政府就不应该规定土地所有者在自有土地上的行为。

目前,名录上列有1200多种动物和700多种植物。大多数列入名录的物种并不为人所知,例如奥扎克(Ozark)的大耳蝙蝠或者圣华金(San Joaquin)的沙狐。不过,也有一些是引人注目的保护对象,例如灰熊和加利福尼亚秃鹫。有些ESA的批评者指出,ESA的“成功率”很低,这就意味着几乎没有物种能恢复到被从名录上去除的水平。尽管这可能是真的,也需要指出,仅有很少一部分物种(爱斯基摩杓鹬,一种中等大小的滨鸟,被确认已经灭绝,是为数不多的例子之一)在被列入名录之后,实际上已经灭绝。ESA的确也有一些著名的成功案例。例如,因为杀虫剂DDT的影响,秃鹰和褐鹈鹕曾一度大幅度减少,现在则较为常见,并且它们大部分年龄段的物种已从名录上去除。包括上文中提到的螺镖鲈,对一些濒危物种的保护已经引起了极大的争议。近期最著名的例子可能要属北部斑点猫头鹰,在它们被列入名录后,太平洋西北部原始花旗松森林伐木量大幅减少。

利奥波德最著名的文章要数他晚年所写的《土地伦理》，出自他1949年编著的《沙乡年鉴》一书（Leopold，1987）。《土地伦理》之所以如此重要，有几点原因。首先，它开拓性地将全新的生态学观点包含在伦理体系之内。还值得一提的是，它的论述清晰简洁。此外，最重要的原因可能是这篇文章持久的生命力。它是迄今阅读量最大、最有影响力的环境伦理学论著之一。

利奥波德的伦理学体系清晰明了，并且易于理解。目前已有两种形式的伦理关系，缺少并且需要第三种。根据利奥波德的说法，正式的伦理规范最早是关于人与人之间行为对与错的论述，例如《十诫》。不久就建立了个人与社会之间的伦理关系（例如，黄金法则）和社会与个人之间的伦理关系（例如民主管理）。按照利奥波德所说，缺少的是“处理人与土地，与生长在这片土地上的动植物之间的伦理。土地……仍是财产。这种与土地的关系严格来说仍然是经济的，它会导致特权，而不是义务”。如今，在受到科学生态学更多的启发并拥有了生物进化的知识后，人类应该意识到作为一个物种，他们不仅是自然规则的一部分，而且也完全依赖于他们的环境——土地、植物、动物还有生态系统的健康运行。

在人类社会的制度中，依赖的概念显而易见。人们因为意识到必须合作，放弃某些自由，成为人类社会“互相依存的一部分”，所以他们心甘情愿地这么做。既然我们理解了生态的联系——我们与环境相互依存，那么把社会的范围拓宽为“包括土壤、水域、植物和动物，或者它们的集合：土地”才是符合逻辑而且合理的。既然谁也不可能一下子成为征服者，成为社会的一员，我们就必须把我们与自然的关系，从“征服者……变成普通的一员和公民”（Leopold，1949：204）。

因此，怎样判断行为的对与错呢？“土地伦理”中最为著名、言简意赅的准则提出了一个立竿见影的检验办法：“如果它有助于保护生物群落的完整性、持续性和美，那么它就是对的。反之则不然。”(Leopold,1949:224—225)因此,土地伦理与较简单的保全和保存伦理学有所区别,在后两种情况下,人类的利用可能是对的(按照平肖的方式),也可能是错的(按照缪尔的方式)。土地伦理认为我们必须继续利用土地(事实上,利奥波德写了大量关于农业土地利用和保护的文章,他不是一个单纯的荒野自然的支持者)。然而,现在我们必须用生态联系和生态系统健康的相关知识,指导土地的利用。其实,土地伦理是生态中心主义①(以生态为中心)环境伦理的核心,尽管“生态中心主义”这个术语直到几十年后才出现。毫不奇怪的是,从生物多样性保全主义者到“生态可持续性”的支持者,许多当代环保主义者都声称利奥波德是站在自己一边的。

除了认识到生态系统的健康是任何完整的环境伦理的基础(这个基础作用是毋庸置疑的),这篇文章还记录下关于环境伦理学另一个重要的观点。《土地伦理》是最早被广泛阅读的主张道德延伸主义②的文章之一。道德延伸主义主张将道德关怀的范围拓展到人类的范围以外(现在“包括土壤、水域、植物和动物或者它们的集合:土地”)。二三十年后将出现赋予动物(包括家畜)道德关怀的观点,它将引起人们广泛的讨论,并掀起一场社会运动。

动物解放!

当奥尔多·利奥波德主张动物、植物和土壤都应该受到伦理的关怀时,他是作为一个科学生态学家在思考。因此,在利奥波德的脑海里,动物本身不是个体的动物,而是物种,例如,灰狼、伊比利亚猞猁、鱼鹰,甚至不怎么“迷人的”物种,如现在已经绝迹的深

---

① 生态中心主义(Ecocentrism):一种环境伦理立场,主张生态关怀应该包括并超越优先考虑人类,它是做出正确与错误行为决定的核心(相较于人类中心主义)。

② 道德延伸主义(Moral Extensionism):一种道德原则,它阐述了人类应该把道德关怀的范围拓宽到人类的范围之外;最常见的是有人认为有智力或有情感的动物应该是伦理主体。

色海滩雀。20 世纪 70 年代出现了专门拓展道德关怀范围的社会运动新浪潮。“动物解放”[①]和“动物权益”运动主张个体的动物,不论野生的或者家养的,都应该得到我们的道德关怀。

彼得·辛格(Peter Singer)所著的《动物解放》(1975)是一本非常知名的环境伦理学著作,因为它可能是这类书籍中唯一一本成为大众畅销书的作品。毫不奇怪的是,就这一点而言,它也引发了一场激烈的,并且通常也是有效的社会运动,即动物解放运动的兴起。

辛格的观点非常直接,并引起了许多人的强烈共鸣,它理当唤起人们采用正确的行动。他问道:我们已经(颇为正确地)把道德的范围拓宽到历史上几乎没有或者根本没有权利的群体(包括女性、少数族裔、体弱多病者和残疾人),却没有相应地延伸到人类以外,把动物也包括在内,怎么能这样?辛格提出,界限的划分无论是按照种族、阶级和性别,还是按照人类/非人类物种都是武断的。人们曾经怎样将否认其他种族成员的道德地位合理化?他们只能通过如今饱受质疑的种族主义理论。在拓展道德范围的过程中,我们的出发点——即他人也有得到平等关怀的权益,是正确的。此外,我们的方向——从只包括重要的人这种无理狭隘的概念向外延伸,包含的范围越来越广,也是正确和值得称赞的。

对主张动物权益的人来说,这些成绩的不足之处是它们走得还不够远。为什么?从辛格的观点来看,这是因为它们缺乏一个充分的标准,来决定究竟谁应该拥有道德地位。辛格继承了 19 世纪哲学家杰里米·边沁的观点,提出伦理道德应该努力使社会产出的“益处”最大化。益处(如同快乐和幸福)最大化的一个前提是要尽可能地消除痛苦。就这一点而言,所有可能遭受痛苦的生命

---

① 动物解放(Animal Liberation):以彼得·辛格 1975 年开创性的著作命名,这场激烈的社会运动旨在把所有动物从人类的利用中解放,无论它们是用于食品、医学测试、工业、个人的喜爱、娱乐还是其他方面。

(辛格称之为"众生")都有各自的利益,并且在伦理的问题上应该被平等对待。

与一些批评者的观点不同,辛格并不主张完全平等地对待所有动物。例如,他不支持老鼠的生命和人类的生命是平等的,或在伦理道德的问题上两者应该被平等对待。(辛格的批评者们说,虽然老鼠携带病菌,是黑死病的传播者,但是因为它们是有知觉的,因此辛格会反对采取任何可能消灭城市鼠患的行为,可是他从未支持过这个立场。)然而,辛格声称,所有有知觉的生命应该得到平等的关怀,减少甚至消除它们的痛苦,应该是任何伦理决策的一部分。按照这种逻辑,辛格总结道,几乎任何为了人类的目的而利用动物的行为都是不道德的。他坚决反对人们使用利用动物加工生产的化妆品和时尚产品。毫不奇怪,他也支持动物不再用于农业。通过对这些行为生动的,通常是悲伤的描述,辛格说服了全球数千名活动家为动物免受人类的折磨而战。并非所有的动物权益支持者都像辛格一样,持有绝对主义的观点(例如在农业和研究中不使用动物等),但是即使是这种观点最温和的支持者都赞成在现代生活中的许多方面,应该做出一些较大的改善。换句话说,将辛格的观点付诸实践——动物解放,其实需要根本性地重新建构我们的现有文化。另一个以不同的方式激励了行动主义、自称为激进的环境伦理,是深层生态学。

从浅层到深层生态学

挪威哲学家阿伦·奈斯(Arne Naess)在他的短文《浅与深,长期的生态学运动总结》(Naess,1973)中创造了"深层生态学"[①]这个术语。正如文章题目所表明的那样,这立刻成为一个对"深层生态学"全新的正面构想和对他所称的"浅层生态学"的批判。这些不

① 深层生态学(Deep Ecology):一种环境伦理哲学,它与"浅层"或者主流环境保护主义有所不同,主张一种"更深刻的"并可能更具有真正生态意识的世界观。

同的“生态学”并不是科学生态学内的不同部分,而是环境运动的不同分支。通过寻找零碎的方法来解决特殊问题(例如污染或者资源耗损),浅层生态学无法提出生态问题的原因等“更深刻的问题”,因此无法指望靠它解决生态危机。另一方面,深层生态学全面地批判了人类社会,特别是人类与非人类自然的关系。

奈斯有关深层生态学的哲学理论有两个重要部分,“自我实现”和生态中心主义。对奈斯来说,“自我实现”是对任何深刻的生态问题合理的总结。当“我们”(个人)意识到所有事物都相互联系时,我们就会明白任何关于自我的概念必须超越个人的局限,包括所有一切。生态中心主义是奈斯深层生态学的第二个关键内容,它是自我实现的逻辑衍生。一旦个人意识到他/她不是一个狭窄的封闭个体,需要对整个自然有适当的认同,人类中心主义(以人类为中心)的想法或者行为就显得不够合理了。

在北美,深层生态学相对地不为人所知,直到 1985 年德沃尔(Devall)和塞申斯(Sessions)出版了《深层生态学:仿佛自然很重要那样地生活》才有所改变,该书为“深层生态学运动”提供了一个“平台”。这个平台的基本原则是自然有“内在价值[①]……它不依赖于非人类世界对人类的用途”。这个平台也呼吁减少人口数量,减少人类对自然世界的干预,调整环境政策以及个人对环境行动主义的投入。它简洁明了,并与熟悉的主题相呼应(例如马尔萨斯主义的人口过剩,见第二章),深层生态学在环境行动主义中留下了自己的印记,尤其对波澜壮阔的北美荒野保存运动产生了难以磨灭的影响。与本章中所有的环境伦理学流派一样,深层生态学当然不会没有批评者,因此在接下来本章的结尾部分,我们将评述对深层生态学的批评和环境伦理的其他流派。

---

① 内在价值(Intrinsic Value):自然事物(例如猫头鹰或者溪流)内在的以及为了自身存在而具有的价值,它是一种目的而不是一种手段。

整体论，科学主义和其他隐患

保护环境是正确的吗？过度利用自然——森林、动物和生态系统过程，是错误的吗？至少对一些人来说，用这种方式提出环境难题，好像使修改我们的环境伦理朝着适应社会发展所需的方向迈出了合理的第一步。但是，也有批评者担心，如果被当作合理的目的，某些流行的环境伦理将会导致反对变革的独裁统治。

利奥波德的土地伦理和（一些）受其启发的环境行动主义可能是"生态独裁主义"最常见的批评对象。这种批评担忧土地伦理的整体论[①]倾向，即坚持对整体（例如生态系统、物种和自然过程）的保护高于对局部（例如单个动物，包括人类）的保护，或者整体的权利高于局部的权利。利奥波德的著名准则，"当它会保护……生物群落的完整性时，就是正确的"，很容易被理解成对这种倾向的支持。这可能意味着，如果一项行动支持整体的利益（例如为了减少人口的压力牺牲个人），那么它很可能不仅是可行的，也是正确的。更笼统地说，批评者担心生态中心主义伦理观会为破坏基本的个人自由辩护。土地伦理的支持者不同意这种说法，他们提出独裁主义的指控是对这种理论滑稽的、生硬的解读。土地伦理支持把这个缺失的，却又必需的标准纳入我们的道德关怀，而不是用生态学推翻一切现有的标准。

对土地伦理、深层生态学和它们的分支的另一项指控是，它们犯了哲学家所称的"自然主义谬论"[②]的错误。利用生态科学的研究结果，得出什么有益并因此什么正确的结论，从"是什么"中得出"应该是什么"，或者从事实中得出价值。如今，这种做法通常被认

---

① 整体论（Holism）：任何认为整体系统（例如一个"生态系统"或者地球）比各部分总和更重要的理论。

② 自然主义谬论（Naturalistic Fallacy）：从自然的"是"衍生出伦理的"应该"，它在哲学上站不住脚。

为在哲学上是站不住脚(毕竟,不是所有存在的事情都是正确的)。最近,批评者加大了对此批评的力度,指责一些深层生态学家是“科学主义”[①]者,这意味着把(据说是客观且没有价值的)科学提高到终极权威的水平。这种知识形式的权威性高于其他一切价值和判断的来源,例如宗教、哲学和人文主义公正的观念,从这种意义上说,它意味着未经核实的专家权力违背了民主的理想。因此,生态中心主义伦理观的支持者可能提防着哲学和政治上的隐患,而对有关生态学的断言持谨慎的态度。

这些方面持续时间最久,最有挑战性的批评来自于社会生态学[②]的支持者,特别是已故的默里·布克金(Murray Bookchin),他在四十多年里不断发表文章提出质疑。受到激进的政治经济学(见第七章),而不是自然科学或哲学伦理学的启示,社会生态学家提出,深层生态学家和土地伦理的支持者选错了目标。社会的根本性问题不是被误导的伦理、虚假的观点,或者生态上的幼稚。相反,生态问题在本质上是社会的。这种思想的传统与社会无政府主义有关,植根于 19 世纪研究者彼得·克鲁泡特金(Peter Kropotkin)等的研究和思想,它提出在社会等级和对他人的统治利用根深蒂固的社会,统治和利用自然不可避免。在一个平等主义的公正社会建成之前,不管人们从哪种伦理的角度看待自然,都不要指望停止对环境的破坏。

动物权益的支持者也难以避免受到政治上的批评。实事求是地说,主张动物和人有相等的利益意味着什么呢?我们如何区分人类与非人类动物的利益呢?如果从伦理的角度划分物种的界限是武断的,那么在特殊的情况下,当人类和动物的利益矛盾时,按

---

① 科学主义(Scientism):通常被用作一个嘲弄的术语;指不加批判地依赖自然科学,将其作为社会决策和伦理判断的基础。

② 社会生态学(Social Ecology):思想家默里·布克金提出的一种思想流派和一系列与之相关的社会运动,它坚持认为环境问题和危机的根源是有代表性的社会结构和关系,因为它们往往是等级森严、受政府控制,并且以对人类和自然的统治为基础的。

照人类/动物的方式做出决定是正确、合理(或者甚至可能)的吗?几乎是最激进的(或者厌世的)动物权益保护者可能回应道,这些问题不过是为了故意让提出来的观点听起来不人道、不可行而被抛出来的稻草人(被夸大、不公正的讽刺画,其立场很容易成为批评者攻击的目标,如上文所说的黑死病的例子)。说得好,但是对必须(或者至少应该)用站得住脚的方法解决复杂的实际冲突的保护者来说,这不能解决他们的问题。

至此,我们已经回顾了环境伦理学的外部批评,也就是说,这些批评大多来源于自称环保主义者的圈子之外。环境伦理学,这个由学者和环境保护的支持者(以及许多同时是学者和支持者的人)组成的领域,还引起许多来自内部的争论。也许,在这些内部争论中,展开最深入的是(某些)动物权益支持者和(某些)土地伦理支持者之间的争论。简单地说,前者关心的是个体有机物,而后者关心的是保护物种、生态系统、进化过程等。他们可能并且的确常常发生冲突,例如关于狩猎的问题。即使不是大部分,也有许多动物权益支持者反对几乎所有形式的狩猎(毕竟,这确实会对有情感的生命造成痛苦)。但是许多环保主义者把狩猎看作是一项有用的,甚至是必须的生态活动。这会让人提出疑问:人们确实必须在把伦理的范围向外(包括非人类的动物)拓展或者向上(包括生态和进化)拓展之间做选择吗?争论双方中很多人都毫无歉意地回答"是的",认为"对方"是正确行动道路上的障碍。其他人则提出,没有必要陷入这样的僵局,因为它是更在意保持意识形态纯粹性,而不是达成可行的解决方法的人,树立的一道错误的围墙。

人类中心主义的想法必然会得出一种反对生态主义的伦理学吗?人类与非人类动物的关系存在根本性的问题吗?环境伦理学向社会提出了这些以及其他具有挑战性的根本问题。如果,像许多环境生态学家认为的那样,这些问题的回答是"是",那么,人们要治愈这个星球上的问题,就真的需要做出根本上、意识形态的改变。即使这样，坚持个人或者集体的理想、意识形态或者对正确行为的看法，可能只是复杂问题的一小部分，在这种情况下，经济的推动、政治力量、制度上的僵局都会对个人行为造成阻碍。尽管环境伦理学在理论上和实际上遇到了巨大的挑战，但是，当今世界根深蒂固的政治经济状况本身也值得仔细地研究。

伦理学的视角

本章我们学习了：

- 几千年来，相互矛盾的伦理体系影响着人们对待非人类的自然的态度，尤其是人类中心主义体系和生态中心主义体系。
- 在当代，保全与保存的观点针锋相对。
- 最近，人们提出了一种土地伦理，这种方法从生态的角度出发提倡珍惜保护自然，而不是消除人类在其中扮演的角色。
- 更为激进的是，深层生态主义代表了一种伦理，它强调自然内在的、自身拥有的价值。
- 其他批评的传统认为环境问题的根源在于当代社会结构。

问题回顾

1. 总结“统治论点”。这是一种“伦理理论”吗？请解释。

2. 如何从约翰·洛克的财产理论推导出一种特殊的环境伦理？例如，它提出什么才是合理利用未经砍伐的“原始”森林？

3. 平肖和缪尔关于赫奇赫奇峡谷的著名辩论标志着“保全主义者”与“保存主义者”的分裂。请围绕这两个术语的解释，总结这场辩论。

4. 彼得·辛格为“动物解放”提出了充分的理由。他主张动物应该被解放的出发点是什么，我们该怎样实现动物解放？

5. 解释“深层生态学”中“深层”的含义。如果说深层生态学支持生态中心主义的伦理观,那么这意味着什么?

练习5.1　把熏肉递过来(或者别把熏肉递过来)

考虑到本章中研究的理论(和对它们的批评),让我们重新审视本章开始的故事并提出以下问题:工厂化的养殖是合理的吗?环境伦理学可能对回答这个问题有帮助,但是问题的答案远没有那么简单或者不言而喻。通过书籍、杂志或者网络,找出三条分别支持和反对工厂化养猪的论据。阅读材料后回答下面的问题:在多大程度上它们的论据是基于伦理学的?在伦理的论证中,它们的基础是伦理学还是动物权益(或者两者皆有)?还有哪些因素支持或者反对它们的看法?阅读了双方的观点,你的观点是什么?写两段话,支持或者反对这种做法。

练习5.2　医学、商业研究与试验中的动物

在有关自然与社会的伦理争论中,一个持续不断并引起广泛关注的争论是,动物是否应该,或者在多大程度上应该被用于医学、商业研究与试验。选取两条近期(近两年出版的)有关这些争论的新闻报道(网络搜索的术语和短语可能包括"动物对象试验""动物试验化妆品""动物权益医学试验"等)。找到当前有关这个主题的一场具体的辩论后,选择两篇(或更多)关于该主题较为可靠的文章。仔细阅读这个主题并写一篇文章介绍你的观点。假设你在给当地的报社编辑写一封信。标明你的引用。

练习5.3　土地伦理

阅读奥尔多·利奥波德1948年所写的文章《土地伦理》(home.btconnect.com/tipiglen/landethic.html)。利奥波德如何把"群体"的概念看作是必须发展土地伦理的核心?我们(普通的老百姓)是否应该把自己看作"土地群体"的一员?为什么?思考当

今社会在哪些方面体现了“土地伦理”,在哪些方面没有体现。请加以讨论。

参考文献

Devall,W., G. Sessions (1985), *Deep Ecology: Living as if Nature Mattered*(《深层生态学:仿佛自然很重要那样地生活》), Salt Lake City: Gibbs M. Smith, Inc.

Katz, E. (1997), *Nature as Subject: Human Obligation and Natural Community*(《自然为主体:人类的责任与自然的社会》), Lanham, MD: Rowman & Littlefield.

Leopold, A.(1949), *A Sand County Almanac* (《沙乡年鉴》),New York: Oxford University Press.

Leopold, A. (1987), *A Sand County Almanac and Sketches Here and There* (《沙乡年鉴》),New York: Oxford University Press.

Locke, J. (1690), *The Second Treatise on Government*(《政府论下篇》),可在网站上获取.

Marcus, E. (2005), *Meat Market: Animals, Ethics, and Money* (《肉类市场:动物、伦理与金钱》), Boston, MA: Brio Press.

Naess, A. (1973), “The Shallow and the Deep, Long-range Ecology Movement: A summary”(《浅层与深入、长期的生态学运动:总结》), *Inquiry* (《探究》),16:95—100.

Singer,P. (1975), “Animal Liberation: A New Ethics for our Treatment of Animals”(《动物解放:对待动物的新伦理》), New York: New York Review (Random House 经销).

Turner, B. L. II,S. B. Brush eds., (1987),*Comparative Farming Systems* (《比较农业体系》),New York: Guilford Press.

美国参议院(2012),*Endangered Species Act of 1973*(《濒危动物法案》), 2012年10月10日检索,http://epw.senate.gov/esa73.pdf.

White, Jr., L. (1968), “The Historical Roots of Our Ecologic Crisis”(《我们生态危机的历史根源》), 见 L. T. White, *Machina Ex Deo: Essays in the Dynamism of Western Culture*(《西方文化的活力论丛》), Cambridge, MA: MIT, pp. 57—74.

推荐阅读

Abbey, E. (2000), *The Monkey Wrench Gang*(《有意破坏帮》), New York: Harper Perennial Modern Classics.

Bookchin, M. (2005), *The Ecology of Freedom* (《自由的生态学》),

Oakland,CA: AK Press.

Des Jardins, J. R. (2006), *Environmental Ethics: An Introduction to Environmental Philosophy*[《环境生态学:环境哲学介绍》(第六版)],Belmont, CA: Thomson Wadsworth.

Light, A., H. Rolston eds. (2003), *Environmental Ethics: An Anthology* (《环境伦理学选集》),Malden, MA: Blackwell.

Norton, B. G. (2003), *Searching for Sustainability: Interdisciplinary Essays in the Philosophy of Conservation Biology* (《寻找可持续性:保存生物系哲学的跨学科论文》), New York: Cambridge University Press.

第六章 风险与危险

图片来源:© James Dawson/Image Farm Inc/Alamy.

洪 灾

2010年七月末,季风雨季袭击了巴基斯坦,一连数周雨势没有丝毫减弱。随着降雨持续,印度河盆地的数千座水坝和堤岸的水位线持续攀升,生活在这个区域大小城镇的数千万百姓都紧张地关注着向警戒线一步步逼近的水位。最终,水位超过了河边用来阻挡水势进入人口密集地区的防洪堤(土堤),洪水随之涌向了城市和农田。水势最大时,大约有80万平方公里,相当于巴基斯坦五分之一的土地面积都被淹没。2010年在巴基斯坦发生的大洪灾夺去了数千人的性命,数十万人被转移,六百万人无法获得干净的水源,它也给基础设施和农作物造成超过四百亿美元的损失。

这场灾难当然很罕见。那年夏天创纪录的降水量比平均水平超出数倍,在某些地区更是发生了百年未遇的大洪水。

另一方面,印度河的水患绝非史无前例。从19世纪末开始,工程师们就不遗余力地利用复杂的河道改道系统和工程,管理和控制河流。然而,设计这种体系的目的是使农业生产体系产量最大化,减少每年发生洪水的风险,这样经济作物的农业生产就可以欣欣向荣地发展。正如地理学家马吉德·阿赫塔尔(Majed Akhter)指出的那样,在印度河体系修建这些错综复杂的堤坝和运河,逐渐抬高了运河的河床,使整个系统在面对大规模的洪水泛滥时,更加不堪一击(Akhter,2012)。努力降低农作物歉收的短期风险,实际上增加了长期发生灾难性洪水的几率。

巴基斯坦的情况并不是个例。在美国,密西西比河委员会因控制大面积不可预测的河流受到指责,它选择的政策是"只用防洪堤"而不是通过维持湿地河滩,或者利用入河口来缓冲造成灾难的水流。看到这种荒唐的做法,1896年,马克·吐温(Mark Twain)在《密西西比河上》一书中写道:"一万个河流委员会……无法驯服无法无天的水流,无法控制它或限制它,无法命令它,去这儿,去那儿,让它服从;无法挽救已经被判了刑的河岸;无法用水流冲不垮、对着欢腾咆哮的障碍阻挡其去路。"(Twain, 1981:138)他的话颇具预见性;1927年,仅在密西西比河委员会和美国陆军工程兵团预言防洪堤将永远固若金汤的一年后,密西西比河就漫过了河岸,冲破了防洪堤,淹没了2.7万平方英里的土地。1993年,这一幕再次上演。

考虑到我们所了解的印度河与密西西比河的情况，这些洪灾难道无法预测吗？是对防洪堤和其他基础设施的投入不足，造成了洪灾吗？还是过度的河流工程加剧了危机？抑或是有关河滩糟糕的决定，把定居者和房屋安置在必然会出现周期性高水位的地方，让人们在危险的地区安家落户，使原先相对宜人的气候变成了全国性的灾难？人们该如何为无法预测的灾难做准备？谁该为重建家园付出代价？是那些生活在那里，冒着“不理性”风险的人吗？是一个世纪以来，远离那片土地，生活在城市里，消费着便宜的食物，享受着发展河滩带来的益处，却不会面临危险的人吗？是补贴这些地区的发展，却很少为减少发生灾难风险投入资金的政府吗？社会如何以兼顾社会公正和环境可持续的方式，适应这个嘈杂的、不仅只有人类存在的世界？当我们选择把环境看作是一种危险，把与自然的社会关系看作是管理非人类世界难免会不断出现的风险时，这些问题就会引起我们的注意。

环境是危险

对那些用这种方法研究环境的人来说，下面这三个明确的概念将有助于我们理清世界上的许多问题：危险、风险和不确定性。危险[①]是在生产（谋生）或者再生产（生存）方面，威胁到个人和社会的事物（例如阳光中的紫外线辐射）、状况（例如河流周期性的泛滥）或者过程（例如水的硝化）。危险是真实存在的，本质上难以避免，它与人和社会从自然和技术中逐渐获得的好处和利益有复杂的联系。南亚的季风促进了这个地区整个夏季粮食作物的生长，但是它周期性的推迟，也会带来灾难性的干旱，而暴雨又会造成洪水的泛滥和生命财产的损失。核能为美国提供了20%左右的电

① 危险（Hazard）：在生产或者再生产的方面，威胁到个人和社会的事物、状况或者过程。

能,但是生产设施很容易发生危险的故障,并且核废弃物的危害要持续几千年。因此,危险只是所有事物产生负面结果的可能性;它们可以被描述,被量化,并且随着时间的推移,被发现。

当然,不是所有的危险都是"自然的",许多危险的事物完全是人为的(人类造成的),包括 DDT 这样的化学品或者研发核能这样的生产过程。大部分的危险介于自然的和人为的之间,因为人类行为对环境体系的影响,以及这些体系对人类行为的影响,通常让这种区分无关紧要。在任一种情况下,理解了环境具有一种危险的特性可以让个人、政府和企业在处理社会与自然关系的问题时,做出明智的决定。

然而,这些问题中有许多是断断续续或者无法完全预测的,这增加了处理问题的难度。例如,干旱(低于平均降水量的时期)可能对农作物造成风险,但不是年年发生。我们需要做悲观的打算,假设持续的干旱会减少我们的整体收成吗?我们是否该对危险置之不理,祈求好运,继续前行?还是说,我们可以找到一条中间道路,尽量往好处想,但是为最坏的情况做最好打算?

决定是有风险的

在这些选择中做出决定,就是根据风险[①]进行决策。风险是指已知的(或者预计的)、与危险有关的决定将产生负面结果的可能性。所有的决定都存在某种风险,但是有些风险微乎其微,而另一些则是巨大的。一对色子掷出 2 点的可能性是 1/36,这意味着当你投掷时,平均 36 次中有 35 次都是失败的。如果你不对结果下赌注,就不会有问题。但是,拿你的毕生积蓄孤注一掷,风险就非常大。如果用你的积蓄来赌 7 点,它发生的几率是 1/6,这还不错(尽管本书的作者不建议读者参与赌博)。从这个角度来处理环境问题,根据成功或者失败,以及结果好

① 风险(Risk):已知的(或者预计的)、与危险有关的决定将产生负面结果的可能性。

坏的可能性做出决定。

例如,种植依靠雨水生长的作物总是有风险的,因为干旱总有可能发生。然而,在一些地区,干旱极其罕见,因此就几乎没有风险。在其他地区,农民经常做出有创意的调整,他们将耐旱品种和常规的作物混合种植,从而降低作物歉收的风险。这些调整可能要比按照以往的模式经营代价更高,而且利润会逐年递减,但是他们将发生重大灾难的可能性降到最低。为了应对干旱,巧妙地规避风险,调整耕作方式,这种做法在世界上最干旱或者半干旱的地区非常普遍。

地理学家吉尔伯特·F.怀特(Gilbert F. White)是管理河滩风险方面的先驱。在大萧条时期,怀特在多个联邦机构担任公职,他受富兰克林·罗斯福之命,对密西西比河的管理进行评估,当时该河流仍然受到1927年洪灾的影响。经过对问题的研究,怀特得出结论:只采用工程的(防洪堤和对河流加以限制)方法管理河流是问题的根源,需要根据当地情况,设计出"多种调整方案"来解决洪水问题。这些"多种调整方案"将考虑到问题的各个方面提出的具体风险。它涉及社会方面的,包括生活在河滩的居民没有保险补贴,缺乏洪水爆发的周期和位置等信息,糟糕的疏散规划,草率的区域划分和低效的救援系统管理。他从本质上总结道,这条河很有可能泛滥成灾。因此,这个问题就变成了:在该河流附近工作和生活的人们怎样更理性地接受这个现实?在随后的论文《人类应对洪水的调整:用地理的方法解决美国的洪水问题》(White, 1945)中,他讨论了这些结论。这篇论文现在是环境与社会研究的经典之作。

考虑到最近发生洪灾的地区大多数资源充沛,包括2005年在美国发生的卡特里娜飓风和2003年冬天在英国发生的灾难性洪水,撇开近几年在发展中国家发生的洪灾不谈,尚不清楚怀特的建议是否已被充分地听取。在决定联邦政府和州政府对新奥尔良防洪堤的投入力度时，要进行哪种风险评估呢？投入的水平应该和风险水平相关吗？尚未采取的“多种调整方案”可能给与密西西比河有关的决策带来怎样的结果？

在理解了环境是有危险的，决定有一定风险之后，如果通过确定危险发生的可能性、频率以及/或者严重性，可以测算出并且考虑到可能遭受的风险，也许就能做出有创造性的、有所改进的决定。

环境状况是不确定的

然而，风险必须与不确定性[①]有所区分，后者描述的是某一决定或者情况的结果的未知程度。不确定性给大多数的风险计算造成困难，造成不确定性的有许多原因。

不确定性的第一个原因是，长时间内许多环境系统表现出的高度不规律性或者不稳定性。例如，人们可能根据过去 100 年里每 20 年发生一次严重干旱的事实，决定水的供应量。但是这种时间框架可能缺乏代表性。如果干旱在过去 1000 年里发生更加频繁（可能每十年发生两次），而人们作为做决定基础的这 100 年是反常的，那么该怎么办呢？这正是《科罗拉多河契约》遇到的情况，1922 年，美国西部各州按照这项正式的法律章程，分配了各自在科罗拉多河流域中的份额。撰写和签署这项文件正值不同以往的强降雨，并且水流量很大，因此当时低估了“严重干旱”的风险，现在人们知道在该地区发生这种情况要比想象中更普遍。结果，河流不断被过度分配：在大多数的年份里，各州总共的合法拥有量超过了实际的水量！

不确定性也可能是由于遇到新的危险，在这种情况下，缺乏有价值的经验帮助评估风险。对于技术危险来说尤是。例如，20 世

① 不确定性（Uncertainty）：某一决定或者情况的结果的未知程度。

纪30年代出现的石化杀虫剂带来了许多的决定，如在全球范围内广泛使用滴滴涕（DDT）。这种化学物质可以在野生动物的细胞组织里聚集，导致许多物种数量的减少，尤其是鸟类。直到这些影响被发现了多年之后，它们才被禁止和限制使用。因此，不确定性影响了风险计算，给人类了解复杂的自然系统蒙上了一层面纱。通过提高人们的知识水平，新信息可以改进风险决策，但是某种程度的不确定性在所难免。

风险认知的问题

根据相关专业的学生对危险的研究，风险决定不只受客观不确定性的阻碍。人类往往主观地看待和计算风险，这种结构上的偏见使风险决定更加复杂。通过研究真实的人类行为、观点以及心理特征，风险认知[①]领域的研究者已经证实，在日常生活中，虽然某些决定的风险是真实、可衡量的，但是有时被过高或者过低地估计。这对用更理性的方式管理危险有重要的启示。

例如，尽管相对于飞机，汽车每行驶一英里给个人带来的风险要高很多，但是人们还是难以克服对乘坐飞机出行的恐惧。人们普遍对接种疫苗和水氟化处理有所担忧，虽然根据统计，它们对身体的影响以及每年的伤害率要远远低于电动除草机，而人们对电动除草机几乎或者完全没有担忧。为什么呢？

为了解释当拥有更详尽的信息（并且不确定性逐渐减少）时，环境管理为什么依旧不令人满意，人类的健康决定为什么依然糟糕，几十年来，研究者试图用科学的方法研究这些偏见（Slovic，2000）。越来越明显的是，人们有许多共同的、与风险相关的偏见，这暗示了人类风险认知的深层倾向。

---

① 风险认知（Risk Perception）：它既是一种现象也是一个相关的研究领域，即人们有可能不总是从理性的角度评价某一情形或者决定的危险性，它取决于个人的偏见、文化或者人类的倾向。

专栏6.1 环境解决办法？为气候变化投保

大多数的全球性行业，都迟于应对，或者甚至不愿意承认全球气候变化。它们这么做，有正当的理由。为了缓解气候变化的影响，改变生产体系，使工作场所更加环保，使用替代能源，生产气候足迹更低的产品等，它们也许要付出更高的代价。承认气候变化可能会触犯到企业的底线。

然而，在一些行业中，解决气候变化，就相当于立刻获得避免收入损失，甚至赚钱的机会。最明显的例子莫过于保险业，这一全世界最大的行业，年收入高达4.6万亿美元。与其他行业不同，保险业依靠减轻风险来出售金融产品。从本质上说，当投保人感到需要保护自身，防范风险（例如洪涝，干旱或者恶劣的天气），但是当这些不幸的事件不会发生时，保险公司就会获取最大的利润。换句话说，保险公司需要能够预测出风险的程度，具体量化风险，并且尽可能减少购买者的风险，这样保险公司就既能收取尽量多的保费，也能尽量降低支付高昂赔偿的频率。

就这一点而言，保险公司很乐于了解、测算、减少发生天气变化的概率，并为之做好准备。首要原因是保险公司根据以往的记录确定费率，但是在变化的世界中这些记录的用途越来越小。例如，如果保险公司知道洪灾每100年发生一次，它们就可以决定怎样设定费率，或者是否给高风险的财产投保。但是随着气候的变化，未来这类洪水发生的频率越来越难以预测或者确定。为了做好应对不断变化的风险的准备，保险公司需要支持气候科学的发展。保险公司也愿意帮助投保人改变他们面临的风险，为了增强他们对不断变化的状况的抵抗力，采取一些措施，例如保护他们的财产，或者使用替代或多样的能源。

因此,保险业实际上在做什么?首先,它向购买者提供新产品,这些产品支持绿色建筑,减少能源使用等做法。例如,在过去几年里,全球的保险公司已经推出65种不同的保险产品,尤其提倡可更新能源系统。其次,当遭受损失(在特大的风暴、洪涝或者干旱等灾难中)的投保人以更强的风险抵抗力,更不易遭受损失的方式重建家园时,给予他们优惠的赔付。

当然,也有保险公司做不到的事。如果风险过高,保险公司就不再承保。例如,美国中西部的农作物经常歉收,损失巨大,所以,保险公司可能完全退出该市场。国家能源系统和交通系统是温室气体排放的主要来源,因此,保险公司对它们进行大规模转变的影响力也很有限。然而很清楚的是,通过从经济风险和不确定性的角度来思考环境问题可以发现,气候变化是一个重要的行业挑战和机遇。

相对于那些涉及个人、自愿的选择,以及有立竿见影影响的危险,人们更害怕非自愿、不可控以及有缓慢或延迟的长期影响的危险。例如,从每行驶一英里发生事故和受伤的可能性来说,汽车比飞机更危险,但是人们往往将自己认知到的驾驶风险最小化,这主要是因为他们知道是自己、而不是别人在驾驶,这使他们人为地感觉更加安全。类似地,那些被认为是灾难性的、致命的和影响力大的风险,不管发生的频率有多低或者多么不可能发生,相对于那些常见的、长期的风险,它们往往被认为是极其危险的。除草机的受害者可能比核能的受害者更多,但是核堆芯熔毁远比任何一种能源方式更能立刻抓住人们的想象力。图6.1总结出这些趋势,它表明调查研究的结果强调人们对一些风险的评估是以它们的特点为基础,与实际伤害或者受伤的可能性无关。

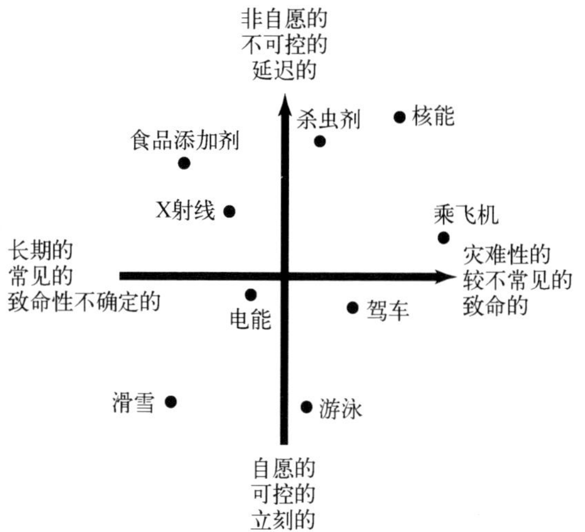

注：每一条轴都描述了一种危险的特点，它往往让人们错误地认为它是有风险或者没有风险的。

资料来源：转引自 Fischhoff(1978)。

图 6.1　自愿的/非自愿的—常见的/灾难性的：解释人们对风险的认识的矩阵

如果不通过信息的核实与平衡来抵消这样的认知偏见，可能会导致处理环境问题时做出糟糕的决策。发生几率低但影响大的事件可能吸引规划者或者行动家的注意，采取管理措施，但是对环境和公共健康造成持续、长期影响的危险，可能同样存在，或者影响更加广泛，并造成破坏。例如，对家用杀虫剂的管理一直都不被百姓和管理者重视，这部分是因为使用它是"自愿的"行为，在大片区域里，它被分解成很小的剂量。可是，这些化学物质累计的总体效应越来越被人们所承认，它对人类的健康和水域的生态系统健康都是有害的(Robbins, 2007)。

做出明智的决定：风险沟通

考虑到这一点，那些从风险的视角研究环境决策，而不是顽固地反对用感情和常识看待世界的人们，近些年却一直致力于寻找利用感情和常识的方法。通过对风险沟通领域的研究,他们探讨了表达信息的不同方法,因此人们可以利用自己的常识和感情能力做决定,从而减少它们的不确定性。

这项研究表明,提供给老百姓大量丰富、详细的科学数据(例如详细的技术报告),在某些方面确实增长了人们的知识。然而,它也表明优先考虑本地和个人,而不是单纯从科学事实的角度出发、"以价值为导向的"信息,可以让人们更谨慎地做出权衡和决定,其结果随后往往也更令人满意。从这种意义上说,因为人们经过更仔细的权衡,看清了相互冲突的重点后做出的决定,要比仅以冰冷生硬的事实为基础的决定更加合理。换句话说,讽刺的是,包含感情的、以价值为导向因素(情感[①])的信息,会得出更不"感情用事的"或者更理性的结论。风险沟通的方式可以帮助抵消在认知环境危险中人类的倾向,从而得出更佳的、更有利于社会和环境可持续发展的决定(Arvai, 2003)。

风险文化

当然,在采取"风险认知"的方法处理与自然有关的问题之前,我们应该思考这个视角中的一些重要假设。尤其是,与用市场的方法解决环境问题植根于经济学及其相关假设和方法一样,用风险的方法解决环境问题主要依靠心理学及其相关假设和方法。这些假设中最重要的一条是,研究的对象是个体的人,并且人的倾向有普遍性:在人类心理学中,它们反映了认知和人类大脑深层活动的作用。

但是在某种程度上,我们可以通过学习形成对环境危险、风险和不确定性的意识。它受到来自学校和工作的环境、家庭、人们住

① 情感(Affect):影响决策的感情和对世界的无意识反应。

在城市还是农村以及许多其他方面的影响。对人类学等学科一个世纪的研究已经证实许多偏见、认知和理解自然世界的体系都植根于文化,即意思、概念和人们从同伴和周围环境中学习的行为的体系。因此,这提出了一个问题:我们通过学习得来的偏见是否有一种通用的模式,或者是否存在独特的风险文化。

对风险中的文化倾向最著名的一种描述——文化理论[①],回复并解释道,人类对自然和风险的思考方式既不是通用的(这意味着我们都按照一种方式思考),也不是另类的(这意味着每个人的想法都不同)。正如人类学家玛丽·道格拉斯(Mary Douglas)在她《风险与文化》(Douglas, Wildavsky,1983)一书中解释到,人们思考环境风险的方式与他们对个人在社会中地位的思考紧密相连。

尤其是,相对于其他文化,有些文化往往更强调自由意志和个人在社会中的自由度,而不是强调社会的约束。相反,有些文化承认或者强调限制和约束是在自然和社会中生存必不可少的部分。在某些特定的文化中,有些人认为个人往往受制于社会和环境的背景和状况(不论好坏),而其他人则反对这种观点,强调自由选择权。

为了实现社会和环境的稳定,有些文化往往也强调团结和成员间的义务、社会中的集体性。相反,有些文化正是通过个体的观念将世界联系起来,它认为在相对强大却又冷漠的社会中,个人是非常孤立而且独立的。在某些特定文化中,人们强烈认为集体或者团体对社会的稳定和成功非常重要或者非常必要,然而另外一些人却反对这种观点,他们强调自主性。

为了理解风险认知和风险管理的重点这两个概念,道格拉斯主张,每种文化看待非人类世界的行为和性质的方法也是特别的、极其不同的。对有些文化来说,自然是可以自我恢复的系统,对系

---

① 文化理论(Cultural Theory):人类学家玛丽·道格拉斯提出的一种理论框架,它强调个人认知(例如风险)被集体社会的变化强化,形成一些典型的、特有的以及分立的看待和解决问题的方法。

统的干扰只会造成暂时的伤害。这种看法鼓励用开放的、以“通过试验纠正错误”为导向的方法对待风险,几乎不考虑可能不是长远或者永久的结果。相反,另一些文化认为自然是极其脆弱的,它极易发生变化,几乎没有恢复的可能。任何的干扰都会对平衡的系统造成损害,这种看法鼓励使用“预防性原则”管理风险的策略——在没有充分全面的信息之前,不采取行动。

它向我们传递了哪些有关处理危险的信息?与普遍的风险认知观不同,人类的偏见并不是单一的构建。即使有关危险的信息相同,不同的群体间沟通,对它的理解和使用也可能千差万别。

类似地,通过不同风险文化表现出的差异,而不是有认知偏见的与没有认知偏见的风险管理之间的差异,可以有效地解释不同风险管理重点之间的冲突。利用这种方法,文化理论为风险管理的差异提供了深刻的见解。例如,它对于比较接受转基因生物的管理环境有重要的启示。转基因作物,尤其是指在现有植物的基础上,为了提升产量,增强对某些疾病的抵抗能力,或者提高耐寒和耐旱性,改变了基因的物种。在全球范围内,各国对此的接受程度不一。例如,在英国,严格的监管体制坚持预防性原则,尚不允许公开或者大规模地种植这种有机物。另一方面,美国对转基因作物与其他的已有品种已经几乎一视同仁,没有扩大对可能存在,但在很大程度上尚不为人所知的环境影响进行审查。上述两种情况未必都被视为不合理。相反,这些决定可以理解为不同的风险文化产生的分歧。批判地说,这两种文化都没有直接反映全体国民的意愿,而只是掌权者做出的决定。

然而,这种方法至少做出了一点积极的贡献。风险认知不是一种普遍的大脑活动,相反,它存在于文化中,可以在制度中(例如环境组织或者政府机构)体现,并且与不同的环境管理重点紧密联系。因此,风险认知暗含着深刻的政治性。

风险之外:危险的政治经济学

然而,一旦我们开始考虑危险的政治性,仅从风险、风险认知和风险沟通的角度是不够的。这是因为:

1. 风险的决策者不是能控制决定的个人或者组织,所以有时候风险是强加给其他人的某样东西;

2. 即使在个人独自做出冒险决定的情况下,它们实际的选择范围已经被政治和经济的背景严格限制;

3. 能否做出明智的风险决策受到政治控制、操纵和对关键信息理解的牵制。

这些事实一一表明,风险分析是看待社会—环境相互作用的必要非充分条件。

决定的控制——环境公正的政治经济学

虽然风险评估是一种更好的决策方法,但是它有很大的局限性,即人、组织和公司通常为他人做出与风险有关的决定。请思考关于有毒的危害物和废物的问题。美国计划将清理超过 1300 个"超级基金"点(联邦政府认定的需要清理的地区,它们代表了违反环境法的危害)(如图 6.2)。大约 1100 万人(其中有 400 万儿童)居住在距离这些地区一英里的范围之内,面临着极大的健康风险。那些生活在危险地带及其附近的人们,更可能来自贫困和少数族裔的群体(Bullard,1990)。当然,有些人选择住在附近是因为这里通常租金更低,并且更容易找到房子。然而,创建它们的大部分企业、军事设施或者市政服务已经撤离很久,它们的所有者从中获益,却从未就它们的活动征询过当地社区或人民的意见。因此,这代表了一种环境不公正;危险在不同的空间和全社会不平等地分布;结构性地偏向弱势群体(见第七章)。

我们当然可以向生活在这些地区或者附近的人们提供更多和更好的风险信息,以此改善这种状况。但是,还存在更深层次的问题。按照他人为危险的决定付出代价(也因此被称作外部效应[①],见第三章和第四章)的程度,做出决定的地点与存在危险的地点是不匹配的。这种不匹配与社区、城市和地区的政治、经济结构有根深蒂固的关系。因此,将风险决策者和危险重新联系在一起,不仅需要对危险本身进行认真或者理性的分析,还需要仔细审视和重新建立围绕着决策的权力关系体系。

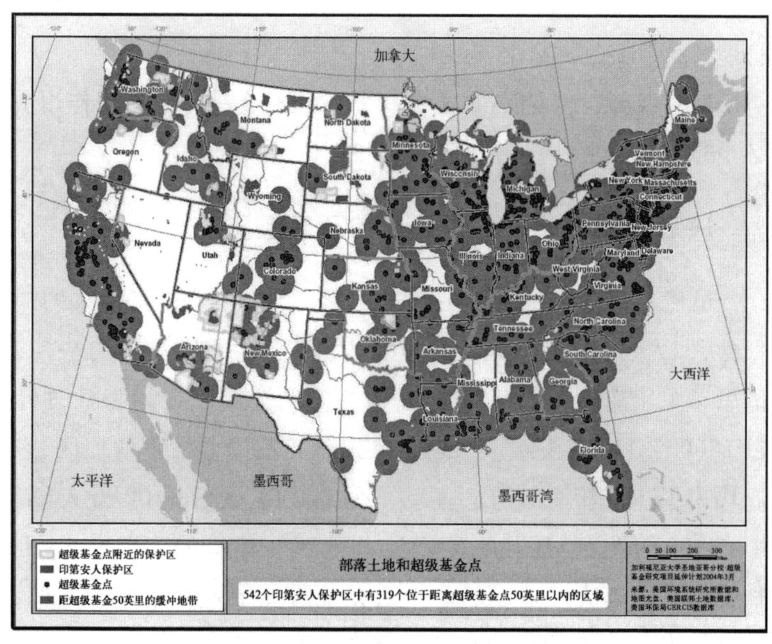

图片来源:改编自 http://regionalworkbench.org/renewal_niehs_files/May20_2004/community_outreach.php。

图 6.2 部落土地和超级基金点的地图

① 外部效应(Externality):成本或者利益溢出的部分,即当工厂的工业活动造成区域外的污染时,必须向他人支付的部分。

决定的约束——政治经济学的选择范围

即使在人们发现能控制自己的风险决策的情况下，他们也无法控制影响决定的社会和生态因素。请思考遭遇干旱的西非农民的例子。20世纪七八十年代，该地区的危机状态就曾引起关注，当时有很多人饿死，被迫离开该地区，天真的观察者可能认为这段时期特殊的天气状况完全是史无前例的，社会对干旱的应对能力差，社会成员做出的风险评估糟糕透顶，或者当看见他们祈雨时，认为他们来自道格拉斯所说的“宿命论的”文化群体。

然而，正如地理学家迈克尔·沃兹（Michael Watts）在《论理论的贫穷》（Watts，1983）一文中所主张的，对这种情况长期细致的研究表明，管理该地区经济和人类社会的法则在近几十年里完全改变，因此对这段时期的干旱做出“调整”根本不可能。具体地说，他证实了在历史上该地区人民可以成功地应对水资源严重匮乏的问题，但是随着殖民统治的开始以及随后的区域性和国际性商品交易，税收和经济上对现金复杂的需求使农民在面对危机时难以维持和交换资源。换句话说，社会和经济结构的变化，意味着在遇到气候压力时，农民可以获得的选择和有利条件严重减少。结果，几百年来成功应对干旱的地区，发生了大面积的饥荒。

风险的方法可以加深我们对这类情况的理解吗？当然可以，但是首先必须承认，在政治和经济的过程中，面对危险时，人类和社会可获得的资源也在变化。处理风险意味着不仅要认清所讨论的环境危害的特点，还要理解家庭、社区和国家受到更复杂的制度约束的方式。这些控制交换（例如商品价格），获得资源（例如信用或者社会服务）、义务（例如债务）和权力（例如决策的自治权）的制度本身就是社会—环境风险均衡的一部分，用简单的最优化或者概率计算不足以解决所有问题（第七章）。

这些变化也不仅限于传统的非洲社会。可以这么说，在美国和英国这些地方,现代城市文化本身已经经历了风险状况的彻底重塑。在过去的几十年里,用来解决风险的传统经济和政治手段(例如国家社会服务)已经减少,与此同时出现了新技术和相互作用带来的新的风险和危害(例如非典)。与金融市场和全球社会体系密切相连的全球环境风险体系已经形成。例如,中国发生的台风会给英国的金融市场带来一系列复杂的问题,英国的金融市场又会对美国国内买家可获得的资本产生冲击,并影响决定在新奥尔良建设堤坝条件的政府资源。在这样的情况下生活,意味着要摈弃过去各种对个体危险的简单风险计算,在全球政治和经济的"风险社会"中,重新思考危险的管理和分配(Beck, 1999)。

信息的控制——信息的政治经济学

用风险评估和沟通的方法处理社会与环境间的相互作用,虽然已经证明不确定性在所难免,却无计算出采取行动所需要的确定程度。任何一个决定都难免是社会和政治的,利益各方不可能达成一致。但是,在精英机构(大公司、组织完善的社会阶层、政府或者官僚机构)控制了获得和沟通风险信息过程的情况下,出现一种内在的倾向,它夸大现有知识的确定性,或者没有充分陈述做出明智决定所必须的信息。因此,人们通常在相互冲突、与决定相关的风险描述(或者建构,见第八章)中,做出风险决策。

这些情况绝不少见!它们涉及许多围绕技术危险的决策,包括核能与核废料。这些情况的不确定性不可避免,必须开展某种风险评估:例如是否生产核能;或者是在深层的永久性存储设施中,还是在更容易取回的地方掩埋核废料。但是,在这些情况下,很多方面控制并且阻碍着信息的解读。通常,风险会被错误地传达或者片面地解释。有关吸烟的危害也许是最有戏剧性的案例了,在行业里,它们是公认的事实,但是一直被烟草公司故意隐瞒,直到曾经的员工冒着生命和信誉的危险告发，对它们提出质疑，才最终导致事实的公布（影片《局内人》使这个戏剧性的冲突一举成名）。

还有一个更直接的环境案例，汽油中的四乙基铅一直都被美国汽油业认为是剧毒的，并可以通过烟雾传播。因为没有及时向公众传达这些风险，所以监管迟迟未有反应，并且直到1986年，在人们接触了这种有毒物质数十年之后，它才被其他的添加剂取代，美国人血液中的含铅量随后下降了75%（Kitman，2000）。历史表明，如果没有某种消费者或者政府的强制措施，造成这些风险的产品制造者和生产者不可能提供它们的全部信息；毕竟，这么做有悖于他们的商业利益。

此外，即使向老百姓和消费者传达了所有的事实，并且与政府专家或者私人企业掌握的信息完全类似，依据现有水平的确定性，在多大程度上能够采取行动，仍然可能存在争议（Shrader-Frechette，1993）。对决策者和公司来说，迅速解决争论并且采取行动会带来很多益处，因此它们愿意减少（或者淡化）不确定性。例如，各州的管理者/寻求发展核废料和相关废料存储的能源公司与可能产生警惕的普通百姓之间的差异，也许不仅是道格拉斯所说的“文化”意义上的。相反，它可能反映了在复杂的政治经济中，每个组织根本的差异。双方可以在均做出理智的风险决策的同时，持有不同的意见。风险评估既无法改变官僚政府或者资本主义经济的本质，也难以消除这种差异。尽管它是一种有力的手段，但是必须承认风险的视角有局限性。

危险和风险的视角

本章我们学习了：

- 把环境问题当作危险来思考，可能会更理性地考虑和权衡风险。

● 风险被理解为一个将产生负面结果决定的已知(或预估)可能性。

● 风险不同于不确定性,后者包括所有可能未知的危险性。

● 风险评估存在一个问题,即人们对风险的认知和预估不完全是理性的,会受到感情或者情感的影响。

● 实际上,不同的群体或者人类组织在用不同的方法思考风险时,可能有文化倾向,并将风险的责任分配给各方(例如个人或者政府)。

● 因为存在不可控的情况(例如,贫困和较低的政治或者社会地位),个人和组织接触到的风险是有差别的,所以最好在政治和经济的框架内考虑用风险和危险的方法解决环境问题。

问题回顾

1. 用飓风的例子证明“大部分的危险介于自然的和人为的之间”这个说法(第110页)。

2. 在多大程度上,你的风险认知与你周围文化的风险认知相似或不同?用具体的事例证明你的回答。

3. 相比美国政府和人民,欧洲对待转基因作物和食品更加谨慎。在多大程度上,这是一种文化差异?(提示:用政治经济学的角度补充你的回答。)

4. 为什么倾倒有毒废物通常体现了环境的不公正?(思考:谁会选择住在有毒废物垃圾场附近?)

练习 6.1 评价风险

你可以选择居住在同一个小镇的三个不同地方。这三个可供选择的地点有如下特征:

	选择 1	选择 2	选择 3
风险	没有洪水	250 年的河滩	50 年的河滩
益处	没有河景/不可接近河流	有河景	有河景/可以接近河流
还清贷款的时间	8 年	15 年	30 年

3 号地块每 50 年遭遇一次洪灾,这会摧毁你的房屋和所有产业。2 号地块可能会遇到相似的情况,但是每 250 年一次。另一方面,1 号地块没有任何发生洪涝的风险。

3 号地块可享优美的河景,可以在河中游泳和划船,它仅供私人使用。2 号地块河景宜人,但是没有可供私人使用的水域。1 号地块既没有河景也没有河流的使用权。

3 号地块需要 30 年还清贷款,2 号地块需要 15 年。1 号地块 8 年就可以还清。

你会选择哪块地块,为什么?比较你和你同学的选择。它们是否相同?你认为所做选择的差别是你们的个人背景、文化或其他因素造成的吗?如何减少你的决定的一些负面可能性(缺乏设施或者高风险)?

如果你选择了 x,在什么情况下,你会选择 y 取而代之呢?

练习 6.2　标明风险

仔细研究一下货架上出售的杀虫剂或者除草剂标签上列出的警告和风险(如果你家里都没有的话,去当地的家居用品店和园艺店找找)。如果没有政府的法规,标签上的内容会有什么不同?在多大程度上这方面的信息会对消费者和使用者的决定产生影响?

练习 6.3　绘制风险地图

登陆世界资源研究所"Aqueduct"的主页,里面的互动数字地图册(http://insights.wri.org/aqueduct/atlas)标明了存在水资源紧缺风险的地区。研究它们在此提供的世界地图。特别比较一下两幅不同的世界地图:(1)“水资源紧缺基线”地图(该地图描绘了对可获取淡水不断担忧的程度)和(2)“三年社会经济干旱”地图(该地图描绘了在三年内,可获取的淡水供给不足以维持通常取水量的区域)。在多大程度上社会经济干旱的风险与基本的、潜在的水资源紧缺和匮乏高度一致?在哪些地方干旱的风险小于潜在的紧缺?在哪些地方持平或者大于紧缺?怎样解释这些区别?什么原因会造成干旱的风险比基本的水资源稀缺更高或者更低?通过比较,你对环境风险有哪些大致的了解?在多大程度上它们是由基本的环境状况决定的,并且在多大程度上它们受到人类的影响?

参考文献

Akhter, M. (2012), “Floods Are Not (just) Natural”(《洪水不(仅仅是)自然造成的》), *Tanqueed* (《批评》), December 9.

Arvai, J. (2003), “Testing Alternative Decision Approaches for Identifying Cleanup Priorities at Contaminated Sites”(《确定污染场所优先清理的可选决策方法测试》), *Environmental Science and Technology* (《环境科学与技术》),37(8):1469—1476.

Beck, U. (1999), *World Risk Society* (《世界风险社会》), Oxford: Blackwell.

Bullard, R. D. (1990) *Dumping in Dixie: Race, Class, and Environmental Quality* (《在美国南部各州倾倒:种族、阶级与环境质量》), Boulder, CO: Westview Press.

Douglas, M., A. Wildavsky (1983), *Risk and Culture: An Essay on the Selection of Technological and Environmental Dangers* (《风险与文化:论技术与环境危险的选择》), Berkeley, CA: University of California Press.

Fischhoff, B., P. Slovic, et al., (1978), “How Safe is Safe Enough? A Psychometric Study of Attitudes towards Technological Risks and Benefits”(《多安全才够安全?对于技术风险与利益态度的心理测量研究》), *Policy Sciences* (《政策科学》),9(2):127—152.

Kitman, J. L. (2000), “The Secret History of Lead”(《铅的神秘历史》), *The Nation*(《国家杂志》),March 20:11—30.

Robbins, P. (2007), *Lawn People: How Grasses, Weeds, and Chemicals Make Us Who We Are* (《种植草坪的人类:草坪、野草和化学制品如何塑造了我们》),Philadelphia, PA: Temple University Press.

Shrader-Frechette, K. S. (1993), *Burying Uncertainty: Risk and the Case Against Geological Disposal of Nuclear Waste* (《掩埋不确定:核废物地理处理的风险与案例》),Berkeley, CA: University of California Press.

Slovic, P. (2000), *The Perception of Risk* (《风险认知》), London: Earthscan.

Twain, M. (1981), *Life on the Mississippi* (《密西西比河上》),New York: Bantam Books.

Watts, M. J. (1983), "On the Poverty of Theory: Natural Hazards Research in Context"(《关于理论的贫瘠:语境中的自然危害研究》), K. Hewitt ed., *Interpretations of Calamity* (《灾难的理解》),Boston, MA: Allen & Unwin, pp. 231—262.

White, G. F. (1945), *Human Adjustments to Floods: A Geographical Approach to the Flood Problem in the United States* (《人类对洪水的适应:用地理学的方法应对美国的洪水问题》),Chicago, IL: University of Chicago, Dept. of Geography,no. 29.

推荐阅读

Beck,U. (1992), *Risk Society: Towards a New Modernity* (《风险社会:迈向一种新的现代性 》),London: Sage.

Bostrom, A. (2003), "Future risk communication" (《未来风险沟通》), *Futures* (《未来》),35: 553—573.

Jasanoff, S. (1999), "The songlines of risk" (《风险的歌之径版图》), *Environmental Values* (《环境价值》),8(2):135—152.

Johnson,B. B.,C. Chess (2006), "From the Inside Out: Environmental Agency Views about Communications with the Public" (《由内而外:环境机构对与公众沟通的观点》), *Risk Analysis* (《风险分析》),26(5): 1395—1407.

Kasperson, R. E., D. Golding et al., (1992),"Social Distrust as A Factor in Siting Hazardous Facilities and Communicating Risks" (《有害设施选址与风险沟通中社会不信任因素》), *Journal of Social Issues* (《社会问题》),48(4): 161—187.

Rissler, J.,M. Mellon (1996), *The Ecological Risks of Engineered Crops* (《基因工程作物的道德风险》), Cambridge, MA: The MIT Press.

政治经济学

图片来源:Sergey Nivens/Shutterstock.

"低污染"的奇怪逻辑

"'污染的'行业:就在你我之间,难道世界银行不应该鼓励把更多的污染行业转移到欠发达的国家吗?"

1991年12月,世界银行首席经济学家劳伦斯·萨默斯(Lawrence Summers)(曾经担任美国总统巴拉克·奥巴马的经济顾问)发送了一条备忘录,上面的这段引文是备忘录的标题。在备忘录的正文里,他论证了向贫困国家转移污染性行业效率更高、更具有成本效益的原因。首先,因为欠发达国家的工资结构低,所以污染意味着发病和死亡造成的收益损失更少。也就是说,因为贫困国家的工人收入普遍较低,如果他们因为污染染上疾病或者死亡,相比于同样的事情发生在较发达的地区而言,对潜在收益造成的经济损失会更少。其次,依他之见,"在人口稀少的非洲国家,污染程度也非常低"。换句话说,一些国家没有吸收它们公平分配的全球污染的份额。真正的问题在于,因为"污染的行业"所造成的影响只针对特定地区,所以污染过度集中在较发达国家。萨默斯继续提出,除此之外,在不同地区间转移固体废物的高额成本还有碍于全球空气污染和废物的交易。最后,他提出,对干净环境的需求,无论是出于审美还是公共健康的考虑,都取决于收入。贫困的人民更需要经济发展,而不是干净的环境。

这份备忘录被泄露给许多环境组织后引起了轩然大波。萨默斯先生解释说,该备忘录只是他对世界银行一个同事的提案做出的讽刺回应。可是,不管他是认真的还是讽刺的,萨默斯运用的市场逻辑体现在如今许多的绿色发展政策中。以碳交易为例,这种管理形式允许全球的污染交换,让一个地区吸收另一个地区产生的废物(见第三章和第九章)。按照这种计划,美国的公司就可以从其他没有用完配额的公司购买碳的信用额度,于是,一个公司产生的污染就能由别人"抵消"。实际上,我们正高效地创造空气污染的世界贸易,这正是萨默斯所主张的。

我们再来思考一下固体废物国际贸易的案例。尽管萨默斯认为运输固体废物的高昂成本将阻碍它的大规模运输,但是他暗示这将是一种更高效的污染管理方式。今天,我们已经大大地克服了在全球市场进出口废物的壁垒。国际废物贸易成为一项交易额高达数十亿美元的生意。每年,有数百万吨的有害废物跨越国界。其中,许多是从发达国家流向欠发达国家,那里的处理成本更低,环境管理相对较松,或者执行的可能性更小。在许多方面,即使萨默斯的提议不是认真的,它们也已经被实行了。

这份备忘录除了它奇怪的预见,还提出了关于社会与自然关系的一些基本问题。如何假设世界上的某些地区污染较低?这需要利用哪种经济逻辑,并且是什么推动了这种推理和做法?

本章展现了一种看待环境与社会的视角,它帮助我们理解为何这份备忘录的逻辑是我们生活的现代资本主义世界的人为产物,并产生令人不安的影响。用政治经济学的方法理解环境和社会,这从本质上提出,经济结构和权力叠加的关系体系(工人和雇主,实业家和政客)造就了我们生活的环境以及我们对环境的理解。

因此,本章将介绍四个基本的观点。首先,总结卡尔·马克思(Karl Marx)对生态问题的深刻见解,指出资本主义经济容易陷入危机的方式,特别是生态危机。其次,阐释怎样把我们周围的自然世界看作是创造的产物,解释我们在自然中生活以及消耗自然的特殊方式。第三,解释经济怎样通过不断的全球化以及出口生产和废物,来试图解决它造成的问题和危机,从而阐明不平衡的发展与环境问题分配为什么是当代经济的病征。最后,说明环境保护运动,例如环境公正①或者抗毒素行动,为何通常围绕着社会再生产的问题,并对性别和环境行动产生影响。

劳动、积累和危机

19 世纪的经济哲学家卡尔·马克思是研究政治、经济和社会

① 环境公正(Environmental Justice):该原则也是一种思想或研究主体,它强调需要在人群中平等地分配环境商品(公园、干净的空气、健康的工作条件)和环境危害(污染、危害、废物),不考虑他们的种族、民族或者性别。相反,环境不公正描述的是弱势群体不成比例地接触到不健康或者危险的情形。

制度之间关系最有影响力的学者之一。尽管他较少直接谈及自然，但是许多人拓展了他的分析，探讨了自然体系在社会中发挥的作用。这个部分我们将描述这种分析中的一些最著名的原则，然后讨论如何延伸它们去理解当代环境与社会之间的关系。尽管这个理论的许多术语看起来可能很专业，很抽象，但是基本的概念是通用且为人熟知的。为了理解自然与社会的关系，我们引用了马克思理论中与之关系最密切的概念，它们是劳动、积累、矛盾和危机。马克思解释说，这些要素是整个历史进程中（例如中世纪封建主义或者在工业革命中诞生的现代资本主义），不同经济体都包含的部分，但是在不同的时期，它们彼此间的关系有所不同。在今天的"现代资本主义"中，这些要素基本上都已具备，因此：

- 人类的劳动在市场上出售；
- 它允许资本在一小部分个体中积累；
- 因为资本变得过于集中，所以产生了矛盾；
- 它导致破坏性的经济和生态危机。

换句话说，在政治经济学的理论里，环境问题已经包括在经济中了。

劳动

马克思思想的核心是劳动在将自然与社会融为一体的过程中所起的作用。对马克思来说，当人们为了谋生把自身的劳动与自然世界的资源结合起来时，自然与社会就被密不可分地绑在了一起。因此，在我们使用和消耗的一切事物中，在每一种商品[①]（跑鞋、笔记本电脑、高尔夫球课程、比萨饼、地毯和手枪）中，都包含了制造事物（或者生产机器来制造事物）的人类劳动和构成自然世界

---

① 商品（Commodity）：一种具有经济价值的事物，从总体上、而不是把它当作一个具体的事物（例如：猪肉是一种商品，而不是一头特别的猪）进行估价。在政治经济学（和马克思主义）的观点中，用于交换的事物。

的各种元素。你读书用的桌子很显然是由木头（来自树木）或者塑料（来自石油）、螺丝钉（来自钢，因此也来自铁）和清漆（从昆虫树脂中得出）做成的。但是，它也包括把这些要素集合起来，让它们组成一个单一物件所必需的人类劳动。任何曾经试图自己生产家具的人都知道，每一个这样的物件中都包含了木材和汗水。劳动是改变自然，并将它结合到创造人类世界的过程中的行为。

在现代经济中，只有极少数人拥有自己的企业和设备，极少数人能获得像石油或者钢铁那样的原材料。大多数人都是为别人工作，那些人拥有机械、电脑、设备或者工厂（这些被称为生产资料①）和来自自然的原材料（这些被称为生产条件②）。换句话说，在今天的资本主义制度中，有些人（工人）把他们的"劳动力"出售给别人（资本家），任由他们使用。然后，他们利用这些工人的劳动、原材料和机械生产商品。这些物品随后出售给消费者。通常，这些消费者本身也是工人，这意味着事实上他们是在回购自己辛勤劳动生产的产品。

资本家拿走了这笔交易的一部分，即剩余价值③，并把它占为己有（否则，拥有工厂还有什么意义？），用余下的部分支付工人工资后，可能还留了一部分用来维护或者投资生产条件：例如，为了补充被砍伐的树木，种植新的树木。问题的关键在于，如果按照工人劳动的全部价值支付他们工资，或者按照消耗自然系统的同等速度，为系统注入新的活力，留给资本家的价值就几乎或者根本没有了。资本家必须向劳动，以及/或者自然"支付较低的工资"，否则就不存在资本主义。这就对资本主义社会或者生态的可持续性提出了根本的挑战（图 7.1）。

① 生产资料（Means of Production）：在政治经济学（和马克思主义）的观点中，生产物品、货物和商品所需要的基础设施、设备、机械等。

② 生产条件（Conditions of Production）：在政治经济学（和马克思主义）的观点中，一种特定的经济运转所需要的材料或者环境条件，它包含的范围可能很广泛，从工业过程中用到的水到从事体力劳动的工人的健康。

③ 剩余价值（Surplus Value）：在政治经济学（和马克思主义）的观点中，所有者和投资者通过向劳动者支付较低的工资或者过度榨取环境积累的价值。

注：按照相同的原则，为了保持盈余，必须透支环境，并且对环境保护投入不足。艺术家弗雷德·莱特(Fred Wright)(1907—1984)，在他的职业生涯中，为电工联合会制作了许多漫画和动画短片。

资料来源：弗雷德·莱特文件，1953—1986，UE 13，档案服务中心，匹兹堡大学。

图7.1　剩余价值的秘密

积累

马克思将资本主义看作一种相对较新的经济,它是工业革命新近的产物。之前,人们将自己的劳动和周围世界的自然材料结合,按照自身的需要生产所有的商品,或者按照邻居的需要与他们交易。换句话说,作为有用的东西,商品按照它们的价值进行交换,以它们相对于生产和交易自己劳动成果的人的价值来衡量。这是可能实现的,至少部分可能,因为人们控制着自己的生产资料(例如,一位老兄拥有制鞋所需的基本工具),而且原材料在他们周围的世界中大量存在。

按照这种观点,则难免要按照劳动者和他们的劳动成果被市场和众多的资本家分开的方式,组织一种经济形式。过去曾有其他的经济组织方式,将来也可能有所不同。那么,经济究竟怎么才会走到这一步?为什么人们被迫出售自己的劳动,而不是自我经营呢?资本家是如何做到控制生产资料和条件的?

回顾经济史,我们可以清楚地看到在一些时期,人们很难利用自身劳动获取自然资源。马克思特别提到了英格兰《圈地法》的例子。这些大部分在 1780 年到 19 世纪 20 年代期间实行的法律,将公共区域和森林私有化,并因此把许多独立的小农赶出了土地。这是现代资本主义的一个必要的构成元素,因为它不仅允许特定的人群拥有并控制生产资料和条件(在这种情况下是土地),也剥夺了许多人自给自足的能力。没有了土地用以耕作粮食,或者获取物资生产来交换货物,许多人除了自身的劳动力一无所有。为了生存,他们不得不出售劳动力,并因此被迫从事计时的工作。这种圈地和占有原先公共或者自由的土地的过程,有时候被称为原始积累①。

---

① 原始积累(Primitive Accumulation):在马克思主义的观点中,资本家对历史上往往为社会共同拥有的自然资源或商品的直接占用。例如 18 世纪,富有的精英阶层和国家圈用了英国的公共土地。

从这个历史的节点向前,积累将成为经济必需的核心驱动力,会对环境造成严重的影响。一旦在少数被称为资本家的人和多数被称为挣工资的工人(无论他们是切肉,编写计算机代码,洗车,销售家用产品还是从事金融服务)之间,建立了一系列这样(被描述为生产关系①)的社会关系,经济上就有一系列急需要做的事情。为了产生盈余(并因此不用自己从事劳动制造货物来谋生),资本家必须保持资本(投入到体系中的资金要产生更多的资金)流通,不断投入劳动力、生产资料和生产条件。此外,因为随着时间的推移,资本家之间的竞争会不断降低盈余,资本家必须疯狂地(1) 不断革新生产工艺,从而在劳动量不变的情况下,获得更多的盈余;(2) 不断加速买卖过程,从而使可盈利的交易量最大化;(3) 不断削减返还给工人和环境的那部分价值。这些持续的压力需要资本不断地流通、这种体制不停地发展,这两点对于资本主义的存在和资本家的生存都是至关重要的。经济就是加速的跑步机(Foster,2005),通过不断地奔跑来保持稳定,通过耗尽劳动和资料维持生存,这对资本主义的可持续性提出了更进一步的问题。

矛盾和危机

人们很可能会想到,如果货物买卖放缓或者资源稀缺,或者这两种情况并存,这种制度就有可能崩溃。想一想 2008 年美国和英国出现的社会经济事件,当时,资源(燃料和住房)稀缺削弱了工人购买货物(住房、汽车,甚至食品)的能力,造成周转率和盈余的下降,对工资(和大规模的裁员)和自然资源(在环境敏感地区,对能源更粗暴地开发)产生进一步的压力,造成……更深的危机。

与自由市场的经济理论(第三章)相反,政治经济学提出这种

---

① 生产关系(Relations of Production):在政治经济学(和马克思主义)的观点中,与特定的经济有关的社会关系,它对特定的经济也是必须的,就像农奴/骑士对于封建社会,工人/所有者对于现代资本主义。

危机始终会发生,它们在现代经济中极其普遍,它们定义了过去两百年里社会和政治变化的历史,它们不可避免会带来反常的、令人厌恶的社会环境状况。尽管我们喜欢把这些情况看作是反常的现象,看作是体制运转失败的例子,但在政治经济学中,这样的危机被看成是资本主义体制本身内部矛盾的一种表现形式。裁员、无家可归、环境破坏以及公司挣扎着维持经营事实上,这些危机就是正在运转的制度。

有一种矛盾被认为是这些危机的核心:过度积累[①],财富过度地集中于一小部分人手中。一方面,积累对于资本主义体制的不断扩张是必须的。所有者赚取的钱越多,他们就越有钱投入生产,并享有更多的剩余价值。这种趋势导致财富聚集在越来越少的人手中。另一方面,积累对于整个体制来说是一件坏事,因为它限制了可用资本的流通,特别是当一小部分的富人和大公司控制了大部分的资本时。这种情况在全球经济中显而易见。2011 年,埃克森美孚公司的收入为 4 860 亿美元,其净收入达到 410 亿美元,按照世界银行的标准,它的规模超过了世界上大多数的经济体。

过度积累会导致经济中出现奇怪的现象,生产过剩和消费不足都会造成危机。第一种情况是在一段合理的时间内,生产过量的东西。这可能是因为,例如技术的提高使大规模的生产成为可能,造成供大于求。另一方面,消费不足意味着消费者购买产品的速度不足以消化市场存量。这一般是因为工人的工资不足以购买所有供应的商品。这也不足为奇,特别是考虑到在资本家尽可能地压低个人工资的同时,工人也是消费者主体。当然,生产过剩和消费不足是同一件事的两个方面。问题是,每一件没有售出或者被购买的产品都代表了不再流通于制度中的价值。

当危机加剧时,需要在削减成本的同时增加生产,这使资本

---

① 过度积累(Overaccumulation):在政治经济学(和马克思主义)的观点中,资本集中在极少数人(例如富人)或者公司(例如银行)手中的一种经济状况,这造成了经济衰退和潜在的社会经济危机。

家、公司和董事“拼尽全力”，所有这一切将导致企业沿着回报越来越低的道路走下去。因此，公司可以大幅度降薪，或者将生产和工作搬迁到工资水平、福利通常较低的地方。但是，如果你让所有潜在的购买者失业，或者付给他们更低的工资，谁来买你的商品呢？如果这种情况大范围地发生，这种制度就会面临崩溃的危险，导致其向某种其他经济形式转变。这种积累的推动力，以及与之相伴、会导致变革的结果，有时被称为资本主义的第一种矛盾[①]。

可是想一想，除了进一步对工人施加压力之外，另一种相对的维持积累的方法就是加剧对自然资源的盘剥，因为它们通常是免费的“公共”商品（见第四章）。通过引发一场环境危机来尽量阻止一场社会危机的爆发，这会产生什么影响呢？

第二种矛盾

根据理论学家詹姆斯·奥康纳（James O'Connor）的观点，尽管马克思的思想中直接提到自然的内容不多，但是，它们对环境的可持续性有重要的影响。首先，马克思认为，周期性恶劣的环境状况会造成经济危机。这意味着干旱、飓风或者其他自然灾害造成的原材料紧缺会导致生产体系的危机。如果无法获得原材料，或者开采原材料的成本过高，就意味着产品的生产成本将上升。于是，某些商品的产量可能减少，这又会导致上文所述的流通减缓。

更令人不安的是，马克思认为，对于自然来说，资本主义的生产/开采形式，特别是在农业和林业地区，与剥削人类的劳动一样恶劣。为了保持剩余，必须从劳动或者自然中过度获取价值：

> 劳动的生产力和流动性的提高是以损害、削弱劳动

---

① 资本主义的第一种矛盾（First Contradiction of Capitalism）：马克思主义的观点认为资本主义因为商品的生产过剩、削减未来消费者的工资等原因必然会破坏它永久存在所必须具备的经济条件，可以预见，这终将导致工人起义抵制资本主义，从而出现一种新的经济形式。相较于资本主义的第二种矛盾。

> 自身为代价获得的。此外,所有资本主义农业的发展不仅是对工人的抢劫,也是对土地的掠夺。(Marx, 1990: 638)

越是严重地剥削土地(或者劳动力),土地(或者劳动力)就越无法在长时间里维持产量,这将再次导致危机。这种观点不把稀缺看作是需求上升造成的问题(马尔萨斯主义的人口过剩——见第二章),或者是可以在系统中管理的技术问题(危机分析——见第六章),也不是人类和自然分离的必然结果(深层生态学——见第五章),它认为稀缺是资本主义造成的,资本主义为了生产商品榨取必需的资源。那么,稀缺就不是一种自然的状况,而是因为自然的市场化而产生的(正如我们将在第十三章中讨论的瓶装水的案例)。因此,资本主义造成了自身的局限性,这不仅是因为它把人类变成了机器中的齿轮,也因为它延伸到自然中,并且将自然耗尽。

如果这是真实的,那么环境可能会限制经济增长。因为资本主义把自然当作一种资源进行剥削,破坏自然的倾向就可能成为通往一种经济体制瓦解,其他体制发展的另一条道路。这种危机和社会转型的生态学理论通常被称为资本主义的第二种矛盾①。

奥康纳在总结该论点时解释道,环境状况不仅限制着经济生产,资本主义企业造成的自然污染也威胁着地球和生活在地球上的工人的健康幸福。这导致了人们要为社会再生产②(见下文)而奋斗。社会再生产被理解为,为了保持人类的健康和生产力,设法

---

① 资本主义的第二种矛盾(Second Contradiction of Capitalism):马克思主义的观点认为,通过使自然资源退化或损害工人健康等方式,资本主义必然会破坏它永久存在所必须具备的环境条件,可以预见,这最终会导致环保运动和抵制资本主义的工人运动的爆发,从而出现一种新的经济形式。相较于资本主义的第一种矛盾。

② 社会再生产(Social Reproduction):依赖于无报酬的劳动,特别是包括家庭劳动的那部分经济,但是如果没有它,较正式的现金经济会受到损害甚至崩溃。

获得基本需求的过程。如果劳动者自身都无法繁衍生息,劳动力肯定会下降。为了降低成本,资本主义会不断破坏自身的状况,如产生废物、不清洁的空气、污水,以及可能威胁到工人的其他状况,这是一个可以预见的结果(回想一下,在第六章中我们解释了对汽油工业实行限制使人体血液中的铅含量令人难以置信地减少了75%!)。

那么,涨工资就不是人们组织起来反对资本主义的唯一理由。毕竟,当代促进社会变化的最重要的媒介不是工会,而是"新社会运动"。这些运动关注的是工作场所的安全、有毒废物的处置和产生等(见下文中环境公正的部分)问题。在此,人们不是寻求更高的工资或者更好的工作条件,而是坚持拥有清洁环境的基本权利。这些新的社会运动也有别于更传统的工人运动,它们往往对工业技术小心谨慎,因为许多新技术会危害环境和人类健康。因此,一些新的社会运动将发展看作是问题的一部分,而不是将经济增长和技术发展作为问题的答案(图7.2)。

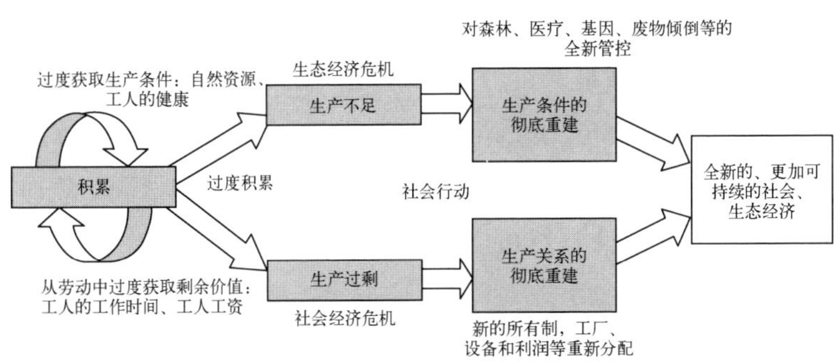

资料来源:O'Connor(1988).

图7.2　资本主义可能产生的矛盾以及它们引发的社会与环境反应的示意图描述了人类有可能会通往更可持续的和更透明的社会

因此,这些新的社会运动的部分需求是用更环保的方式,生产必需的商品。既然对资本主义体制提出了减少污染的新要求,就不能允许资本家再以为所欲为的方式对待自然,他们必须受到公众和管理主体的审查。从理论上说,这种新的公众负责和审查将让我们朝着某种更好、更可持续、更透明的社会和经济道路迈进(O'Connor, 1988:32)。

自然生产

考虑到环境和工作条件的状况,从政治经济学的角度来说,提出为什么这种反抗和经济改革尚未出现的问题是合理的。尽管奥康纳认为,自然很有可能会设定资本主义的生产上限,引发社会运动,破坏资本主义制度,但是对环境与社会的关系还有其他更加悲观的理解。最著名的莫过于自然生产[①]的论点提出自然本身是通过经济过程被创造、再创造出来的,人们已经把它当作一种商品来消费。

地理学家尼尔·史密斯(Neil Smith,1996)指出了这个问题的一个极端事例。在20世纪90年代,自然公司(最近被探索频道收购并重新命名)通过向渴望绿色产品的消费者销售木化石、捕蝶网和与企鹅有关的书籍获得了巨额利润。然而同时,商店的母公司被援引为超级基金[②]点的污染以及违反相关有害废物处理和存放方法的责任方。起初,这看上去只是一种令人不悦的讽刺。然而,史密斯提出,正因为自然可以被消费者当作消费的事物——一种商品,所以生产中的社会和生态问题被伪装、隐藏或者遗忘了。

特别需要指出的是,关注自然生产的专家还研究了我们对自然的意识形态。他们主张,现代的工人/消费者对自然同时持有两个矛盾的观点,它们共同为持续的开发服务。第一个观点是,自然是在我们与社会之外的某种东西。把人类社会与自然分开来看,

---

① 自然生产(Production of Nature):按照政治经济学的理论,这种观点认为如果环境曾经确实独立于人类而存在,那么它现在是人类工业或者活动的产物。

② 超级基金(Super Fund):美国为处理废弃的有害废物场所创立的环境计划。

我们已经允许人类按照自己认为合适的任何方式利用自然。在资本主义社会的情况下，这通常意味着把自然当作商品生产的原材料开发，或者把自然本身商品化[①]。毕竟，如果我们想在市场上买卖某样东西，我们必须把它看作是我们外在的事物。

然而同时，我们对自然也持有一种内在的概念，它表明所有的人类与非人类都服从于自然的过程。这里是指，我们存在于自然中，受到自然规律的制约。这种自然观念让我们将人类社会与资本主义体制看作自然规则指导的自然实体。这意味着现有的社会状态仅仅是自然和不可避免的规则的结果。通过使经济和社会同一化，经济竞争和其他较具体的、近期出现的概念似乎是永恒和不可避免的。后一种观点让人们难以对当前的社会生态制度提出质疑，或者想象出其他的替代（见第八章）。

这些矛盾的观点（自然独立于人/人是自然的一部分）是理解资本主义生态的关键。在某种程度上，正如史密斯所说，它通过"绿色"企业向人们出售让我们感觉更加亲近自然的产品实现。为了消费而营销自然，自然已经变成一种事物（喂鸟器、显微镜、遥控的鲨鱼……）。同时，我们把这种消费看作一种将自我融入自然，或者回归自然的方式。

然而，商品化过程也以其他的形式出现。为了保持之前提到的积累，企业和投资者始终试图将自然商品化。如果自然的商品对所有人都免费，他们就不可能获得利润。但是，如果有人对一种资源拥有所有权，那他或者她就可以向别的使用者收费。水这种自然资源的私有化，就是一个极佳的事例。在玻利维亚，过去十年里，贝克特尔（Bechtel）这家跨国企业多次试图将水的配送商品化。国家将科恰班巴（Cochabamba）市的供水权出售给该公司，它经过

---

① 商品化（Commodification）：把一种事物或者资源从某种以内在和自身估价的东西，转化成某种通常为了交换进行估价的东西。马克思主义的观点认为它们的交换价值提高并超过了它的使用价值。

单位定价,再将水出售给居民。在这个例子中,原先免费的商品,水,被商品化,变成了贝克特尔公司积累的来源。政治经济学的方法强调,在一定程度上我们共享和体验的许多自然产物已经逐渐成为我们交换的商品。

认真地研究自然生产能够得出关于当代环境主义的两个结论。首先,对任何利用市场原则解决环境问题的尝试,我们都应该持怀疑的态度,特别是试图将自然材料转换为可交换的商品。其次,对任何将自然视作与政治和经济无关的环境行为或者行为主义,我们必须持批判的态度。尽管这些行动也许能拯救一些重要的野生动物栖息地,或者对个别污染企业加以处罚,但是,它们无法直接解决环境危机的核心矛盾,正是这些危机导致了栖息地的减少和污染:自然与社会间有悖常理的关系是当代资本主义所固有的。

相反,根据自然生产的论点,用可行的方法解决环境问题必须遵循截然不同的思路。首先,它必须假设自然与社会关系之间的必然性和创造性。这意味着,我们应该承认这个事实,即通过与人类劳动不可避免的联系,我们所认识的自然已经被改变,反之亦然。我们必须承认,一种独立存在的自然是不真实的,我们不可能在一种基本而原始的条件下找到它,包括关于保持或者回归"荒野"的浪漫想法(见第八章)。只有避免这种怀旧的想法,才可能就哪种生产的自然最令人满意展开有意义的讨论。

其次,自然生产的方法意味着环境主义必须谨记,全球性的主导体制必然体现在经济中。尽管资本绝不可能完全控制自然或者人类,但是它将永远试图控制。考虑到资本主义固有的权力与财富积累,我们必须注意,因为人们在经济中的处境不同,人类与自然的关系也就有所不同,无论是在印度尼西亚的血汗工厂,蒙大拿的乡间牧场,还是在伦敦的杂货店。正因为他们在不同的经济部门工作,与资本的关系不同,这些人了解的自然知识、经历的自然体验千差万别。为了发起一场有意义的环境运动，这些众多的经济和生态部门必须团结，把来自不同地区和背景的人联合起来。这不是件轻松的事！

全球资本主义与不均衡发展的生态

因为资本主义在生产中利用了空间的策略，所以这就更加困难。尤其是，正如萨默斯在备忘录中提出的，目前，我们有能力在全球范围出口有害固体废物，这意味着美国高消费生活方式的许多副产品，被远在半个地球之外的贫困人民承受。虽然从资本主义的观点来看，目前非洲的污染程度较低，但是这种状况可能也不是持久的。

至此，我们已经讨论了资本主义的发展，和发达国家因此产生的矛盾。然而，用政治经济学的方法来研究环境与社会的关系，也有助于解释资本主义逐渐遍布全球的原因以及它给人和自然带来的全球性影响。

正如前文所讨论的，资本主义经济体制需要资本的持续积累以及资本在体系中不断流通。这种创造经济增长的能力会因为体制本身固有的矛盾出现危险，导致周期性的危机。如前文所述，危机通常源于生产过剩和/或者消费不足。在任何一种情况下，商品在体制中流通的速度都过于缓慢，无法维持积累，产生利润。化解这些周期性危机的一个办法是利用范围越来越广的全球贸易，细分全球的生产和消费。如果有关工资的规定使本国的工人太贵，或者环境管制使你无法获得便宜的原材料，那么为什么不把生产搬迁到其他地方？或者，如果你的工人已经购买了所有能买的商品，为什么不去国外开拓新的市场？

以上两点都是地理学家大卫·哈维所称的空间修复[①]

---

① 空间修复（Spatial Fix）：通过在其他地区建立新的市场、新的资源和新的生产场所，暂时解决不可避免的周期性危机的资本主义趋势。

(Harvey,1999)的例子。从理论上讲,只要资本主义生产和消费可以延伸到世界上新的地区,就可以避免积累这部跑步机造成的这些危机。这就是为了降低生产成本和创造新的消费者,离岸外包(跨国企业将生产设施搬移到国外的行为)纷纷出现的原因。通常,生产被迁移到劳动和环境管制更少的国家。从20世纪70年代起,许多北美和欧洲的公司把生产搬到拉丁美洲和亚洲。这种做法对那些地方的环境质量产生了深远的影响。

但是,有些人主张,这些过程也许有利于生产的东道国。生产意味着工作。工作意味着金钱。金钱等同于经济增长。经济增长意味着发展。发展有利于每一个人。这与自由市场背后关于环境与社会关系描述的逻辑(第三章),有几分相似。然而,政治经济学的视角却对此提出了质疑。除了这些新工厂里工人具体的生活质量问题和由此产生的重要环境问题,对这种发展特征是否放之四海而皆准,批评家们可能持有异议。发展,特别是当用国民生产总值(GNP)这样的经济变量来衡量它时,时常意味着对工人和自然的进一步剥削。此外,在资本主义体制中,发展总是不均衡的。尽管在这种体制中,工人可能挣到钱,但是相对于回流到工厂主的剩余部分来说,微乎其微。欧洲和北美的资本家都在轻松地赚大钱,为了增加利润,拉丁美洲、亚洲和非洲的环境却在遭到破坏,被私有化和商品化。更进一步地说,因为国际企业远离这些影响,所以没有推动力促使它们保护资源,乃至考虑工人的健康。它们总是可以搬往别的地区。工人和自然变成了一次性的用品。这种模式被称为不均衡发展(Smith,1984)。

不均衡发展也可以被看作是全球化[①]的基础,即经济生产和消费行为在全球范围扩张的趋势。这个过程是空间修复的逻辑延伸和结果,因为跨国企业常常生产成本较低,所以它们可以赶走更多

---

① 全球化(Globalization):通过遍布全球的交换网络,地区经济、社会和文化一体化的持续过程。

当地的小生产者(见第十二章)。汇聚的全球消费模式也遵循这种地理策略,快餐在全世界的扩张就是这样的例子(见第十四章),这意味着对工业化食品生产的需求逐渐增加,它们通常呈现出单一作物的形式,需要集中投放杀虫剂、化肥、水和用以生长和加工的能源,结果造成森林砍伐(第十章),大气中的碳含量过高(第九章)。

社会再生产与自然

所有这些外在化的环境破坏,无论在英国或者墨西哥,美国或者印度,对人们的日常生活都有实实在在的影响。在这点上,尽管它们时常关注的是生产的问题(事物是如何、在哪里、在什么条件下生产的),但是政治经济学的方法也关心人们如何生活并且如何持续发展(有时被称作社会再生产)。毕竟,为了维持自身的发展,任何一种经济必须保持它的命脉。这包括自然资源,例如空气、水以及原材料,但是正如我们在上文中所见,还有人类自身。人类的日常生活和他们的家庭,辛迪·卡茨(Cindi Katz)称之为"日常生活中活生生的、凌乱的、模糊的事物"(Katz, 2001:711),是自然的政治经济学中一个关键的部分。考虑到许多社会与环境的联系都恰好属于这个领域(思考:日常生活里,你在厨房和洗手间接触到的以微生物和细菌形式存在的野生物种,比其他任何地方都多),显然,社会再生产的概念对自然的政治经济学非常重要。

对于卡茨来说,我们只有接受了人们如何生活、如何为了生存互相影响并如何为了改善或者改变生活状况而工作,才能理解社会与环境的关系。经济领域中的环境指的是人们的生活状况,它们在追求盈余的过程中确实会退化。例如,如果一个公司在地下倾倒有毒废物,它们不仅破坏了环境,也损害了工人完成工作的能力(生病的工人生产力更低)。或者在玻利维亚的案例中,如果水被私有化和商品化,这也限制了工人获得基本的资源。在任何一种情况下,如果人们要求公司清除污染,或者公民组织起来阻止水的私有化,环境都有可能发生变化。

环境公正

正如自然生产的论点所提出的那样,这种集体行动并不经常发生,这可能是因为人们已经把环境当作一种可以买卖的商品,而不是人们日常生活中必须的一部分。问题也可能是污染对不同的空间有不同的影响。也就是说,有些人可能很享受在遥远的地方生产的商品,那些地方却更直接地感受到生产带来的负面影响。

环境公正方面的活动家直接指出了这个问题,并强调它将持续存在,即将环境危害、废物和有毒设备安置在少数族裔和低收入社区及其附近。穷人、黑人、移民社区接触铅、石英粉尘和农药等物质的风险更高,事实上,在20世纪早期,在社会和政治上最没有权力的弱势群体中工作的活动家早就观察到这点(Gottlieb,1995)。美国一些早期的环境活动家是城市的社会工作者,主要为女性,她们为了规范倾倒垃圾、处理污水而奋斗,强烈呼吁进行公共卫生和安全等方面的改革。

在过去的一百年里,越来越多的证据表明同有害物质的接近,如铅冶炼厂和有毒废物垃圾站,与种族和阶级之间有着简单明了、可靠直接的相关性。低收入的黑人社区始终要比白人和富裕的社区更有可能接触危害,在20世纪80年代,罗伯特·布拉德(Robert Bullard)使这种有毒设施与少数族裔之间的空间联系得到了更广泛的关注,他研究的重点是美国南部废物设施的分布。在《美国南部的垃圾倾倒:种族、阶级和环境质量》(1990)一书中,他做了著名的总结:

> 越来越多的实证证据表明,有毒废物垃圾场、市政垃

> 圾填埋场、垃圾焚化炉和类似有毒设施,不是随意地散落在美国的土地上。选址的过程造成了,少数族裔社区(不考虑阶级)要比白人社区,无论是富裕还是贫困的白人社区,承担更高的、仅限于局部的成本负担。在黑人与白人社区中,获得权力和决策权的差异也使选址的差异制度化。

尽管许多活动团体和学者同意布拉德的评价,但是就产生这种现象的原因是种族还是阶级出现了争论。也就是说,是否因为某些人是少数族裔或者因为他们贫穷,所以他们生活在有毒废物和其他危害的周围?很清楚的是,这两点原因都存在,但是直到今天,关于这个话题仍然意见不一。这个领域另一个争论的问题是,弱势群体在某一地区生活后有害设施才被安置到这里,还是因为房屋成本较低,他们在这些设施建立后才搬迁至此。当然,这个问题的答案是,两种情况都有。

可以说,这两个争论都是在转移注意力。思考它们怎样与更复杂的经济发展过程和剥夺公民权相关联,要比争论废物处理和住宅增长的时间,或者歧视是种族的还是阶级的,更有帮助。不管人们是否在倾倒有害物质发生之前就生活在一个地区,当前的土地发展和所有制结构意味着贫困的人群和少数族裔注定要居住在同样的、边缘化的地区。这一部分是因为土地的租金较低,一部分是因为富裕的白人社区拥有相对的权力,可以抵制任何在其附近设立垃圾处理站或者其他有害设施的提议。人们抵制在社区倾倒危害物,有时候被称作 NIMBY(Not In My Back Yard,不要在我的后院)主义。用政治经济学的方法处理环境公正,超越了这种狭隘的思维,它暗示了接触危害的差异为什么与内在的经济和政治结构密不可分。

性别与环境行动主义的政治经济学

除了关于阶级与种族的问题，许多关心环境公正的人还研究性别在环境政治、改革和危机中的作用，这种方法常被称为生态女性主义[①]。考虑一下，女性发起的对有害物质的抗议数量惊人。在主流环境组织的成员中，女性占60%—80%，但是在解决环境健康和相关问题的基层组织中，她们起到更重要的作用（Seager，1996）。在过去半个世纪里，反毒素运动通常都由女性主导，她们包括备受瞩目的科学家雷切尔·卡森（Rachel Carson）和平民活动家洛伊斯·吉布斯（Lois Gibbs）和艾琳·布罗克维奇（Erin Brockovich）。

为什么会出现这种情况？很多人认为，这是因为在许多文化和传统中，守护家庭成员健康和照顾家庭的责任都落在女性身上，她们最先察觉问题并采取措施，反对资本主义生产的产物（例如，影响人类健康的水、空气和土壤污染）——环境危害。然而，她们在家庭中的地位不是以女性的任何内在特征为基础的。相反，它是植根于现代经济体制的一种社会状况。在历史上，资本主义不仅仅在工作场所剥削人民的劳动，也剥削他们在家中的劳动。毕竟，得有人工作才能产生工人。过去，当男性离开家庭场所从事计时工作时，女性被留在了家中承担为整个家庭提供食物、衣物和其他生活基本（再生产）必需品的职责。

然而，同时很讽刺的是，专家经常严重地忽视了对女性这种身份的观点、观察和关注。通常，女性最先对随后才被认为是重大环境危机的情况提出不满。

爱河事件是一个转折性的经典案例。在1942年到1952年间，纽约的胡克化学公司将超过两万吨的有害物质倒入了尼亚加拉瀑布社区附近的薄层粘土运河中，其中包括剧毒的氯化烃。完工后，

---

① 生态女性主义（Eco-feminism）：众多批判父权社会造成自然环境和女性社会状况恶化的理论中的一种。

胡克公司仅用泥土遮盖了这个地点。数年以后,当地学校的董事会购得这块土地并在此修建了学校。到20世纪70年代末,整个社区出现大量的健康问题,包括癫痫、哮喘、尿路感染以及流产和一系列的先天缺陷。

为了对这一危机展开彻底的调查,洛伊斯·吉布斯这个毫无政治经验的当地女性通过直接的积极参与,向该州的权力部门提出抗议并为此与他们进行争论,使这个问题引起了全国的关注。女性活动家被斥为“歇斯底里的家庭主妇”。媒体和参与倾倒的公司用这样的描述是为了说明女性活动家缺乏足够的知识、专门的技术或者理性的判断(Seager,1996)。然而,结果是,她们的努力全面揭露了这个地方的问题,居民随后被疏散,联邦政府对这里进行了清理。

爱河事件开创了几个重要的先例,因此在国际上取得了象征性的突破:(1)普通的中产阶级老百姓有可能在家中或者附近接触到非常危险的物质;(2)不受严格检查、自由运营的公司在缺乏追索权或者不透明的情况下,可以将众多民众置于危险之中;(3)通过直接行动,老百姓的积极参与可以赢得全国对环境问题的关注和支持;(4)女性时常代表了环境公正问题的核心领导力。更进一步地说,这一案例为全面回顾人们如何在环境法中思考风险和责任铺设了道路。

因此,这些不仅是关于污染,也是关于专家知识的争论。传统上对自然的科学理解总是对它们自身的客观性和与自然的外在关系引以为豪。这种科学主义受到了活动家,特别是女性的质疑,她们对社会面临的各种环境问题更有经验。这种与环境的关系意味着女性经常注意到环境的细微变化(经常是影响到她们所爱的人和社区成员健康的变化),它们却可能被更关心保护荒野或者生物多样性等问题的重要环境组织所忽略。从这个意义上说,环境主义需要成为一场政治经济学的运动。

专栏 7.1　环境解决办法？共同连带责任

在爱河事件(见上文)之后的几年里,为负有责任的化学公司辩护的人坚持认为他们对当地官员已经发出过存在化学物质的警告,因此公司不应该承担责任。然而,很清楚的是,许多当地居民并不熟悉有害物质的相关问题,化学公司可能依然对产生有害物最先负有责任。因此,核心的问题不是对接触有毒化学物质的恐惧;而在于决定哪些因素对环境破坏的复杂历史负有责任。

谁对破坏环境以及人类健康的问题负有法律责任,谁来收拾这些烂摊子？问题通常是,当受污染的土地转手时,责任是否停止,或者当物资转给运输者或者购买者时,是否已经揭露了风险。在爱河事件发生的时候以及今天世界上的许多地方,这些事情在法律上没有明确的规定。因为有害物可以多次转手,从生产者传给运输者,传给垃圾场的所有者,一段时间之后再传给那块地的买家,因此对废物负有的责任可能被极大地分散了。危害物在庞大的国内和国际公司中复杂的流通使责任方很容易声称对此事一无所知,或者指责这条复杂的链条上其他的参与者。

美国在 1980 年通过标志性的《综合环境应对、补偿和责任法案》(CERCLA——有时被称为超级基金),理清了这个混乱的谜团。此项法律坚持“共同的、严格的、连带的”责任,这意味着牵涉其中的各方都有责任,形成一种限制今后任何倾倒行为的严格措施,因为一旦土地中出现问题,无论谁购买了土地,在任何情况下,造成问题的一方都负有一部分责任。

这种法律创新(以及全球数百部类似的法律)的重要性在于它承认并且指导了许多环境问题核心的经济交换中法律的效力。在大多数情况下,环境破坏是生产和交换的外在表现,并且在经济加速和扩张时,有害的活动跨越了时间与空间的限制,涉及到更多的参与者。共同连带责任是一种法律工具,给逃之夭夭的有害行为布下了一张政治经济之网。

环境与经济主义

这种环境保护主义的分析是令人信服的,因为它让我们用不同的方法来思考环境与社会。通过探究自然与资本主义生产之间的关系,这些方法为管理开拓了新的领域,为环境组织开创了更多的可能,为对新马尔萨斯主义者(第二章)、自由市场传播者(第三章)和制度主义者(第四章)的主张提出的质疑提供了理由。尽管它开辟了理解环境与社会的新道路,但还是有潜在的缺陷。

尤其是,政治经济学的方法冒着极端的人类中心主义[①]的风险,把自然看作是生产和社会再生产(按照第五章的说法,伴随着它的局限性)的唯一资源。通过分析经济过程把社会和经济结合起来,这种方法让人们更难以其他非人类(例如,动物权益)的角度思考问题。例如,这种视角宣称环境运动不愿意面对经济问题,是无效的、"资产阶级"的表现,它抛弃了一些围绕着非人类利益的政治组织方式。这就对许多潜在的盟友和管理自然的监管方法关闭了大门。

此外,这些方法有可能使经济具体化,意味着这种思维方式时常把资本主义当作是一个有具体存在的实体,而实际上,它只是复杂关系的一种抽象的概念化产物。这让我们无法看清或者想象,我们周围的世界存在其他富有成效的社会关系与生态关系。此

① 人类中心主义(Anthropocentrism):一种伦理立场,当考虑在自然中,以及对待自然的行为对错时,把人类看作是核心的因素(相较于生态中心主义)。

外,在解决问题时,把所有的环境问题都归咎于资本主义,可能会忽视一系列其他的原因、关系和问题。

在多次的论述中,政治经济学的方法也坚持把环境问题放在经济问题之后解决。当社会面对一系列的生态问题,同时资本主义没有表现出马上消失的迹象时,我们也许无法承受这样高昂的代价。

政治经济学的视角

本章我们学习了:

• 一个有影响的思想流派,它强调在整个历史过程中,政治和经济融合的方式以及人类与自然相互作用的方式主要通过工作、劳动和经济调解。

• 通过观察自工业时代以来的经济史,政治经济学的方法得出结论,全球经济的趋势是资本集中在极少数人手中,它很可能发生周期性、惊人的危机。

• 它对自然环境的影响,包括过度剥削自然资源这个矛盾的经济趋势,导致了更深一步的经济问题,也带来了环境运动的兴起。

• 政治经济学的方法也关注自然商品化的方式以及它不均衡发展、退化的方式。

• 它进一步指出了在日常生活(或者生活再生产)中解决和经历这些环境和经济问题的途径,从而使得环境公正运动时常由女性领导。

• 尽管它们是理解自然与社会关系极有力的工具,但是批评家提出这些方法往往是人类中心主义和经济主义的。

问题回顾

1. 从政治经济学的角度描述一种当代常见的私营部门的工作

(例如私立医院的护士或者零售店的店员)。在你的描述中请包括术语“剩余价值”。

2. 什么是原始积累?为什么在资本主义的发展过程中,它曾经是、依旧是必需的?

3. 为什么由于过度积累,资本主义经济往往不可避免地会产生危机(根据政治经济学的视角)?

4. 讨论资本主义的第一种和第二种矛盾。详细说明为什么这些不可避免的矛盾是资本主义固有的(同样,根据政治经济学的视角)。

5. 因为政治经济的结构,女性有关环境的经历和知识有时候不同于男性。描述为什么可能出现这种情况并举例说明。

练习 7.1　废物是意外的吗?

当代经济生产出越来越多的“电子垃圾”——计算机显示器、处理器、手机、电视以及其他虽然仍然可以使用,但是被丢弃或者偶尔被回收的商品。这些垃圾通常成为危害,因为它们含有水银和其他会进入水域和生态系统的重金属。政治经济学的观点认为有计划地报废这些“电子垃圾”,不是这个系统附带的或者意外的产物,而是必然的结果。请解释它可能的原因。资本在怎样的情况下,会使废物成为必然的产物?怎样产生盈余会导致废物在所难免?在处理和回收这些商品时,会出现哪些环境公正的问题?

练习 7.2　商品分析

选择某件属于你的物品:一件衣服,一个简单的设备,或者一种食品。它是由什么组成的?利用网络资源、电话或其他方法,尽量找到它的一些组成部分(纤维、橡胶、金属)的来源。这件物品在哪里组装(注意它可能在几个地方组装而成)?现在思考你为此支付的价钱。产品的制造和销售中,如何才能有利可图?需要哪些隐藏的或者外在的环境成本,才可能制造出这个物品?

练习 7.3 绘制环境公正地图

访问 EJView,美国环境保护局(EPA)的绘图网站(http://epamap14.epa.gov/ejmap/entry.html.)。输入你可能感兴趣的地点(你的家乡、学校),尝试使用这个工具。在这些地方,你可以切换显示向 EPA 汇报的地点(例如监控的超级基金点)、空气质量和其他排放。你也可以通过人口普查区覆盖人口分布图,包括少数族裔的比例。尝试利用这些地图进行研究,特别是研究少数族裔的区域和有害的超级基金点比例。是否出现一些反映环境公正问题的模式?如果是,你认为这些模式为什么会出现?你可能需要哪些其他形式的证据和分析来确定环境公正问题的存在和程度?

参考文献

Bullard, R. D. (1990), *Dumping in Dixie: Race, Class and Environmental Quality*(《在美国南部各州倾倒:种族、阶级与环境质量》), Boulder, CO: Westview Press.

Foster, J. B. (2005), "The Treadmill of Accumulation: Schnaiberg's Environment and Marxian Political Economy"(《积累的跑步机:施耐伯格的环境与马克思政治经济学》), *Organization and Environment*(《管理与环境》), 18: 7—18.

Harvey, D. (1999), *The Limits to Capital*(《资本的限制》), London: Verso.

Gottlieb, R. (1995), *Forcing the Spring: The Transformation of the American Environmental Movement*(《强迫春天:美国环境运动的转变》), Washington, DC: Island Press.

Katz, C. (2001), "Vagabond Capitalism and the Necessity of Social Reproduction"(《流浪的资本主义与社会再生产的必要性》), *Antipode*(《对立面》), 33(4): 709—728.

Marx, K. (1990), *Capital: A Critique of Political Economy, Volume I*(《资本论第1卷:政治经济学批判》), New York: Penguin.

O'Connor, J. (1988), "Capitalism, Nature, Socialism: A Theoretical Introduction"(《资本主义、自然、社会主义:理论介绍》), *Capitalism, Nature,*

Socialism (《资本主义、自然与社会主义》),1:11—38.

Seager, J. (1996), "'Hysterical Housewives' and Other Mad Women: Grassroots Environmental Organizing in the United States" (《"歇斯底里的家庭主妇"与其他疯狂的女性:美国的基层环境组织》), D. Rocheleau, B. Thomas-Slayter, E. Wangari, eds., *Feminist Political Ecology: Global Issues and Local Experiences* (《女性政治生态学:全球问题与地区经验》), New York: Routledge, pp. 271—283.

Smith, N. (1984), *Uneven Development: Nature, Capital, and the Production of Space* (《不均衡发展:自然、资本与空间的生产》), New York: Blackwell.

Smith, N. (1996), "The Production of Nature" (《自然生产》), G. Robertson, M. Mash, L. Tickner, eds., *FutureNatural: Nature/Science/Culture* (《未来自然:自然/科学/文化》), New York: Routledge, pp. 35—54.

推荐阅读

Blum, E. D. (2008), *Love Canal Revisited* (《重返爱河》), Lawrence: University Press of Kansas.

Harvey, D. (2010), *The Enigma of Capital: And the Crises of Capitalism* (《资本之谜:以及资本主义危机》), Oxford: Oxford University Press.

H. L. Parsons, ed. (1994), "Marx and Engels on Ecology" (《马克思与恩格斯关于生态学的观点》), C. Merchant, ed., *Ecology: Key Concepts in Critical Theory* (《生态学:重要理论中的关键概念》), Atlantic Highlands, NJ: Humanities Press.

Perrault, T. (2008), "Popular Protest and Unpopular Policies: State Restructuring, Resource Conflict and Social Justice in Bolivia" (《受欢迎的抗议与不受欢迎的政策:玻利维亚政府重建、资源冲突与社会公正》), D. Carruthers, ed., *Environmental Justice in Latin America* (《拉丁美洲的环境公正》), Cambridge, MA: MIT Press, pp. 239—262.

Robbins, P. (2012), *Political Ecology: A Critical Introduction* (《政治生态学:批判性导论》), Oxford: Wiley Blackwell.

Wheen, F. (2007), *Marx's Das Kapital: A Biography* (《马克思的资本:传记》), Boston, MA: The Atlantic Monthly Press.

第八章

自然的社会建构

图片来源:Lane V. Erickson/Shutterstock.

欢迎来到丛林

想象一下下面的场景:你开始了一段千载难逢的旅程。

也许,你对野外很感兴趣。你曾在加拿大的边境水域划过独木舟,或者在英国湖泊地区的斯科费尔峰远足,或者在美国阿巴拉契亚山脉的步道、黄石公园或者大峡谷中徒步。即使待在家里,一年四季都有吸引你的自然现象：湖水结冰，鸟类迁徙，树木生长。你可能是有关自然的影片的热心观众，比如《帝企鹅日记》，或者《动物星球》这类电视节目，你也许会阅读《国家地理》等杂志。

对于你和其他对自然感兴趣的人来说，很少有地方像婆罗洲(Borneo)的丛林一样激发你的想象力。婆罗洲是南太平洋的一个巨大的岛屿，它被分成马来西亚、印度尼西亚和小国文莱。《国家地理》曾对婆罗洲许多名副其实的著名野生动物做过很多专题——苏门答腊犀牛、云豹、婆罗洲矮象，还有羽毛华美的鸟类，如犀鸟和巨嘴鸟，当然还有极其濒危的红毛猩猩。

现在想象一下，你将亲身体验大自然。你乘坐飞机来到马来西亚的亚庇这座有大约 70 万人口的喧闹都市，抵达婆罗洲。从那里，你搭乘一个半小时的巴士，再转乘吉普出租车到达第一个目的地，一个非常偏远的乡村客栈。你非常享受小客栈带来的真实感。房间没有围墙，你睡在蚊帐里，而且茅草屋顶的客栈似乎也与周围的森林融为一体。也许你很高兴看到客栈的工作人员(做饭的、打扫房间的、泡茶的)都是婆罗洲本地人——至少，他们看上去是。

在你到达婆罗洲的第一个整天，你聘请了一位当地导游带你深入到附近国家公园的丛林中徒步，希望一览该岛一些著名的野生动物。在失望地排着长队之后，你终于进入国家公园(那么多游客！)，你的导游开着他的吉普，迅速超过庞大的大巴团队，一直开到云雾林，停在了一处很小的、几乎没有标识的岔道。“这就是我们即将开始徒步的地方。你有双筒望远镜，是吗？”他提醒道。随后你下了车，开始步道徒步。大约 15 分钟后，鸟叫、虫鸣，还有潺潺的流水声盖过了公园主路上大巴的噪音。人已经从视野里消失。同时，令人惊讶的是，步道维护得如此之好，置身于导游、指南和沿路的说明标语(竟然是英语！)之中，你不仅感到非常安全，也可以了解详细的信息。最终，你梦想成真，深入到婆罗洲的野生丛林中。

你可能意识到这个故事与本书已经谈到的主题有一些联系。例如,政治经济学在这里就发挥了作用。喧嚣的生态旅游给少数被挑选出的本地人提供了工作的机会,他们因此获得合理的收入,但是同时,随着更多的土地被辟作自然保护区,原住民在森林里狩猎的区域受到了限制。个人的环境伦理观念,即相信低冲击的生态旅游具有“可持续性”,影响了你对度假目的地的选择——乡村客栈和国家公园,而不是海滩度假胜地或者游轮。

但是可能还有其他因素也在此发挥了作用。数千年来,人们居住在这片森林里并对其加以利用。他们去哪儿了?你的经历得益于精心维护的道路和指明重要物种或者景色的标识。是谁把它们设置在那儿?尽管你观察的地方无疑是非常天然的——它极其偏远,拥有昆虫、野生动物和丛林植物,但是,不可否认它也是社会的。你的社会属性决定了你想去的地方和你可能期待的事物。为了你的体验,当地对丛林的状况进行了保护,特意把人们搬离这片区域。这些有用的标识从科学上说,非常准确,但是它们也不可避免地反映了人类和社会对(在森林里,你可能观察到的大概数十亿的东西中)最重要的事物的选择。

从这个意义上说,你在森林里的所见和你自认为的所见都受到别人的影响。你对于婆罗洲的看法来自其他渠道(电影、电视和家庭),正如旅途中呈现在你面前的婆罗洲那样,它结合了对森林原始的和科学的描述。这些观点、形象和猜想都是社会建构[①]的——由其他地方的其他人一件一件地组成。

那么,如果说长期以来你想象中的以及正在经历的自然是社会建构的,那么这意味着什么呢?乍一看,这个说法似乎非常荒谬。这难道不是和自然一样真实吗?热带雨林,一个受到保护的

---

① 社会建构(Social Construction):在社会上被人们一致接受,任何存在的或者被理解为具有某些特点的分类、状况或者事情。

生物多样性的宝藏：这里是荒野[1]，对吗？但是作为荒野，它不是必须与它的对立面——社会完全分开吗？

虽然这些问题的答案似乎不言而喻，但是建构主义的[2]视角从这些答案的背后出发，提出问题，例如：有哪些没有说出的猜想隐藏在真实性、保护和荒野这些观点中？一旦我们开始用这种方法审视我们的环境体验，我们就会明白你的自然，还有其他每一个人的自然，是怎样成为一种社会过程、信念、意识形态和历史的产物的。

在这个故事里，“自然”[3]——热带云雾林——至少在两方面是社会建构的。首先，我们关于热带自然“原始”“真实”的观念，不仅仅是在脑海中凭空形成、未经处理的心理形象。相反，我们把热带地区看成像伊甸园一样的乐园，我们对生物多样性的个人评价，甚至对荒野这个观点本身，都是文化、媒体、教育等的产物。但是，不只是我们对自然的看法是社会建构的（再一次，是社会过程的产物）。国家公园本身就是一种建构，而不是粗糙的、非社会的自然片段，被捕捉、保护、凝固在时间中。门票、维护好的道路、徒步步道、对当地人的限制、说明性的陈列和森林管理工作——所有这些，一起建构了我们参观这些公园时，期待见到的自然。甚至在公园建成之前的几千年里，当地居民就已经积极地管理着这片区域，选择动植物的物种，耕作、生火。与新英格兰殖民地的松树林和亚马孙河的雨林一样，婆罗洲的云雾林不单纯是无情的大自然物理过程的最终结果。相反，它们是生物物理过程的结果，是一种特殊的物理环境以及一段悠久的人类占领和管理的历史。

---

① 荒野（Wilderness）：一片自然状态的土地，它或多或少不受人为力量的影响；荒野越来越被看作是一种社会建构。

② 建构主义的（Constructivist）：强调概念、意识形态和社会实践对于我们理解、构成（字面意思是构建）世界的重要性。

③ 自然（Nature）：自然的世界，所有存在着的、非人类活动的产物；时常放在引号中，虽然不是完全不可能，但是我们也很难把整个世界拆分成自然和人类两个独立的部分。

本章,我们将探讨把我们对自然的看法和将环境知识当作历史和社会过程的产物、社会建构来审视的意义。要开始这一概述,从逻辑上,首先要研究"自然"这个词语本身。

那么,你认为它是"自然的"?

雷蒙德·威廉姆斯(Raymond Williams)大约四十年前就曾经写过这句名言,"自然可能是英语中最复杂的单词"(Williams, 1976:184)。威廉姆斯指出,自然这个单词本身至少有三个常见的用法:

(1) 某种事物本质的特性和特点——天性;

(2) 指导世界或者人类,或两者的内在力量——本质;

(3) 物质世界本身,既可以包括也可以不包括人类——大自然。

这三个定义紧密联系,经常在我们的思考中重叠,因此我们在讨论"自然"时,并不总是充分指明这个术语说的是哪个方面的意思。例如,我们说乡民社会比城市社会"更接近大自然",我们是指他们更多地接触到某些"真实的人类本质"(也许居住在城市的人已经与此相去甚远),还是说他们更加受到自然规律的驱动?或者,他们也许对这些自然法则有更好的理解?抑或他们更接近物质的大自然本身:土壤、雨水和风?在使用"自然"这个单词时缺乏准确性,可能会造成混乱和误解。

自然提出了一个更深层的问题。在上面列出的所有定义和常见的话语和思考中,自然被理解为先于社会、人类历史和意志,独立或者存在于它们之外的状态、情况或者特性。例如,上文给出的第一个定义描述了某种事物永恒的、普遍的、基本的特性。比如,熊吃浆果就是它们的天性。人们的所说所做都无法改变这个本质的、不变的特点。

不管怎样,情况似乎就是这样。当我们开始研究如何得出有关这些特性的知识时,困难则接踵而至。在研究关于这些特性的知识的过程中,常常会出现社会和人类历史的暗示。例如,即使从权威性的方法(如科学的方法)或者来源(如文本)得出事物的自然属性,这些方法和来源本身也依赖社会概念、建构和社会背景[①]。比如,如果存在科学事实的话,科学家则必须就自然世界的特点达成一致。这些特点必须用社会产生的语言和文字描述。而且,这些概念都有各自的历史、被创造的时机以及使它们至少在一段时间内被普遍接受的政治背景。它们也经历过不太确定和令人信服的阶段。

以种族[②]这个混乱的概念为例。在两百多年里,许多受过教育的西方人都相信,存在不同的人类生物种族是科学事实。此外,在19、20世纪之交,许多人相信不同的种族代表了生物进化的不同层次。很多人(科学家和牧师等外行)将一些群体(例如非洲人和澳大利亚土著)归入进化等级中的"较低层次",认为他们更接近猿,即相对于其他人来说,他们更不像人。这种理解为一系列丑陋的历史行径(在他们中进行奴隶贸易)、肆意的歧视和压迫提供了借口。虽然对我们来说,这种概念骇人听闻,但是在一段很长的时间里,对许多人来说,却为他们带来了相当多的便利。

不用说(或者希望如此),在过去的一个世纪,不同的人类生物种族这个谎言已经被全面揭穿,并没有事实证明不同的种族有本质上的差异。此外,最近几十年基因分析的发展证实了不管表面上的差异有多大,所有人都惊人地相似。从基因和生理的角度来说,人没有本质的或确定的种族之分。

可是,对许多人和许多地区来说,种族的分类确实是非常"真

---

① 社会背景(Social Context):特定时间、特定地点和社会关系的集合;包括信仰体系、经济生产关系和管理制度。

② 种族(Race):一套虚构的区分人的种类的分类方法,通常以肤色或身体形态为基础,在不同的文化、地域和历史阶段,有所不同。

实的”。它们没有自然的物质基础，我们对种族分类的认识植根于权力叠加的历史和社会的共识。换句话说，被认为是事实的信息（“人类的性质”），已经表现为十足的社会建构，支持它的概念和实践并不是清白的，而且它根源于特定的历史背景（西欧帝国主义扩张）。除此之外，作为一种命令社会的方式，种族主义的权力至少部分地得到了种族差异明显的“自然性”的支持。人们似乎没有编造这些种族的分类（尽管结果是它们已经被编造了！）；相反，这些分类似乎在做出所有社会决定之前就已经存在。这些社会建构明显的“自然性”使得这些极为有害的分类依据更难受到质疑。

因此，这就提出了一些重要而令人困惑的问题，比如我们所知的世界哪些是真实的，我们又是如何知道的。此外，把某件事情理解为自然的、既有的以及非社会的，可能本身就有问题，而且确实不被人们接受。

因此，如果某个我们认为“自然的”主张或概念事实上可能是“社会建构的”，那么至少得提出下列问题中的一个：

（1）这个主张或者概念是自然的、难免的、永恒的和普遍的吗？

（2）如果不是，它在什么时候被编造出来？在什么情况下？

（3）相信这种主张或者概念是真实的、自然的或者难免的，有什么社会的、政治的或者环境的影响？

（4）如果完全去除这个概念，或者从根本上重新思考它，我们会得出更好的结果吗？

这一系列的问题可以应用到许多方面（Hacking，1999），对我们如何思考有关自然与社会之间关系的问题有所启发。

新世界自然的社会建构

想一想“原始的”前哥伦布时期的美洲的例子。数百年来，探险家、作家、教师、政客还有普通人，一直生活在这种假设中，即

1492 年以前,南北美洲的风貌几乎没有受到人类活动的影响。一言以蔽之,它们是:原始的。人们猜想,虽然原住民肯定会利用这片土地的资源,但是他们相对较小的人口规模和原始且简陋的技术工具,意味着他们对环境几乎没有影响。一些人甚至认为原住民的土地伦理使他们的生态足迹非常轻;因为更接近自然,更多地接触到环境体系和环境流,所以人们设想许多生活在亚马孙流域、密西西比河流域、加利福尼亚海岸和尤卡坦半岛的人造成的影响微乎其微,相对温和。当欧洲人来到这里时,他们认为自己是这片野生自然风景的访问者、驯服者和入侵者,他们也一直这么认为。

然而,即使在欧洲人与原住民刚开始接触的时候,也存在大量相反的证据,包括复杂的土地使用模式、大片清空的土地和利用大火有效地减少森林面积。此外,几个世纪的历史研究和考古发现不断地证明,随着物种被攻击性地筛选,森林被砍伐,大片的区域被耕种和焚毁,原住民在很多地区造成了非常大的影响(图 8.1)。例如,在第十六章中,我们将看到印加人在哥伦布登陆美洲海岸之前,早已驯化了土豆,在此过程中,为了种植并收获这种食物,他们已经完全改变了安第斯山脉山区的地形。

如果这是真实的,那么为什么欧洲人如此难以看到并最终承认他们面前的事实?在某种程度上,欧洲人的想法受到《圣经》中对地球的看法的深刻影响。他们把伊甸园当作一个真实的地理区域,它位于大西洋的另一端。对他们来说,新世界的森林、河流和平原似乎自被创造以来,就未曾改变。原住民为了狩猎,在砍伐森林时非常谨慎,在平原耕作着密集的玉米地,为了建设城市、市集和纪念碑,河流里满是淤泥,这些实事并不能解释早已存在、与自然有关的社会构建,殖民者在《圣经》中一直传承着这种社会建构。

然而,不仅仅是宗教,政治的设想也发挥着重要的作用。欧洲人对不曾改变的新世界的自然持有一种信念,这与他们对领土的追求极其一致。对于西班牙、法国和英格兰的殖民者来说,劳动与自然权利之间关系的一条核心指导设想是，只有在它们被利用时，土地和资源才被拥有（见第五章，约翰·洛克的讨论）。在欧洲人看来，未使用的土地就是未拥有的土地，在殖民的规则下可以加以改善。在某种程度上，人们期待高产的土地像旧世界典型的农场，或者经营管理的林场。因为这些先入为主的观念，在征服者到达墨西哥的维拉克鲁兹之前，原住民系统地使用和改善的土地被定义为"baldios"或者"yermas"：荒地。荒废的土地可以进行改善，含蓄地说，它确实需要改善，并因此被殖民者占用。

注：尽管许多树木的树龄超过150年，西北太平洋的森林被认为是"原始的"，但是这些森林中有许多森林非常年轻，它们已经被大量破坏，经过大火的洗劫，并受到人类利用的影响。从这个意义上说，不是所有原始森林都是"原始的"。

资料来源：© Ian Grant/ Design Pics/ Corbis.

图 8.1 "原始的"森林

在美洲大陆，这种对原始自然的建构不仅完全忽视了土地的系统利用，也忽视了新世界复杂而丰富的文化。这种想法正好符合欧洲人认为原住民是落后的猜想（按照上面的说法，这正是他们种族的特征)。当代的故事认为玛雅神庙和纳斯卡沙漠线条[*]是外星人的创作,而不是复杂的原住民建筑,与此如出一辙。无论哪种方式,原生景观的社会建构已经预见后世对新世界自然状况的理解。这种建构不仅有助于欧洲殖民者建立规则并为其进行辩解,而且忽略了美洲大陆原住民的存在,对他们的声音充耳不闻。

在这种情况下,研究自然的社会建构的意义,不仅是为了否定一个错误主张(在欧洲人到来之前,人类对土地没有影响)的真实性,虽然这确实很重要,它还进一步提出了一系列问题:如果关于美洲的看法是错误的,那么假设这个看法正确,会有什么影响?即使存在相反的证据,这个观点如何保持"正确"并且被广泛地接受?使它保持"正确",符合谁的利益?在证明这一套特定的环境事实是"真相"的过程中,谁的影响力较强?谁的影响力较弱?

这些问题的答案不仅阐明了美洲的历史,也诠释了我们如何更全面地思考环境与社会的关系。它们表明环境知识——哪些关于环境状态的主张和观点被认为是正确的,与环境权力——哪些组织和利益集团控制着环境和其资源,之间存在一种关系。那么,如果用自然是社会建构的观点来解决环境问题,则需要知道我们对自然有哪些了解,我们是如何得到这些知识的。

环境话语

到目前为止,我们已经证明了(1)自然本身(我们生活、学习、解释的物质世界)和(2)我们有关自然和世界的知识为何被理解为是社会建构的。运用"话语"②这个概念,我们可以深刻地理解当它们并不是正常的、理所当然的或者不可避免的时,我们如何看待

---

* 纳斯卡沙漠线条:著名的纳斯卡线被发现于秘鲁利马以南200米,是蚀刻于沙漠上广阔、复杂的图案,它被认为可能是神圣的路径。——译者注

② 话语(Discourse):从本质上,它是书面和口语的交流;对这个术语的充分利用承认了陈述和文本不仅是物质世界的表现,更是充满权力的建构,它们(在一定程度上)组成了我们生活的世界。

自然并且为什么。

地理学家巴恩斯和邓肯(Barnes,Duncan,1992:8)将话语定义为:“包括叙述、概念、意识形态和表意实践的特殊组合。”虽然这个定义有一点深奥,但是它的具体内容可以表达得简单一些。叙述[①]就是指一个故事。例如,环境叙述的事例包括“公地悲剧”(第四章),这样的例子不胜枚举。在叙述中,有一条故事线贯穿始终。概念[②]是指一个简单的观点,通常用一个词或者一个短语概括。“承载能力”(第二章)就是一个概念,“市场”(第三章)也是,甚至像“危机”(第六章)或者“森林”(第十章)这些明显的自然事物也都是概念。意识形态[③]是规范性的、有价值负载的世界观,它清楚地解释了世界是什么样的以及它应该是什么样的。所有有生命的事物都有与生俱来的权利(第五章)就是意识形态,此外认为人生而自由,政府的角色就是实现并且允许这种自由,同样也是意识形态。表意实践[④]是表现的模式和方法,是讲述故事、介绍和定义概念、交流意识形态的实际技巧:地理信息系统、报纸、电视广告、科学论文都是表意实践,除此之外还有许多。

话语把这些要素集中在强大的、连贯的、彼此支持的框架中,它们具有说服力,往往经得起时间的考验。思考第四章中“公地悲剧”的案例。该话语的核心是一个令人震撼、极具讽刺性的故事:两个牧民争夺一块公共牧场,却在此过程中毁掉了牧场。在这个故事中,有一系列相互关联的概念,如“囚徒困境”和“搭便车”。从意识形态上说,这与人们可以做出自由、理性的决定,但是他们可能并非总是按照理性的利己主义行事的观念密切相关。这个故事

---

① 叙述(Narrative):有完整的开始和结局的故事。例如,“生物进化”和“公地悲剧”这些环境叙述有助于我们理解和建构世界。

② 概念(Concept):简单的观点,通常用一个单词或者一个短语概括。

③ 意识形态(Ideologies):规范性的、有价值负载的世界观,清楚地解释了世界是什么样的以及它应该是什么样的。

④ 表意实践(Signifying Practices):表现的模式和方法;讲故事、介绍和定义概念、交流意识形态的技巧。

被大量地刊载在媒体中,从相关主题的科学论文,到环境杂志的文章,再到教科书(如本书!)。其中有许多内容来自其他渠道,并且是把早前有说服力的概念和思想体系胡乱拼凑。一旦这些零碎的部分凑到了一起,它们就设定了讨论的条件,暗示了意象和结果,并且影响我们的思维方式。在此过程中,这些观点假设的基础,这些概念借鉴的出处,还有它们的过往历史,时常已经丢失或者模糊。这种传统越来越难以让人们记住话语其实是故事;编造它们的社会背景一旦消失了,它们也就变成了事实。

环境话语分析是一种研究自然建构的方法,它通过仔细研究这些话语,突出社会背景影响它们产生和维持的方式,试图改变话语逐渐趋于稳定的态势。它代表了对传统方法的批判性背离,因为它关注的对象经常是被其他描述看作理所当然,被假设为独立存在并拥有权威性的概念(如健康、可持续性和饥饿)和知识来源(如政府专家和科学实验室)。因此,社会建构主义的观点解决环境问题时,不仅关注话语,也关心与它们相连的社会制度。

从历史来看,话语,包括有关自然的话语,一直被重要的社会制度加以宣传和强化,例如社区教会、教堂或者修道院。在现代社会,环境话语与政府、学校、医院和实验室这些机构的联系越来越密切。这些机构是权力的场所,协调着环境与社会之间的关系,它们不会告诉人们什么能做,什么不能做,而是会强化哪些事情是真实的,哪些不是,这些具体的理解。

北非荒漠化的话语

思考一下北非荒漠化的例子。早在 1997 年,联合国的报告就得出结论,撒哈拉沙漠正在向北推进,这片罗马帝国曾经的“粮仓”已经成为沙漠。这暗示着政府、国际社会和非政府组织需要采取根治的措施,恢复该地区消失的生产能力。然而,越来越清楚的是,这个结论是以老旧的观念、文本和殖民官员原先做出的断言为基础的。正如地理学家黛安娜·戴维斯(Diana Davis)在对"荒漠化话语"彻底、详尽的历史分析中所述,有一种长期固定的设想,认为该地区曾经植被茂盛,荒漠化的原因是一段时间里过度地放牧,特别是在被称为"阿拉伯人入侵"之后的一千年。18、19世纪绘制的该地区地图证明了这种说法,展现了此处应有的土地覆盖类型,它建立在对该地区"顶级"群落的猜想基础上:如果管理得当,这里应该展现怎样的风景。在这种情况下,顶级群落被设想成像欧洲那样的森林。相比之下,照片中的广阔沙漠刻画出一种荒凉空旷的感觉。这类说法和文件最早可以追溯到法国殖民者在摩洛哥开展的调查,它们构成了一个重要的环境叙事的基础(Davis,2007)。

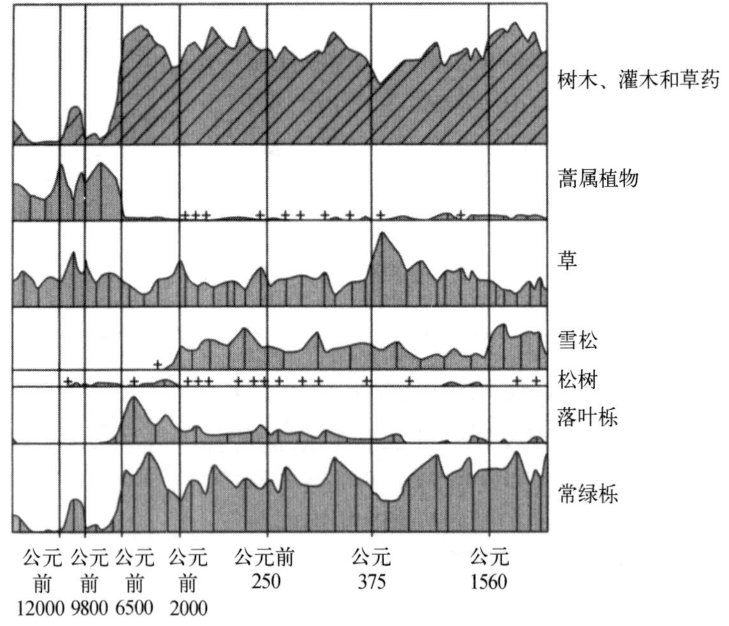

注:尽管长期的主导性话语认为后罗马时期的北非经历了"荒漠化"并在"阿拉伯人入侵"后树木覆盖遭受损失,但是花粉的数据显示,在过去的一千年中,树木的花粉没有显著的下降。

资料来源:Davis(2007).

图8.2 14 000年来,摩洛哥有关花粉的证据

然而,该地区花粉的核心数据肯定地反驳了这样的故事。这些数据显示,数千年来,该地区开花植物相对充裕,种类繁多(包括树木、草、草药和灌木),它表明大约八千年前,林木植被增长明显,之后虽然经历了一段时间的波动,但是没有任何证据表明树木、树种或者植被普遍地减少。简单地说,有关后罗马时期荒漠化的描述以及“阿拉伯人入侵”后撒哈拉沙漠的扩大,都没有任何当代科学知识那样可靠的依据(图8.2)。

有一些方法可用来思考这种明显的误解。人们当然可以说,法国殖民者无法获得花粉的数据和其他古生态学的信息。他们的误解来源于零散的信息和没什么科学可信度的古代文本。大致说来,我们可以得出结论:这是个“诚实的错误”。

然而,用建构主义的方法进行研究则更加深入。它提出了以下问题:谁受益于荒漠化的话语?这样的话语如何形成并且占据上风?它怎样与制度的、政治的,甚至民族的权力关系结合?作为一种话语,这些要素的结构内在强大且符合逻辑,在某种程度上解释了它持续的生命力。该话语包括一个令人信服的叙述(“失乐园”),关键的概念(“顶级群落”),“进步”和“修复”的意识形态,还有以政府记录、景观摄影和科学论文为形式的表意实践。就权力而言,荒漠化话语明显满足殖民地官员的需要。它一直以来都是控制土地使用、实施土地改善机制,特别是安置游牧部落和其他原住民的重要理由。大片的森林被非理性的原住民破坏的假设为土地的控制和改善提供了有说服力的理由。

我们不是说北非地区没有发生土地退化,也不是说大范围的过度放牧不会造成草地覆盖的减少,或者人们对干旱区域不会造成环境影响。以上这些可能都是真实的,但是同时极少有证据表明,该地区的沙漠主要是人为形成的。这里存在着一种强大的、合乎逻辑、令人信服的荒漠化话语,它与殖民和政府当局有关。上述事例并不仅限于北非。

荒野:令人困扰的话语

环境历史学家威廉姆·克罗农(William Cronon)在他具有重要影响的文章《荒野的困扰》中说道,"已经该重新思考荒野了"(Cronon, 1995:69)。他提出荒野是人类未曾触及的土地,是史前和纯粹的自然,这种主流观点令人困扰的原因有许多。首先,我们有关荒野、在荒野之中和围绕荒野的感受和体验是学习、继承而来的,并且从根本上说,"是一种颇为深刻的人类发明"(第69页),或者用我们在这一章讨论的话说,是一种社会建构。因此,把荒野表述为一种社会建构,准确地讲,它意味着什么?一方面,它迫使我们承认这个词本身具有文化、历史的特殊意义。荒野作为纯粹的自然、人类未曾触及的风景是一种建构,它主要相对于以西欧为基础的现代文化而言。其实,在大多数的土著和非西方文化中甚至没有一个词语可以形容人类未曾触及的土地,也没有区分"荒野的"和"非荒野的"风景。荒野是一种文化上的特殊建构。但是,即使在这种荒野文化内部,这个术语本身的意思在它短暂的历史中,甚至在过去的250年里,都发生了巨大的改变。

今天,荒野被高度重视。人们为它绘制地图,寻找它,在其中徒步穿行,并把它保护在保护区里。但是,你不需要到遥远的历史中就能找到颇为不同的意思:

> 就在18世纪……在荒野中还是指"被遗弃的""野蛮的""荒凉的"和"贫瘠的"——简而言之,"荒废"是意思最接近的词。它没有任何肯定的含义,人们在荒野面前最有可能的感受是"困惑"——或者恐惧。(Cronon, 1995:70)

其中,有许多叙述来自《圣经》。毕竟,亚当与夏娃是从伊甸园(一种文化的风景,乐园)被放逐到荒野中。对于人类来说,开垦荒野完全是一项上帝赋予人类历史的任务。即使进入了 19 世纪,美国西进运动也时常被视为(而且明确地被描述为)给荒野带来了文明(图 8.3)。

注:自由女神带领着光明(和农民、犁过的田地、电报线、火车等),把黑暗驱赶出荒野。

资料来源:国会图书馆,1872 年绘制后的雕刻。

图 8.3　约翰·盖斯特(John Gast),《美利坚向前行》*,1872 年

然而,到了 19、20 世纪之交的时候,这个意思已经发生改变。荒野变得稀有,并且随着从东海岸到西海岸的扩张,美国人感到"美国边疆地区"大片自由的(也被设想为无人的)风景永远地消失了。有关在优胜美地国家公园赫奇赫奇峡谷修建水坝(在第五章中有所简述)的辩论,就是对荒野概念的高度重视和全新理解的经典案例。正如克罗农所说:"对于约翰·缪尔和越来越多和他持有

* 《美利坚向前行》描绘的是一个天使般的女人带着文明之光与拓荒者一同西行,在路程中串起电报线。印地安人以及野生动物窜逃入前方的黑暗中。——译者注

同样观点的人来说，撒旦的家园已经变成了上帝的神庙。”（第72页）因此，荒野的概念是令人困扰的，因为它将人类优先考虑的事项和价值掩饰成“自然的”状况。

此外，还有另一个问题，正如前一章中所提到的，被欧洲殖民者看作是荒野的新世界的土地无论如何都不是空无一人的。在哥伦布到达时，大约有400万到1 200万美洲原住民已经因为耕作、狩猎和其他目的彻底改变了土地。这些土地都有一段历史。即使是优胜美地峡谷和高山山区*——荒野和荒凉的典范，早在19世纪早期欧洲殖民者到来前，它们就是有人居住、有人管理的景观。在过去的150年中，那些大多数被保全主义者努力保护的、“最荒凉的”景观，正是人类劳动的产物。

因此，要使它们成为荒野，需要采取暴力的形式。在营造出荒野之前，那些利用控制性、季节性的大火管理优胜美地峡谷植被的原住民，必须被强行赶走。需要提醒你的是，这不仅是一个历史事件。直到今天，蒙大拿州的黑脚部族还因为在冰川国家公园“狩猎”被传讯，然而他们与美国政府签订的条约保证了他们在这片土地永远享有狩猎和捕鱼的权利。如此说来，荒野是令人困扰的，因为它允许暴力的社会、政治关系存在，甚至让它们成为必要的。

此外，克罗农认为，从整体上，荒野的观点对于美国的环境运动有一种更微妙，同样也是有问题的影响。美国的环保运动一直将荒野的观点作为它的一个基础建构。一个世纪前，保护大片（仅仅表面上）未曾触及的土地是中心任务，因此毫无疑问，荒野的情感价值对于建立国家公园和其他保护区是有用的。

但是今天，以同样的方式限定荒野的价值，则意味着什么呢？根据克罗农的观点，荒野环境主义产生的影响是：最值得保护的自然，“必须也是原始的——远离人类，未被我们共同的过去触及”

* High Sierra，又称瑟亚拉高山区，内华达山脉，位于加利福尼亚州东部。——译者注

（第 83 页）。但是，环境的历史使我们明白，如果那些地方确实存在过，那么现在它们几乎消失了。将荒野作为环保主义的核心，掩盖和缩小了我们周围，城市、空地和古老的农田里重要的自然的范围。因此，仅以保护荒野为目的的环保运动，大大地忽略了我们生活、工作和玩耍的场所（见第七章的“环境公正”）。

与所有其他话语一样，荒野也融合了一些故事、概念和意识形态，它们让你看到某些事物、从事某些活动的同时，也掩盖和隐藏了其他方面。认为荒野和自然从总体上是社会建构的，并不是反对保护这片或者那片土地。相反，它要求我们更诚实、更深刻地反思我们的观念和行动，以及在创造我们认知的自然时，社会权力的角色。

建构主义的局限：科学、相对主义和非常物质的世界

因此，并非所有人都接受建构主义的解释。建构主义的批评者提出了许多问题，包括对科学的挑战、来自相对主义的威胁和人们认真考虑世界上不仅是建构的自然的需要。

如何看待科学？

我们对环境问题的理解，在一定程度上源自科学调查。早在启蒙时期，就有人（至少科学家们）提出，科学知识为理解自然提供了一种透明的视角，“一种获得有关世界真实的知识，独特、唯一的手段”（Demeritt，2001：26）。正因如此，科学是一种找到已有的真理、“自然规律”或者“事物自然属性”的方法。

建构主义的视角反对这种对科学的基础设想，它认为“科学知识在历史特定的、社会情景的实践中产生，而不是‘被发现’”（Castree，Braun，1998：27）。此外，许多建构主义者主张，在科学探索中，那些我们认为是自然事物的“东西”（例如夸克、脱氧核糖核酸和土壤样

本），并不是被发现（或者被发掘）的，而是在科学的过程和实践中社会建构的，它们更多地反映了社会的科学世界，而不是自然的科学世界。例如，研究者唐娜·海洛威（Donna Haraway）已经证明，在灵长类研究中（有关例如父母的育儿方式、性、资源利用以及战争的主题）众多的观点和范例往往反映了在他们进行调查期间，社会历史的关注和焦虑，并经常充满了性别歧视、种族主义和殖民主义的话语（Haraway，1989）。如果用这种方式来思考，甚至科学知识也是社会和政治的。

专栏8.1　环境解决办法？在野马保护区保护“外来”物种

名字有哪些作用？思考：下面哪个种群的马更值得保护，野马（wild horses）还是野生马（feral horses）？一方面，这个问题提出了一种虚假的窘境，因为在北美的许多地方（也在世界上许多其他地方），这两个名字指的是同一种动物，equus ferus caballus，家马。另一方面，这些动物本地种群的命运经常取决于粗野的（wild）和野生的（feral）这两种建构最终是哪一种胜出。为了使有争议的自然社会建构（字面上的）作用具体化，我们将简要地研究一个颇有争议的有关野马/野生马的案例。

位于密苏里州南部欧扎克地区的欧扎克国家观光河道（ONSR），隶属于美国国家公园管理局，其中分布了少量（通常在20 匹到 35 匹之间）自由漫步的马匹。人们认为这些“野”马主要是大萧条时期贫困的农民丢弃的挽马的后代，在1964 年公园建成之前，它们就在这里出现。主要出于生态一体化而不是文化或者娱乐的考虑，从 1970 年开始，联邦立法授权国家公园管理指定的“自然地区”。在官方的公园管理方案中，ONSR 的管理者开始将马称为“野生马”（feral horses），一种来自不同的“自然”生态系统的外来居住者。公园的记录中没有提到这种马的文化意义。相反，他们不断提及“外来”物种对“自然”生态过程构成的危险。其实,20世纪90年代,管理者正考虑打着生态体系管理的幌子把马群迁移出去。

将马群迁出公园的提议让许多当地居民大吃一惊。1992年,为了争取永久地保护该种群的马匹,密苏里野马联盟成立。对该地区的众多居民来说,马是风景中令人愉悦的、值得关注的一部分(毕竟,它们是美国中西部唯一自由漫步的马群)。但是,它们的意义不只是这些,马还代表着它们与人类共有的土地历史和象征性的物质连接。其实,欧扎克当地的历史(正如在许多地方)中,有许多民众在外部压力下对自然失去控制的案例:大萧条使人们丧失了农田;木材大亨使人们失去了森林;即使是联邦政府管理的公园也让人们损失了公共的土地。马在这一切浩劫中幸存下来。它们属于这里。

因此,哪一方“正确”呢?好吧,双方都正确,的确如此。从公园管理局的角度,它是正确的,这些马确实改变了当地的生态。即使承认马科动物原产于北美,但这些马不是。此外,“土著的”北美马生活在截然不同的生态系统中,它包括(还有其他区别)像美洲狮和狼这样的马科动物猎食者。另一方面,野马(wild horse)的支持者也是“正确的”。这些马是令人喜爱的当地文化特色和风景,而且它们是“野生的”(wild),不是吗?毕竟,它们是一种独立生存的动物群。最终,野马的支持者获胜,联邦立法批准在此地永久保护这种马。

因此,不管怎样,对什么是“自然的”,什么不是,什么适合,什么不适合,谁有发言权呢?请注意:这不是一个修辞问题。有些人将对此做出界定,而另一些人则将提出反对。允许什么(或谁)留下来,经常是由备受争议的社会建构所决定。

此外，科学实践大致符合许多建构主义者支持的环境保护目标和价值，它们包括对现代工业危害进行科学的调查，对地球受到气候变暖的威胁加以证明，还有不胜枚举的事例。其实，拥有了大量的证据与合理的论证形式，建构主义的研究本身就是一种科学调查的形式。把科学当作话语和把科学看作一种获得重要真相的独特方式，这两点如何协调一致呢？

相对主义的威胁

对有些人来说，因为社会建构否定了科学对裁定自然辩论具有的普遍作用，所以它会导致相对主义①的问题。理论上，如果对“自然”世界的知识植根于社会建构、故事和意识形态，那么就很难或者不可能建立可靠的信息和知识，并依此采取行动。发生冲突时，我们该相信什么，相信谁呢？我们以什么为基础，支持或者反对各种人类行为：在河流中倾倒垃圾，使用核能，砍伐树木？相对主义极力主张所有的表达和知识都只相对于它们的社会背景。这种极端的相对主义至少在理论上可能演变成虚无主义，这种“认为一切都是不可知的观点”（Proctor，1998：359）。

建构主义者对此回应道，不是所有形式的相对主义都是削弱性的。程度较弱的相对主义只是提醒我们，关于现实的所有表达都是有条件的，是在社会和政治背景中被认可的（书写和阅读；述说和听闻）。任何表达都不能展现“自然之镜”*（Rorty，1979）。即使如此，大多数的建构主义者采取了折中的办法，坚持认为尽管环境科学绝对无法摆脱社会和语境的影响，这些影响不会以任何单一的方式决定科学发现。当然，承认建构主义的有效性对大胆地

---

① 相对主义（Relativism）：相对主义质疑普遍真理表述的真实性，它认为所有的信念、真理和事实从根本上都是它们由此产生的特定社会关系的产物。

* 绝对的科学真理观认为科学知识具有绝对的真理性，成熟的科学知识能够被当作“自然之镜”（mirror of nature），它是对外界自然规律客观正确的反映，成为外部世界的真实摹写，不以认识者的个人品质和社会属性为转移。——译者注

表述现实和真理提出更多挑战。

物质世界中的建构主义

这种说法仍然留下了一个难点。我们有理由相信,环境和我们周围世界的事物影响着我们的社会和政治背景,正如社会和政治背景影响着我们对这些事物的了解。全球气候变化既是一种科学的建构,也是全球关注的气候现象(第九章)。狼既是一种在意识形态上充满敌意的政治建构,也是一种按照自己的生存法则生活的野生动物物种(第十一章)。在什么情况下,自然的物质特性对解释社会和环境的结果变得重要?我们可以在承认建构的自然的同时,依然认真对待复杂的物质世界中的一切吗?许多批评家并不这么认为。

然而,我们相信合作生产[①]的概念为眼前的建构主义僵局提供了一条出路。合作生产是指通过相互作用和相互联系,人类与非人类产生和改变彼此的过程,它不可避免并且持续进行。人类与非人类是分立的,但总是缠绕在一起。正如唐娜·海洛威所述:"存在并不位于它们的关联之前。"(Haraway, 2003:6)人类不断地改造世界,在此过程中也不断地被改造。社会话语叙述从根本上是"物质的",因为它们对指导人类的理解、影响和行为至关重要,反过来,这些也会改变风景,消灭或者生成新的物种,排放出气体,改变地球表面水流的流向。可是同时,当它们以激进的方式做出反应,包括重建社会体系、话语和理解世界的方式时,这些风景、物种和气体也是社会的。

思考一下卡特里娜飓风的案例。2005 年,飓风在几乎毫无准备的新奥尔良市登陆,造成了巨大的生命损失,对贫困和少数族裔群体的伤害尤为严重。虽然人们普遍认为这场灾难是当地大坝和

---

① 合作生产(Co-production):在一种不可避免并且持续进行的过程中,人类与非人类通过相互作用和相互联系,产生和改变彼此。

堤坝基础设施工程故障所致,但是它也暴露了该市黑人和白人居民获得的资源和机会存在深刻的社会差异,在过去对该市的描述中,这些差异曾被刻意忽略。在整个事件中,一系列失实的新闻报道掀起了一场风暴(在网络上抢救物资的黑人被描述为“抢掠者”,而白人却被描述为“发现者”——见 http://politicalhumor.about.com/library/images/blkatrinalooting.htm)。

这是一场被危机决定加重了的灾难,它被充斥了种族主义的报道过滤,人们透过复杂、分散的镜头对此进行解读,人类中心主义的全球变暖加剧了它的严重性。在那场可怕的风暴中,社会和建构的元素体现在各个方面。但是,声称飓风现象本身、由此造成的狂风和洪水泛滥是一种话语,从分析的角度来看是徒劳的,也肯定是奇怪的。更确切地说,我们可能注意到,政治与风、语言与水、意识形态与堤坝、话语与风暴潮共同作用,它们产生的结果改造了世界。

地球上的每一种事物,在每一次互相作用中,每天都在以细微的方式产生这种结果。建构主义的经验要求我们认真对待这些状况的复杂性,通过它们理解那些相互作用和我们周围的世界。

建构的视角

本章我们学习了:

- 许多我们认为是正常或者“自然”的事情或者状况随后被证明是社会的发明,或仅仅是人们的看法(例如:种族)。
- “社会建构”通常表现为理所当然的概念或者观点,它们指导我们的想法或者行动,经常不为我们所知,没有经过批判性的检验。
- 这对我们思考社会和环境的许多关键概念有所启发,包括“荒野”或“沙漠化”这些观点。

- 通过加以谴责，指导政策，改进也许不合适、不民主或者环境上不可持续的解决方法，建构的环境故事或者叙述会产生重大的政治和社会影响。
- 通过分析环境话语、故事和叙述，我们可以得知我们认为理所当然的观点从何而来并如何抵制或者改变它们。
- 批评家提出过度地采用这种方法可能会导致相对主义，或者对科学不屑一顾。
- 因此，协调环境的物质现实与影响我们思维的强有力的社会建构是一个很大的挑战。

问题回顾

1. 相对于主要是农田的区域，国家公园是一个更“自然的”地方吗？试用建构主义的视角回答这个问题（这个问题的答案不仅是一个简单的“是”）。
2. 描述历史和科学是如何揭示“种族”的概念是一种社会建构的。
3. 当欧洲人探索新世界时，他们如何理解他们所接触的“自然”？这些理解如何使他们占据这片土地的行为合法化？
4. 讨论将北非的荒漠化看作一个客观现象与一种话语的深刻区别。（附加题或者备用话题：用同样的方式讨论“荒野”。）
5. 如果用社会建构的方法思考，就无法认真对待科学？为什么是或者为什么不是？

练习 8.1　能源话语的分析

查阅杂志、报纸、电视和网络，确定几个能源生产公司（如埃克森·美孚，英美石油等）的广告和几个主要环境组织（如塞拉俱乐部、荒野社团等）的公益广告。这些广告中的图片和文字包含了哪些话语（叙述、概念和意识形态）？关于自然和社会，它们述说着怎样的故事或者有哪些暗示? 这两套话语在哪些方面相似? 对每一个涉及的利益群体,它们起到哪些作用?

练习 8.2　什么是肥胖?

在过去的几十年,许多发达国家肥胖人群的增加造成了严重的健康问题,引起了深切的关注。然而,这些关注伴随着一个问题:怎样确定谁是超重的,并且那意味着什么。查阅至少 5 个重要的网站、杂志或者其他媒体,回答下面的问题:什么是肥胖,如何定义肥胖? 所有定义都统一吗? 哪些更可靠? 为什么? 这些定义假设的基础是什么? 在多大程度上肥胖是一种社会建构,并且在多大程度上它是一个简单明了的事实? 区别的依据是什么?

练习 8.3　有机食品中的有机指的是什么?

思考美国农业部关于有机食品的官方定义(http://www.nal.usda.gov/afsic/pubs/ofp/ofp.shtml)。需要特别注意的是,它坚称"有机食品是未使用大多数的传统农药、合成原料或污水污泥生产的肥料、生物工程,或电离辐射生产的食品"。有人对这种定义提出批评,因为它并不意味着食品不是在大型农业综合企业的工业化农场中生产的,也没有提到有机农场工作人员的健康或者安全。作家迈克尔·波伦(Michael Pollan)将有机物称作"有机工业复合物"(http://www.commondreams.org/views01/0603-03.htm)。"有机食品"是一种话语吗? 如果是,它的叙述、概念、意识形态和表意实践分别是什么呢? 构成有机物的话语是什么? 它有什么作用?

参考文献

Barnes, T. J., J., S. Duncan (1992), "Introduction: Writing worlds"(《导论:书写世界》), Barnes, T. J., J. S. Duncan, eds., *Writing Worlds*:

Discourse, *Text*, *and Metaphor in the Representation of Landscape*(《书写世界:风景表现中的话语、文本与隐喻》),New York: Routledge, pp. 1—17.

Castree, N. , B. Braun (1998), "The Construction of Nature and the Nature of Construction: Analytical and Political Tools for Building Survivable Futures"(《自然的建构与建构的自然:建设可生存的未来的分析和政治方法》), Castree, N. , B. Braun, eds. , *Remaking Reality*: *Nature at the Millennium*(《重造现实:千禧年的自然》), London:Routledge, pp. 3—42.

Cronon, W. (1995), "The Trouble with Wilderness; or, Getting Back to the Wrong Nature"(《荒野的困局;或者重返错误的自然》), *Uncommon Ground*: *Rethinking the Human Place in Nature* (《不寻常的土地:自然中人类地位的反思》), New York:W. W. Norton, pp. 69—90.

Davis, D. K. (2007), *Resurrecting the Granary of Rome*: *Environmental History and French Colonial Expansion in North Africa* (《罗马粮仓的复兴:北非的环境历史与法国殖民扩张》),Athens,OH: Ohio University Press.

Demeritt, D. (2001), "Being Constructive about Nature"(《对自然有建设性》), Castree, N. , B. Braun, eds. , *Social Nature*: *Theory*, *Practice*, *and Politics* (《社会的自然:理论、实践与政治》),Oxford: Blackwell.

Hacking, I. (1999), *The Social Construction of What*? (《什么的社会建构?》), Cambridge, MA: Harvard University Press.

Haraway, D. (1989), *Primate Visions*: *Gender*, *Race*, *and Nature in the World of Modern Science*(《灵长类的视觉:现代科学世界中的性别、种族与自然》),New York:Routledge.

Haraway, D. (2003), *The Companion Species Manifesto*: *Dogs*, *People*, *and Significant Otherness* (《伴生种宣言:狗、人与重要的其他》), Chicago, IL: Prickly Paradigm Press.

Proctor, J. (1998), "The Social Construction of Nature: Relativist Accusations, Pragmatic and Realist Responses"(《自然的社会建构:相对主义的指责,实用主义与现实主义的回应》),*Annals of the Association of American Geographers* (《美国地理学家协会年报》),88(3):353—376.

Rorty,R. (1979), *Philosophy and the Mirror of Nature*(《哲学与自然之镜》),Princeton, NJ: Princeton University Press.

Sluyter, A. (1999), "The Making of the Myth in Postcolonial Development: Material-conceptual Landscape Transformation in Sixteenth Century Veracruz"(《后殖民发展的神话创造:十六世纪韦拉克鲁斯的材料概念性景观改造》), *Annals of the Association of American Geographers* (《美国地理学家协会年报》), 89(3):377—401.

Williams, R. (1976), *Keywords*: *A Vocabulary of Culture and Society* (《关键词:文化与社会词汇》), New York: Oxford University Press.

推荐阅读

Braun, B. (2002), *The Intemperate Rainforest: Nature, Culture, and Power on Canada's West Coast*(《过度的雨林:加拿大西海岸的自然、文化与权力》), Minneapolis, MN: University of Minnesota Press.

Castree, N. (2005), *Nature* (《自然》), New York: Routledge. Demeritt, D. (1998), "Science, Social Constructivism and Nature" (《科学、社会建构主义与自然》), B. Braun, Castree, N. eds., *Remaking Reality: Nature at the Millennium*(《重造现实:千禧年的自然》), New York: Routledge, pp. 173—193.

Rikoon, S., R. Albee (1998), "'Wild-and-free, -leave-' em-be': Wild horses and the Struggle Over Nature in the Missouri Ozarks" (《野生与自由,随它们去吧:密苏里奥扎克的野马与有关自然的争论》), *Journal of Folklore Research* (《民俗研究》), 35(3): 203—222.

Robbins, P. (1998), "Paper Forests: Imagining and Deploying Exogenous Ecologies in Arid India" (《造纸林:在干旱的印度设想和利用外在的生态》), *Geoforum*(《地理论坛》), 29(1): 69—86.

Wainwright, J. (2008), *Decolonizing Development* (《去殖民化发展》), Oxford: Wiley Blackwell.

第二部分

关注的事物

第九章

二氧化碳

图片来源：Vladimir Salman/Shutterstock.

匹兹堡的交通困境

一个炎热的夏日下午，四点四十五分，在靠近宾夕法尼亚州匹兹堡市外自由隧道的地方，车辆停了下来，这种情况与高峰时间世界上其他的城市一模一样。每天大约有 10 万辆车穿过这些隧道，这是城市通勤文化日常的真实写照。普通的美国人每天大约要花45分钟上下班,许多通勤族甚至得花两倍或者更多的时间。可以预料,对每个人来说堵上二十分钟是工作日的一部分。尽管这是令人不愉快的,但它的确是生活和经济中很平常的一部分。

当车辆在“管道”(当地人就是这么称呼)中爬行时,空调使司机尚且可以忍受车内的温度,因为一套复杂的交换正在进行。液体和气体在汽车里流动,保持着车流的前进,尽管车速很慢。这些车辆被氧化燃烧的过程驱动,它将空气中的氧气和油箱里的汽油混合,产生微小的爆炸,分裂燃料(它基本上是碳氢原子的结合)间的链接从而释放出能量,推动汽车前进。反应之后,剩下什么?一些水(H_2O)和一堆二氧化碳(CO_2)。原燃料和氧气从一端进去,水和二氧化碳从另一端出来。很明显,每两个进入这个过程的燃料分子,至少产生16个二氧化碳废气分子。

从排气管中释放的CO_2完全是看不见的。它升入大气中与其他气体混合,似乎就消失了。令人遗憾的是,看不见、抛在脑后绝不是就不会产生影响。今天,这些汽车排放的二氧化碳也许会在大气中残留一个世纪或者更久,它们只能经过漫长的时间,慢慢地被世界上的海洋和植被吸收。同时,这些分子漂浮在空气中,锁定住来自地球的热量,提高了地球总体的温度,造成灾难性的后果。

然而,16个微小的CO_2分子注定会造成哪些危害?令人遗憾的是,一辆普通汽车的排放量远不止于此。平均每辆汽车每行驶一公里大约排放150克二氧化碳。普通的美国司机每年大约行驶19 000公里,所以事实上每辆汽车每年大约产生2 800千克CO_2,这远远超过汽车自身的重量。

更进一步说,这种计算方法首先排除了为了制造汽车开发能源、铺设和维护道路以及开采进入汽车油箱、轮胎和车身的燃料和原材料所需的碳。这还不包括交通运输和为通勤族生活的其他方面提供能源所需要的碳,从他们早餐桌上的食物到他们家里、工作场所的暖气和冷气，甚至用来修建住宅和工作场所的能源。所有的一切都需要排放二氧化碳（当然，还有许多其他气体和废品）。一种无色无味的气体是怎样从根本上与我们的生活、我们社会的基础联系在一起的？

二氧化碳简史

事实上，碳元素在地球中只占非常小的一部分。大部分的碳（大约99%）都埋藏在地壳中，锁定在沉积岩里。剩下的碳处于不断运动的状态。通过在海洋（大部分都存在于此）、大气、植物和土壤之间流动，碳不断地循环，固体（石墨和钻石）和气体（沼气和二氧化碳中的碳）是它最常见的形式。然而除了这些状态之外，它还可以进入种类繁多的有机分子，包括脂肪和糖类。以这种方式，它在动植物中进进出出，并形成了地球上最基础的生命构造。

CO_2——该元素最常见的气体形式，不断地在生命形态中循环后，被海洋和大气重新获得。光合作用①是地球上所有生命的基础，它从本质上将太阳的能量与 CO_2 和水结合，产生组成植物组织的糖类，并产生氧气。植物在生长的过程中用这种方式从土壤和大气里吸收碳，当它们腐烂时，又将碳排放到空气中，返还到土壤里。动物（包括你和我）也是这样进一步参与了碳循环②（图 9.1）。

当它从海底落下，从土壤深处回到地壳时，一小部分碳脱离了这个循环。正是通过裂缝层和洋底有机物质的缓慢沉淀，形成了含有大量碳的沉积岩，在几百万年的硬化后变成地壳的一部分。另一方面，通过移除土壤中的沉积岩，包括煤炭（碳化的树木）和石油（海洋生命转变成的化石），并用火焚烧，人们迅速地把大量的碳

---

① 光合作用（Photosythesis）：植物利用太阳的能量将二氧化碳转化为有机化合物，特别是用来构建组织的糖类的过程。

② 碳循环（Carbon Cycle）：碳在地球的岩石圈、大气层和生物圈中循环的系统，尤其包括地球上的碳（例如石油）和大气中的碳（如二氧化碳）通过燃烧发生转换以及通过封存再回收。

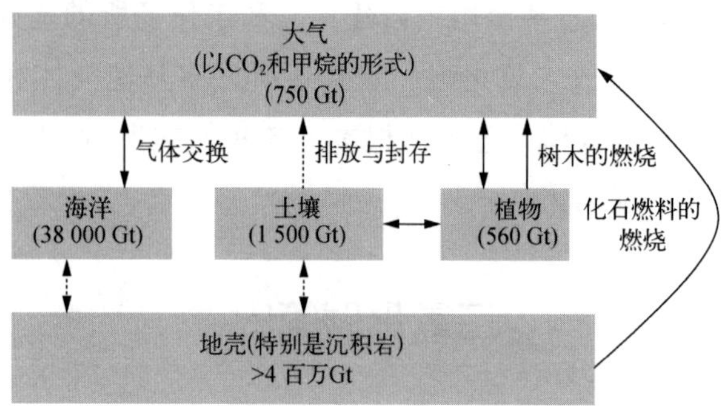

注:1Gt 表示十亿吨。99% 的碳储存在地壳中。碳的流动主要是在海洋、大气、土壤和植物之间进行。现代工业把大量的碳从地壳中移除,并通过燃烧,以 CO_2 的形式把它们释放到大气中。

图 9.1　地球上的碳

排放到大气中,而且速度(明显)比它们自然地回归地质储藏快得多。

大气中正在变化的 CO_2 含量

大气中 CO_2的含量绝不是固定的。其实,在过去的数百万年里,它的含量发生了巨大的变化。在地球生命之初,大约 20 亿年前,这个星球中到处都是微生物群。因为当时大气中含氧量极小,反而含有大量的二氧化碳,所以微小的原核生物茁壮成长。这些微小、简单的生命形式通过分解它们周围的无机化合物,构成自己的身体。它们特别善于利用充沛的水,在分解水之后获得氢原子,并且将阳光和 CO_2(两者都很充足)转化成能量。这些过程意外产生的副产品——废物——氧,释放到空气中成为氧气。随着这些“蓝藻细菌”继续繁殖生长,空气逐渐从富含 CO_2转变成含有更多的氧气。今天的地球上,空气中(尽管最多的仍旧是氮气)大约含有 20% 的氧气,不到 1‰的 CO_2[确切地说,大约每一百万个单位(ppm)中有 381 个 CO_2]。当旧的生命形式开始消失,新的生命形式便充分利用如今可以获得的氧气(我们自己也是如此)。对之前的细菌来说，这无异于一场大气的灾难：它们产生的空气使自己中毒了。厌氧菌，这种地球最早生命的后代，仍然继续存在，但是它们的生存环境发生了改变，它们生活在比过去更小的区域，包括滩涂和人类的肠道中(Margulis，Dolan，2002)。

这里存在一个历史经验。生物通常能够用为了自身的生存，改变必须适应的状况的方式，影响地球的生物化学特征。

当然，适用于古代原核生物的道理同样适用于人类社会。我们与微小的细菌一样，与二氧化碳紧密联系。

然而，自从有了火，我们与碳的关系就更进一步加深了。直立人可能在四十多万年前就掌握了火的使用方法。从此，对能源越来越多的需求成为人类文明的特征。例如，烹饪食物需要相当多的能源，在寒冷中取暖(或者在炎热中降温)也需要能源，不仅如此，建造建筑或者搬运物体，从汽车到水，一切都需要能源。

在较简单的社会，这种能源主要通过体力劳动获得。然而，随着社会扩大规模，变得更加复杂、更具有生产力，它们开始依赖额外的能源。在现代世界，能源主要来源于燃烧化石燃料：煤炭、石油和最常见的天然气。燃烧这些液体和固体的过程释放出大量的能量，但是也排出了碳，它以 CO_2 的形式流入空气中。随着当代经济的发展，修建更大型的建筑和城市、在全球范围内运送货物、通过施撒化肥和杀虫剂(它们是用石油生产的)生产更多的粮食成为可能，人类对能源的需求有所增加，燃烧的化石燃料越来越多。简单地说，现代文明就是碳的文明。

随着时间的推移，这种越来越以碳为基础的经济活动产生的结果，如今在空气的测量中体现得非常明显。从 20 世纪 50 年代起，科学家查尔斯·基林(Charles Keeling)和他的同事一直在夏威夷的莫纳罗亚(Mauna Loa)山顶的天文台测量空气中二氧化碳的浓度。经过一段时间的图表记录，数据显示 CO_2 的含量(以每百万份计算)稳步上升，呈陡峭的曲线(图 9.2)。

此外,这一清晰的趋势只是走向以碳为中心的文明的末端。随着经济方式从 19 世纪的人力和畜力转变成机械化的运输工具和发电,逐渐产生更多的 CO_2。其他现代经济活动也改变了大气中的碳含量。例如,人类为了发展或农业生产砍伐大片的森林,这造成了双重影响。一方面毁灭通过光合作用获取(或者封存[①])碳的森林,降低了树木获取碳的能力。另一方面焚烧树木后,储存在每棵树中的碳又被释放到大气中。这也使地球上吸收碳的植物数量越来越少。

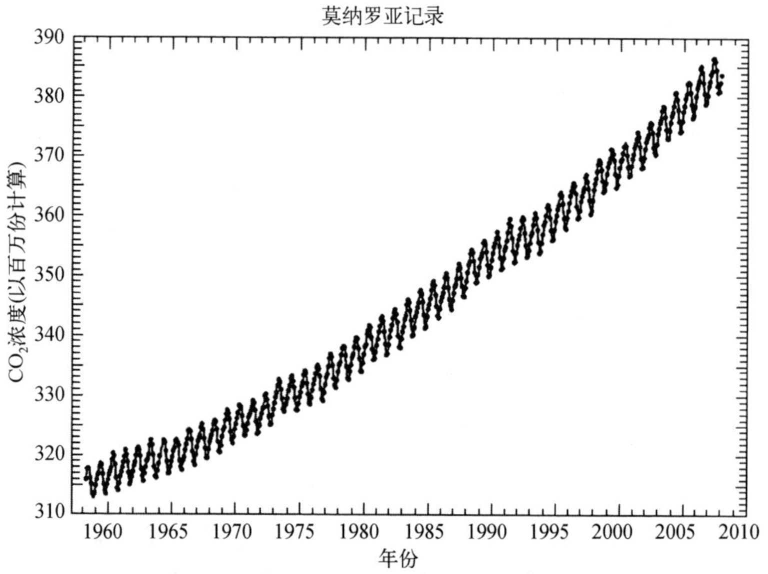

注:总体趋势呈稳步上升的曲线。每年的变化(上下小幅震荡)是北半球季节变化的结果;植物在春天变绿,从空气中吸入 CO_2,在秋季慢慢枯萎,重新释放出碳。

资料来源:经斯克利普斯(Scripps)** CO_2 计划同意改编。http://scrippsco2. ucsd. edu/program_history/keeling_curve_lessons. html.

图 9.2 基林曲线:自 1958 年,大气中 CO_2 含量

---

① 碳封存(Carbon Sequestration):通过生物的手段,如植物的光合作用或者工程技术的方式,从大气中获取碳储存到生物圈或岩石圈。

* 斯克利普斯是美国著名的生物医学研究所,相关的化学研究相当前沿。——译者注

尽管我们从20世纪50年代才开始直接测量大气中的CO_2，但我们保存着更早的排放记录，它们确切地显示了这种机器时代转变的印记。年轮和沉淀物可以用来重建几千年前或者更早的气候状况，而分析封存在南极和格陵兰深层古老冰芯中的气体，可以告诉我们第一块冰落下时的大气状况（图9.3）。

过去一千年的证据是令人信服的。当然，从中世纪这段封建主义、农民生产和宗教等级制的时期，一直到18世纪这段全球范围接触增多、科学发展和殖民主义扩张的时期，大气中碳的含量每十年都会有细微的变化。但是，在19世纪之后，伴随着工业革命的进行，大量的二氧化碳被排放到大气中，这些微小的变化便相形见绌了（IPCC，2007）。

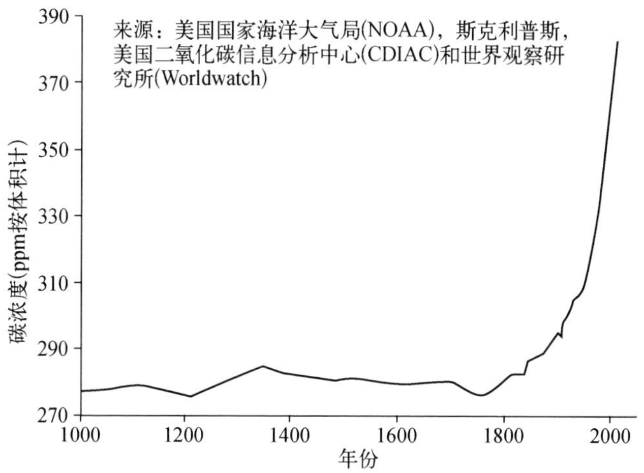

注：过去一千年中，大气中的碳含量一直在280ppm左右徘徊。从1800年开始，工业活动激增，人类活动更加依赖燃烧化石燃料，因此大气中的碳呈指数性上升。

资料来源：经同意改编自 http://www.earthpolicy.org/indicators/C52。

图9.3　大气中碳的浓度

从碳含量到气候变化

如果大气中碳含量的变化对我们这个星球的环境和社会体系

没有深远的影响，我们就不会对它加以评论或者关注。核心的问题是，二氧化碳与大气中许多其他气体在调节地球温度中发挥着主要的作用。

这是因为在即将进入地球的太阳短波辐射中，许多被地球表面吸收并转化成长波辐射，它就是我们感受到的热量，它同时被散发到太空中。然而，部分再次散发的能量没有离开地球，反而被覆盖地球的空气所吸收。这种大气中的能量被一系列特定的气体包围，包括二氧化碳。没错，这是好消息！这种自然吸收的热量就是维持着地球上生命的温度；没有这种效应——温室效应[①]，这个星球会极其寒冷。但是如果在一段时间之后，气体的聚积提高了吸收热量的程度，人们就可以理性地预测全球气温将升高。

空气中的气体与全球气温联系在一起的过程早在人类出现之前就已发生。而且我们已经证实，全球气温对空气中气体含量的变化极其敏感。例如，我们知道，几亿年前（前面曾经讨论过），空气中二氧化碳的减少极大地降低了全球的温度。所以，在近代历史中如此短的一段时间内，这些气体在空气中迅速聚积，增加了对严重环境变化的预期。短期的全球气候记录反映了一种整体变暖的模式。而且，这种变暖已经导致了间接的效应，包括冰的融化造成的海平面上升，全球积雪层的整体减少（图9.4）。平均看来，世界确实正在变暖。

二氧化碳只是产生这种作用的众多温室气体中的一种。其他气体包括天然形成的气体，例如水蒸气、沼气、二氧化氮，还有完全人造的工业化合物，包括氯氟烃（CFC）。所有这些气体正在空气中聚积，温度确实正在升高。

从这种意义上说，“全球变暖”是一种准确的描述，但是它并不完整。从变暖来说，我们的确知道只要这些气体在空气中长时间

---

① 温室效应（Greenhouse Effect）：地球大气的特性，凭借包括水蒸气和二氧化碳在内的重要气体的存在，锁住并保留热量，以此达到可以维持生命的温度。

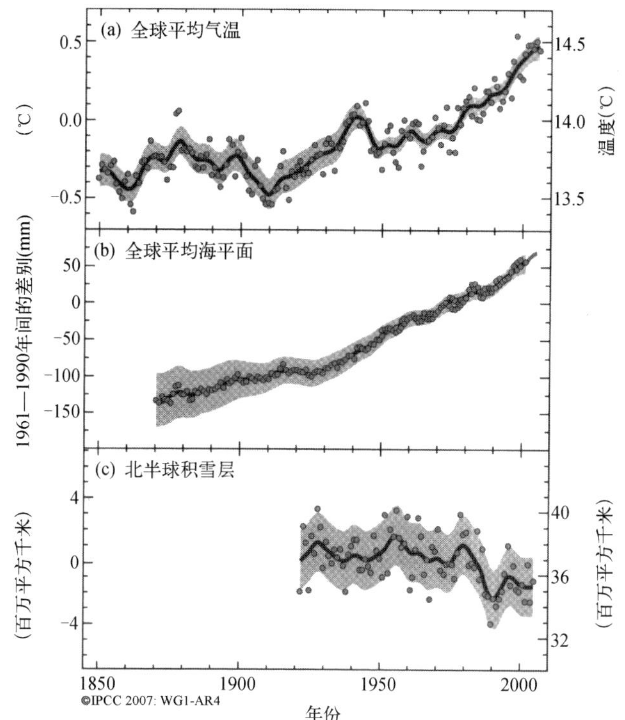

注：经过一段时间人类排放气体的急速增加，人们认为它们吸收了空气中的热量，导致全球气温稳步上升，海平面上涨，积雪层减少。

资料来源：经同意改编自《气候变化 2007：自然科学基础》。第一工作组完成了政府间气候变化专门委员会第四评估报告，图 SPM. 3。剑桥大学出版社(Cambridge University Press)。

图 9.4　全球平均气温、海平面和积雪层

存在，变暖就会持续，而且在下个世纪，全球平均气温可能升高1℃—4℃。但是，它也可能引发很多区域性气候和天气情况变化。这种全球能量平衡的变化会产生各种各样的效应，可能包括一些地区变得干燥而另一些地区降水增加，有些地方干旱程度加重而其他地方洪水增多，海冰减少，海面上升，甚至于调节一些地区的温暖和湿润状况、不断循环的洋流也会发生崩溃，这可能导致局部的温度降低。

这种变化的效应使世界上的每个人都受到影响,从这个意义上说,它是全球性的。但是,它的影响也是千差万别的。假设海平面上涨达到或者超过一米,太平洋上的岛国(实际上,居住着1 400万人)就可能全部消失。在撒哈拉沙漠以南的非洲,相当大的一部分人口依靠雨水灌溉的农业为生,干旱就意味着饥荒和迁徙。全世界的富人也许能够支配更多的预算用于空调和食物,但是穷人不能。因此,如果空气中二氧化碳和相关气体的浓度没有什么改变的话,在过去一个世纪里,由碳推动的经济发展可能产生一个讽刺的结果,即它造成的环境状况将挑战和破坏经济进一步发展的可能性,惩罚那些与这个问题最无关的人。

除了对人类造成了诸多问题,这种环境变化的影响本身就很深刻。随着温度和降水量的剧烈变化,大量的动植物很可能突然濒临灭绝;许多会迅速消失。尽管像北极熊这样备受瞩目的动物正得到关注,但是如果对全球粮食和能源网络更加重要的物种消失了,问题将更加严重。这些物种(特别是昆虫、植物和海洋浮游生物)对许多其他物种的生存至关重要,它们的灭绝将意味着整个生态系统有可能奔溃。

二氧化碳之谜

对二氧化碳自然历史的简单回顾,揭示了环境与社会关系的许多内容。首先,它表明文明的历史必然也是气体的历史,即与人类一样,分子(CO_2)和元素(碳)也是社会的一部分,并且人类与非人类以复杂的方式互相影响。它更进一步表明,从长期来看,环境状况容易发生剧烈变化,未必存在一种平衡的、永恒的或者必然的自然状态。空气中温室气体的含量随着时间的推移而改变,全球气温也是如此。另一方面,它也指出一种特定的社会形式(工业社会)可能对复杂的地球系统产生深远的影响和难以扭转的效应,这不仅对维持这种社会形式,也对维持这个星球上现有生命的多样性产生影响。

更具体地说，以上论述强调了二氧化碳的两个特性使它成为一种特定的事物：

- 首先，它是普遍存在的；碳无所不在，存在于我们所有人中，并处于一种不断流动的状态，难以捕捉、约束和隔离，因此它的影响通常与它的来源在时间和空间上相距甚远。
- 其次，它对经济活动极其敏感：现代经济增长的历史与二氧化碳完全交织在一起，很难简单地将人类社会形态和空气的成分分开，就如同将连体婴儿分开的手术不仅仅是切断术。

因此，二氧化碳为理解人类在世界中的角色提供了借鉴，但是它也提出了一个难题：考虑到它的普遍性和经济上的敏感性，如何控制或者彻底转变空气中的碳含量？不同的视角提供了看待这个问题的不同见解，遗憾的是，它的答案有些自相矛盾。

制度：搭气候的便车与碳合作

在第四章中，我们证实了与环境相关的问题通常是集体行动[①]的问题，在这种情况下，需要许多人联合行动，但是也有一种推动力量使他们不愿意合作。正如前文所述，控制和减少二氧化碳流入空气正是这种问题。制度的视角强调了社会与环境问题的这些特点，并为这个问题提供了某种见解。

碳的囚徒困境

思考一个简化了的情形，只有两个国家排放碳。如果双方“咬紧牙关”，忍受各自减少排放的代价，它们将从停止的全球变暖中获益。然而，有无数的原因使它们不这么做。

---

① 集体行动（Collective Action）：个体间为了达到共同的目标和结果协调合作。

首先,如果一国采取行动,而另一国没有,那么采取行动的一国将不可避免地面临不利的处境。尽管双方都将受益于空气中更低的碳含量,却只有一国承受为此付出的牺牲。使问题更加复杂的是,围绕全球气候变化和它可能产生的效应,存在不可避免的不确定性。因为人们不知道不采取行动的准确代价,所以各国都难以做出承诺,特别是万一产生的效应不平均,一些国家要比其他国家承担更多不采取行动的代价。类似的,很难监控另一个国家是否完全履行减少温室气体排放的一切承诺。尽管从太空中也许能看见焚烧森林,却难以测量一个国家各个发电厂排放的CO_2。这其中的每一点都是囚徒困境的经典元素,这种比喻性的解释强调了为什么合作和集体行动常以失败告终。但是除此之外,还有更多的问题。

在完全全球化的经济中,碳经常扮演的角色也让这个问题难以解决。一国可能对碳加以限制,要求企业开发出新颖但是昂贵的方法生产碳排放较少的产品。但是,这些产品要参与全球市场竞争,在这个市场里,来自不采取行动的国家的企业生产出更便宜、对碳依赖程度更高的产品。一国积极行动,而另一国却"搭便车",既享受前者减少排放带来的好处,也因为没有实施碳的限制,在市场上占据有利的地位。

与此同时,不是所有国家都从同一个出发点进行协商。欧美的工业革命使这些地区成为几百年来主要的排放者。随着时间的推移,欧洲人和美国人享受着生活水平的极大提高,但是从空气变化的角度来说,他们却造成了巨大的代价。虽然贫困的国家可能人口众多,并且/或者人口增长迅速,但是它们的人均碳排放只是那些富裕国家很小的一部分(第二章)。为什么贫困的国家人均碳排放较低,尚未享受碳经济的果实,却要同意严格控制排放?为什么富裕的国家应该牺牲自身经济增长减少排放,而人口众多的贫困国家,从中长期来看很可能将成为最大的排放者?碳的流动加剧了这个冲突,因为它切断了排放碳的地区和受影响的地区之间的联系:美国人享受着排放碳的益处,每天开车上下班,而半个地球之外,西非的农民和国家却承受着作物歉收的损失。一个国家受到启发采取行动,而别的国家却没有(图9.5)。

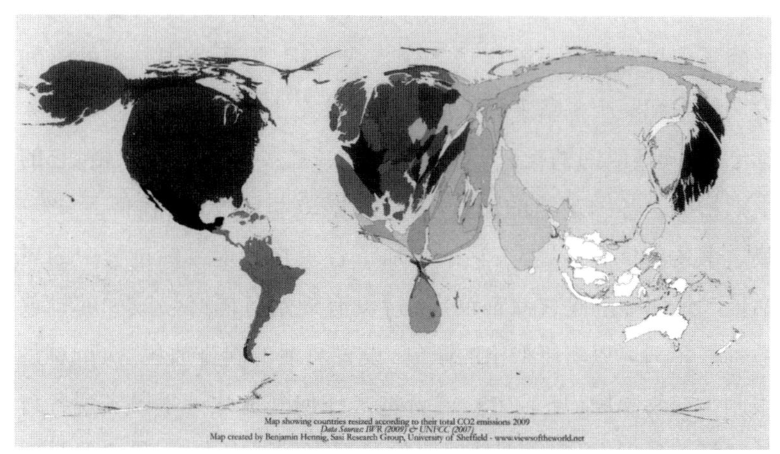

注:这张地图显示的是2009年各国的全年排放总量以及它们相对应的面积。
资料来源:http://www.viewsoftheworld.net/?p=1976. CC BY-NC-ND3.0.

图9.5　全球碳排放统计图

最后,还有一个事实,没有比单一国家更高的权力机构可以有效地实施任何协议:真实的"无政府状态"(Thompson,2006)。尽管联合国是一个强有力的协商机构,但是它并不代表一个可以轻易地强迫国际间遵守监管法规的中央权力。相反,协商者必须按照国际法的模式,遵守规则。考虑到所有这些问题,人们很难相信各国会达成任何一种国际协议。可是有一项协议已经达成。

通过灵活的机制克服障碍:气候条约

20世纪80年代末,当国际社会坐下来寻找解决环境变化的策略,即《联合国气候变化框架公约》时,遇到了所有上述假设的合作障碍和其他问题。最终,他们于1997年达成了一项国际协议,《京都议定书》,这一具有约束力的国际法文件旨在处理并努力克服这些阻碍,要求所有签约国实行减排(所有温室气体,包括碳)。解决这些问题的方法包括条约中的灵活性元素,它们让签约国更愿意共同努力。

首先,该条约详细地列出了随着时间推移,可改变、更新和拓展的具体规定。它也确定了各个等级目标,给予各国一定的时间发展技术和实施策略来解决排放。该议定书对碳排放设定了国家标准,并随着时间的推移,对签约国的减排要求越来越严格,它的中期目标是各国最终的减排水平要比 20 世纪 90 年代低 5.2%。议定书还包括许多规定,它们增加了各国在实现目标过程中的灵活性。最明显的是,《京都议定书》没有规定各国必须减少的排放数量。各国可以实行严格的限制,设置灵活的碳排放税,执行总量限制与交易制度(见下文),或者选择任何其他政策手段实现各自的目标。最后,议定书有效地免除了很多发展中大国,最主要是中国和印度,在条约中的许多责任,进一步使它们从“清洁发展机制”带来的技术转化中受益,在这个机制中,通过在贫困的国家发展碳减排计划和技术,发达国家可以部分地达到减排的目标。

因为该协议非常灵活,所以它极有可能失败。美国是世界上最大的碳排放国之一,条约尚未开始实施它就已经退出。仍有 37 个发达国家留在条约中,它们可以声称温室气体的减排接近、或者超过了它们的承诺,尽管这主要是因为在过去五年里,大规模的经济衰退无意中缩减了排放。条约中的漏洞允许一国将污染行业转移到其他的国家(例如中国),从而声称实现了减排。在京都之后,最近的后续多轮协商,包括哥本哈根(2009 年)、德班(2011 年)和多哈(2012 年)会议(或者“各方召集会议”——CoPs),比之前的会议收效更差,这让用制度的方法解决问题的前景比开始看起来更加黯淡。

制度的视角(如第四章所总结)突出了一种预期,即这些结果可能早已发生。如果一些国家认为其他国家在“搭便车”,并且制度执行不力,那么有关公共财产的约定就经常是无效的。

另一方面,制度理论强调,如果鼓励集体决策并且可以确立规则,尽管是尝试性地,也可以达成建立信任的协议。有了各方(制度理论者所称的社会资本)的信任和实践,随着时间的推移,就可能制定出更积极强硬、涉及面更广的规则,解决公共财产的困境。京都的经验是否为今后得出更好的办法打下了基础?

超越京都:朝着新的制度前进?

世界各国正在考虑2015年后的气候协议可能的模式。我们从京都已经积累了一些经验和教训,任何这样的努力都是有启发的。还有一种条约,它讨论的不是减少碳排放国的排放量,而是致力于降低它们的消耗,用公正的方式努力找到气候变化真正的动因。碳的总量限制与交易制度(见下文)建议用市场的手段解决这些问题,这已经在欧洲等地区出现。将发展中大国包括在内的计划也在考虑中。因此,也许我们可以依据京都的经验,建立一个新的全球条约。

前面已经说过,许多似乎正在发生的气候变化现象,与用制度的思维方式预测和主张的情况截然不同。例如,在美国,《市长气候保护协议》(专栏9.1)在全国范围引发了许多活动,尤其是在没有制度理论概括的许多必要要素的情况下,其中包括没有任何形式的强制执行。在这个案例中,高度区域性和有些不协调的活动似乎使一些有不同气候问题和应对策略的城市真正地减少了排放。这表明,尽管制度理论预测在“后京都”时期,管理CO_2和其他温室气体可能需要国际间鼎力合作,把空气当作“公共财产”来处理,但是建立在完全不同的逻辑基础上,更专门的、本地化和区域性的努力可能比任何预言都更加重要。

专栏9.1　环境解决办法?《市长气候保护协议》

气候变化几乎是公认的"全球性"问题,这是因为碳在空气中流通,不会停止不动,它产生的影响(例如全球变暖)与它的源头相距甚远。这种观点也可以把这个问题大致理解为,为了解决国际性公共财产的问题,需要制定一种国际性条约。

因此,为什么世界上更小的政治管辖范围——城市,会成为发起协调应对气候变化的主导力量,可能在一开始答案不是很清楚。可是,截至2007年5月,美国超过500位市长已经签署了一项协议,在他们的管辖范围内,要实现、或者超过《京都议定书》设定的目标(在2012年之前,排放量比1990年减少7%)。《市长气候保护协议》强调,市政当局要利用可利用的手段,包括规划、交通、森林种植和公众教育等方法,减少温室气体的排放,特别是碳的排放。这项协议最早由西雅图市长格雷格·尼克尔斯(Greg Nickels)发起,如今已遍及全国,各州都有城市加入。尽管对一些城市来说,该协议可能是象征性的,但是大多城市因此采取积极的行动,真正减少了排放。例如,相对于1990年温室气体的排放水平,西雅图市政府已经削减了超过60%的排放量,并且正迅速采取行动让全市都遵守这项协议。利用显而易见的城市管理能力,例如新的密度区域划分和提供公共交通,相对于个人而言,城市在改变区域气候足迹方面更有成效(市长气候保护中心,2009)。

但是,为什么城市会采取行动呢?在一些案例中,很清楚的是,全球变化对特定的市政资源(例如水)可能产生的影响,促使了城市采取行动。一些沿海城市面临着海平面上升,而其他以滑雪旅游业为支柱的城市依赖积雪。因此,某种工具理性使城市比美国联邦政府领先一步采取行动,在这本书编写之际,美国政府尚未签署和批准《京都议定书》。同样的,为实现这些目标,例如市政建筑减少对能源的需求,这些城市付出的诸多努力体现了双赢,在这些情况下,城市通过实现排放的目标,节约了成本。

然而,这个案例也表明,严格地用工具理性解释环境管理行为存在一些局限性。一些明显的因素制约着所有这些城市参与行动。让城市变得对气候有益可能要付出很大的代价。制度性的公共财产理论,未必能预测出例如城市那样彼此没有联系的各方会迅速开展合作,尤其当它们没有被强制要求采取行动时。但是,它们确实行动了。此外,城市并不是唯一的参与者。美国各州按照州际协定,已纷纷加入遵守这些目标的队伍。很清楚的是,用政治意愿解决气候变化遍及的范围比所认为的更加广泛和普遍。《市长气候保护协议》是阻止气候变化这列失控的列车非常真实,也令人惊喜的努力。

市场:交易更多的气体,购买更少的碳

许多用京都的方法管理排放的批评者提出,条约的效率低下,过于依赖政府指令,它几乎没有通过交易机制决定优先考虑的事项和减碳的技术。有一种方法认真地考虑到了这些担忧,它以市场为基础,让我们把流入大气中的碳与它可能产生的负面影响一起看作市场交易和经济活动的外部效应(第三章)。这样,我们把变暖的潜在影响仅仅理解为隐性的生产成本,获得利益的温室气体排放者没有为此承担相应的责任或付出代价。毕竟,我们可以预测到全球变暖潜在的代价既是经济的,也是社会和生态的。例

如,可以预计因为变暖,降低室内的温度会带来新的成本,同样,不利的、灾难性的天气可能造成作物歉收。考虑到未知的新物种今后也许有经济价值,即使是全球气候变化造成的生物多样性的大量减少,也体现着一种隐性的成本。

以市场为中心的方法存在一个问题,即如果碳排放者(包括通勤司机、工厂主,或者毁灭森林的伐木工)没有为自己的活动付出"真正的"代价,相反,这些代价由别人或者全社会承担,那么经济就是在低效率地运行。不管怎样,这种隐性的补助(各种各样的)都要得到纠正。

像《京都议定书》那样规范减排,是一种管理问题的办法。然而,可能有人认为这种方法极其低效,会造成不必要的牺牲,因为减排带来的收益远低于付出的成本。我们如何知道在什么时候减少碳带来的收益值得我们为此付出代价?我们怎样知道用哪些技术管理这个问题最有效?谁应该为管理这个问题负责,责任应该如何划分?正如我们在前文中看到的,通过各方协商出一套规则,并且强制商议者执行得出的框架,《京都议定书》回答了上述问题。在这个意义上,它是民主的,但是它是高效的吗?

相反,第三章中总结的方法表明,解决这种问题最有效的办法是找到真正的成本和收益,并决定在市场上承担它们的最佳人选。使用市场的办法,可能是(1)让那些承受气候变化带来的代价的人与问题的制造者签订合同,后者为了解决问题,向前者支付费用;(2)为了创造全新的、碳中和的商品和服务,坚持让那些要求减少碳排放的人改变自身的消耗行为,并且/或者(3)使排放者将这些外部效应内在化,成本由生产者承担,这将鼓励他们减轻或者停止负面的影响。前两种方法主要是消费者导向的,而后一种则是生产者导向的。所有的方法都应该产生相同的结果,即有效减少不利的环境危害,但是这只有在人们愿意为此结果付出代价的情况下才可能实现。

消费者的选择:绿色碳消费

如果人们担心气温升高,他们可以向工厂主支付一定费用,换取他们排放的减少。这种用合同来解决问题的方法符合科斯定理①的逻辑:无论是污染者或者受害方,最有效的办法来自市场交易。如果维持气候确实非常重要,否则会对一些人造成严重的代价,那么人们应该愿意花钱摒弃负面的结果。

然而,科斯还指出合同协商结果的效率取决于尽可能低的交易成本,即那些与实际协商交易有关的开销。在这方面,把这种想法变成事实面临着巨大的阻碍。如果我在加利福尼亚驾驶一辆半吨重的卡车,致使关岛的某个人受到海平面上升的威胁,我们怎样才能协商达成一致?如何让50亿人与数十万工厂以及数亿汽车司机签订的协议付诸实践?

除此以外,如何确定碳的真实成本?用市场的方法,通过消费者的选择产生一个更有吸引力的办法。如果人们不希望工业生产排放碳,他们可以自由地用钱包投票,只购买那些"对环境安全的"产品。产品上会贴有标签,注明每个单位的碳排放量,这样消费者可以在比较后购买对气候最为有益的产品。那些没有提供这种选择的产品就会遭受损失,被挤出市场,或者它们的生产者被迫投资开发使他们在新的消费文化中更具竞争力的技术。大量的产品使用绿色标签,正是遵循这种逻辑。

第二种办法更为直接。消费者可以选择通过抵消的方法,直接回购他们的碳排放。碳抵消通常指消费者花钱支持某种形式的活动,它让碳从碳循环中"退出",在植树或者其他促进减少碳的活动(用太阳能发电厂取代燃煤电厂,它可以产生等量的能源却使用较少的碳)中将碳固化。

---

① 科斯定理(Coase Theorem):它以新古典经济学为基础,认为外部效应(例如污染)可以通过契约或者双方议价得到最有效率的控制,它假设达成议价的交易成本不会过高。

例如，根据“碳基金”这个组织（www. carbonfund. org/）的数据，从伊利诺伊州的芝加哥到英国伦敦的飞行距离是7 792英里，每趟航程里，每个座位向空气中排放3. 82吨碳。碳基金将接受一张价值38. 53美元的支票，把这笔钱投入到众多项目中，包括可更新能源（“支持清洁能源发展，例如风能、太阳能和有机燃料”），提高能源效率（“减少利用现有能源，它们大多来自煤炭、石油和天然气”），或者重新造林（“吸收现有二氧化碳的排放，它有助于减少人类已经排放到空气中的过量温室气体”）等。它们保证这些活动的结果将封存空气循环中大约四吨的碳。因为你的帮助，你也会收到一张证书，一张汽车保险杠贴，一张窗户贴花和一支钢笔。

因此，从理论和实践上，人们为了一个更绿色的世界乐意支付的心理，以这种方式被应用到新的市场中，有效地减少了个人的碳足迹。

生产者推动的气候控制：碳市场和限额与交易

人们认为在商品链的另一端，控制着商品和服务生产的公司（从航空公司到纸浆造纸厂）在碳的排放方面应该负有和消费者同等的责任。正如在第三章中所指出，对公司实行规定是一种解决碳排放问题的方法，规定中明确告诉它们可以排放多少碳，甚至需要利用什么技术减少排放量。

市场的方法回避了这样一种命令—控制①的思维，它假设尽管有某种经济上的激励措施，但是公司可以自主地革新解决办法，其效果更佳。在这种情况下，解决办法在于制订一种激励措施，让二氧化碳排放者主动地投入新技术研发，并且找到花费最少的方法。这就需要对参与的成员施行集体的排放限制。此外，在数年或者数十年后，这种限制可能会减少，或者随着时间的推移，排放量会

① 命令—控制（Command-and-Control）：依赖政府制定的规章和机构强制执行规定的管理形式，包括规定污染排放的限制或者燃料效率的标准；与以市场为基础或者以激励为基础的方法相反。

降低。市场中的每个公司都有各自数量的排放单位,它们代表着可以产生的污染量。那些排放量低于配给单位的公司,可以将剩余的部分出售给无法达到限额的公司(图 9.6)。

技术的快乐TM　　尼特罗扎克(Nitrozac)和斯耐奇(Snaggy)

资料来源:《技术的快乐》(Joy of Tech),geekculture. com.

图 9.6　碳抵消的奇怪逻辑

这样的碳市场绝不是一种假设。2005 年,欧洲气候交易所(ECX)就已经开始运行。在这个市场中,参与者得完成温室气体的年排放目标。通过革新或者改变生产水平,能够把排放量降低到这些门槛以下的公司可以存储“剩余”的部分,或把它们出售给其他公司。

不管继京都之后会出现哪种国际体制(如前文所述),限额与交易[1]已经成为该体制非常重要的一部分。如今提出的"减少砍伐森林和森林退化所致的排放"(或者称为 REDD)计划强调森林的可交易抵消,它特别针对森林茂密和森林遭到砍伐地区的边缘群体、原住民还有其他通常是贫困的群体。人们对这种机制,仍然存在争议和讨论,但是它的基本要素越来越清晰,它们包括排放者为了维持和提高碳封存水平购买的信用额。这个计划的资本效益表面上是针对保护和发展森林覆盖的群体。正如我们将会在下文中看到的那样,各种形式的抵消,特别是在边缘群体中,曾经有很多失败的例子。可是,付钱给其他地方的人民来保护自己的环境,富裕的工业国家抵消了碳排放——这种方法的逻辑很有吸引力,与市场支持者的理论吻合:发现环境的真实价格,并且按照这个价格付费。

总而言之,用市场机制重新思考和重写人类与温室气体的关系,不仅是纸上谈兵。对碳敏感的产品、碳抵消服务与碳市场之间通过资本主义的体系进行交换,似乎正积极地解决气候变化的问题。但是,我们仍然有理由对这些方法产生深刻的质疑。正如主张用政治经济学的方法处理环境问题的人提出的疑问:如果资本的积累让我们陷入这种困境,我们凭什么相信它可以带领我们走出困境?

政治经济学:谁杀害了空气?

我们在第七章中解释过,用政治经济学的角度处理自然与社会的关系强调社会和环境危机的根源在于经济。对政治经济学家来说,对市场,甚至理性的管理制度的依赖,体现了从问题根本性

① 限额与交易(Cap and Trade):一种以市场为基础管理环境污染物的制度,在这种制度下,在管辖区域(州、国家、全世界等)对所有排放设定总限额,个人或企业拥有总量中可交换的份额,理论上,它可以带来最高效的总体制度,保持和减少总体污染水平。

原因的偏离(或者更糟,是欺骗)。就这些理论家而言,碳排放的大部分利益都集中到一小部分人和企业法人中,他们对用制度控制他们的行为几乎没有或者完全没有兴趣。相反,事实上这些利益集团希望进一步推动消费,以此作为走出"碳困局"的出路。

绿色消费仍然是消费

从经济的观点来看,绿色交易的自愿性是市场机制的优势。毕竟,即使这只是一种满足感,只有从投入中获得价值,人们才会参与环境保护。在这种情况下,总体上消费者乐意买单的意愿,有效地体现了社会的偏好和碳的价值。

然而从政治经济学的观点来看,作为一种长期的解决办法,自愿性是市场机制的重大缺陷。前面已经指出,最有能力为抵消碳排放买单的那些人,通常最不会直接受到二氧化碳排放带来的气候影响的冲击,反之亦然。法国、英国和美国的一些绿色消费者可能受情感的驱使,掏钱抵消碳排放。可是,因为不均衡发展①的问题,科特迪瓦的农民(他们的收入可能因为气候变化下降)最难以用经济的手段带来制度的改变。在碳的市场交易中,对这些身陷贫困、负债累累、政治上几近没有任何权力的农民来说,表达他们的选择(生存!)是一种奢侈,他们负担不起。从这个方面来说,用金钱评估全球问题的价值不仅缺乏内在的民主,在生态上也徒劳无益,因为大多数"选票"和权力掌握在极少数人手中,他们中的大部分人远离自己的行为造成的影响。

除此之外,排放的地点和受冲击的地点不匹配的问题可能相当严重。尤其是冰盖融化导致海平面上升,南太平洋海岛上的小国面临着因此造成的洪水的威胁。依赖农业的热带国家,包括印度和其他依靠季风性降雨的南亚和东南亚国家,有可能遭遇更频

---

① 不均衡发展(Uneven Development):资本主义制度中,不同地区可能产生极度差异化的经济状况(富裕/贫困)和经济活动。

繁、持续时间更久、可能更严重的干旱（Cruz et al.，2007）。对救援和应急资金紧缺的国家来说，这些影响会造成更严重的后果。

更根本的是，用政治经济学的视角看待二氧化碳强调，资本积累[①]需要持续的消费，以及通过剥削劳动和环境成本产生剩余价值[②]。回想一下，每个销售者始终都受到强烈的驱使，尽可能频繁地购买、使用、丢弃和再购买尽可能多的东西。毕竟，绿色消费依旧是消费，经济增长和投资的持续回报依靠消费的增长（或者通过外化更多的废物，不断削减成本）。所以，政治经济学也表明，竞争的需要使以利润为导向的企业无法在单方面减少它们从政府所获补贴（例如通过提高成本控制排放）的同时，依然在全球市场中生存。这点格外正确，因为经济增长意味着全球企业和工厂之间的竞争，包括在中国和印度这样的地方，从历史来看，那里的环境管制比较宽松。总而言之，考虑到：（1）根源和影响的分离是碳循环和不平衡的经济发展共同的特征；（2）受影响的国家和造成影响的国家间实力的差距；（3）持续的消费对维持较低的生产成本的重要性，以市场为基础的方法依赖消费，它们有严重的局限性。

总之，我们可以总结出至少五个普遍持续存在的因素，它们限制了用以消费者为导向的方法有效、整体地解决碳排放问题的可能性：

- 公司/企业必须努力地不断提高消费水平。
- 公司/企业必须努力地维持较低的生产成本。
- 碳循环的特点是问题的根源和影响严重地脱节。
- 不平衡经济发展（顾名思义）的特点也是问题的根源和影响相分离。

---

① 资本积累（Capital Accumulation）：资本主义制度中，利润、资本商品、积蓄和价值流向、集中，并且/或者聚集到特定的地方的趋势，导致金钱和权力的集中和聚集。

② 剩余价值（Surplus Value）：在政治经济学（和马克思主义）的观点中，所有者和投资者通过向劳动者支付较低的工资或者过度榨取环境积累的价值。

• 那些最有能力改变市场的（一般说来富裕的）人，远离那些将承受气候变化负面效应冲击的人（穷人，特别是“全球发展中国家”贫困的居民）。

对碳交易以及其他市场的批判

批评家拉里·罗曼（Larry Lohmann，2006）拓展了政治经济学的视角，把前面曾概括的、获取并交易碳的制度性机制问题也包括在内。制度化的办法（抵消、限额与交易等）虽然很有吸引力，但是有深刻的局限性和缺陷。首先，它们在信息、确认和透明度方面存在根本的问题。我如何知道这笔交易真正地促成了碳的减少？假设这些钱用于植树，如果不管怎样，那些树被种下，但价值15美元的树没有以封存1.5吨碳的方式生长，事实上什么都没有被抵消。由谁确定和计算出碳的痕迹？要做出怎样的数学假设，怎样监督核算？在确认管理和营销监管公司的交易过程中，需要多少碳？考虑到消费者商品普遍存在漂绿[①]的现象，以及明显的夸大其词、虚假消息和谎言等市场营销普遍的特征，我们必须以怀疑的态度对待这种隐晦的做法。

例如，在追踪了几十例失败的抵消尝试——富裕的发达国家和企业掏钱给贫困的发展中国家植树后，罗曼和许多其他的实地观察家表示，当地人从这项投入中所获甚微。这类项目的土地使用一次又一次地造成了世界上贫困群体资源的减少，并且实际上通过这些项目封存的碳微乎其微。以乌干达的碳林业为例，挪威的一家能源公司（燃烧煤炭）付款给当地政府用来植树，而不是减少发电厂的排放。其结果很有代表性（Bender，2006；Lohmann，2006）。该公司（和它的林业伙伴）：

• 总共买下多达20 000公顷的土地，却只种植了600公顷的

① 漂绿（Greenwashing）：夸大或虚假地营销产品、商品或者服务，称它们对环境有利。

树木，且大多数是速生林，从生态上看它们是不大令人满意的外来物种；

- 因为不用在工业设备上投入资金减少碳排放，因此碳封存的实际结果远低于书面约定的预期，虽然那些资产的价值接近 1 000 万美元；
- 因为乌干达通货膨胀的上升，所以向政府支付的费用迅速减少，50 年的土地使用费共计不到 11 万美元；
- 在把数百户农、牧民家庭赶出这片土地的过程中提供了 43 个工作机会。

这个结果明显具有殖民主义的特征。贫困国家承受着代价，富裕国家却积累了利益，隐藏在善意话语背后的是真正的环境改善的局限性。因为这些交易大多数是隐晦和缺乏监管的，并建立在现有的经济关系中，政治经济学的方法可以预测到这种不佳的表现。政治经济学强调了为什么这种项目实际上是生产者非常精明的投资，而不是向正确的（“绿色”）方向迈进的一步，它的结果通常是发达（在挪威）和不发达（在乌干达）之间的不平衡。

总之，政治经济学的思考往往给予排放问题背后“结构性”的动因特权，赞成对绿色基础设施（生产太阳能和风能）的公共投资、补贴做结构性（赞成减免家庭安装太阳能板的税收，而不是补贴生产乙醇）的改变、执行强有力的管理制度（对工业 CO_2 排放设定直接的限制）以及绿色税收和其他非市场的经济激励措施，支持已经制订的、不可动摇的温室气体区域限制的全球性协议。应该指出的是，这些方法正是被以市场为导向的观点证实非常低效的方法。然而，从政治经济学的角度看，它们关注的焦点回到了它的根源：经济中的矛盾，它们侧重于持续的发展，而不是维持经济增长的条件（空气）。随着 CO_2 排放的影响越来越明显，有关哪种方法能产生最切实、最直接的结果的讨论完全不是学术的！

碳的难题

本章我们学习了：

- 数千年来，空气中的二氧化碳已经发生改变，全球的生命状况可能会因地球上的生物和人而变化。
- 工业生产的兴起意味着完全依赖碳的经济和社会并行发展。
- 二氧化碳在空气中聚集（以及其他温室气体）造成严重和不可预测的全球气候变化。
- 用制度的方法解决这个问题强调通过谨慎地妥协和有效地制定规则，实现国际间合作。
- 用市场的方法解决这个问题强调绿色消费的高效性和可以转移的关于空气的权利。
- 政治经济学的视角强调用经济的方法减少碳、解决产生碳的问题存在内在的局限性，会产生不民主的影响，这些最终源于经济本身。

现在，让我们回到在西宾夕法尼亚“管道”里爬行，缓慢移动的车流中。我们是否可以制订国际性的规则，鼓励政府减少这些汽车的排放，及时阻止严重的问题，或者全球气候条约是否因为天生过于“浅显”，因而无法促使匹兹堡这样的城市采取必要的行动？仅凭消费者希望产生更少的碳足迹，是否可以用电动的或者由太阳能或风能驱动的汽车替代那 10 万辆燃油汽车？大规模地改善公共基础设施是否可以给匹兹堡的通勤状况带来彻底的改变，还是说这种方法的代价太高，或者太严苛了？

二氧化碳的困境清楚地证明当代社会与环境体系深深地交织在一起；再也不能撇开全球经济体系理解全球气候体系。

问题回顾

1. 现代社会如何极大地改变了碳循环？

2. 离开了温室效应地球上的生命将无法存在,但是物极必反。请解释。

3. “搭便车”的问题如何使缓和气候变化这项挑战如此令人烦恼?

4. 碳排放的限额与交易制度与传统的管理方法有何不同?

5. 描述文中给出的一个事例,它虽然用市场的办法解决气候变化,却加剧了全球的不均衡发展。这个计划最终实现了规定的环境目标吗?

练习 9.1 CO_2的伦理

本章,我们回顾了如何通过市场、制度和政治经济学的方法来解决 CO_2的难题。用伦理学的框架(如第五章中所描述的)解释你对这个问题的理解。人类中心主义的方法与生态中心主义的方法有什么区别?北极熊有内在的价值吗?如何运用实用主义和利他主义思考控制碳排放的各种选择?用伦理的方法解决 CO_2问题有哪些局限?

练习 9.2 你可以比《联合国气候变化框架公约》做得更好吗?

概述一项国际性气候条约,它要把全球的碳排放量降低到 1990 年的水平。你要思考的内容包括:它对所有国家的规定是否一视同仁,是否确立了碳排放或者消耗的目标,是否存在交易或者其他的灵活方式,是否有监督或者强制执行?怎样做到?是否允许通过森林或者其他方式的封存抵消?对该条约有了大致的构想后,思考下面的问题:该条约的弱点是什么?哪些国家更有可能或者更不可能签署该条约?为什么?要实现尽可能多的国家加入条约,可能必须做出哪些进一步的妥协?

练习 9.3　城市应该思考气候变化吗?

访问并阅读《西雅图市气候行动方案》(http://www.seattle.gov/environment/climate_plan.htm)。该市可能会采取哪些措施?在多大程度上他们的努力是针对减少温室气体排放,并且在多大程度上他们努力地适应变化?考虑到这是一个"全球性的问题",是什么推动了该市去解决这个问题?你是否认为城市会影响气候变化,还是说这需要全球协作行动?为什么是或者不是?在管理气候变化的过程中,城市扮演了什么角色?

参考文献

Bender, K. (2006), "Men Chained to Tree to Protest UC"(《为了保护加州大学,人类和树木拴在了一起》), Oakland, CA: *Oakland Tribune*(《奥克兰论坛》).

Cruz, R. V., H. Harasawa, et al. (2007), "Asia" (《亚洲》), M. L. Parry, O. F. Canziani, J. P. Palutikof, et al., eds., *Climate Change 2007: Impacts, Adaptation and Vulnerability*(《气候变化 2007:影响,适应和弱点》), *Contribution of Working Group II to the Fourth Assessment Report of the Intergovernmental Panel on Climate Change*(《政府间气候变化专门委员会第二工作组第四次评估报告》), Cambridge: Cambridge University Press, pp. 469—506.

Intergovernmental Panel on Climate Change (2007), *Climate Change 2007: The Physical Basis*(《气候变化 2007:物质基础》), *Contribution of Working Group I to the Fourth Assessment Report of the Intergovernmental Panel on Climate Change*(《政府间气候变化专门委员会第一工作组第四次评估报告》), S. Solomon, D. Qin, M. Manning et al. Cambridge: Cambridge University Press.

Lohmann, L. (2006), "Carbon Trading: A Critical Conversation on Climate Change, Privatization, and Power"(《碳交易:气候变化,私有化和权力的批判性对话》), *Development Dialogue*(《发展对话》), 48.

Margulis, L., M. F. Dolan (2002), *Early Life: Evolution on the PreCambrian Earth*, 2nd edn(《早期生活:前寒武纪地球的进化》第二版), Boston, MA: Jones and Bartlett.

Mayor's Climate Protection Center (2009), Retrieved March 19, 2009, www.usmayors.org/climateprotection/.

Thompson, A. (2006), "Management under Anarchy: The International Politics of Climate change"(《无政府状态下的管理:气候变化的国际政治》), *Climatic Change*(《气候的变化》), 78(1): 7—29.

推荐阅读

Pearce, F. (2007), *With Speed and Violence: Why Scientists Fear Tipping Points in Climate Change*(《用速度与暴力:为什么科学家担心气候变化的触发点》), Boston, MA: Beacon Press.

Sandor, R., M. Walsh, et al. (2002), "Greenhouse-gas-trading Markets"(《温室气体交易市场》), *Philosophical Transactions of the Royal Society of London Series A—Mathematical Physical and Engineering Sciences*(《伦敦皇家社会哲学公报 A 系列——数学物理和工程科学》), 360(1797): 1889—1900.

树　木

图片来源:Wang Song/Shutterstock.

与加利福尼亚州伯克利的一棵树拴在一起

2008 年 9 月 8 日,市政当局的工作人员坐在巨大的樱桃采摘车的篮子里,把四个人从加利福尼亚大学伯克利校园红杉树的主枝上赶下来,并将他们拘捕,终结了一场旷日持久的僵局。在这场僵局中,抗议者在周围的小树林住了将近两年。21 个月前,扎卡里 · 朗宁 · 沃尔夫(Zachary Running Wolf)爬上这棵树的主枝,发起了这场抗议,试图阻止学校在这片场地上修建运动设施的计划。抗议者组织、当地的活动家以及环保组织为了这项事业团结起来,参与了三起反对学校的诉讼。他们自称是"在体育场拯救橡树",这场运动是为了保护一棵树龄长达 200 年的赫瑞泰橡树(Heritage Oak)和三十多棵槲树(以及其他的树木)。为了修建体育场,这些树木必须被移走。一名抗议者解释道:"没有其他的橡树林历史如此悠久。一些(树木)在这里的时间比这所学校都要久。当他们可以简单地调整发展计划避免毁坏树林时,没有理由把树木砍倒。"(McKinley,2008)

抗议以失败告终,古老的树木被移走,为大学的建设让路。然而在这期间,通过国内和国际媒体传达出的抗议得到了国内外大量的关注和有力的支持。道格 · 巴克沃尔德(Doug Buckwald)是这场拯救橡树运动的发言人,他表示抗议引起了全世界的反响。"当人们看到有人站出来并且坚持立场时,他们就有了勇气设想自己在那种处境下解决问题的多种可能性。我从橡树林这件事中明白了这个道理。"

为什么这场抗议引起公众那么大的兴趣,从而阻止了这场戏剧性的冲突?除了人们在红杉树上住了两年这项惊人之举外,类似的抗议也在全球各地发生,从加拿大到印度,在那里通过经济上的发展、政治上的反对和道德上的争论,人们的命运和树木联系在一起。毕竟,从根本上树木对人类具有象征意义。想想圣诞树或伊甸园里的树木,乔治 · 华盛顿的樱桃树,或者牛顿在苹果树下的故事。而且树木也是人类历史非常重要的物质组成部分(Delcourt,2002)。在石油被发现利用之前,几千年来都是树木驱动着文明,它们从地球表面消失是与农业和城市的扩张并行的。

在许多方面,树木是环境与社会复杂关系的核心缔造者。正如巴克沃尔德在前面所说,伯克利的橡树林似乎的确代表着比自身更深远的意义。

树木简史

本章,我们将介绍树木给社会带来的难题,着重解释树木对人类的情感作用与文明的发展对清空土地和破坏森林的历史需要同等重要。我们将重点说明树木的可再生性可以恢复和创造森林(就像许多生态系统那样),即使它们很可能不断地遭到破坏。我们也将用三种截然不同的方法思考林木植被的减少和恢复:人口/市场,政治经济学和伦理学。

与其他的章节一样,在本章中我们强调的是所讨论的事物(在这个案例中是树木)与它们紧密相连的体系和问题(在这个案例中是森林和荒漠化)之间的区别。我们这样做是为了鼓励读者思考树木具体的特性和它们对超越我们在此回顾的背景和问题考虑树木的重要性。例如,如何把树木放到城市环境中,放到人们关于财产界限的争论中,或者放到新型农业的发展中去思考?所以,尽管森林覆盖是全世界关心的中心问题,但是对于树木来说,它们涉及的不仅是森林。在这种意义上,我们认为从树木本身开始进行讨论是有益的。

这里,我们将树定义为一种木质结构多年生的植物。这一宽泛的定义包括了全世界超过十万多种的物种(虽然无法确切知道具体的数字),涵盖所有植物种类的四分之一。从树木第一次出现至今,地球表面树木的数量、分布范围和多样性发生了巨大的变化,在一些时期,多叶林可能覆盖了地球上大部分的土地,而在另一些时期,在出现冰川和其他的全球气候变化前,除了少数针叶树,所有树木都消失了(Cohen,2004)。

更加戏剧性的是,曾经有一段时间地球上完全没有树木。最早的树木大约出现在三亿多年前,相对于一个有 60 亿年历史的星球来说,可以说这是近期才发生的事情。这些巨大的蕨类植物直到很久之后才被不开花的针叶树取代(例如与我们同时代的松树),落叶的开花树木则出现得更迟,大约是 1.4 亿年前。

树木与文明:一种复杂的关系

然而,对于本身也是近期才在地球上出现的人类来说,树木和森林因为它们巨大的体积和悠久的树龄看上去一直都是古老、不受时间影响的。在建筑物和其他大型人造纪念碑建成之前,世界上一些最庞大的物体就是树木。因为它们外形巨大,为人类提供粮食,为房屋建筑提供材料以及为对人类来说重要的物种提供栖息场所发挥了关键的作用,所以树木一直都是最重要的崇拜象征、场所和神圣的概念。在人类的宗教文化史中,树木崇拜的例子比比皆是,包括罗马神话中林中的狄安娜,佛祖在菩提树下悟道,《圣经》中的智慧树,北欧神话中树荫能遮蔽整个世界的宇宙树(Yggdrasil)。树木和森林与这些宗教的联想联系在了一起,它们通常在更广泛的意义上代替了自然、环境和非人类的世界,它们既是危险的外来场所,也是产生原始真理的地方(图 10.1)。

例如,人们最早使用"森林"(forest 或者古法语"forêt")一词专指围墙或者公园围栏以外树木繁茂的区域;它是一块外部的空间,与"荒野"和"荒地"有关(见第八章有关荒野的社会建构)。按照这样的理解,森林是远离文化的地方。过去的一千年里,这种意识形态无疑使人们更加轻易地为了文明和城市扩张而砍倒树木、砍伐森林。

另一方面,当森林和树木被崇拜或者浪漫化时,不管怎样,出现了以树木为中心的思考。在 18 世纪早期,破坏森林在欧洲和美国引起了注意,浪漫的诗人和哲学家开始将树木和森林与美德和

注：又称加州巨杉，柏木科（Cupressaceae）。加利福尼亚红杉国家公园。树木是人类的生活场所周围一些体形最大、寿命最长的有机物。它们对人类文化的影响巨大。

资料来源：urosr archive/Shutterstock.

图 10.1　红杉（Sequoia sempervirens）

自由联系起来，与文明的恶习分开。这些感受随后被政府和工业刻意发展，植树被当作是解决社会和环境问题的灵丹妙药。这些想法既是可怕的，也是不切实际的，它们提醒我们在寻找森林覆盖实际变化的社会和生态原因时，需要牢记经常出现的树木与人类之间意识形态的联系。

顶级植被、干扰和次生演替

生态学家解释和研究林木覆盖的主要工具是顶级植被[①]、干

① 顶级植被（Climax Vegetation）：随着时间推移，演替产生的植物的理论集合，它由气候和土壤的状况决定。

扰[①]和演替[②]这些概念。一个世纪以来,这三个相互关联的概念以及它们在森林生态学领域不断出现的演化,指导着对森林动态的思考。

弗雷德里克·爱德华·克莱门茨(Frederic Edward Clements)发展了顶级植被的概念,这位20世纪早期的生态学家在其职业生涯中,一直在北美的野外实验站工作。这个概念提出,广义的地貌学和气候学状况解释了如果任由"正常的"或者一般的植被类型发展,它们则"最能适应"当地的情况。例如,在整个干旱的中亚平原,我们可以预料典型的土地覆盖是坚韧的多年生禾本科植物。另一方面,在北美的东部地区,我们可以预见有各种各样的落叶林,包括松栎林或山毛榉等。

当这个地区发生周期性的事件时,例如大规模的岩石崩落、火灾、飓风或者人为的植被清除,大面积的土地覆盖很可能被清除或者被极大地改变。飓风击倒树木,火灾或森林大火将整个区域一扫而尽等等。这种事件通常被称为干扰。虽然干扰被视为是自然造成的,但也是不常见或者非典型的偏离,它们只会造成暂时性的改变。随着时间的推移,在顶级植被被清除的地区,新的植物大批生长,它们又慢慢地被其他植物替代,并最终完成顶级群落的恢复。例如一场大火过后,禾本科植物大量进入烧焦了的土地,之后是各种各样的灌木,它们又慢慢地被树木遮盖。这个过程被称为演替。

按照这种理解,保护管理树木和森林的意义清晰可见:尽可能地减少干扰,在经历这样的事件后,通过防止人为的干预或压力使这些地区经历不同的演替阶段得以恢复。

近来的生态科学对这种简单的模型提出了一些质疑,特别是

---

① 干扰(Disturbance):扰乱生态系统的事件或者冲击,致使系统恢复(例如通过演替)或者系统进入一种新的状态。

② 演替(Succession):在生态学上,一种理想化的趋势,即受到干扰的森林区域经过物种入侵、生长的不同阶段后得到恢复,从草地到灌木不断发展,最终回到林木植被。

从干扰的作用的角度。具体地讲,当代的生态科学已经证明一些重要的物种(通常是典型或者主导的)实际上往往需要通过干扰进行繁殖和发挥作用。例如,北美的许多松树经过大火得以进化,因为需要大火打开它们的球果并为它们成功的发芽清空土地。一些多年生的禾本植被在动物放牧的过程中进化,因而需要某种动物的干扰活动才能发展。

但是,它对于树木和森林的影响不能被夸大。比起说成功或者多样化的生态系统必须没有干扰,不如说有些时候阻止这种事情发生(比如通过灭火)可能比任其发生会造成更大的危害。防止森林中的干扰事实上可能改变它们的轨迹,使它们偏离人们希望的“顶级”群落。

另一方面,有一种对传统顶级理论的批评指出,某些规模和类型的干扰,其剧烈程度可能足以使生态系统无法恢复到原先的状态。因此,允许某些形式的干扰可能会使现有的生态系统发生永远的改变。

这些有关人类在维持森林覆盖中的作用的科学讨论与对树木进行更深入的文化和历史的讨论产生了共鸣。森林是否独立于社会,人类应该任其发展吗?在多大的程度上,人为的干预对于创造和培育某些种类的林木植被是必须的?我们应该期待在哪里见到森林,我们可以在哪里创造森林?人类的作用与环境的生态学问题反映了关于文化与自然更古老的问题。

如今还有多少森林?

当然,这些讨论的产生背景是全球总的森林覆盖一直在迅速地减少。据估计,全世界森林和林地的总面积从 1700 年的 62.15 亿公顷,下降到 1980 年时的 50.53 亿公顷,在相对较短的一段时间内,世界上的森林覆盖减少了大约五分之一(Grainger,2008)。这些树木都去哪儿了呢?

我们掌握的大多数证据指向了与人类工业发展、城市化和农业发展息息相关的森林采伐。为了生产粮食和经济作物，为城市发展让出道路，森林被砍伐一空。许多人类活动的次级效应也使森林受到影响，包括气候变化和空气污染的结果，例如酸雨[①]，它破坏和摧毁了整个北美和欧洲的森林。

可是，人口增长和林木植被的减少未必有线性关系。想一想，在许多地方虽然人口增长迅速（例如欧洲），森林却处在恢复的状态。同时，城市化实际上导致了越来越多的人聚集在更小的空间里，从理论上这为森林让出了更多的空间。农业集约化最终使利用更少的土地生产出等量的粮食（见第二章）成为现实。因此，我们有理由相信森林可以在这个人满为患的世界得到恢复。

为了更好地确定造成森林覆盖减少和恢复的原因，我们必须进行更具体的分析。联合国粮农组织发布了《2005 年全球森林资源评估》，这份被普遍引用的资料估计，目前全球的森林覆盖为 39.52 亿公顷，大约是全部陆地面积的三分之一。图 10.2 显示了在 1995 到 2005 年间，森林覆盖的变化。在调查这些数据的时候，需要慎之又慎。将世界上不同的地区集中起来研究总是很武断的，这会造成统计数据多少有些偏离。例如，如果将俄罗斯联邦包括在内，欧洲（该地区的森林减少由来已久）森林覆盖面积的数据则被大幅度提高，这是因为俄罗斯联邦拥有辽阔的西伯利亚森林地区（所处亚洲大陆），这块面积占该数值的五分之四。

① 酸雨（Acid Rain）：向空气中排放二氧化硫和氮氧化物造成的雨水或者降雪的沉积中酸度过高，它们通常来自工业排放。这种形式的降水会对植物和水生生态系统造成危害。

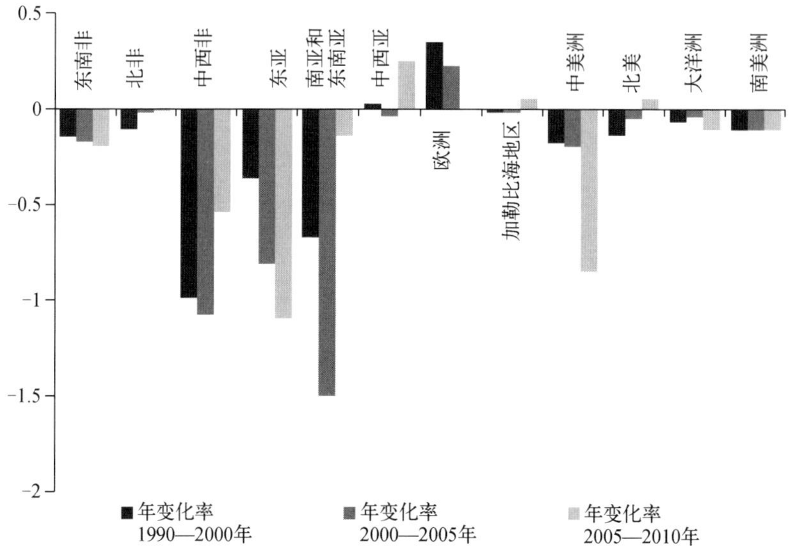

资料来源:数据来自联合国粮农组织,《全球林业评估 2010》,http://www.fao.org/forestry/fra/fra2010/en/。

图 10.2 全球森林砍伐率

树木的未来

除了这一点,还有三个极其明显的事实。首先,在全球范围内森林覆盖持续减少,在非洲和南美洲情况尤其严重。其次,更加微妙的是,1995 年到 2000 年间的森林覆盖比 2000 年到 2005 年间下降得更厉害,这表明净森林采伐率(通过任意的再生长或树木种植抵消总的森林采伐)正在降低,在不远的未来有可能停止下降。最后,某些地区,特别是最近在亚洲和欧洲,事实上正在进行重新造林。

树木重新回到一些地区是一件复杂的事情(下面将更详细地讨论),但是它能通过多种方法加以解释。首先,树木的种植通常是大规模的。例如在美国,政府与木材公司合作共同种植和维护超过 1 700 万公顷的种植林。这个数字要比世界上大多数国家全部的森林覆盖还要高。从生态上来看,种植林与它们替代的原生林或者原始森林几乎没有相似之处。在树种多样性方面,它们通常等级较低并通常同龄,这意味着树木的冠盖缺乏多样的结构和复杂性。人工林维持的本地生物多样性的范围往往更小,提供的原生林生态系统服务①更少。这尤其会对生物多样性②产生影响,因为树木和森林的保护与种植通常不是目的本身,而是反映了保存③价值的目的(见第五章),它们把保护森林当作保护无数其他物种的工具,树木、森林土壤还有复杂的森林生长组成了众多物种赖以生存的场所。对许多这样的物种来说,人工林是先前已有森林拙劣的替代品。

其次,森林自身会再生长,尽管人们难以衡量和估算它们的速度。如上所述,次级演替很快会把先锋物种带到被清空的地区,及时地形成混合的树木冠盖和越来越茂密的森林,尽管它可能与原先的森林千差万别。因此,我们不仅需要认识到森林恢复的动态变化,也要认识到林木植被的减少。

这一切都表明长期的森林采伐是不争的事实,但是当今的趋势很难一概而论。然而,有些地方的森林覆盖确实在恢复中。树木简短的历史让我们有理由持谨慎乐观的态度。

树木,人与生物多样性

无论如何,按照讨论的顺序,最后一个关键问题应该是再一次强调树木——各种各样的物种和个体,与森林——许多植物、动物和土壤的系统集合之间的区别。世界上很大一部分的树木并不存在于森林中。人类与树木的互相作用,特别是在农业中,意味着树木通常是

---

① 生态系统服务(Ecosystem Services):一种有机的系统通过自身的运作产生的益处,包括粮食资源、清洁的空气或水、授粉、碳封存、能源、氮循环等。

② 生物多样性(Biodiversity):一个地区、一种生态系统或者全世界生命形式总体的可变性和多样性;通常被用作衡量一种环境系统的健康程度。

③ 保存(Preservation):为了保护和保存而管理资源或环境,通常以自身的存在为目的,正如在荒野保存中那样(相较于保全)。

人类维护的、复杂的土地利用的一部分,就像马赛克拼图一样。在非洲、亚洲和拉丁美洲,树木一般混杂在农田中,林木作物本身就代表了一种重要的农产品。这些树木与周围的环境相互作用,产生宝贵和复杂的生态系统,它们既有别于森林生态系统,也有别于没有林木植被、单纯的农业生态系统。

让我们来思考一下咖啡种植园的例子。尽管为了产能的最大化,现代的咖啡生产将所有树木从景观中清除,但是传统的咖啡生产方法是把咖啡植株与森林冠盖融为一体,因此在自然中存在许多的树木。所谓的“树荫栽种”咖啡融合了农业和林木植被,提供了一系列的生态系统服务,甚至在它们被用作商品生产的同时,实际上还能够极大地保持本地生物多样性。表 10.1 来自哥斯达黎加的数据证明了包含树木的生产体系与不包含树木的生产体系之间巨大的差别。

表 10.1 哥斯达黎加不同的咖啡生产体系中,重要的昆虫物种数量的比较

	传统的生产	现代农用化学生产
遮荫树中的甲虫	128	0
遮荫树中的蚂蚁	30	0
遮荫树中的黄蜂	103	0
地上的蚂蚁	25	8
咖啡树中的甲虫	39	29
咖啡树中的蚂蚁	14	8
咖啡树中的黄蜂	34	30

资料来源:改编自范德米尔和佩费克托(Vandermeer, Perfecto, 2005)。

类似地,在印度农村密集耕作的经济作物非常普遍,维护高产的树木覆盖区域实际上也可以和原生林一样起到保护作用。例如,在种植有价值的槟榔(世界上 10% 的人以某种形式使用或者消费这种坚果)的过程中,许多本地鸟类(包括极度濒危的犀鸟;Ranganathan et al.,2008)有了可以栖息的树木。与附近的保护区相比,在人口密集的农业地区,同样有品种繁多的重要鸟类。这再次突出了和解生态学①的概念,即在生产性的人类经济活动中,也可以保持许多生态系统服务,因此生物多样性蓬勃发展。生命世界、人类的生产体系,甚至“森林”之外,一直都有树木存在。这为用新的方法思考环境与社会指明了道路。

专栏 10.1　环境解决方案？树荫栽种咖啡

咖啡是一种作物,对它的需求似乎源源不断。自从殖民主义时期将这种植物从非洲和亚洲的原产地带到中南美洲,咖啡的种植就越来越密集,这意味着年复一年在等量的土地上生产更多的咖啡。为了实现较高的产量,人们通常在大片的种植园里耕种咖啡,在那里,森林被清空,野草和昆虫被严格控制,太阳所有的能量都用于咖啡的生长。

传统的咖啡生产造成了太高的环境代价。最明显的是在建立种植园的过程中原生林被永远地毁坏了。在热带和亚热带地区,这通常代表了包含品种繁多的动植物的森林区域。我们很难确切知道在过去的两百年里,因为咖啡种植园究竟失去了多少热带森林和与之伴随的生物多样性,但是在墨西哥这样的国家,最近几十年来,森林覆盖的大幅度减少,与商品生产,特别是与咖啡的种植密切相关。此外,通过密集地使用化学制品管理传统上依靠“阳光种植”的咖啡,不是针对目标的昆虫和植物物种常常被杀死,随着时间的推移,它们不仅使土壤渐渐退化失去养分,也破坏了土壤的内部结构。这种依赖单一栽培(单一作物)的咖啡种植园也会使咖啡出口国在政治和经济上容易受到损害。在 20 世纪 90 年代末咖啡价格大跌的时候,全世界许多咖啡生产者立刻一贫如洗,没有任何现成的资源可以帮助他们从困境中恢复。

① 和解生态学(Reconciliation Ecology):设想、创造和维持人类利用、经过和居住的地方的生物栖息地、生产环境和生物多样性的科学。

因为上述这些原因,人们越来越清楚地意识到咖啡种植园需要向它更传统的生态和社会本源回归。最早,咖啡不是生长在大片空旷的地区。相反,咖啡树是通过现有的其他作物林播种,因此虽然它的产量较低,但是林间作物种类繁多,还包括许多野生动植物。这种“树荫栽培”咖啡可以在本地植被中蓬勃发展,却免除了在森林和咖啡间做出选择的难题,或者从广义上说:在环境与社会间进行选择。树荫栽培咖啡的体系变化多样,从类似密集生产但是咖啡和其他多种树木间作的种植园,到游客仅凭观察很难分辨出耕作状况的类似于原生林的体系。

然而,这种体系存在的问题也是直截了当的。按照它的定义,树荫栽培咖啡的产量要低于传统的种植园生产。此外,在价格较低的时期,例如最近几年咖啡价格一落千丈,农民们在经济上更容易遭受重创,这也确实会鼓励他们为了更密集地耕种不同的作物砍伐森林。因此,为了维续树荫栽培咖啡,它必须得到某种形式的支持,例如消费者愿意溢价,为更环保更可持续的生产买单,政府乐意维护森林覆盖,或者合作性机构可以降低农民的生产和运输成本。这样做有可能让树荫栽培咖啡成为和解经济学的一个成功实例,但是它也对我们是否愿意共同支持这项可持续的事业提出了疑问。

树木之谜

对树木历史的简单回顾揭示了有关自然与社会关系的诸多方面。首先,它强调了人类在土地上活动的历史,包括农业革命、城市化和工业化,都在某种程度上与树木深深地交织在一起。因为人类的活动,总体的林木植被和森林覆盖、树木繁茂地区的构成发生了翻天覆地的变化,尽管我们还不能完全理解干扰的复杂性和恢复的动态变化。更具体地说,对树木历史的回顾强调了树木在许多方面都是一种特定的难题:

- 首先,因为它们普遍的象征价值,树木已经代替了所有的环境变化,在某种程度上,这使它们成为对人类有益的保护目标,但是有时它们也转移或者掩盖了其他的环境趋势。

- 其次,在过去的几百年里,人类的影响造成了主导性树木构成的急剧变化和森林覆盖的整体下降。因此,树木是人类经济增长和扩张极佳的(虽然令人不安的)标志。

- 可是与此同时,树木表现出可以从干扰和冲击中恢复的能力,森林的再生长与森林的减少都是环境史中重要的一部分。

- 最后,树木常常是人类生活体系和生产性活动的基本部分,因此可能出现这样的情况:尽管对全球气候变化存在实实在在的威胁,持续的人类经济活动未必会导致人类与树木必须两者择其一的选择。因此,树木为理解人类在世界中所处的位置提供了经验,但是它们也提出了一个难题:考虑到人类可能破坏森林覆盖,改变森林的物种构成,同时随着时间的推移林木植能够被恢复,怎样解释在哪些地方森林被乱砍滥伐,哪些地方没有呢?怎样解释森林减少和恢复的模式呢?在规划、行动和环境伦理中,我们怎样思考、总结森林的命运,才能使保护森林成为维持全球环境重要的一部分?不同的视角为回答这些问题提供了不同的见解,答案也是五花八门。

人口与市场:森林转型理论

要解释林木植被为什么变化并非易事。人们砍伐和种植树木的原因有许多,而且森林和林地的健康和存活状况通常与空气质量、气候等许多其他因素有关。林木植被总体的变化模式暗示了一些有趣的全球性趋势。

想一想欧洲森林的命运。图 10.3 表明了在一段较长的时间里该地区(这里不包括俄罗斯内陆地区和西伯利亚的森林)大致的森林覆盖(Richards,1990)。当然在欧洲,森林的减少在 18 世纪以前就存在,很有可能早在青铜时代(公元前 1200 年)就出现了主要林木植被的减少。然而在工业革命的早期,城市化和生产的发展导致了森林资源利用的急剧增长,因此迅速出现了突发性森林砍伐。也正是在这个时期,农业向许多之前未被耕作的地区发展。在这种情况下,增长的经济活动和减少的森林覆盖之间存在很清楚的联系。这就使最近出现的森林恢复多少有些令人费解。毕竟,在过去的一百年里经济活动并没有减少。相反,城市、道路和农场不断发展和扩张。难道是人口趋势与经济活动的某种结合造成了这种结果吗?

在第二章和第三章中,我们知道了用人口学和市场为导向的思维方式去解决环境问题得出的深刻见解通常与直觉相反。因此,一种从结合了人口转型和市场逻辑出发的方法,可能会提出一种隐藏在看起来矛盾的趋势背后的模式。根据这种思维方式,这种逆转没有任何前后矛盾之处。与诱导性增强①和市场反应模型②的观点一致,早期的社会经济活动可以解释最初森林减少的原因,而随后持续增长的速度和强度可能开始为森林的恢复提供了机会。起先,膨胀的人口和经济活动对森林资源造成压力,毁坏森林为农业腾出土地,为燃料和建设提供原材料。可是随后不断增加的压力体现在新的土地使用上。这是因为增加的人口压力和越来越商业化的农场生产促进了农业发展,允许人们在更少的土地上耕种更多的作物(见第二章),可能让不需要的土地或

---

① 诱导性增强(Induced Intensification):该论点预测在农业人口增长的地区,对粮食的需求促成了技术的革新,使得在等量的可利用土地上生产出更多的粮食。

② 市场反应模型(Market Response Model):该模型预测对资源稀缺作出的经济反应将导致价格上升,这会造成对该资源的需求下降或者供给增加,或者两种情况同时发生。

者边际土地重新转变为森林。同时,城镇就业的增加让更多人离开农村地区,使土地闲置,最终实现次级演替①和重新造林。从理论上说,生产力的提升和随后工业化导致的人口转型使森林潜在的农业土地价值下降,林木植被因此得以恢复。

这种观点拓展后可以形成一条更普遍的规律,它结合了人口与市场两种方法解释森林覆盖的变化,预测在与人口和经济发展相关的一段时间内森林会有所减少后,经济活动和增长会带来森林的还原与恢复。这种预测通常被称为森林转型理论②,它认为:

> 随着时间的推移,森林覆盖下降,但是在某一个节点会发生转型,即停止下降,发生逆转,此后森林覆盖会扩大。这种转型产生了一条U形曲线(或者至少是相反的J型曲线),森林覆盖作横轴,时间为纵轴……(Owusu,1998:105—106)

破坏森林促进经济增长对森林的修复和恢复非常必要。利用这种方法思考,我们应该指出,付出高昂代价竭力保护森林一定适得其反。通过推迟开发利用森林,特别是在经济贫困、森林资源却很丰富的国家,保护被视为妨碍了关键资源的利用。对于将创造一种破坏程度较低的经济形式,并在一段时间后会改善环境状况的经济转型,这些资源是必要的。

当然,这与全球重要的国际发展借贷机构的立场是一致的。在20世纪80年代和90年代期间,世界银行集团和国际货币基金组织(IMF)都极力支持在发展中国家大规模地利用森林。例如,加纳参与了国际货币基金组织资助的结构性调整项目,到20世纪90

---

① 次级演替(Secondary Succession):植被的再生长和物种返回被开垦的土地或者因为干扰而植被减少的地区,正如一场大火之后,森林恢复了"顶级植被"的覆盖情况。

② 森林转型理论(Forest Transition Theory):该模型预测在一个地区发展过程中,当森林作为一种资源或土地被开垦用于农业生产时,有一段时期会出现森林砍伐,随着经济发生变化,人口迁出并且/或者以节约为导向,森林会得到恢复。

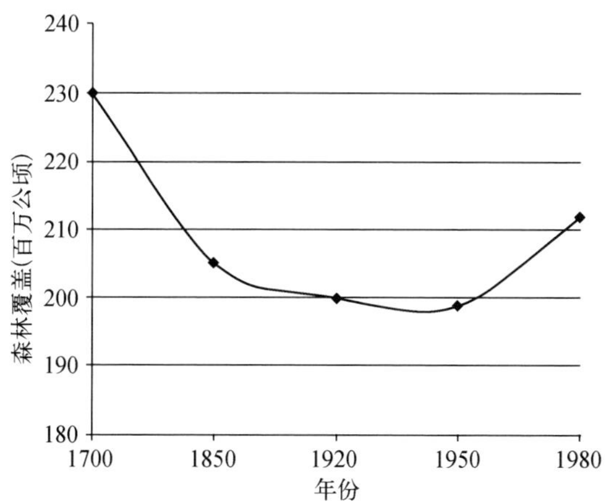

注:下降和再增长的模式呈一条明显的"U型"曲线,它是支持所谓的森林转型理论的一条关键性论点。

资料来源:改编自理查德斯的数据(1990)。

图 10.3　1700—1980 年欧洲的森林覆盖

年代初,林业所得增长了一亿美元,产生了大规模的经济活动,加纳利用该收入偿还了相当大一部分高额的外部债务(Owusu,1998)。假定在危机之后加纳未来的经济形势更加稳定(大胆的假设),我们可以预见树木会重新回到这个城市化程度更高、耕地更少、越来越少地依赖林业和农业的国家。而且确实有一些证据表明世界上部分发展中国家已经出现了森林的恢复。例如阿尔及利亚(经济逐渐以石油收入为基础)、印度、埃及、中国(完全依靠人工林扩大森林面积)和智利(经济越来越多样化)这些国家,在长期的森林覆盖被破坏或者减少之后,如今都传来森林覆盖增加的捷报。

U 型曲线模型的局限

尽管从欧洲的历史案例中得到的数据本身很有说服力,但是树木恢复 U 型曲线的预测绝不是没有问题的。首先,正如前文所说,再生林的生态状况和构成与它们所取代的原生林一点也不相似。这些次生林往往在生物量上更低,包含的树种范围更窄,而且对当地人的用途通常更小,更不要说依靠原生林覆盖栖息的动物。甚至在生态上,种植林也与当地林木植被相去甚远,而且有时候它们以少数的速生物种为代表。因此,虽然在一定程度上森林恢复可能是经济转型的产物,然而我们不能保证它不是原生林正严重减少的体现。

更加严重的问题是,世界上大多数国家正在经历森林砍伐,几乎没有或者完全没有迹象表明森林被立刻恢复。在上文所描述的加纳的例子中,20 世纪八九十年代期间,该国共损失了 130 万公顷的原始硬木林,到 2000 年底,枝叶如盖的原生湿润林只剩下 11%。此外,尽管该国从森林开发中获得大量源源不断的收入并在此过程中大幅度减少了外债,但是森林采伐并没有减退,在 1995—2000 年和 2000—2005 年间,森林砍伐率均高达 2%。从保护本地生物多样性和维持依然严重依赖林业的经济这两个角度出发,如果 U 型曲线的树木恢复即将在加纳出现,那么也许最好尽早出现。

另一个问题是,我们可能需要从不同的角度思考不同国家间森林转型结果的不平衡。在某种程度上,我们可能必须得出这样的结论:森林转型的不平衡是必然的,一些国家和森林特殊的地理环境和历史状况使它们比其他地方更容易出现不平衡。我们可以得出结论,在有些国家,森林恢复比其他地区更容易。

另一方面,也可以这样说,这种不平衡性体现了一个更严重的问题,林木植被的下降也反映了这个问题。更确切地说森林在一个地区的减少与它们在另一个地区的恢复有关。这样看来,全球经济的发展实际上促进了开采贫困地区(采伐森林的地方)的森林用作富裕国家(恢复森林的地方)的原材料和商品。这种论点来自政治经济学。

政治经济学:积累与砍伐森林

你可能记得,我们在第七章中曾提到经济增长发展的历史经常伴随着固有的环境问题。从政治经济学的观点出发,林木植被的减少首先是发展扩张的问题,这里具体地理解为资本主义农业。

例如,传统上热带国家的小型农场生产者可能通过耕种多种作物经营,包括一些为了满足市场需要的作物和另一些为了自我生存的作物,他们使一部分的土地休耕,另一部分土地种植树木和林木作物。有些本地的森林也被当作公有土地或资源。这种情况在全世界非常普遍。

当大公司,无论是合法还是非法运作的,得到了这片大面积公有土地的所有权,为了以最高效的模式生产经济作物:种植园农业开垦土地后,采伐森林就开始了。在这场豪夺(原始积累①)中,那些失去土地或者补充资源的人将面对艰难的选择。首先,他们可能留在这片土地,试图与产品售价更低的大生产者竞争。这必然导致他们开发更多的土地进行耕作(并且因此砍伐农田中的树木)。它可能还需要生产者把更多的资金以肥料或者杀虫剂的形式投入到土地中。新获得的收入需要人们增加耕地面积(再次造成树木砍伐),或者在附近的种植园农场出售劳动,把生产者转变为工人。

此外,对较大的种植园经营者和留在土地上的小生产者来说,生产的扩大化(扩大作物面积)和生产的密集化(增加土地的资金投入,例如杀虫剂,从而提高产量)会造成生态冲击,它表现为森林覆盖迅速减少,以及曾经有利于树种覆盖的土壤状况下降。它们不仅会阻碍树木的还原和恢复,还会使这些经济作物(如香蕉)在市场上更容易获得,从而导致价格下降。在商品危机中,价格降得越低,就越需要继续把耕作范围扩大到更多的森林土地,并利用不利于森林保护的现代化技术加大生产。为了弥补市场下滑带来的损失,生产者继续扩大生产,这将导致价格进一步下跌,更多的森林被砍伐,土壤

① 原始积累(Primitive Accumulation):在马克思主义的观点中,资本家对历史上往往为社会共同拥有的自然资源或商品的直接占用。例如 18 世纪,富有的精英阶层和国家圈用了英国的公共土地。

利用程度更严重。因此,从政治经济学的角度来看,森林采伐体现了资本主义农业不可避免的危机。

持续不断的森林采伐以及它们与商品价格起起伏伏的关系,是世界上一些贫困地区生态历史的基本组成部分,它们反复出现,特别是在树木茂密的热带。表 10.2 显示的是树木茂密的热带国家出口的咖啡、香蕉和可可,它们通常生长在森林的边缘,在那里森林采伐不断推进。

表 10.2　一些重要的热带出口商品及主要出口国

热带商品	主要的出口国	森林砍伐率 2005—2000 年(%年)
罗布斯塔咖啡	越南	+1.08
	巴西	-0.42
	印度尼西亚	-0.71
可可	科特迪瓦	没有
	印度尼西亚	-0.71
	加纳	-2.19
香蕉	厄瓜多尔	-1.89
	哥斯达黎加	+0.90
	哥伦比亚	-0.17

注:大多数主要的热带商品生长在这些国家森林的边缘,它们正在经历热带森林的砍伐。

资料来源:数据来自联合国粮农组织全球森林资源评估(http://www.fao.org/forestry/fra/fra2010/en/)。

森林采伐是一种不均衡发展

从政治经济学的角度出发,这种发展史的第二个特点是:它呈现出从这些森林茂密的地区农业发展中获得的价值,累积到遥远的地方的趋势。更确切地说,将森林转变成咖啡和香蕉种植园的公司和购买、处理并再销售这些商品的公司的总部通常设在遥远的国家,它们与远离森林覆盖下降地区的银行和企业融资。它们高度地集中,数量极其有限。例如,在香蕉的生产和出口中,五家公司掌控了这种商品的全球贸易,它们的总部通常设在美国和欧洲(表 10.3)。

表 10.3　全球运营的主导性香蕉出口及相关情况

香蕉公司	确立的全球市场百分比	总部与融资
都乐食品有限公司(前标准水果)	25	美国
奇基塔国际香蕉公司(前联合水果公司)	25	美国
新鲜德尔蒙农产品公司	15	美国 (建在智利的 IAT 集团 阿联酋持)
Exportadora Bananera Noboa	9	厄瓜多尔(Noboa 集团)
Fyffes	7	爱尔兰

资料来源:数据来自 Bananalink(http://www.bananalink.org.uk/content/companies)。

在思考热带地区的森林采伐时,我们立刻会想到香蕉和咖啡这些热带商品的案例,但它们绝不是个例。大豆也许呈现了一个更为突出的例子。这种作物可以在多种气候中生长,是北美、中国还有其他地方主要的经济作物。但令人惊讶的是,在南美,越来越多的土地用来耕作这种作物。例如今天,巴西有超过 2 000 万公顷的土地种植大豆,而在 20 世纪 60 年代,这个国家尚未开始大豆种植。这些经济作物的发展通常是以林木植被的不断减少为代价。

因此,在欧洲和北美这些地区,能否允许和补贴森林再生长取决于经济的增长和富裕程度,它们来自砍伐热带国家的森林获得的利润。从这种意义上说,发达国家的森林转型取决于其他地方森林覆盖的减少。从欧洲森林面积的增长可以推测出世界上其他地方森林覆盖的不断下降。因此,政治经济学的方法虽然承认森林转型的事实,但是把它看作是将森林覆盖从被剥削的地方转移到积累的地方。这么说,经济增长不能解决采伐森林的危机;相反,它只是转移了危机。

伦理学,公正与公平:树木应该有地位吗?

正如第七章所说,政治经济学的方法坚持认为社会与环境的关系仅仅建立在人类经济利益的基础上,它存在一些缺陷。我们如何解释全球公众,不仅是边缘群体,还有全世界的精英们,日益增强的环境意识?而且有鉴于人们所持有生态中心主义[①]价值观(第五章)的程度,怎样将这些价值观拓展到森林保护、管理决策以及在社会和生态上更受欢迎的结果?此时此地,我们怎样利用道德和法律的工具重新改写社会与树木的关系?

对这个问题的解答,没有比法律界的学者克里斯托弗·斯通(Christopher Stone)更直接的了,他提出在法庭上,树木是否应该拥有真正的法律权利和地位的问题。他指出在西方启蒙思想和共同法法律传统的历史里,事物起初都没有权利,只是随着时间的推移慢慢地被赋予了权利。例如,几百年来在西方的法律中儿童一直没有权利。惩罚他们,雇佣童工,或者由族长决定他们的婚事都是合法的。许多现在享有法定权利的人和实体也同样如此,包括传统家长制度下的女性,奴隶制中的黑人,或者封建制度中没有土地的人。他们曾经无法拥有与其他人(更确切地说是拥有土地的成年白人男性)一样的权利,虽然现在我们认为这是非常荒谬的,但是很长一段时间里就是如此。斯通继续说道,法律传统渐渐地延伸到许多人和物,认可他们也拥有权利。最富有戏剧性的是,在当代的法律体系中,企业如今实际上拥有了个人的法律地位和权利(尽管可以说它们承担较少的责任)。

如果某样事物拥有了权利,那将意味着什么?

当斯通说到拥有"权利"时,他指的是正式法律意义上的权利。这意味着,首先,如果某人拥有一种具体的权利(例如选举权),某种公共权力机构(例如法庭)则必须有义务审查任何有可能侵犯其权利的行为。其次,当事人应该具有提起诉讼的能力(或者监护人

① 生态中心主义(Ecocentrism):一种环境伦理立场,主张生态关怀应该包括并超越优先考虑人类,它是做出有关正确与错误行为决定的核心(相较于人类中心主义)。

代表当事人提起诉讼)以捍卫这些权利,法庭必须认真考虑对当事人造成的伤害。此外,一般来说,在某样事物不具备法定权利的情况下,我们通常认为它的所有者拥有权利。

因此,如上所述,树木肯定不具备权利。例如,虽然砍倒树木不符合树木的利益,但是只要是树木的所有者这么做,此事就不需要审查。如果违反了某项法律(例如在树木为珍稀鸟类提供栖息场所的情况下,这就违法了《美国濒危物种法案》),砍伐树木有可能要接受法庭的审查,但是这不表示把树木看作个体并需要捍卫它的权利。

这同样适用于各种自然存在物和具体事物。例如,按照法律,污染溪流是非法的,但是溪流没有权利对自身的污染提出质疑。只有附近饮、用水的人才有权这么做。此外,如果某人不得不因为污染溪流做出赔偿,他们是向下游的居民,而不是溪流本身进行赔偿。

树木将有怎样的权利?

斯通接着指出,树木的法定权利不会让所有的伐树行为都不合法。他强调虽然人们拥有权利,却不是在任何时候任何地方都可以行使权利。有时,个人的权利"被执行"、受到限制。树木未必不能被移走,或者必须免受任何形式的损害。毕竟,不是所有权利都适用于所有事物或者所有人。例如,企业不能求助于美国宪法第五修正案*。因此,树木不需要有投票权或者任何其他具体的、不合适的权利。

斯通强调,相反,这意味着我们可以根据目前的法律,概括出自然事物的某些具体权利。合法确立的监护人或者代表,有义务和机会将侵犯该事物具体权利的行为直接递交法庭进行审查。这

---

* 根据美国宪法第五修正案,公民可以拒绝回答提问,以免陷入有罪指控的困境。——译者注

一点已经在儿童和那些无法在法庭上完全代表自身利益的人身上实现(企业作为弱者因此也被代表)。总之按照斯通的话说,把权利拓宽到树木、鱼类、海洋、河流以及其他任何事物,没有任何法律的、实际的或者伦理的问题。

应当指出,这种方法与用市场的视角看待森林问题截然不同。通过评估砍伐森林对人类造成的代价,提供经济上的激励措施阻止森林砍伐,用市场的方法改善乱砍滥伐的状况也许会鼓励重新造林。另一方面,在以权利为基础的情境下,法庭在计算损害时将权衡和评价森林砍伐对树木本身造成的破坏。

因此,它也与用政治经济学的方法解决森林砍伐相去甚远。例如,政治经济学的方法强调大公司的不公正行为和国家利益造成了价值从本地生产者流出。它还指出了森林生产价值的下降,呼吁采取直接的政治措施捍卫当地人民的权利。相反,自然的权利这种方法将迫使人们承认对树木本身的剥削,并调动法律机制保护当地人民和树木本身不被破坏。

从根本上说,这种方法主要承认森林是由树木构成,采伐森林会影响到与它们有利害关系的生物。尽管从人类中心主义①的观点来看它违反直觉,但它也许是通过森林看待树木的最佳视角。

树木的难题

本章我们学习了:

- 在地球和人类的历史过程中,全球林木植被的范围和构成发生了巨大的变化。
- 历史上,人类与树木、森林复杂而深厚的情感关系造成了对森林的破坏,但是有时也导致对森林恢复的过度执着。

---

① 人类中心论(Anthropocentrism):一种伦理立场,当考虑在自然中以及对待自然的对错行为时,把人类看作是核心的因素(相较于生态中心主义)。

- 近几百年,人类活动与森林覆盖总体显著的下降有明显的联系。
- 实际上,在一些地区森林覆盖面积正在上升,追踪森林覆盖变化的数据并非不会出错。
- 用市场的方法解决采伐森林的问题强调森林转型理论,并通过经济增长和发展恢复林木植被。
- 政治经济学的方法解释了林木植被的减少是价值从森林流出的结果,特别是通过商品生产流出。
- 以伦理学为基础的方法可能通过将法定权利拓展到自然事物以解决森林和树木遭到疯狂破坏的问题。

让我们回到伯克利的橡树林。尽管抗议者不懈地努力,行动组织利用法律途径极力争取,然而这些树都不存在了。通过某种形式的树木价值评估,在北美的城市(例如伯克利)会出现森林转型吗?这场抗议的失败是因为它不够明确,没有充分针对政府优先考虑运动设施而不是树木,这样更根本的政治经济结构的限制吗?在这个案例中法律诉讼不够充分,是否是因为在目前的法律先例下,法庭不考虑树木自身的权利?

不管这些问题的答案是什么,伯克利的抗议者都知道并证实了某些根本性的问题。在环境与社会互相作用的历史过程中,树木一直都是个难题。在森林急剧的减少和恢复中,人类在地球上的踪迹清晰可见。处在斧头和树木之间的是一种极其有效、能引起人们注意的办法。

问题回顾

1. 按照弗雷德里克・克莱门茨的理论(和理想化的设想),描述一片经历了干扰、演替实现顶级植被的森林。

2. 克莱门茨的演替理论对管理有什么启发?当代的生态理论对这些概念作了哪些改动?

3. 大体上说,森林转型理论做出了怎样的预测?这些预测应该被当作好消息接受吗?

4. 发展中国家的森林砍伐是与发达国家殖民关系的延续这种说法意味着什么?

5. 克里斯托弗·斯通的观点是否为森林保护和管理建立了真正的生态中心主义基础?为什么?

练习 10.1 树木和制度

本章我们回顾了如何用人口、政治经济学和伦理学的方法来处理树木的难题。可以通过制度、集体行为和公共财产理论来分析和解决乱砍滥伐的问题吗?为什么森林和乱砍滥伐是一个集体行为的问题?如何用制度的方法解决森林覆盖的减少?把树木看作公共财产有什么局限?

练习 10.2 种植林是有益的森林吗?

Sinkswatch(http://www.sinkswatch.org/plants.html)是一家"跟踪检查碳封存项目"的组织,绿色资源(Green Resources)(http://www.greenresources.no/company.aspx)是一家管理种植园碳储存的公司,比较来自这两家机构有关种植林的信息。你认为种植林是解决全球气候变化的一种可行办法吗(见第九章)?在替代失去的原生林时,种植林有哪些局限性?如果它们比"原始的"森林更有优势,那么他们有哪些优势呢?

练习 10.3 欣赏树木

科学视频博客 Veritasium 中的一段视频(http://www.youtube.com/watch?v=BickMFHAZR0),用基础的科学知识解释了树木如何将水吸收到顶端,这个令人难以置信的奇迹似乎以不同的方式否认了物理学关于吸力的一些简单事实。思考一下树木还有哪些特点是非常引人注意、神秘,或者难忘的。对于生活在其他时代或者历史时期的人来说,树木有哪些特质?是什么让树木成为这么强有力的自然象征?

参考文献

Cohen, S. E. (2004), *Planting Nature: Trees and the Manipulation of Environmental Stewardship in America*(《种植自然:美国树木与环境管理的控制》), Berkeley:University of California Press.

Delcourt, H. R. (2002), *Forests in Peril:Tracking Deciduous Trees from Ice-Age Refuges into the Greenhouse World*(《危险中的森林:从冰河世纪的避难所到温室的世界追踪落叶树木》), Blacksburg, VA: McDonald and Woodward Publishing.

Grainger, A. (2008),"Difficulties in Tracking the Long-term Global Trend in Tropical Forest Area"(《在热带森林地区追踪长期全球趋势的困难》), *Proceedings of the National Academy of Sciences of the United States of America*(《美国国家科学院会议记录》), 105(2):818 - 823.

McKinley, J. (2008), "Berkeley Tree Protesters Climb Down"(《伯克利树木抗议者下来了》), *The New York Times*(《纽约时报》), September 10.

Owusu, J. H. (1998),"Current Convenience, Desperate Deforestation: Ghana's Adjustment program and the Forestry sector"(《眼下的便利,绝望的森林砍伐:加纳调整计划与林业部门》), *Professional Geographer* (《专业地理学人》), 50(4): 418—436.

Ranganathan, J.,R. J. R. Daniels, M. D. S. Chandran, P. R. Ehrlich, G. C. Daily (2008),"Sustaining Biodiversity in Ancient Tropical Countryside"(《在古老的热带乡村保持生物多样性》), *Proceedings of the National Academy of Sciences of the United States of America*(《美国国家科学院会议记录》), 105(46): 17852 - 17854.

Richards, J. F. (1990), "Land Transformation"(《土地转型》), B. L. T. Turner, W. C. Clark, R. W. Kates, et al. eds., *The Earth as Transforned by Human Action*(《人类行为导致的地球转变》), Cambridge: Cambridge Vniversity Press, pp. 163 - 178.

推荐阅读

Hecht, S., A. Cockburn (1989), *The Fate of the Forest: Developers, Destroyers and Defenders of the Amazon*(《森林的命运:亚马孙河的开发者、破坏者与捍卫者》), London:Verso.

Shiva, V. (1988), *Staying Alive: Women, Ecology and Development*(《活着:女性,生态与发展》), London: Zed Books.

Tudge, C. (2005), *The Tree*(《树》), New York: Three Rivers Press.

Vandermeer, J., I. Perfecto (2005), *Breakfast of Biodiversity: The Truth about Rainforest Destruction*, 2nd edn(《生物多样性的早餐:雨林毁灭的真相》第二版), Oakland, CA: Food First.

Williams, M. (2006), *Deforesting the Earth* (《森林砍伐的地球》), Chicago: University of Chicago Press.

Richards, J. F. (1990), "Land Transformation"(《土地转型》), B. L. T. Turner, W. C. Clark, R. W. Kates, et al. eds., *The Earth as Transformed by Human Action*(《人类行为导致的地球转变》), Cambridge: Cambridge University Press, pp. 163 – 178

第十一章 狼

图片来源:Jim DeLillo/Shutterstock.

832F之死

2012年12月6日,一匹编号为"832F"的狼在黄石国家公园外被一名持有枪支执照的捕猎者合法猎杀。三天后,《纽约时报》刊载了一篇专题,围绕着这只狼的死去引发的争议展开讨论。毕竟,"832F"(野狼生物学家按照字母数字顺序命名野狼,"F"代表了它所属的狼群)是黄石"最著名的狼",是"游客的最爱",甚至是"摇滚之星"(Schweber,2012)。"832F"是拉马尔山谷狼群的阿尔法母狼。大部分时间里,野狼在开阔的山谷中猎食和嬉戏,从公园的一条主要通道就可以看到这些景象,(对于科学家和游客来说)拉马尔山谷狼群是黄石公园最具观赏性的狼群。

围绕832F引发的争议,不只是又一次证明了狩猎与反狩猎之间旷日持久的论战,因为这场争论远不止于此。在深入探讨因这场争论加剧的意识形态和情感之前,我们必须回到1995年1月12日的早晨。如果不是数百名群众在美国89号高速公路上排成一排,目睹明星摩托车队从西北入口进入公园,这将只是一个宁静的冬日早晨。拖车里装有八匹来自加拿大的狼。其实,他们的目的地是拉马尔山谷。黄石的最后一匹狼在20世纪20年代被射杀,此后它们一直在这个重要的生态系统中缺席,但是联邦政府正采取一项大胆的措施,再度把野狼引进到公园。内政部长布鲁斯·巴比特(Bruce Babbitt)是在场的众多高级别管理者中的一员,他将这一天称为"救赎的一天和希望的一天"(Fischer,1995:161)。大家的情绪高涨,可是喜气洋洋的气氛很快就消失了,至少有几个小时是这样。

前一天晚上,怀俄明农场管理局(代表着包括家禽养殖户在内的农户的利益)向联邦法院提起紧急上诉,要求暂停再次引入狼群。为了有充足的时间审查上诉,法官们通常的做法是批准"暂停"(临时暂停行动)。一开始,法官在再引入这个问题上要求暂停48小时,这意味着在两天内野狼不能被放归公园。结果,法官不需要两天就可以决定是否批准上诉;当晚的早些时候,暂停被取消,这些狼从围栏中被放了出来,消失在黄石的茫茫白雪之中。环保主义者欢呼雀跃。正如许多人激动地说道，黄石公园终于再一次地“完整”了。可是，农场主和许多其他的当地居民却为此感到非常窘迫不安。

自从1995年被再次引入黄石公园（还有在几百英里以西地区的第二次再引入），狼在位于黄石的落基山脉和周围的生态系统中蓬勃发展。该地区有一千多匹狼生活在它们原先栖息的区域。事实上，它们的发展势头良好，从2009年开始，落基山的野狼就从联邦政府濒危物种的名录上被删除。这样，对狼的管理重回各州（它们负责管理非濒危野生动物），环绕黄石的三个州已经相继开放狼的狩猎（诱捕）季节（尽管不允许在国家公园里猎杀它们）。与1995年再次引入狼时的情景一样，恢复猎狼的决定激起了争议，但是这次涉及到家禽利益的人兴高采烈，而许多环保主义者喊冤叫屈。近一百年来，全世界首个国家公园最著名的狼，在怀俄明州第一次开放狩狼季节期间就被猎杀，这件事确实是火上浇油。

那么，狼被从它们生活的整个自然环境，甚至国家公园中有意地消灭，这究竟是怎样发生的？为什么会这样？此外，怎样解释有些人狂热地支持对狼群进行保护，而另一些人却极度地反对？

狼的简史

狼（或者更严格地说“灰狼”），拉丁学名 Canis lupus，是犬科动物中身形最大的一种（图 11.1）。犬科动物还包括狐狸、郊狼、胡狼、非洲野犬和家犬。从基因上说，家犬与狼非常相似，因此如今大多数人认为它们是狼的一个亚种，拉丁学名 canis lupus familiaris。灰狼的许多亚种已被确定，包括濒危的红狼（拉丁学名 canis lupus rufus）、墨西哥狼（拉丁学名 canis lupus baileyi）和伊朗狼（拉丁学名 canis lupus pallipes）。

几十万年前，灰狼就进化成差不多今天的模样。经历了连续的冰河世纪(在此期间,北美洲和欧亚大陆之间架起了一座冰桥),狼遍布北美和欧亚大陆的大部分地区。作为一种适应能力很强的物种,狼占据了沙漠、草地、森林和苔原等生态系统。成年狼的体重从大约 45 磅(最小的亚种为阿拉伯狼)到超过 100 磅(一只较大的北方灰狼的重量)不等。它们的毛色差别很大,甚至在本族群中也不尽相同,从浅金色到可以想见的灰色、棕色和灰黑色。大部分的狼主要以有蹄类哺乳动物为食,包括麋鹿、鹿、羚羊和美洲野牛等野生物种,还有牛、绵羊和山羊等家畜。其实,驯养的有蹄动物无所不在,这是狼一直以来都被关注并令人类社会担心的一个主要原因。

资料来源:阿尔·帕克(Al Parker)摄影/Shutterstock

图 11.1 灰狼

尽管与人类存在冲突,狼仍然主要栖息在它们历史上栖息的范围(图 11.2 和表 11.1)。欧亚狼的生活区域一直延伸到远东,包括东西伯利亚(俄罗斯联邦)、蒙古和中国的部分地区。最大的欧亚狼群的生活区域横跨西伯利亚的西南,遍及中亚共和国。尽管在这些区域的南部野狼极其濒危,但是它们依然生活在从孟加拉国起,跨越印度次大陆，向西包括阿拉伯半岛（有关野狼的分布和数量所知甚少）的区域，甚至非洲，那里狼的数量不多，大约有 50 匹生活在埃及。在北美，阿拉斯加和加拿大都有大量的狼群，尽管在欧洲殖民者到来之后它们被从北美接近一半的生活范围里消灭。

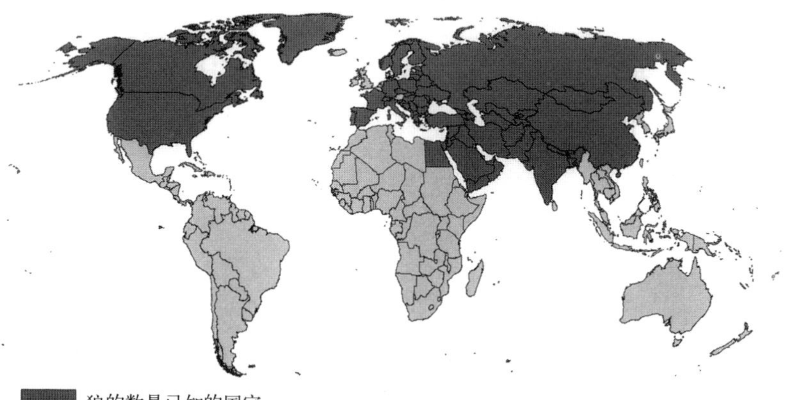

资料来源：数据来自梅奇和伯以塔尼（Mech，Boitani，2003）和世界野狼中心：http://www.wolf.org/。

图 11.2　世界狼群数量已知的地区分布

表 11.1　世界上狼的数量达到或超过 2 000 的国家

国　家	狼的数量
加拿大	52 000—60 000
哈萨克斯坦	30 000
俄罗斯	25 000—30 000
蒙　古	10 000—20 000
中　国	12 500
美　国	9 000
吉尔吉斯斯坦	4 000
塔吉克斯坦	3 000
白俄罗斯	2 000—2 500
西班牙	2 000
乌克兰	2 000
乌兹别克斯坦	2 000

资料来源：Mech，Boitani（2003）.

狼是群居动物,一个大家庭中通常包括大约5—8名成员。在大多数年份,群狼中每年只有一匹母狼与族群中一匹公狼交配怀孕。一窝中一般有6—8只幼崽,但是野外生物学家曾经记录过一窝中最少只有1只,最多有14只幼崽的情况。幼崽由整个族群抚养。它们只在刚出生后两三个星期内完全喝母乳,随后族群的成员用有蹄动物的肉喂养它们。不到几个月,幼崽就可以自己吃生肉,它们的社会活动范围已经不仅限于玩耍。第一年里,大部分的幼崽都随族群一起猎食。作为地位较低的成员,幼狼和族群一起生活一年到四年半不等。

狼群的社会结构与族群的生存和繁殖的各方面都密切相关。每个狼群中至少有三个等级:雌性,雄性,第三类等级没有具体区分性别,根据季节有所不同。领头的公狼和母狼——通常被称作"阿尔法"狼,虽然并不总是这样,但它们通常都是当年出生的幼崽们的父母。它们组织严密的社会活动包括抚养幼崽、交配、捍卫领域和猎食。这听上去是不是很熟悉?至今,有大量的文献比较了狼和人类社会的相似性。

狼在生态中的作用

生态体系——与物理环境相互作用的一批动植物居住的地理区域,包括多个营养级①,它们构成了当地的食物网络。简单地说,这些食物网络详细列出了一条食物链,在这条食物链中,食草动物吃掉进行光合作用的植物,反过来它们又被食肉动物吃掉。因为狼没有天敌,所以它们是顶级掠食者②(通常也称作"顶级食肉动物")。大多的生态系统都有多个顶端掠食者。例如,在北落基山地区,狼、灰熊、猞猁、狼獾和金雕都是顶级掠食者。

① 营养级(Trophic Levels):在生态食物网中,能量同化和转移的平行等级;在陆地生态系统中,进行光合作用的植物形成基础营养级,这个网络的"上"一级是食草动物,再往上一级是食肉动物。

② 顶级掠食者(Apex Predators):也被称作"顶级食肉动物",这些动物在任何一种生态系统中都占据顶端的营养级;顶端掠食者没有任何天敌。

一个特定生态系统的生物多样性①，即不同物种的数量，取决于许多与生命无关的（非生物的）和与生命有关的（生物的）因素。与生命无关的因素包括水的获取、野火、风暴、严冬等的可能性。与生命有关的因素包括竞争、疾病、寄生和捕食等限制因素以及获得食物和栖息地的可能性。生态系统中一种物种任何数量上的变化，都会影响到其他物种和生态系统的进程（想想一条已经被用烂了的生态学格言，一切都是相互联系的）。有些变化是由低级的营养级引发的。很明显，生态系统中一种植物的减少会影响到赖以为生的食草动物，它们的数量下降也会影响以此为生的食肉动物。生态系统中物种的分布和数量也通过高级营养级物种引起的变化来调节。掠食者的减少（或者缺失）会对猎物种群的分布、数量和行为产生影响。例如，随着狼被赶出生态系统，它们的猎物的数量将（至少暂时地）大幅增长，但是影响一定不只是这一个方面。不再受到猎食威胁的猎物种群改变了它们觅食的习惯，从而也改变了植物的密度和分布，它本身还造成了其他变化。这些不稳定的效应被称为“营养级联”②，通常会在多个营养级中产生一个简化的（变化较少的）生态系统（Terborgh，Estes，2010）。

相对而言，黄石公园是最近才采取灭狼行动，几十年后再引入野狼为营养级联的研究提供了一个现实世界的实验室。生物学家道格拉斯·史密斯（Douglas Smith）把再次引进野狼之后的黄石公园称为“我们找出有狼的野生体系与无狼的野生体系之间差别最好的机会”（Smith，Ferguson，2005：118）。自从再次引入了野狼，黄石公园一个最明显的变化是柳树迅速地恢复。随着再次引入野狼，麋鹿（以柳树为生）总量持续减少，它们不断迁移，不再那么集中地以柳树为食。柳树的复苏带来了海狸的再度出现，

① 生物多样性（Biodiversity）：一个地区、一种生态系统或者全世界生命形式总体的可变性和多样性；通常被用作衡量一种环境体系的健康程度。

② 营养级联（Trophic Cascades）：消灭或减少一个营养级大量的个体后，对相邻的（更高或更低）营养级的影响。

因为海狸利用柳树建坝筑窝。海狸塘的出现使爬行动物和两栖动物大量增加。因为在狼觅食的区域散布着猎杀活动后留下的动物残骸,所以那里也出现越来越多的鹰、喜鹊和大乌鸦,最后这些动物残骸给甲虫这样的无脊椎动物提供了食物,它们分解到土壤里成为食腐屑生物的食物,并最终成为土壤的养分。总之很简单:有了狼之后,黄石公园的生态系统完全不同了。因此,黄石公园这样具有标志性的公园为什么曾经没有狼呢?

三个世纪的杀戮:美国的灭狼行动

当欧洲殖民者来到这个新世界时,数十万匹狼几乎遍布整个北美大陆自由自在地生活。截至 1958 年,它们在美国和墨西哥已经几乎绝迹(见图 11.3)。因此,到底怎样解释这种不仅聪明而且适应能力很强的动物曾经在这片广阔的土地上繁衍生息,最终却走向了终结?三百多年来,狼遭到系统性的消灭,这项灭狼运动最终获得成功。

猎狼赏金——政府向杀死狼的公民分发的奖金,至少可以追溯到 1630 年。美洲殖民地的公共收入中,用于灭狼行动的那部分金额高得惊人。例如,在宾夕法尼亚州的切斯特郡,税收收入的 28% 被用作猎狼赏金。在 18 世纪,整个殖民地有数十个郡市列出 10% 或者更多的预算开支用作猎狼赏金(Fischer,1995)。灭狼行动颇见成效。到 1700 年,在新英格兰的大部分地区狼已经绝迹,并且到 1800 年,整个阿巴拉契亚山脉以东地区已经看不到它们的踪影。19 世纪,中西部各州按照殖民地的模式,迅速有效地消灭了狼群。

美国内战结束后,西部的发展加速推进。因为联邦政府丰厚的赏金,所以毫不夸张地说,"水牛猎人"杀死了大平原数千万头野牛(它们是美洲土著部落主要的生存基础,也是狼的一种主要食物来源)。当家畜饲养者迁移到新"开辟的"西部后,狼开始依靠牛羊为生。可以预见,狩猎、诱捕和投毒等运动最终成功地把狼从联邦政府拥有的大片林地上几乎赶尽杀绝。赏金猎人和护林员消灭了剩余的野狼。我们可以确认黄石公园最后一匹野狼在1926年被公园管理员诱捕和猎杀(Foreman,2004)。总之,在20世纪开始的几十年,美国的私人狩猎者、牧畜者和联邦官员杀死了数千匹狼。幸运的是(至少从大多数环保主义者的角度说),在艰苦卓绝的灭狼行动之后不久,当代的保护行动随之到来。到20世纪40年代系统性的灭狼行动即将结束的时候,狼渐渐得到科学和环保界的支持。人们开始明白狼不仅不会威胁自然的稳定,反而是复杂的生态过程与网络的一部分。一项项标志性的立法为保护濒危物种提供了法律武器。1973年签署的CITES(《濒危野生动植物物种国际贸易协定》)是一项国际性协议,它禁止或者严格规定了濒临灭绝的动植物物种的国际贸易。全世界许多的野狼种群被列入其中,受到CITES的约束。

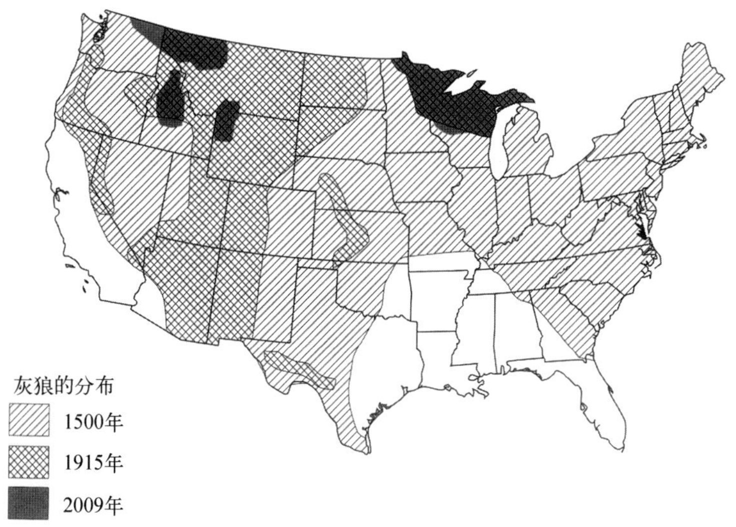

资料来源:Current, 2009; USFWS: www. fws. gov/midwest/Wolf/archives/2006pr _ dl/2006pr _ dlsum. htm; Sightline. org: www. sightline. org/maps/maps/Wildlife - Wolf - CS06m/? searchterm = None;1915年的分布:杨和高曼(Young, Goldman,1944),第58页;1500年的分布参见Mech(1970),第31页。

图11.3　灰狼在美国大概的分布范围

1973 年,美国通过了《濒危物种法案》(ESA),这是迄今为止影响最为深远,愿景最为宏大的国家性法律中的一部(见专栏 11.1)。除了生活在阿拉斯加的狼之外,所有野狼都被列入了 ESA 涵盖的濒危物种原始名单。“野生动物捍卫者”和“国家野生动物联盟”等强大的环境组织推动了更为激进的项目计划,试图在它们曾经生活过的大部分地区重建它们的家园,这一努力在 1995 年取得成功,但是正如我们所看到的,在将近 20 年后它的结果仍有争议。

专栏 11.1　环境解决办法?对野生动物有利的牛肉和羊毛

在落基山西北部地区,最近有一件值得称赞的和解生态学①个体案例。该地区的家畜养殖户和保全主义者合作,在保护野狼的同时维持畜牧发展,形成一种经济上可行的谋生之道。双方可以结成联盟合作本身就值得我们注意,因为牧场主和环保主义者向来是死对头。双方的紧张关系来源于许多牧民对掠食者长期以来“格杀勿论”的心理。即使牧场主绝不是造成掠食者种群灭亡的唯一原因,他们也遭到了环保主义者的中伤,因为环保主义者认为保护掠食者应该比家畜养殖户们度过经济上的难关更加重要。

可是在一些地方,牧场主和环保主义者跨越了相互间的分歧,为了实现保留开放空间的目标共同努力。他们共同的敌人是城市远郊的开发。在迅速发展的城镇附近,例如科罗拉多州的柯林斯和蒙大拿州的利文斯顿,大面积开阔的草原正被住宅小区、道路和购物中心吞食。许多环保主义者认为,在反对这种土地利用的转变中,牧场主可能是他们的盟友。环保主义者—牧场主联盟构成了这个地区庞大的“保护地役权”网络。在共同的地役权协议中,牧场主——土地所有者如

① 和解生态学(Reconciliation Ecology):设想、创造和维持人类利用、经过和居住的地方的生物栖息地、生产环境和生物多样性的科学。

果保证不出售或者分割各自拥有的土地,就可以得到减税或者其他的经济奖励作为回报。对于环保主义者和牧场主来说,这是一个双赢的结果,它既保留了开放空间,也保护了家畜。以在保护地役权运动中建立的颇有成效的关系为基础,有些牧场主和环保主义者更进一步地发展了他们的联盟关系。一个更有创意的构想是实施“对野生动物有利”的认证计划。“对野生动物有利的企业网络”总部设在西雅图,如果牧场主利用非致命性方法管理畜群,它将给生产的牛肉和羊毛颁发“对野生动物有利”的认可印章。这可能意味着利用护卫犬而不是猎枪或者毒药保护家畜,也可能意味着因为掠食动物的捕食而损失更多的家畜。理想的情况是生产者可以通过向特定的客户群销售抵消较高的运营成本,这些客户愿意支付更高价钱购买以对掠食者有利的方式生产的牛肉和羊毛。

野狼之谜

对狼的历史的简单回顾有助于我们理解自然与社会关系中诸多方面的问题。举个例子说,它强调人类与野生动物的关系是复杂的,随着时间的推移或者在不同的文化中,它们都是不同的。狼体现了为什么非人类自然中的一个特定“部分”,更广泛、更有力地证明了人类与自然的关系。灭狼和护狼的历史表明物种的命运与它的文化象征价值密切相连。狼一直谦卑地(也满怀希望地)提醒着我们,为了以不对荒野造成任何破坏的方式生活在这个世界,它们经历了许多的磨难。

野狼的难题让我们提出了以下几个问题:

- 在探讨有时相互矛盾的关系时——集中体现在如何对待狼

的问题上——我们如何坚持环境优先，并且用公正民主的方法管理我们的行为？

- 身处以人类为主导的世界，当我们批判地评价目前与狼的关系时，在哪些方面可以为狼做出让步，并且怎样实行？
- 在评价我们与狼的历史关系时，怎样解释我们先对这种物种进行迫害随后又对它加以歌颂的行为？

从某种意义上说，狼是了解人类的一扇窗。当我们研究狼的时候，我们可以明白科学、工业和感情是如何交织在一起的。在努力解决野狼谜团的同时，我们可能正在与非人类自然建立一种更加可持续的关系。

伦理学：再野生化与狼

在第五章中，我们已经把环境问题确定为伦理的难题，即人类对待自然的行为孰是孰非的问题。伦理学的视角时常被用来处理如何对待个体动物的问题，包括野生动物和家畜。生态伦理学也越来越关注怎样正确地对待物种、整个生态系统和人类与非人类的未来等问题。关于野狼保护的难题，生态伦理学的视角可以做出很多解释。

想要的：可持续性的生态中心主义伦理观

可持续性[①]的伦理观念告诉我们，为了子孙后代，我们有道德义务维持环境的质量和生产力。在这种指导原则下，我们可以批判地评价目前的一些行为，并且提出疑问，“某某行为可以无限期地持续吗？它是可持续的吗？”如果是，那么太棒了！如果不是，那么就应该改变我们的行为，这样它们就是可持续的了。对于它的

---

① 可持续的/可持续性（Sustainable/Sustainability）：为了子孙后代保护土地和资源。

支持者来说，生态中心主义[①]是对人类中心主义[②]的纠正。生态中心主义伦理学[③]把人类看作自然的一部分，跳出了人类优先的狭隘观念，在更广阔的生态学背景下决定人类行为的对与错。

然而，即使最深层次的生态主义者也无法真正地做到只遵守生态中心主义的伦理。我们似乎必须至少部分地允许用人类中心主义的观点指导我们的环境政策与规划。例如为了便于人类使用，我们需要把每个生态系统中可获得的一部分淡水进行改道。换句话说，我们应该为维持同时满足人类社会与非人类社会各自需要的环境状况而努力。

此外，还有一些问题不能通过严格的人类中心主义方法进行充分的评判。例如，如果你支持将狼再次引入到新英格兰或者苏格兰（这两个地方提出了这项提议），那么你将很难仅从人类中心主义的角度分析这个案例。诚然，在上述地区再次引入野狼可能会带来生态中心主义思想的兴起，它可能有助于农村社会的复兴，就像它对黄石附近的一些社区产生的作用那样。可是，成功与失败只有一线之隔，因为你很难预测它们实际上会造成哪些长远的经济影响。此外，如果经济预测表明这么做不会产生经济利益，那么会出现什么情况？如此说来，这将是不采取行动的理由吗？大部分支持狼的人会断然地回答“不”，而且就其本身而论，许多环保主义者认为应该用生态中心主义的思想指导物种再引入这样的问题。

“再野生化”[④]运动是生态中心主义精神最明显的体现，它主张

---

① 生态中心主义（Ecocentrism）：一种环境伦理立场，主张生态关怀应该包括并超越优先考虑人类，它是做出正确与错误行为决定的核心（相较于人类中心主义）。

② 人类中心主义（Anthropocentrism）：一种伦理立场，当考虑在自然中以及对待自然的行为对错时，把人类看作是核心的因素（相较于生态中心主义）。

③ 伦理学/伦理的（Ethics/Ethical）：哲学的一个分支，讨论道德或者世界上人类行为对与错的问题。

④ 再野生化（Rewilding）：一种保全的做法，有意地恢复或创造人们认为曾经在生态系统中或在人类影响之前存在的生态功能和进化过程；再野生化通常需要在生态系统中重新引进或者恢复大型的捕食者。

以深层生态学的哲学性和保全生物学[①]的科学性为基础(Foreman,2004;Rirdan,2012)。深层生态学给再野生化的支持者论述可持续性的伦理价值提供了哲学的方法(保护什么,为什么保护),保全生物学则为他们提供了实现这个目标的科学路径(采取什么行动才能实现目标)。

再野生化,第一部分:从伦理的维度

每年,我们都要失去相当一部分的地球生物多样性。灭绝危机[②]的严重程度相当惊人。据估计目前的灭绝速度是历史平均水平或者背景灭绝率[③]的1 000倍,甚至更高。在过去的五亿年中,历史上有五起重大的灭绝事件,其中最著名的事件是最近才发生的。大约6 500万年前,恐龙和许多(相对不为人所知的)软体动物开始绝迹。可能你从小就知道许多科学家相信这次灭绝事件是由于小行星的撞击。历史上的灭绝事件与当前危机的区别在于:今天的灭绝危机是人为造成的。

造成当前灭绝危机的人为原因包括:居住地的分散、生态过程的减少、外来物种的入侵、空气和水的污染以及气候的变化(Hambler,Canney,2013)。有人提出,伴随着灭绝危机,适应和进化的基础——基因的多样性也会枯竭。因此,更笼统地说,灭绝危机的严重性在于它潜在的不可逆性和长期性。以热带森林的砍伐为例(见第十章),毫无疑问这是目前另一个备受瞩目的环境问题。在一两百年后,热带雨林可以自动复原。换句话说,当我们破坏热带雨林时,我们使价值一两百年的生态努力"化为乌有"。著名生

① 保全生物学(Conservation Ecology):科学生物学的一个分支,致力于探索和保持生物多样性和动植物物种。

② 灭绝危机(Extinction Crisis):当代人为引起的动植物灭绝,据估计,它的速度是历史平均水平或者背景灭绝率的1 000至10 000倍。

③ 背景灭绝率(Background Extinction Rate):通常以每年动植物物种的数量估算出在一段较长的地质时间内的平均灭绝率,不包括大规模的灭绝事件。

物学家E. O. 威尔逊(E. O. Wilson,2012)相信,本世纪内这个星球上所有有生命物种中的50%(或者更多)可能灭亡。热带森林的砍伐与此相比,我们(有人说)有比森林被夷为平地或者渔场枯竭更加令人担忧的事情。更确切地说,我们面临的是地球数千万年生物遗产的毁灭。

从这个角度来思考,许多持有生态中心主义世界观的人优先考虑扭转灭绝危机、恢复进化过程这个环境问题则不足为奇。

再野生化,第二部分:如何推广

保全生物学是对生物多样性危机的科学研究。许多保全生物学家也是推动再野生化的积极支持者。再野生化的倡导者主张"[应该]保护和恢复大片广阔的自由地带"(Barlow,1999:54)。再野生化的核心在于大型掠食者对生态的作用。

虽然黄石公园成功地再次引入野狼的案例是一个良好的开端,但是再野生化的支持者承认,如果要实现在全球范围内恢复生物多样性和进化的总体目标,大型公园和指定荒野外的区域则需要特别的关注(Sessions,2001)。其实,除了被正式认定的荒野,许多地区可能都具有深层生态学创建者阿伦·奈斯所说的"自由的本性"。具有自由的本性的区域将是人烟稀少、自然生态系统完整的地区,在那里可以恢复和保持完整的自然生态—进化过程(Nie,2003)。我们可能需要在政府的土地之外,在人们生活、放牧、耕作和玩耍的地区再次引进并且管理野狼。

警惕狂野的大自然:深层生态学与民主

我们"只"剩下最后一个小问题:一旦将野狼再次引入人类生活的地区,我们怎样管理它们?深层生态学可能提出生态中心主义的观点,以此作为对人类中心主义伦理学和随之而来的生态破坏的纠正,这不无道理。然而,除了给我们提供相当宏观的指导原则,深层生态学并没有帮助我们解决如何在维持民主的决策形式的同时实现它的问题。有些批评家甚至认为深层生态学导致了内在的专制主义(或者"生态专制主义")政治。当最终需要在真实的地方管理真实的自然时,尽管可能存在个体的"自我实现",但是大多数深层生态学的支持者总是回到科学生态学解决问题。在再引入狼这件事上,让科学生态学家做所有的管理思考,确实会赋予他们独裁者的权力;换句话说,决策控制不受民主的构成要素:制约与平衡的约束。这是"激进民主"(这种社会运动的首要目标是维持社会各阶层的决策权)的支持者谨慎地对待(只)用科学指导政治诉求的主要原因。

令人高兴的是,在生态学和民主"间"作出决定是一个假设的两难推理。事实上,我们可以兼顾野外的自然与民主制度。对于狼的管理这个难题,明尼苏达的北部树林出现了一种更有望成功的双赢生态形式。

制度:利益相关者管理

人们正面或者负面评价狼的原因千差万别。举几个简单的例子:家畜养殖户把狼看作家畜的威胁,(如前文所讨论的)再野生化的支持者却认为狼对于生态是必须的。在某种程度上,这也是对狼的管理非常棘手的原因。它不是评估如何分摊一种有价值的公共资源,例如一块林地或者海洋渔场。但是,狼依然是公共财产资源。在第四章中,我们指出公共资源的管理问题通常可以通过制度成功地解决,即"制度……促成了有序的、有节制的自然资源利用"。如果狼将继续存在(至少没有在自然景观中专制地把人迁移出去),环境保护主义者就必须限制这种动物的"使用"(例如,它们不能无所不在,它们的数量不能无限地增长)。同样,必须限制猎人和家畜养殖户用传统的方法(例如格杀勿论)对待狼。就这一点而论，人们正在开展新的制度性的实验。有人指出对于狼来说，最好指望这些所谓的“利益相关者”[①]能联合起来共同制定规则和义务。

公众参与资源管理

在现代社会的大多数情况下，美国的自然资源管理[②]都是高度集中的“专家”性事物。1970年通过的《国家环境政策法案》（NEPA[③]）播下了制定更具参与性的管理体系的种子，这项法案与其他的改革共同要求所有政府管理行为都必须遵守《环境影响评价报告书》（EIS）。此外，这些报告规定在此过程中需要公众的参与。

包括黄石公园再次引进狼在内的许多濒危物种保护方案，现在都要接受EIS程序的全面审查。然而，黄石公园再次引进狼的案例表明，尽管随着时间的推移管理野狼时优先考虑的事项发生了改变（从消灭到保护），但它不能标志新的管理风格的到来。当地人对于如何（或者是否）实行再引进几乎没有发言权。布鲁斯·巴比特和莫莉·贝蒂（Mollie Beattie）——这两位高级联邦官员提着笼子，里面装着即将放归雪地的第一匹狼。对某些人来说，这是一个强烈（并且否定）的象征性姿态：再次引进狼是自上而下由联邦政府强制执行的行动。就这一点而论，对蒙大拿州和爱达荷州的许多居民来说，再次引进狼被理解为他们得一如既往，在自家的后院被迫接受联邦政府认定的重要事情。这样的案例也让一些环保主义者感到再次引进该物种可能喜忧参半，这加剧了当地支持和

---

① 利益相关者（Stakeholders）：在有争议的行为结果中存在既得利益的个人或组织。

② 自然资源管理（Nature Resource Management）：既是一门学科也是一项专业领域，为了实现社会目标，它致力于管理环境状况、商品或者服务，它的范围可能包括它们对人类的实用性和生态可持续性。

③ NEPA：1970年通过的《国家环境政策法案》，旨在让美国政府保护和改善自然环境；在NEPA之后，联邦政府需要编写指导政府行为的《环境影响评价报告书》（EIS），它们对环境产生了巨大的影响。

反对环境保护的两极分化(Fischer,1995)。直到几年后出现的另一种截然不同的模式,即把政府的投入转变为真正更具参与性的体制,才经受住了保护野狼这个充满波折的案例的考验。

明尼苏达州野狼保护的利益相关者

1998 年,美国的明尼苏达州开始首次实施利益相关者模型野狼管理计划。大约有 2 500 匹狼生活在明尼苏达,因为狼的数量最多并且最稳定,该州被联邦政府授予了更多的管理自治权。

在该州召开的 12 次信息会议上,与会者得知了该州的方案,他们也可以对该过程提出其他意见和建议。在 12 次会议之后又召开了狼的管理“圆桌会议”。圆桌会议包括了环境组织(例如塞拉俱乐部)、农业利益集团(例如蒙大拿农业局)、野狼组织(例如HOWL——帮助我们的狼生存)、捕猎,诱捕组织(例如明尼苏达猎鹿人协会)和部落利益群体(明尼苏达有 11 个印第安人保护区)等的代表。此外,还有来自该地区和科学界的代表。

该圆桌会议提出一个制定该州野狼管理计划的特殊授权,它必须得到全体与会者一致赞同才能通过;圆桌会议的每一位成员必须支持这项计划,否则它将被退回起草小组。经过多次会议,包括长达 10 个小时马拉松式的最终会议后,圆桌会议投票一致通过这项管理计划。这项计划的重点包括:

- 为了扩大狼群的数量和范围,对该州的狼群进行管理。
- 如果土地所有者发现狼掠食家畜或者宠物,他们可以杀死它。
- 禁猎期或禁捕期至少要长达五年。
- 赔偿家畜和宠物所有者的损失。
- 该州鼓励利用非致命性的方法保护家畜。
- 非法杀死狼将被严格处以 2 500 美元的罚款。

在将计划提交至该州自然资源的管理部门后,圆桌会议的大部分与会者感到他们已经达成合理的共识,并且大多数明尼苏达人对此表示认可。圆桌会议的成员(不知疲倦、花费数月)辛苦地努力,以为他们的计划会按照书面的约定执行。实际情况却并非如此。结果,明尼苏达州的立法部门继续拥有最终的裁定权。起初,他们极大地忽略了这项集体制订的计划,提出了自己的方案取而代之,它包括规定大面积的狩猎和诱捕区域。直到公众提出抗议,他们才修改了方案作为某种形式的折中。修改后的计划采用了利益相关者计划中90%的野狼活动范围(图11.4),剩下的10%作为"农业区域",在这块区域土地上所有者可以更灵活地决定是否杀死狼(Williams,2000)。

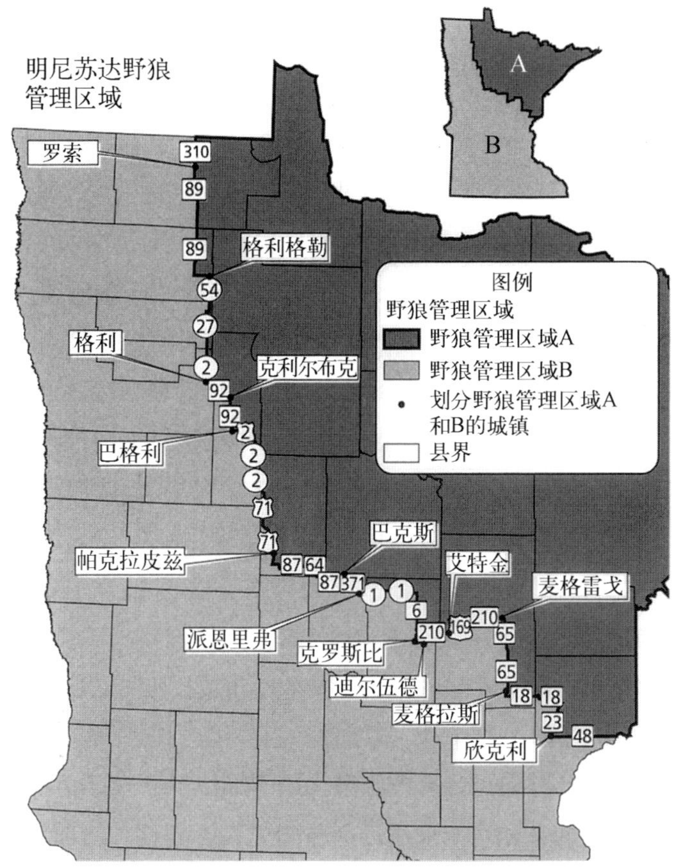

资料来源:http://wildlife.utah.gov/wolf/pdf/mn-wolf-plan-01.pdf,p.45.

图11.4　明尼苏达州狼的管理范围

评价结果

正如可以预见的那样,人们对圆桌会议和它产生的管理方案意见不一。最终结果的支持者强调,圆桌会议组织能够达成一项意见统一的方案,并且该州的科学家认为它在生态上是合理的。支持者还指出圆桌会议这个过程的重要性在于它建立了沟通的桥梁,打开了交流的渠道,使今后狼(和其他)的管理问题更加容易解决。可是,对此也有许多批评者。环境组织的一些批评者认为,最终的方案更多是一种妥协,它不代表对狼群恢复的真正承诺。该计划中支持保护狼群的批评者强烈地反对将该州分成两个管理区。什么才是最公平的评价?当然,这个过程不是完美无缺的,利益相关者的团队一开始就应该意识到他们的权力有限。但是在这个方案执行了十几年后,结果是喜人的。该州狼的数量增加到近3 000匹。与位于落基山的各州一样,自从把狼从濒危物种的名单中去除后,最近明尼苏达第一次对猎狼开禁。虽然并非所有人都为此感到高兴(例如HOWL组织提出强烈的抗议),但是许多环保主义者和生物学家认为狩猎是一种务实合理的管理之道。狼群保护的支持者最终的收获可能比他们意识到的更多。根据经验丰富的野狼生物学家大卫·梅奇(David Mech)的说法,狼群恢复的一个几乎注定失败的做法是过度保护,因为这会让它们成为令家畜养殖户"讨厌的东西"。其实,这一幕已经在波兰发生:在引进了三倍数量的狼后,对它们进行全面的保护,不加以任何控制,结果这些狼全部被土地所有者射杀(Emel,1998)。因此,在明尼苏达的案例中,让家畜养殖户、狩猎人、诱捕者参与决策过程也许改变了该州农业对待狼群"格杀勿论"的心态,对所有相关人员来说,与狼和谐共处是最好的目标。如果通过利益相关者管理这种新的制度,明尼苏达的情况出现好转,那么相比于其他方法,狼群在未来得到复苏的可能性则更大。但是,要改变人类对狼的看法,无论对于环保主义者还是牧场主都不是一件容易事,因为在不同的群体中,关于狼的社会建构都有很强的影响力。

社会建构:关于狼与男性男子气概

在第八章中,我们介绍了自然的社会建构。把自然看作一种社会建构——人类的想象、思维定式和文化规范生产的一种产物和过程,而不是某种已经存在的实体,在很多方面,它可能是一种非常有用的方法。在狼的难题中,社会建构主义的分析方法有助于我们弄清对狼的主要描述与我们对待这种动物的方法、态度之间的关系。

人类是正义的猎人,野狼是邪恶的猎兽

虽然欧洲殖民者在北美大面积地消灭原本就生活在这片土地上的狼是悲剧性的,但是这并不令人惊讶。毕竟,早期的美洲开拓者所承载的文化害怕生活在"荒野"中的野生生物(见第八章)。此外,狼群对从事农业的开拓者来说的确是一个实际的问题。狼群也许并不杀害人类,即使西方关于狼的虚构故事可能让人们信以为真(想一想《小红帽》的故事),但是它们的确(并且依然)掠杀家畜。然而,这两个因素——贬低野生动物和农业生产模式,真的能解释他们对杀戮的狂热吗?这些因素可以解释一些随意的杀死狼的恐怖手法吗?这能解释为了消灭这片土地上的每一匹狼使用致命性毒药,结果却影响到数千种并非是目标的物种,包括许多明显有益物种的行为吗?那么公开地折磨,并且/或者灼烧落入陷阱的狼呢?或者,杀死一窝幼崽仅留下一只,然后把它的腿捆在树上,利用它的喊叫唤回它的母亲(再将其射杀)(图11.5),这又该怎么解释呢?正如地理学家乔迪·埃梅尔(Jody Emel)所说:

> 这到底是怎么回事?这不仅仅是为了保护家畜,因为……虽然它们不再对人类构成经济上的威胁,但是杀戮仍然一直进行。直到今天还在继续。(Emel,1998:201)

研究这一时期有关男子气概①的建构可以帮助我们更好地理解它的原因,并且避免历史重演。第一个原因来自当时一种男子气概的思维定式:绅士猎手。在19、20世纪之交的美国,绅士猎手是男子气概的最高境界。他体现了理想中粗犷而又独立的美国人所具有的品质。他是幸存者,通晓自然之道。孤独让渺小的人害怕,而他却能从容应对。可是,他有选择地猎杀,并且很克制,只根据自己需要的用量猎杀。

图11.5　20世纪初地方政府任命的捕狼人

① 男子气概(Masculinity):在任何一个社会中,社会公认的与男性有关的行为特征;在不同的文化、地区和历史阶段,这些特征可能差异很大。

狼也是猎手，也许是个很好的猎手，这让很多人多少有点嫉妒。此外，把狼当作猎手也与"狩猎"的文化标准相差很远。首先，狼成群结队地行动。与理想中孤独的猎人相比，这显得很怯懦。有时，狼也会过度杀戮，在猎杀现场把"浪费的"肉撒得到处都是。当然，大部分的掠食者也这么做。虽然这种做法给食腐动物开放了生态位①，它们对各个地方的陆地生态系统和海洋生态系统都是不可或缺的，但是我们并不这样看待狼的猎杀行为。人道的绅士猎手对他的猎物充满了恻隐之心，相反，狼被看作是野蛮或者无情的。19、20 世纪之交的自然历史学家威廉·霍纳迪（William Hornaday）就是持有这种态度的代表："［狼］很乐意堕落到卑鄙、背叛或者残忍的深渊。"（Hornaday，1904：36）如果存在任何给荒野带来光明的希望（见图 8.2），那么必须消灭这些生物。

很清楚的是，在这件事上人类正好是狼的对立面：一个正义的绅士猎手给荒野带来了秩序。猎狼人是英勇的。虽然不是不可能，但是我们很难准确地估算出在凶恶的狼与正义的猎人对比鲜明的建构中到底有多少因果关系。我们也很难理清当时的美国社会所有貌似发挥作用的双重标准。例如，社会如何协调在把狼建构成邪恶动物的同时见证（甚至补贴）人类无情地屠杀大平原的野牛？即使我们从未指望最终能回答这些问题，但是我们可以认识到建构对于指导我们的行为以及我们对不同行为的理解时的影响力。几百年来，关于狼的负面建构加深了人们对它们的仇恨，这种仇恨体现为全社会参与了这场可怕的、几乎无可争议的屠杀。

狼拯救了荒野，但这是为了谁？

然而，对狼群进行批判的建构主义分析不应该止于 19、20 世纪之交对狼的敌对态度；它必须瞄准它的对立面。今天狼被建构

---

① 生态位（Niche）：在生态学的概念里，有机物或者物种在较大的生态系统中的位置，它通常实现了一种生态功能。

的力度之强不下一百年前。至少在北美,狼几乎成为“荒野”的代名词,但是正如第八章中所回顾的,荒野本身远不是一个单纯的社会建构。尽管(目前)荒野通常被建构成不受人类控制的土地,但是在真实的荒野地区有许多规定如何利用它们的正式规则。荒野的生态利用是近期需要保留荒野的一个理由。甚至就在 20 世纪 60 年代,对荒野最主要的官方解释还是将它用作消遣。这一点被写入了 1964 年的《荒野保护法案》,这项法律规范了美国指定荒野区域的制度。用今天通用的语言来说,“人”需要一个独处的地方,暂时摆脱现代城市文明。

就这一点而论,经允许的荒野利用是非机动化、低冲击性的活动,例如划独木舟、徒步旅行和钓鱼。在性别和阶层这两方面,所有这些活动确实有排他性。荒野曾经是、现在很大程上依然是中产阶级男性的领域。它需要时间和金钱,例如参加著名的鲑鱼河六天漂流之旅,穿越爱达荷州的赛尔威—比特鲁特荒野。性别的排他性也体现在许多层面。例如,有多少有孩子的劳动阶级女性可以离家一个星期(或者其实就一个下午)享受野外宁静的消遣?从这个角度来看,有关荒野区域的争论不是关于是否利用这片土地,而是谁能利用它们并以哪种方式加以利用。

但是,为了男性白人的休假而保护荒野的时代已经(无可非议地)渐渐远去。今天,保留土地更多是出于生态的原因。狼来到了这里。今天,狼的出现创造(建构)了“再野生化的”土地,荒野。不管官方怎么划定“荒野”,让狼来到这片土地——建构荒野,与其他方式相比,对一些土地的利用(和一些土地使用者)是有利的。例如,在佛蒙特州北部,狼为雪地摩托车的反对者提供了强有力的依据,因为它们往往会避开大量使用雪地摩托的区域。如果他们提出富裕的民宿旅客来到这里是为了聆听野狼的嚎叫而不是雪地摩托的轰鸣声,这可能让问题更简单些。

狼的再次引进也会促进保护生物研究成为当地一项迅速发展

的事业。通过支持再次引进狼,科学家也赞成个人对这片土地(如今,被建构为"生态系统")拥有某种程度的专属使用权。诚然,认为这就是他们积极支持这项行动的动机既不公平,也是自私的。但是不可否认,无论从个人的角度还是职业的角度,科学家需要从成功的再引入中有所收获。同样不可否认的是,与早前主要的荒野利用一样,大型食肉动物的科学研究,这项穿着"沾满泥浆的靴子"在未开垦的地方进行的野外工作,绝对是受过良好教育的白人的专利。也许,明尼苏达、佛蒙特等地的许多农村居民对再次引入狼这种耗时费力的再野生化行动努力保持沉默,并不是出于他们对狼某种由来已久的蔑视,而是他们认识到自己可能要为了保护做出巨大的改变。

狼的难题

本章,我们学习了:

- 狼是一种经过成功进化,适应能力很强的物种。
- 从几千年前驯养狼开始,到近期展开系统性的灭狼行动,再到最近保护狼的趋势,人类与狼紧密互动的历史由来已久。
- 用新颖的制度模式保护狼群,是一种保证该物种长期的健康发展更民主、可能更有效的方法。
- 生态中心主义伦理学提出,如果我们要为狼的生存发展留有重要的空间,我们需要超越对人类有用性的局限去仔细思考。
- 保全生物学提出,狼的命运可能与更广泛的全球生物多样性和进化过程的命运相关联。
- 狼的社会建构随着时间推移发生变化,这些建构同社会准则和思维定式密不可分。
- 狼的社会建构会产生影响;它们与我们对待这种重要动物的方式联系在一起(注意:我们领会了这句话的讽刺意义;我们意识

到狼是一种重要的动物本身就是一种建构,它反映了我们的文化,并且产生实质的影响)。

以上总结把我们带回到黄石公园,狼群正在那里蓬勃发展。现在,狼既是狩猎的目标,也是游客观赏的对象,未来十年,黄石公园周围狼的保护将真实地反映:(1) 社会—环境优先考虑事项的变化;(2) 相互矛盾的社会—环境话语;(3) 越来越多地利用制度性的方法进行环境保护。

在全球范围,恢复狼群的呼声将会增高。在印度,狼的命运将会怎样? 在埃及呢? 在丹麦呢? 会像有些人提议的那样,再次把狼引进到苏格兰高地吗? 毫无疑问,这些答案会因为不同的地区和群体千差万别。但愿我们能从历史中吸取经验教训,理清我们彼此相互作用的复杂区域。狼注定是一个比较棘手、长期存在并且有趣的自然和社会难题。

问题回顾

1. 在你家附近的食物网络中,列出各个营养级(从供应者到顶级掠食者)中的一种物种。(食物网可以是陆地的,也可以是海洋的。)

2. 狼的再引进对黄石国家公园内部和周围的生态系统产生了哪些影响?

3. 写一段以伦理学为基础支持或者反对再次把狼引进到美国东北部的论证。

4. 比较在明尼苏达州关于狼的"圆桌会议"与黄石公园再次引进狼的过程中,当地居民的角色。

5. 解释下面这句话:狼的存在有助于建构荒野。

练习 11.1　狼的保护与人口的增长

在本章,我们回顾了如何用伦理学、制度和社会建构的方法处理狼的难题。解释如何用人口为基础的框架(如第二章所描述的)理解这个问题。人口的增长会对狼现有的数量和栖息地产生哪些影响,对它们的保护构成什么威胁?用人口为基础的方法解决狼的问题有哪些局限性?

练习 11.2　IUCN 濒危和受到威胁的物种的"红名单"

国际保护自然与自然资源联盟(通常被简称为"IUCN")将全球范围濒危和受到威胁的动植物物种编成目录,列入"红名单"。研究并且写下 IUCN"红名单"中三种极其濒危或者濒危的物种(IUCN 红名单的网址是 www. iucnredlist. org)。针对每一种物种,写下/描述:

1. 这种植物或动物物种的简单描述。

2. 它生活在哪里:包括(a)它首选的栖息地类型,和(b)在地理方位上,这个物种生活在哪里(你可以给每一个物种附上地图)。

3. 对这种物种的威胁(例如失去栖息地、污染、过度狩猎等)。

练习 11.3　调查关于猎狼的争论

正如在本章的开头所说到的,因为最近许多狼群纷纷从濒危物种名录中去除,所以美国的许多州已经开始制定合法的猎狼期。一些环保组织(例如野生动物捍卫者和地球正义)公开地批评了这种急于猎狼的举动,并且在网上发起反对运动。在网上找出一项这样的行动,并进行批判性的总结。解释它反对狩猎的逻辑依据(它们是以人口为中心,以伦理学的观点为基础,还是以市场为基础?)。此外,写一篇文章讨论:为了使狼与自然的诉求奏效,一般说来,它们是如何被人类社会建构的。

参考文献

Barlow, C. (1999), "Rewilding for Evolution"(《为了再野生化》), *Wild*

Earth(《野生地球》), 9(1):53—56.

Emel, J. (1998), "Are You Man Enough, Big and Bad Enough? Wolf Eradication in the US"(《你够男性化,够强大,够坏吗? 美国狼的消失》), J. Wolch, J. Emel eds., *Animal Geographies*(《动物地理》), New York: Verso, pp. 91—116.

Fischer, H. (1995), *Wolf Wars: The Remarkable Inside Story of the Restoration of Wolves to Yellowstone*(《狼的战争:在黄石公园恢复狼的著名内幕》), Helena, MT: Falcon Press.

Foreman, D. (2004), *Rewilding North America*(《北美的再野生化》), Washington, DC: Island Press.

Hambler, C., S. Canney (2013), *Conservation*(《保护》), Cambridge: Cambirdge University Press.

Hornaday, W. (1904), *The American Natural History*(《美国自然史》), New York: Scribner's Sons.

Mech, D. (1970), *The Wolf*(《狼》), Garden City, NY: Natural History.

Mech, L. D., L. Boitani eds., (2003), *Wolves, Behavior, Ecology, and Conservation*(《狼,行为,生态和保护》), Chicago, IL: University of Chicago Press.

Nie, M, A. (2003), *Beyond Wolves: The Politics of Wolf Recovery and Management*(《超越狼:恢复和管理狼的政治》), Minneapolis: University of Minnesota Press.

Rirdan, D. (2012), *The Blueprint: Averting Global Collapse*(《蓝图:防止全球崩溃》), Louisville, CO: Corinno Press.

Schweber, N. (2012), "'Famous' Wolf is Klled Outside Yellowstone"(《著名的狼在黄石外被杀》), *New York Times*(《纽约时报》), 6 December.

Sessions, G, (2001), "Ecocentrism, Wilderness, and Global Ecosystem Processes"(《生态中心主义,荒野与全球生态系统过程》), M. E. Zimmerman, J. B. Callicott, G. Sessions, et al. eds., *Environmental Philosophy: Form Animal Rights to Radical Ecology*(《环境哲学:从动物权益到激进生态学》), Upper Saddle River, NJ: Prentice Hall, pp. 236—252.

Smith, D. W., G. Ferguson (2005), *Decade of the Wolf: Returning the Wild to Yellowstone*(《狼的十年:回到黄石的野外》), Guilford, CT: Lyons.

Terborgh, J., J. Estes (2010), *Trophic Cascades: Predators, Prey, and the Changing Dynamics of Nature*(《营养级联:掠食者,猎物和自然的动态变化》), Washington, DC: Island Press.

Williams, T. (2000), "Living with Wolves"(《与狼共存》), *Audubon*(《奥杜邦》), 102(6):50—57.

Wilson, E. O. (2012), *The Social Conquest of Earth*(《地球的社会征

服》), New York: Liveright.

Young, S. P., E. A. Goldman (1994), *The Wolves of North America, Part I* (《北美的狼,第一部分》), London: Constable.

推荐阅读

Lopez, B. (1978), *Of Wolves and Men* (《关于狼与人》), New York: Scribner.

Mowat, F. (1963), *Never Cry Wolf* (《绝不喊狼来了》), Toronto: McClelland and Stewart.

Walker, B. L. (2005), *The Lost Wolves of Japan* (《日本失去的狼》), Seattle, WA: University of Washington Press.

Wildlife Friendly certification website: http://wildlifefriendly.org/, accessed August 8, 2013.

Yochim, M. (2013), *Protecting Yellowstone: Science and the Politics of National Park Management* (《保护黄石:国家公园管理的科学与政治》), Albuquerque: University of New Mexico Press.

第十二章

铀

图片来源:© RGB Ventures LLC dba SuperStock/Alamy.

复兴被打乱了?

2011 年初,核能的支持者和开采铀矿的公司感到情况颇为乐观。1986 年前苏联切尔诺贝利核电站核反应堆爆炸事故的记忆逐渐淡去。全世界范围内铀的开采和加工输出呈现上升的势头。中国，全世界最大的能源消耗国，正计划新建30所核电站。为了满足对核燃料看涨的需求，美国在30年内第一次开办了新的铀浓缩工厂。所有的迹象似乎都指向该行业支持者所称的“核复兴”，即该行业因1979年宾夕法尼亚州三里岛和1986年切尔诺贝利的事故遭受重创而停滞后，再次获得经济上的新生。就在此时，2011年的春天，灾难再次袭来。

2011年3月11日上午，位于日本东北海岸线上的福岛第一核电站与往常一样，没有任何异常。核电站六个核反应堆中的三个正在线上发电，而其他三个被关闭的按计划进行日常维护。但是就在下午两点四十六分，距离海岸仅70公里远的海底发生了9.0级的地震。工作人员一探测到地震，核电站就立即被紧急关闭。为了保证放射性燃料的温度在安全范围内，备用的柴油发电机向核反应堆中注入冷却水。不到一小时，（地震引发的）海啸淹没了核电站。发电机失灵，注入到堆芯的冷却水被切断，反应堆开始变得过热。

几天内，核电站经历了多次的“堆芯熔化”，其中熔化了的燃料开始外泄，造成了结构性的破坏并产生温度过高的水和蒸汽。由于熔毁和由此造成的氢气爆炸，大量的放射性污染物被释放到周围的空气和水中，导致大面积的环境破坏。核电站附近的村庄可能永远都不再适合居住。牛奶和200英里以外地区种植的蔬菜中探测出危险的放射性物质。在这场灾难的几个月后，离福岛海岸12英里处捕捞到的鱼，其放射性污染物水平是安全水平的250多倍。因此可以理解，许多日本的老百姓开始质疑核能是否利大于弊。

作为对这场灾难引发的普遍不安的让步，日本政府暂时同意在2040年之前逐步淘汰核能（结果却在五天后，撤回了设定的最后期限）。福岛核电站事故也影响到日本以外的商品市场。德国已经承诺将完全放弃核能,其他国家对核能的支持也在减退。2012 年 10 月,铀的价格降到了两年来的最低水平,仅仅是五年前的三分之一。看来呼吁核复兴计划可能为时尚早。

我们是什么时候、如何发现了铀的独特属性?为什么我们不顾它骇人的破坏力,继续利用它?为什么有人竭力呼吁增加对核能的开采和利用(有些人甚至以环境为理由进行辩护)?通过研究铀的难题,我们可以弄清楚社会与自然关系中许多持久存在、令人困惑的问题。

铀的简史

铀是一种金属元素。它在元素周期表中序数为 92,是天然存在的质量最重的元素。铀形成于超新星——把能量和物质大量释放到宇宙中的星球爆炸。铀存在于地球的岩石圈中(地壳中含量约为百万分之二到百万分之四),太阳系形成时就已经被捕获到,在我们这个星球整整 46 亿年的历史中它一直都存在。

然而,比起它的原子重量、轰轰烈烈的产生过程和悠久的历史,更引人注意的是铀具有放射性的属性。放射性元素一直都不稳定,不断释放出粒子和能量,直到它们衰变为更稳定、质量更轻的元素。如果有足够的时间,任何一份铀的样本都会衰变成铅。可是,这个过程令人难以置信地缓慢。铀的半衰期取决于它的同位素(稍后进行详细介绍),在 7 亿到 45 亿年之间。例如,一个含有 4 克铀的矿物质样本将需要数百万年才能使一半的铀(通过不稳定的元素中介)衰变成铅,到那个时候该样本中仍然有 2 克(仍在衰变的)铀。

探索自然的原子之谜

1789 年,德国化学家马丁·克拉普罗特(Martin Klaproth)发现了铀，并以当时新发现的一颗行星——天王星（Uranus）将其命名为 uranium。一百年后，法国化学家亨利·贝可勒尔（Henri Becquerel）意外地发现了铀具有放射性。他注意到在没有接触日光的照相板上，铀盐周围蒙上了一层雾。

贝可勒尔的发现激发了巴黎的物理学家玛丽·斯克沃多夫斯卡（即后来的居里夫人）和皮埃尔·居里的兴趣。在经过五年的不断试验（主要通过化学元素镭，一种铀的不稳定衰变产物）之后，居里夫妇和贝克勒尔获得了 1903 年的诺贝尔物理学奖。居里夫妇都饱受今天我们称之为放射性疾病的折磨，他们的身体状况让他们接受诺贝尔奖的演讲推迟了两年。皮埃尔·居里在发表诺贝尔获奖演说时，虽然对此颇为乐观，但也为他们的发现苦恼。"如此深入地探索自然之谜是正确的吗？"他若有所思地说。"在此，我们必须提出[放射性]是否会造福人类，或者知识是否有益这个问题"（Zoellner，2009）。可以说，在一百多年后，即使承认核能①占全球发电总量的 16%（IAEA，2007），这个问题仍然难以回答。

1932 年，中子的发现是核物理的分水岭。截至 1938 年，德国化学家已经成功地利用中子轰击铀原子核，并目睹了其惊人的结果。产生的粒子为钡原子，这种元素的重量大约是铀的一半。他们正确地得出铀原子可以被有效地分成两半的结论，并把这个新发现的过程命名为二分裂（如今被称为核裂变②）。

诱发的（即人为的，与地质的截然不同）裂变与"新"原子共同释放出能量和自由的中子。当自由的中子穿透其他不稳定、质量较重的原子核使它发生分裂，产生更多的能量、原子和更多的中子，并且以级联的方式依次类推时，核连锁反应③就发生了。如果

---

① 核能（Nuclear Power）：核电站利用诱发核裂变生成热量、蒸汽和电力而产生的电能。

② 核裂变（Nuclear Fission）：原子核分裂成两个质量较轻的核，产生两个质量较轻的原子并释放出能量的过程；在此过程中，通常也释放出核粒子（例如中子）。

③ 核连锁反应（Nuclear Chain Reaction）：单一的核裂变或者裂变事件触发一系列自动生成的核裂变或聚变反应。

能够推动这个过程的进行,我们就可以(为了生成核能)获取或者(为了核弹)释放产生的能量。

曼哈顿计划与核技术的威力

第二次世界大战中,来自纳粹德国和日本帝国的威胁推动了美国为修建核工程设施,提供所需的数十亿美元资金(以及精密程度令人难以置信的安全基础设施)。1939 年,这项最终被命名为"曼哈顿计划"①的工程启动。截至 1942 年,曼哈顿计划在二十多个研究场所展开,最著名的要属田纳西州的橡树岭(Oak Ridge)和新墨西哥州的洛斯阿拉莫斯(Los Alamos)。

产生核连锁反应需要"浓缩的"铀,以使它更容易裂变(即更容易分裂)。问题是铀的两种常见同位素中,只有一种会发生裂变。任何一种元素的所有原子都含有相同数量的质子,但是不同的同位素有不同数量的中子。同位素用该元素的化学符号标记,后面跟着质子和中子数量的总和。铀矿中,超过 99% 都是 U^{238},这种常见的同位素含有 92 个质子和 146 个中子。然而,U^{238} 并不容易发生裂变。更加稀缺的同位素 U^{235}(也有 92 个质子,但是有 143 个中子)则极其容易裂变。铀矿中 U^{235} 原子的含量不足 1%。浓缩的过程是从 U^{238} 原子中分离出 U^{235},然后把它们与纯铀重组得到更高浓度的 U^{235}。1944 年,在橡树岭的核实验室,工程师成功地浓缩了铀的样本,得到了 15% 的 U^{235},有证据表明这个"浓度"足以维持核连锁反应。样本被送往洛斯阿拉莫斯,在那里,恩里科·费米(Enrico Fermi)和罗伯特·奥本海默(Robert Oppenheimer)等科学家设计制造出世界上第一批核武器。

1945 年的 8 月 6 日,美国在日本的广岛投下了一枚原子弹。

---

① "曼哈顿计划"(Manhattan Project):第二次世界大战期间,美国(和盟友)研制第一批原子弹,这是一项高度机密的核研究项目。

爆炸和产生的放射性尘埃[①]造成 15 万多人死亡。尽管对于在广岛以及随后在长崎投放原子弹是否必要和明智存在很大争议,不可否认的是,这些事件悲剧性地开启了一个崭新的核时代。

第二次世界大战结束后,对核关注的焦点分成了两个方向。虽然一些国家继续发展核武器,但是许多新的核研究被应用到"和平的"领域,尤其是发展可行的核电站。1954 年,苏联成为第一个建设核电站并把电能输送到电网的国家。

在最初的几十年里,核能发电发展迅速。在 20 世纪 60 年代到 80 年代期间,全世界的核能发电量增长超过了一百多倍。对一些经济资源充沛但是化石燃料资源紧缺的国家来说,例如法国和日本,核能的快速发展合乎逻辑。目前,在 30 个国家有超过 430 个核电站正在运行。许多该项技术的支持者认为(尽管发生了三里岛、切尔诺贝利和福岛的事故),核能的安全历史还是相对正面的,而且它的益处(例如可靠的能源,相对低的碳排放)远远超过问题。相反,核技术反对者的看法正好相反:该技术内部固有的危险巨大,且多种多样,持续时间长,因此应该尽快逐步淘汰核能发电(与争议较少的核武器)。他们不只是担心可能发生的最坏情况,例如核战争或者与福岛核事故规模相当的堆芯熔毁,在"核燃料链"的每个连接都存在危险。

核燃料链

为了充分领会把开采出来的铀转变为电力的复杂性——并且同样重要的是,理解在利用这项技术中许多内在的问题,我们必须研究"核燃料链"(图 12.1)。这个概念解释了开采出来的铀及其所有的副产品从摇篮到坟墓完整的生命循环。

① 放射性尘埃(Fallout):核武器或者核电站及其他类似设施的爆炸造成的空气中放射性污染。

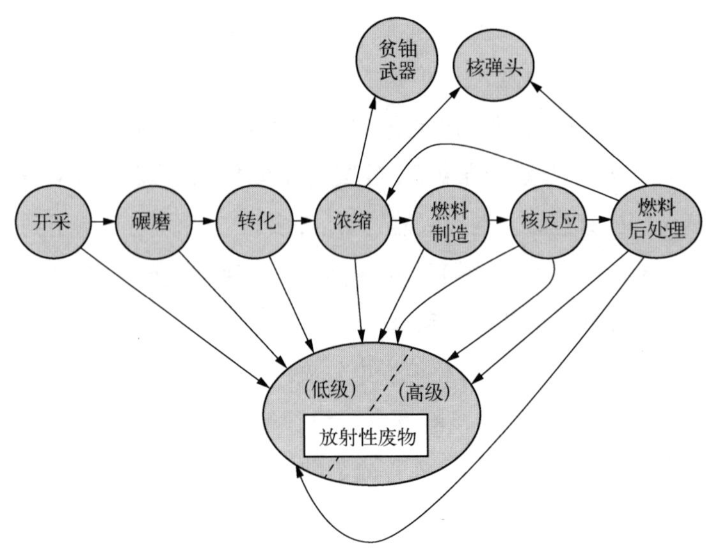

图 12.1　核燃料链

核燃料链从铀矿的勘探和开采开始。加拿大、澳大利亚和哈萨克斯坦这三个国家的铀矿开采占全世界的一半以上,但是俄罗斯、一些非洲国家、中国、美国和少数其他国家也开采矿石(图 12.2)。无论是在露天或地下矿山开采,还是利用被称为“原地采矿”的新技术,我们都不可能简单地在不影响周围的土地、空气和水的情况下,从地下开采铀矿石(或者其他任何的矿石)。

这条链条中的第二个“连接”是初步加工或者“碾磨”矿石,在这个过程中,通过化学的方法将铀与周围的岩石分开,产生一种叫做“黄饼”的物质。从黄饼中获得核燃料需要燃料链中另外三个连接。首先,黄饼(U_3O_8)必须转化成铀的六氟化物气体(UF_6)。如果工厂没有严格地遵守安全步骤进行操作,“转化”的过程会产生剧毒的气体。其实,在美国政府发现了设备潜在的安全隐患后,美国唯一的转化设施(位于伊利诺伊州)被关闭了 12—15 个月进行安全升级(Elk,2012)。

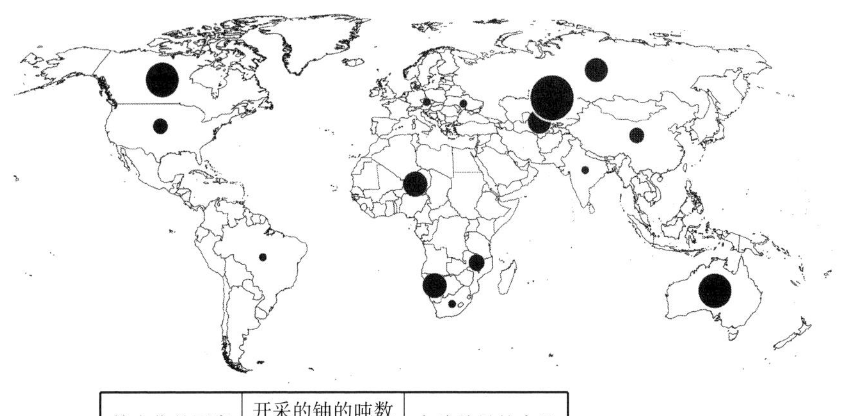

前十位的国家	开采的铀的吨数（2012 年）	全球总量的占比
哈萨克斯坦	21 317	36.5%
加拿大	8 999	15.4%
澳大利亚	6 991	12.0%
尼日尔	4 667	8.0%
纳米比亚	4 495	7.7%
俄罗斯	2 872	4.9%
乌兹别克斯坦	2 400	4.1%
美国	1 596	2.7%
中国	1 500	2.6%
马拉维	1 101	1.9%
（其他国家）	2 406	4.1%

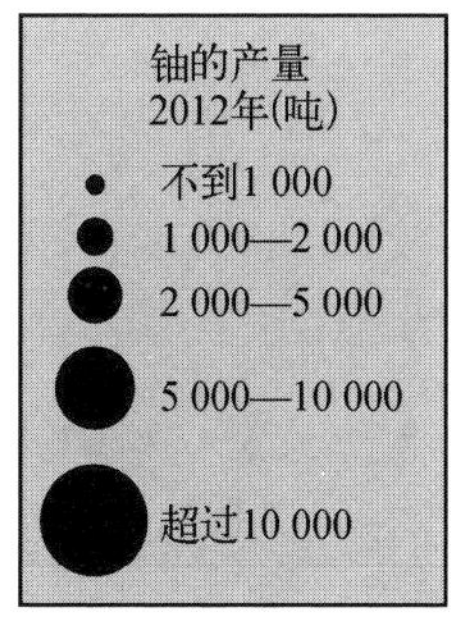

资料来源：数据来自世界核能协会，http://www.world-nuclear.org/info/Nuclear-Fuel-Cycle/Mining-of-Uranium/World-Uranium-Mining-Production/#.UXahukrNI8E。

图 12.2　2012 年世界铀的产量

然后，被转化了的铀必须在单独的设施中进行“浓缩”（如上文所述）。铀浓缩会产生一个非常不受欢迎的副产品“贫铀”①，这种纯铀的残留物将近 100% 由不可裂变的 U^{238} 原子组成。贫铀的浓度非常高，在一些国家被用于盔甲和弹药中。例如 1991 年和 2003 年两次对伊战争中，美国的武装部队利用贫铀弹药摧毁了伊拉克的坦克。尽管美国军方的官员声称贫铀对人体健康或者环境不会造成危害，但是在一些地区使用贫铀军火是否会对伊拉克（还有其

① 贫铀（Depleted Uranium）：铀浓缩的副产品；由几乎 100% 未裂变的 U^{238} 原子构成的高密度、高纯度的铀；一旦用于盔甲和武器，在销毁时可能会留下放射性污染。

他国家)造成持续的毒害存在广泛的争议(**Peterson**,2003)。

最后,浓缩铀经过所谓的燃料"制造"的过程,被加工成燃料芯块。核电站的运作原理和传统的煤气厂或者火力发电厂非常相似,燃料产生热量,热能将水变成蒸汽,蒸汽在压力的作用下带动与发电机连接的涡轮,随后发电机将电力输送到配电网中。在反应堆的"核心",裂变释放出中子(和热量)。一些自由的中子又分裂其他原子(释放出更多的中子和热量),以此类推。捕获一些自由中子的"控制棒"在燃料棒中上下移动,以维持理想的裂变率(且产生热量)。

除了电能,核电站还产生危险的放射性废弃物。它们可以被分成"高放射性废物"和"低放射性废物"。高放射性废物主要由废核燃料组成,具有危险的放射性,而且持续几千年。低放射性废物是其他一切具有放射性的污染物,它们不能被不经处理地丢弃到固体废物垃圾场。这类废物包括核电站的混凝土和金属、核电站人员穿着的防护服、用过的控制棒和停止使用的核反应堆(通常运行了40—80年)。不同类别的低放射性废物需要用不同的方法进行处理,其中只有极少部分没有风险和争议。一旦废料被储存(虽然眼不见,未必就心不烦),核燃料链就终止了。

即使考虑到整个燃料链的能源投入,核能也比化石燃料的碳足迹①低得多。从这一点而论,一些核能的支持者[包括一些环境保护的权威人士,例如《盖亚假说》的作者保罗·霍肯(**Paul Hawken**)]认为,核能是用真诚的态度尝试缓解全球变暖不可或缺的一部分。

铀之谜

铀提出一个棘手的难题。也许没有哪种物质既有这么明显的

① 碳足迹(Carbon Footprint):特定的个人、组织、经济部门或者商品生产过程产生的温室气体(二氧化碳、甲烷)总量。

实用性，又包含了这么可怕的危害。不断地依赖核技术，我们是不是像伊卡洛斯*一样，“飞得距离太阳太近了”？在铀的简史中，我们了解了核技术本身具有的美好前景和内在危险。

- 核电站的发电量在世界发电总量中占比很高，而且发电的方式相对比较清洁（当一切运行顺利的时候）。

- 生产核燃料的过程非常复杂，整个链条上的每一步都存在风险，会产生污染和有毒的废料，而且可能造成十分严重的后果。

考虑到这些似乎不言而喻的原因，很容易理解为什么核能会引起如此强烈的反响。通过用三种分析方法评价铀的谜团，我们可以更准确地理解这个问题的复杂性，能够更好地回答这些难题，例如：如果我们继续依赖铀，谁将从中获益，谁将遭受损失？解决核废料问题的长远方法是什么？核能展现了一条明智的前进之路吗？

专栏 12.1　环境解决办法？节能的建筑

核电站的发电量占全世界总发电量的16%左右。火力发电占比接近40%。从环境保护的角度来看，这两种技术都不是特别有吸引力（读到这里你应该很容易理解）。要降低对发电量如此高的需要，一个可行的方法是减少需求，即降低总的用电量（这得尽量在各个级别上都能够实现这个目标：本地的、全国的、全球的等等）。你会注意到我们没有说“我们可以简单地减少需求”。虽然我们承认其他的事物也是如此——减少的需求会造成电能价格的降低，但是这反过来也会导致使用的增加（一种理论上的市场约束，它被称作“杰文斯悖论”*），不难想象的是，可以通过制定一些制度（见第四章）来抵消正在减

* 伊卡洛斯，希腊神话中工匠代达罗斯之子，以其父制作的蜡翼飞离克里特岛，他不听父亲的警告飞得太高，最终阳光融化了他的蜡翼，坠海而亡。——译者注

少的需求这个“市场问题”。

撇开这些并非毫不重要的题外话,归根结底,更容易设想并创造出可持续的未来,包括更高效地利用所有资源,并不是难事。

减少用电总量最直接的方法之一是设计建造更节能的建筑,对现有建筑的能效进行翻新改进。例如,美国的能源使用(不仅仅是电力)将近40%来自住宅和商业建筑(另两个能源消耗大户是运输和工业)。建筑能效的升级改造可以使每栋建筑的能耗平均减少30%。一般说来,它包括使用节能的照明设施[例如节能灯或发光二极管(LED)灯泡和感应式照明],改进绝缘材料(包括使用节能的窗户),改进制冷制热系统(包括使用风扇,可程控的恒温器和热泵)以及使用节能的电器和电子设备。还要记住,这减少的30%能源使用,还没有考虑到把恒温器在冬天稍稍调低一些,在夏天稍稍调高一些(或者干脆“关掉”)。

认真地计算一下,我们可以发现(把40%的数值减少30%)通过建筑的节能升级,美国大约可以节约12%的总用电量。这等于美国全部核电站一半以上的发电量。需要强调的是,我们并没有过于简化这个解决办法,暗示只要走出去,翻新一下建筑,就可以关闭全国60%的核电站。更确切地说,这些数字是用来解释说明的。但是即使仅凭这个启发性的事例我们也可以清楚地看到,“少用一点”这个旧观念并非那么极端,它不需要我们完全放弃现代的舒适生活。

---

* 杰文斯悖论(Jevons Paradox):某种自然资源的消耗会随该资源利用技术的改进而加快,因为技术改进会使下游产品价格降低,进一步刺激人们对该产品的需求。——译者注

风险和危险:关于高放射性核废料命运的争论

一言以蔽之,核能存在许多风险,核反应堆的堆芯熔毁;核武器扩散;污染物的毒性持续数千年。每一次有关核能的讨论,在某种程度上都是有关风险的讨论。毕竟,谁不明白核能的好处呢?(从微不足道的小事,到宏伟壮观的景象:谁不享受一打开电灯的开关就可以阅读一本好书呢?谁不对吉隆坡壮观的天际线或者悉尼海滨的夜景大为赞叹?)然而,核能的风险又令老百姓提心吊胆,它长期困扰着这项产业的发展,并且使管理核技术成为一种挑战。

在第六章中,我们从风险评估的角度讨论了决策的问题。这种框架在核技术的规划和评估中已经是老生常谈了,最好的例子莫过于有关高放射性核废料储存的争论。

高放射性废物:在很长,很长的时间里都是危险的

正如之前在铀的简史里讨论过的那样,高放射性废物主要由废核燃料[①]构成,在很长一段时间里都具有危险的放射性。例如,锶-90(核废料的一种衰变产物)会释放出一种剧毒的放射物,它在生理上的表现与钙相似,并且与骨癌和白血病有关(US NRC,2012)。锶-90的危险会一直持续几百年。其他衰变产物释放出有害放射性的时间跨度从几万年到甚至几十万年不等。试想人类成为"工业"物种(利用蒸汽动力,使用金属加工工具,开建工厂等)的历史也就250年左右。现在,我们明明知道这些风险,还故意生产出这些极其危险、持续时间是它一百多倍或者更久的污染物。因此,我们该如何处理每年全球核电站释放出的大约12 000公吨的核废料呢?

---

① 废核燃料(Spent Nuclear Fuel):裂变程度不再足以维持核连锁反应的核燃料。

有四种重要的高放射性废物(从现在开始,我们将使用它公认的简称"放射性废物"[①])处理方法。前两种方法可以在核电站操作。第一种方法是利用现场的冷却池贮存废物,它需要向冷却池不断输入能量,只是一种暂时性的办法。第二种方法是利用现场的"干式贮存桶",它的安全记录优良,但是造价高昂,因此不被青睐。第三种方法是再次加工核废料,它们可以被用在随后其他类型的核反应堆中。这种方法听起来前景光明,可是再加工不仅极其昂贵,更重要的是它会产生可以用于制造核武器的同位素钚。因此,那些希望尽量减少核扩散[②]的人强烈地反对核废料的再加工。

我们只剩下第四种也是最后一种方法,深层地质存储:在地质结构稳定的地方建设地下存储库,(或多或少)"永久地"存储大量的放射性废物。在我们编写这本书的时候,还没有这样的高放射性废物存储库正在实际运作(尽管在芬兰有一座正在建设中)。现在,让我们把注意力集中到一个因被提议修建深层地质存储库而闻名的地区:内华达州的尤卡山(Yucca Mountain),一些人称之为"这个星球上被研究得最多的一处地产"(US Senate,2006)。

尤卡山与风险评估地点的选择

1982 年,随着《核废料政策法案》(NWPA)的通过,美国联邦政府决定将在未来十多年里修建一座永久性的高放射性废物深层地质存储库。其目标是找到一个地方可以最大限度地将放射性废物与周围环境隔离开。在寻找的过程中,有两个标准至关重要:首先,这个地方必须没有地下水侵入,因为它会腐蚀存储容器,泄漏到地下水的供应中。其次,这里的地壳活动(例如地震)必须是最

---

① 放射性废物(Radwaste):核能、核武器生产等核技术产生的放射性废品;通常分为高水平的废物(放射性较强,持续时间较长)与低水平的废物(放射性较弱,持续时间较短)。也被称为"核废料"。

② 核扩散(Nuclear Proliferation):全球范围的核武器扩散。

低限度的,否则它会破坏设施结构的完整性。

最初,研究选取的地点分布在七个州,包括美国一些人口密集的东部地区。然而很快政治就渗入这个本应该客观科学的过程中。1987 年,来自美国东部人口密集区的政客强行通过 NWPA 的修正案,它以法令的形式将尤卡山确定为唯一可能进行深入研究的地点。毫不出奇的是,这项修正案在民间被称为著名的“让内华达见鬼去法案”(Fialka,2009)。

尤卡山刚被选为唯一可能建设高放射性废物存储库的地点,能源部(DOE)就展开了大量的风险评估[①]研究。国会指导环境保护局(EPA)对从这里释放出的放射物设立可接受的风险门槛,对释放限制的应用设定时间框架。EPA 确定了在未来一万年,平均每年每人的辐射量上限为 15 毫雷姆(US EPA,2012)。

根据 EPA 的标准对能源部的许多风险评估研究作出评价之后,2002 年能源部向时任总统乔治·W. 布什推荐在尤卡山建设高放射性废物存储库。即使承认了这里发生火山、地震、渗水的可能性极小,能源部仍然保证至少在今后的一万年,尤卡山的存储库将是安全的(Walker,2009)。布什不顾内华达州州长肯尼·基恩(Kenny Guinn)的反对,将该建议递交给国会,国会投票批准了这个地点。

对尤卡山风险评估的批评

就在 2010 年的目标日期日渐临近,NRC(美国核能管理委员会)即将建设尤卡山存储库的时候,很多事情开始迅速揭晓。它遇到的一个主要的阻碍是在 2004 年联邦上诉法院裁定一万年的标准过于武断,没有说服力,责令 EPA 将释放期限从设施完工之日算起,一共一百万年!

---

① 风险评估(Risk Assessment):严格地运用逻辑和信息来决定风险——产生不利结果的可能性,它与特殊的决定有关;用来实现更理想、更合理的结果。

众多批评家一直以来都认为从合适性研究得出的尤卡山风险估算存在许多问题。在诸多担忧中，有关时间框架的预测较为突出。在对选址过程全面彻底的声讨中，克里斯滕·施雷德-弗莱切特(Kristin Shrader-Frechette)提出地质存储库的长期风险评估从一开始就有问题，因为它们依赖的地质模型是猜测性的，无法从科学上核实。她引用的1962年的一个著名案例就是一个让人心存疑虑的先例，她认为地质学是一种解释性，而不是预测性的科学。肯塔基州的马克西平地(Maxey Flats)被选作低核废料处理点所依据的预测性地质模型设计与后来尤卡山风险评估中使用的模型设计类似。马克西平地的研究曾预测，埋在地下的钚移动0.5英寸需要24 000年，在任何可预知的时间框架内，它绝不可能迁移到别处。这个地点获得批准并被建成设施后仅过了10年就有人发现钚已经转移到2英里以外的地方(表12.1)。发现钚的迁移后，这个地点被迫关闭，清理它的费用高达5 000万到8 500万美元(Shrader - Frechette，1993)。

表12.1　对美国肯塔基州马克西平地低放射性废物设施的预测与实际的放射性污染物移动的比较(1962年)

肯塔基州马克西平地，低水平废物存储库，1962年	时间框架	污染(物)移动的距离
模型预测(用于地点选择的风险评估)	24 000年	0.5英寸
实际污染物移动	10年	2英里

尤卡山存储库的支持者在平息风波的风险沟通[①]中，度过了一段非常艰难的时期。一旦这些模型被证明在本质上是推测性的，就不能再使用地质模型了。当我们得知随着时间的推移，气候会发生变化(原始研究的降水预测是以40年的降雨量数据为基础的)后，在这种干旱的气候条件下安放设施“明显”很安全的

① 风险沟通(Risk Communication)：该研究领域致力于了解如何最理想地呈现、传达与风险相关的信息，从而帮助人们实现更理想、更合理的结果。

呼声，则越发苍白。那么，如果这些居民所在的州没有核电站，却必须接受、储存来自其他43个州所有最危险的废料，他们对此感到不满，有什么奇怪呢？对他们提出这种要求公平吗？目前，计划的反对者正享受着胜利的喜悦。2010年，巴拉克·奥巴马总统［在内华达州参议员哈里·里德（Harry Reid）的敦促下］搁置了尤卡山的规划和建设。

在接下来的部分，我们将回到核燃料链的另一端——铀的开采，研究一个更恶劣的案例，在这个案例中，有一群人承受着他们永远无法获得的收益所造成的负担。

政治经济学：环境公正与纳瓦霍国

第七章中，我们讨论了资本主义商品生产是如何造成危机，产生不公正的。我们将在这个部分利用政治经济学的视角，研究自20世纪40年代开始的纳瓦霍印第安保护区（Navajo Indian Reservation）铀矿开采的发展历程，揭示20世纪环境不公正（见第七章）的一个极端案例。

在纳瓦霍矿场劳动

第二次世界大战即将结束的时候，美国已知最大的铀储备位于西南沙漠，科罗拉多高原沿线地区。其中，一些规模较大、比较容易开采的矿床地处纳瓦霍印第安保护区。20世纪早期，大部分纳瓦霍部落成员生活在这片他们祖祖辈辈生活的地区：他们穿越广阔的沙漠，饲养马匹、绵羊和山羊，在巴掌大的土地上种植传统的玉米、甜瓜和南瓜维持生活。到1945年情况已经发生了变化，保护区不久将对外面的世界深度开放。1919年的一部法律打开了在印第安人的土地上进行矿产勘探之门。第二次世界大战结束，核时代开始到来。冷战使对铀的需求一直保持在较高的水平，这种状况持续了几十年。到 20 世纪 50 年代早期，已经有许多大型铀矿在纳瓦霍的土地上开建。

在第一产业[①]的活动中（例如采矿业、渔业和林业），资本家获得生产条件[②]（可出售的自然资源），雇佣挣日薪的劳动者开采被当作商品出售的资源。资本家通过支付劳动者低于他们添加到商品中的价值的工资获取利润。他们试图将劳动成本维持在一个较低的水平，因为劳动越便宜，利润就越高。他们也尽量使非劳动成本更低廉。有一种方法是采取不利于环境的做法，它们会导致环境的外部效应[③]，例如本可以避免的异地污染。

因为采矿从本质上是一种危险的职业和污染性行业，政府力图通过批准保证安全工作条件和有利于环境保护的法规，约束资本家的超额所得。纳瓦霍保护区的存在就像某种国中国，它提供了一个高度剥削劳动、疏于环境保护的机会，是许多资本家（和官僚）乐意选择的一条道路。

纳瓦霍保护区的铀矿勘探很容易被他们利用。任何人都可以在保护区勘探，但是只有纳瓦霍人才能申请开矿许可证。通常，白人勘探者发现储备后，花钱请会说英语、人脉广的纳瓦霍人申请许可证，之后一旦矿脉获得回报，再向他们支付 2% 的使用费。这种体制存在一个问题，即大部分农村地区的纳瓦霍牧民——在这片即将被开采的土地上生活、耕作的人；这些将因为开采作业而背井离乡的人，只会说纳瓦霍语，他们不明白这片土地将有怎样的遭遇（Eichstadt，1994）。与阻碍经济发展、自给自足地生活在农村的人民一样，他们只能选择在矿场工作或者搬离到其他地方。

---

① 第一产业（Primary Sector）：涉及从环境中直接开采资源的经济活动，例如采矿业、林业和海洋渔业。

② 生产条件（Conditions of Production）：在政治经济学（和马克思主义）的观点中，一种特定的经济运转所需要的材料或者环境条件，它包含的范围可能很广泛，从工业过程中用到的水到从事体力劳动的工人的健康。

③ 外部效应（Externality）：成本或者利益溢出的部分，即当工厂的工业活动造成区域外的污染时，必须向他人支付的部分。

不出所料,纳瓦霍的矿场实行着一种典型的殖民性质的劳动分工:白人管理者、工程师、领班,纳瓦霍矿工和小时工(负责打扫卫生、搬运物资等)(图 12.3)。小时工(人数最多)按照最低工资标准领取薪水。矿工的行业工资标准是每小时 1.5—2 美元。可是,支付给纳瓦霍矿工微薄的报酬远不是美国政府、采矿企业中间商与纳瓦霍部落之间的殖民关系中最丑恶的一面。

注:丹尼·韦尔斯(Denny Viles)(左三),美国钒企业的总裁,穿着西装,打着领带,戴着软边帽;图中另三个人是戴着硬边帽的纳瓦霍矿工。

资料来源:照片由福特·刘易斯学院西南研究中心提供。

图 12.3　纳瓦霍铀矿殖民性质的劳动分工

癌症降临到纳瓦霍保护区

20 世纪 50 年代,纳瓦霍部落的成员中几乎没有人听说过癌症,以至于 1956 年一位内科医生在一份科学互评的期刊里记录纳瓦霍人似乎不会患癌症(Pasternak,2011)。可是几十年里,因为在这片保护区进行铀矿开采,这种情况很快就发生令人痛心的逆转。

一旦开始在保护区开采铀矿,铀矿工人与癌症(通常是肺癌)的关系就得到了确认,其原因是矿工长期接触氡气和"氡子体"(氡短命的衰变产物)。这些产物都是很容易在空气中传播,被吸入到肺里的固体。

牟取暴利与官僚主义的不幸结合纵容了这种糟糕的矿场安全状况持续三十多年。四个独立的联邦机构对在印第安人土地上采矿的授权各不相同,有时甚至是相互矛盾的,而追求铀产量最大化的巨大压力又导致一种对问题视而不见的文化。给矿工提供防毒面具,向(满是氡子体的)矿井中的扬尘洒水,适当地设置通风井,这些都是再简单不过的事情,但在纳瓦霍的矿场却看不到任何这些日常的防范措施。纳瓦霍矿工为此付出的代价是巨大的。20世纪80年代,一项对曾经在纳瓦霍工作过的矿工的研究发现,他们的肺癌发病率是全国平均水平的56倍(其他几种癌症也是全国平均水平的几十到几百倍)。

正如在第七章中所解释的,政治经济学的方法揭示了权力叠加的关系,它们构建了社会与环境的关系。在这个案例中,美国政府在冷战的背景下提高了对铀的需求。大笔的资金可以随意支取。高收入和高水平的工作(政府和私营部门)依赖不断发展的铀矿开采。在这些情况下,对资本家来说纳瓦霍保护区是发现全国最大铀矿的理想地点。因为政府对印第安人土地的管理不善,他们可以绕开法规的监管。此外部落成员身陷贫困,大多数没有受过教育,大部分人甚至不会说英语,很容易成为低收入的工人,遭到剥削和故意的直接伤害。就这一点而论,在纳瓦霍保护区开采铀矿的时期代表了环境不公正的一个经典而悲剧性的案例——少数群体最容易接触到不健康或者危险的情况。

这段令人悲伤的历史彻底地阐明了这些不公正的严重程度(和根源上的种族主义)。在20世纪五六十年代,科罗拉多高原的铀矿场中,采矿公司已经形成赠送"尾料"——加工后剩下的富含铀的碎石的习惯。不幸的是,铀的尾料被制成了细小的研钵和砖块,多年以来,科罗拉多州、犹他州和新墨西哥州矿区的人民把尾料运走,并把它们加盖到自己的房屋中,或者甚至用它们新建房屋。这对纳瓦霍人特别有吸引力,毕竟他们中的许多人还居住在用光秃秃的泥土建的房子中。

1968 年,联邦政府派出一名公共卫生署的员工检查科罗拉多州格兰姜欣(Grand Junction)(几乎所有居民都是白人)用放射性尾料建成的建筑。检查的结果引起了人们的恐慌——建筑物释放出的放射性物质是该地区预期值的 100 倍甚至更高。政府立即决定对格兰姜欣进行整治。从 1971 年开始,2.5 亿美元公共资金被用于拆毁并重建4 000栋建筑。

尽管类似的尾料被用于建造纳瓦霍保护区的房屋,但是那里并没有出现由联邦政府资助的类似补救措施。这种失责也不能完全归咎于官僚主义。1975 年,EPA 对纳瓦霍房屋检查的报告指出许多住宅具有危险的放射性,并建议政府出资采取治理和补救措施。这项建议两次遭到两个不同的联邦机构拒绝,其中包括印第安卫生署!纳瓦霍人在有放射性的房屋中又继续生活了(也因此患病)二十年,这距离联邦政府想方设法治理格兰姜欣使其焕然一新,整整过去三十年(Pasternak, 2011)。

这里诉说的故事,只是过去几十年里在纳瓦霍保护区开采铀矿造成的人类健康和环境破坏中的一些片段。更多的历史细节还包括向纳瓦霍许诺但是从没有兑现的使用费,纳瓦霍男男女女的牧场主(和他们的家畜)因为饮用了矿场旁含铀的水而染上疾病,马马虎虎堆建的尾料堆溢出引起地表水和地下水污染[包括 1979 年在教堂岩(Church Rock)发生的著名的液体尾料溢出事故,它至今仍是美国历史上最严重的一起放射性物质泄漏到环境中的事故]。2005 年,纳瓦霍部落政府一致通过一项禁令,永久性禁止部落土地上所有的铀矿开采和加工。在这片几乎没有经济发展的土地上,纳瓦霍人已经做出判断,他们为开采铀矿付出的代价远远超过得到的好处。

自然的社会建构:澳大利亚发展与荒野的话语

与纳瓦霍保护区相隔半个地球之远的是人烟稀少、地处热带的澳大利亚北领地。和纳瓦霍保护区一样,这片地区也富含珍贵的铀矿。在这个部分,我们将理论视角转向建构,它们曾经帮助铸造了该地区土地利用的演变。在第八章里,我们讨论了“话语”①的概念,它们被看作是理所当然,但同时确实在全世界发挥着作用的陈述和概念。我们将研究“发展”与“荒野”的话语是如何记录下构成合适与不合适土地利用的概念。

这个部分的分析有四个重点。首先,它是对澳大利亚铀资源开发的评估,澳大利亚并没有核电站,境内开采的铀几乎 100% 用于出口。第二,这里所评估的兰杰矿山(Ranger Mine)是世界上第二大产铀矿,最终贡献了接近全世界总发电量的 1%。第三,该矿山四周被卡卡杜国家公园(Kakadu National Park)所环抱,它是澳大利亚最大的陆地国家公园(将近两万平方公里,差不多是瑞士面积的一半)。最后,几万年来,这片土地一直是原住民的领地(在澳大利亚被称作土著)。

无主之地:英国殖民地是有人居住,但是“无人拥有的”土地

可以说,澳大利亚这个现代国家是建立在社会建构的基础上的。18 世纪末,根据共同法关于无主之地(terra nullius)的学说,英国的殖民地被合法化,它意味着土地原本不属于任何人。被认为

---

① 话语(Discourse):从本质上,它是书面和口语的交流;对这个术语的充分利用承认了陈述和文本不仅是物质世界的表现,更是充满权力的建构,它们(在一定程度上)组成了我们生活的世界。

是无主的土地可以通过简单的占有行为认领。但是当英国人在 18 世纪 80 年代来到(我们不想用“发现”这个词)澳大利亚的时候,就像三百年前哥伦布来到加勒比地区一样,他们并不是发现了一片“空无一人”的土地。其实在今天的卡卡杜国家公园附近,英国殖民者遇到了土著人,他们与附近的岛民进行贸易的历史已经有一百年或者更久。澳大利亚成为“无主的”唯一原因是当地原住民没有现代的观念(建构),比如私有财产或者社会等级制度,只有在这种制度中土地的专属所有权才具有意义。

到 1849 年,潮湿、蚊虫肆虐的澳大利亚北领地上大部分英国定居点都被放弃了,剩下来被英国人引进的成群亚洲水牛获得自由。他们留下的唯一定居点位于沿海地区,它有地缘政治的用途,用于延缓荷兰人从北部向澳大利亚殖民扩张。进入 20 世纪后,白人殖民者在北方内陆的活动主要由分散的“水牛营”构成,他们在那里捕猎今天被称为野生水牛的动物,售卖用作出口的水牛皮和肉。作为技艺娴熟的兽皮加工者、骑手和猎人,许多土著人被雇佣从事这一行业。在此之后,短暂的鳄鱼皮以及金矿开采市场暴跌,这个地区被(白种)澳大利亚人选中分别用于国家公园和铀矿开采的开发。

殖民主义的历史模式再次上演,它忽略了该地区的原住民,这两种土地利用方案的支持者从未征询过他们的意见。不过,到 20 世纪 70 年代末,标志性的立法决议规定土著在土地使用决策中拥有话语权。在法律上,土著已经获得成功*(即使他们一直都在那儿!)。这里不再是无主之地,因此,开发者需要一套新的建构为北领地的铀矿开采辩解。

北领地的发展

开采兰杰矿床的支持者有效地采用了理性主义的“发展”话语

* 原文为 arrive,双关语,英语中 arrive 有到达、成功的意思。——译者注

为自己的方案辩护。向土著解释发展兰杰矿床的好处时,一定要使用看起来非常抽象的术语,如矿床预计的价值、预期的总就业数、北领地将获得的税收收入。向分散居住、自给自足和半自给自足的当地居民解释这些,他们中大多数人甚至不懂英语,所有人都非常清楚土著曾经长期遭受白人的野蛮压迫。

也许不出所料,“经济发展”和“国家利益”比土著受到的压迫更重要,因此矿山的提议获得批准(Banerjee,2000)。兰杰矿山迅速成为世界上最大的产铀矿之一,从 1980 年开始生产铀矿石(图 12.4)。

有人认为该地区发展落后,因为从金钱的角度来看,原住民的生活十分贫困,批评这种观点可能听起来很愤世嫉俗。但是,(甚至现代)“发展”的历史是否应该被看作殖民主义和帝国主义的历史?许多持有“批判”发展观的学者提出这种看法:西方在原始地区的发展是按照西方的理想努力使社会各方面标准化,他们并不是为了改善(“发展”)原住民的生活,而是为了扩大(“发展”)资本主义牟取暴利(Banerjee,2000;Escobar,1995)。

这种对西方发展的总体批评,适用于在北领地开建兰杰矿山这种发展形式吗?虽然生活在北领地的土著确实按照矿场的总收入领到一定的人均报酬,但是每人每年 450—700 美元对解决农村地区土著居民的极度贫困来说简直是杯水车薪,一般说来他们的收入大约是农村非土著居民的 60%。土著居民占北领地总人口的 25%,但是只占采矿劳动力的 7%,大多数人从事领取最低工资、无需技能的工作(Banerjee,2000)。那么兰杰矿山开发二十年后,当有人提议在附近开建第二座超大铀矿时,遭到土著居民普遍反对有什么奇怪呢?正如我们提到的,不是所有的澳大利亚白人都认为开采铀矿是最好的土地利用方式。许多人觉得它应该作为国家公园被保护起来。但是,使公园保护合理化的话语也会与土著人对生活于这片土地的理解冲突。

图片来源:G. Bowater/Corbis.

图 12.4　澳大利亚北领地的兰杰铀矿场和工厂

卡卡杜国家公园:保护(社会建构的)荒野

就在对兰杰铀矿的命运进行辩论的同时,有人提议把兰杰矿床周围的一大片土地建成国家公园。很快,土著居民和有保护意识、支持建立公园的澳大利亚白人组成了一种松散的战略联盟。即使这些澳大利亚原住民和非原住民共同反对铀矿开采,白人环保主义者与土著居民在很多方面的看法也无法完全一致。环保主义者的主要观点是土地应该被保护,因为它是一片“荒野”。

1976 年,发表在《国家公园杂志》的一篇题为《告别荒野:铀矿开采 VS 自然保护》(Colley,1976)的文章举例证明了这种偏离的建构的欧洲中心主义本质。正如第八章中所讨论的,当一块土地被建构成一片荒野,它会减少这块土地上的人口,经常会剥夺在那儿生活和工作的人(通常是原住民)的发言权。《国家公园杂志》中的这篇文章将公园建构为“剩余的荒野”正是如此。文章中没有一处提到土著居民的存在。把这种冲突表述成“自然”与“铀”之间的选择,充其量只是把原住民放到受开采铀矿威胁的“自然”中。更糟的是,通过故意遗漏的做法,这份期刊对公园保护有可能禁止当地土著按照传统继续使用他们的土地只字不提。按照这样的方式发展,(白人)环保主义者与西方模式的公园保护才是救星。

该地区大多数的土著从这项提议的一开始就支持建立国家公园并持续到今天,大部分人仍然反对开采铀矿。毕竟,公园的特殊地位提供了法律保护的额外缓冲,避免出现大部分土著反对的土地使用的变化,例如扩大资源开采或者开发旅游度假产业。当地的土著明白将公园表述成荒野是建构的一部分,它能获得政府和大众对公园的支持。但是,他们也意识到从根本上把公园编写成荒野,有可能剥夺了公民的权利。

土著对把公园当作某种“剩余的”景观进行保护,即一个时间凝固了的自然片段,没有兴趣。这完全是合理的,他们坚持要永远保留在公园里搜寻食物、狩猎、捕鱼和生活的权利。到 20 世纪 90 年代,土著人民与环境保护主义者合作,成功地重新确立了荒野在该公园的管理方案中正式的法律定义。从这一点而论,土著和近期的许多环保主义者正在以更实用的方式,把“荒野”作为刻意建构的土地管理指定区域加以利用。毫无疑问,只要它能有效地保护公园著名的生物多样性和秀丽的风景,并控制铀矿开采,环保志愿者将继续这么做。只要能帮助他们保留自治权并维持生计,当地的土著也会这么做。可是,如果“作为荒野的卡卡杜”无法实现这些目标,“荒野”也许会被抛弃,新的建构将指导对土地的理解和使用。

铀的难题

本章我们学习了:

- 在发现铀之后,科学家很快就察觉到铀既会带来希望,也会带来危险。

• 早在核电站启动之前,核武器就已经投入使用。

• 核电站的发电量大约占全世界总电量的 16%(几乎和水力发电相等)。

• 核事故,例如发生在日本福岛的堆芯熔毁,可能造成大范围、长期、严重的损失。

• 生产核燃料是一个复杂的过程,伴随着风险和污染,整个生产链上的每一步都会产生有毒废物。

• 核燃料比化石燃料释放的温室气体更少。

• 我们对核废料尚没有明确的长期处理办法,在一段极其漫长的时间内,它仍然具有危险的放射性。风险评估是解决这个问题必须的,但也是片面的组成部分。

• 对铀矿开采进行政治经济学的分析证明了承受铀提炼造成的最大危害的人,通常不是那些从中受益的人。

• 建构主义的分析表明话语是帝国主义扩张的关键部分,但是它也阐明了话语对那些仍在反对殖民压迫的人来说一样重要的原因。

铀是一个非常令人烦恼的环境—社会难题。全世界有 430 个核电站正在运行(更别说全球库存的核武器!),未来的几千年,我们已经“落入圈套”,将不得不处理这个问题! 我们应该扩大对铀的利用(乐观地认为终有一天能解决安全与处理的问题),还是相反,确定缩减的速度和程度:没有任何一种选择是轻而易举,没有缺点的。

问题回顾

1. 描述诱导性核裂变和核连锁反应的过程。

2. 与煤炭不同,铀矿石不能用作核燃料。这是为什么,需要采取什么方法才能从铀矿石中生产出核燃料?

3. 目前,处理大部分高放射性废物的方法有哪些? 还有哪些其他重要的处理方法,它们存在哪些问题?

4. 2005 年,纳瓦霍部落政府为什么投票禁止在保护区开采铀矿?

5. 为什么澳大利亚北领地的土著对经济发展和荒野保护这两个提议都不感兴趣?

练习 12.1　关于核能未来的讨论

在网上找出一种从制度或者市场的角度支持核能的主张和一种从伦理的角度反对核能的主张。信息的来源要真实可信(避免个人博客)。批判地思考为什么这些立场是合乎情理的。然后假设你在一场题目为"世界各国应该携手合作,尽快逐渐淘汰核能"的辩论中代表双方的立场。围绕这个题目写两段话分别反映不同的观点(一段同意,一段反对)。最后,写一篇文章说明你更赞成哪一个主张,并且为什么。

练习 12.2　澳大利亚应该向加比卢卡矿(Jabiluka Mine)推进吗

除了兰杰矿,在完全被卡卡杜国家公园包围的地下还沉睡着类似的铀矿。这块矿藏潜在的产铀量(收入)可能超过兰杰矿。你的任务是研究并就这场讨论写一篇文章并回答下面的问题:这块矿藏是什么时候被发现的? 在 1998 年关于加比卢卡的讨论中,发生了什么重要的事件? 该矿藏目前处于什么状态? 关于加比卢卡矿是否应该被开建,你的观点是什么? (举例证明。)

练习 12.3　全球发展中国家的铀矿开采

本章的重点主要集中在美国和澳大利亚,但是还有相当大的一部分铀开采自全球欠发达的发展中国家。写一篇有关尼日尔、纳米比亚或者乌兹别克斯坦(选择一个)铀矿开采的短文。在你所选的国家,铀矿开采贡献了多少 GDP?从那里开采出来的铀,主要的出口市场是哪里?你的国家有核电站吗?据你所知,关于铀矿开采,看上去有没有明显的(社会和/或环境)争议?

参考文献

Banerjee, S. (2000), "Whose Land is It Anyway? National Interest, Indigenous Stakeholders, and Colonial Discourses"(《它究竟是谁的土地?国家利益、土著利益相关者与殖民话语》), *Organization and Environment* (《组织与环境》),13(1):3—38.

Colley, A. (1976), "Farewell Wilderness: Uranium Mining vs. Nature Conservation"(《告别荒野:铀矿开采与自然保护》), *National Parks Journal*《国家公园》),2 月.

Eichstadt, P. (1994), *If You Poison Us: Uranium and Native Americans*(《如果你毒害了我:铀与印第安人》),Santa Fe, NM: Red Crane Books.

Elk, M. (2012), "Honeywell Shutters Uranium Plant, Lays Off More Than 200 Workers"(《霍尼韦尔公司关闭铀加工厂,解雇 200 多名工人》), *These Times* (网络版),7 月 20 日,2012 年 10 月 31 日检索,http://inthesetimes.com/working/entry/13351/heneywell_shutters_uranium_plant_lays_off_over_200_workers/.

Escobar, A. (1995), *Encountering Development: The Making and Unmaking of the Third World* (《遭遇发展:创造与毁灭第三世界》), Princeton, NJ: Princeton University Press.

Fialka, J. (2009), "The 'Screw Nevada Bill' and How It Stymied U.S. Nuclear Waste Policy"(《"毁掉内华达法案"与它如何阻碍美国核废物政策》),*New York Times*(《纽约时报》),5 月 11 日,2012 年 11 月 5 日检索,http://www.nytimes.com/cwire/2009/05/11/11climatewire-the-screw-nevada-bill-and-how-it-stymied-us-12208.html.

IAEA 国际原子能组织(2007),"Nuclear Power: Status and Outlook, A Report From the IAEA"(《核能:情况与展望,来自国际原子能组织的报告》). Vienna: International Atomic Energy Association, 2012 年 10 月 22 日检索,http://www.iaea.org/newscenter/pressreleases/2007/prn200719.html.

Pasternak, J. (2011), *Yellow Dirt: A Poisoned Land and the Betrayal of the Navajos*(《黄土:被污染的土地与对纳瓦霍人的背叛》),New York: Free Press.

Peterson, S. (2003), "Remains of Toxic Bullets Litter Iraq"(《在伊拉克随意丢弃有毒子弹的残留》), *Christian Science Monitor* (《基督教科学箴言报》),

5 月23 日.

Shrader-Frechette, K. S. (1993), *Burying Uncertainty: Risk and the Case Against Geological Disposal of Nuclear Waste*(《掩埋不确定：核废物地理处理的风险与案例》), Berkeley: University of California Press.

US EPA(2012), "Radiation Protection: About Yucca Mountain Standards"(《辐射保护：关于尤卡山的标准》), 2012 年 11 月 8 日检索, http://www.epa.gov/radiation/yucca/about.html.

US NRC (2012), "Backgrounder on Radiation Protection and the 'Tooth Fairy' Issue"(《关于辐射保护与"牙仙子"问题的简报》), 2012 年 11 月 1 日检索, http://www.nrc.gov/reading-rm/doc-collections/fact-sheets/tooth-fairy.html.

US Senate(2006), "Yucca Mountain: The Most Studied Real Estate on the Planet"(《尤卡山：地球上被研究得最多的地产》), 2012 年 11 月 9 日检索, http://epw.senate.gov/repwhitepapers/YuccaMountainEPWReport.pdf.

Walker, S. (2009), *The Road to Yucca Mountain*(《通往尤卡山之路》), Berkeley: University of California Press.

Zoellner, T. (2009), *Uranium: War, Energy, and the Rock that Shaped the World*(《铀：战争、能源与塑造世界的岩石》), New York: Viking.

推荐阅读

Ferguson, C. (2001), *Nuclear Energy: What Everyone Needs to Know*(《核能：每个人所需要知道的》), Oxford: Oxford University Press.

Keuletz, V. (1998), *The Tainted Desert: Environmental and Social Ruin in the American West*(《被污染的沙漠：美国西部的环境与社会破坏》), New York: Routledge.

Lawrence, D. (2000), *Kakadu: The Making of a National Park.* (《卡卡杜：一个国家公园的诞生》), Carlton South, Victoria, AU: Melbourne University Press.

Lupinacci, J. (2000), "Creating Corporate Value and Environmental Benefit with Improved Energy Performance"(《提高性能效应创造企业价值与环境收益》), *Environmental Quality Management* (《环境质量管理》), 10 (2): 11—17.

Mahaffey, J. (2010), *Atomic Awakening: A New Look at the History and Future of Nuclear Power*(《原子觉醒：核能的历史与未来新发现》), New York: Pegasus.

Makhijani, A., L. Chalmers, B. Smith(2004), "Uranium Enrichment"(《铀浓缩》), Takoma Park, MD: Institute for Energy and Environmental Research.

Pineda, C. (2012), *Devil's Tango: How I Learned the Fukushima Step by Step*(《魔鬼的探戈：我是如何逐渐了解福岛的》), San Antonio, TX: Wings Press.

Randolph, J., G. Masters (2008), *Energy for Sustainability: Technology, Planning, Policy*(《可持续性能源：技术、规划与政策》), Washington, DC: Island.

Rhodes, R. (2012), *The Making of the Atomic Bomb: Twenty-Fifth Anniversary Edition* (《制造原子弹：二十五周年纪念版》), New York: Simon and Schuster.

Shrader-Frechette, K. S. (1995), "Environmental Risk and the Iron Triangle: The Case of Yucca Mountain"(《环境风险与铁三角：尤卡山的案例》), *Business Ethics Quarterly* (《商业道德季刊》), 5(4): 753—777.

Williams, T. (1992), *Refuge: An Unnatural History of Family and Place* (《庇护：家庭与场所的非自然历史》), New York: Vintage Books.

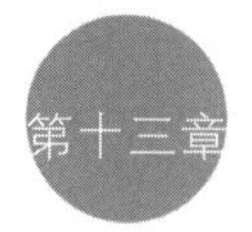
第十三章

金枪鱼

图片来源:Ugo Montaldo/Shutterstock.

滴血的金枪鱼

2006 年上映的电影《血钻》不是一部严格意义上的动作片,它虚构的情节距离西方观众舒适安逸的生活很遥远。但对许多观众来讲,他们拥有的钻石首饰把他们与屏幕中看到的暴力联系在一起。《血钻》揭露了(尽管是以一种颇为言过其实、好莱坞的方式)人类的流血杀戮是西非钻石国际交易重要的一部分。震惊的观众意识到,通过购买钻石,他们也许在无意中资助了一场没有意义的残酷战争,随之而来的是杀戮、强奸、走私、折磨和非法禁闭等。对这种暴力的揭露引起了国际钻石市场一些真正的变化。如今许多消费者希望购买并且很快就能买到有"无伤害"或者"无冲突"认证的钻石。当然,钻石不是唯一一种其令人困惑的历史隐藏在商品中的自然资源。

18 年前,另一部电影曾产生类似的反响。然而这部 1988 年上映的影片不是好莱坞大片,它只是山姆·拉巴德(Sam LaBudde)在玛丽亚·路易萨号巴拿马金枪鱼捕鱼船上,用低成本的手持设备拍摄的一组电影镜头。拉巴德有点像个间谍。他是一个训练有素的生物学家,得到了一份在玛利亚·路易萨号船上担任厨师的工作,真实目的是拍摄对海豚的屠杀。在世界上的部分海域,海豚成群地生活在金枪鱼的上方,其原因生物学家尚不知晓。在太平洋上的某片海域,大约 30 年来,金枪鱼的捕捞船队一直瞄准容易发现的海豚,从而确定它们下方成群的金枪鱼的位置。在 30 年里,大约 600 万头海豚因缠在巨大的金枪鱼渔网中被杀害,大部分海豚在被放归大海之前就已经死去(Gosliner,1999)。

拉巴德真是不虚此行。这部包括了已死和垂死海豚的生动画面的影片先后在酒馆、独立剧院和美国以及全世界的大学校园播出。震惊的观影者一想到这种表面上看起来无害的商品——罐装金枪鱼,可能会留下一摊血迹,就局促不安。正如他们随后对钻石的回应一样,大批消费者对"滴血金枪鱼"这种更普通、更常见的商品也做出了回应。

其实,很少有野生捕捞的食物像金枪鱼一样无所不在。有些种类的金枪鱼年捕捞量高达数十亿磅!但是,与大多数动物产品一样,金枪鱼进入我们的厨房时,我们几乎看不到它的自然历史痕迹，或者在把它从海里捕捞到端上餐桌的过程中人类的劳动。我们甚至不知道金枪鱼长什么样。如何并在哪里捕获它们？它们被谁捕获？金枪鱼被过度捕捞吗？本章，我们将通过市场、政治经济学和伦理学的角度研究这些问题。通过仔细地调查金枪鱼之谜，我们将深入了解世界海洋生态系统面对的问题，食物消耗对环境造成的重大影响以及伦理学与经济学之间尴尬的关系。

金枪鱼简史

金枪鱼一词是对一系列相似的鱼类种类的非正式指称，它们都属于鲭科。所有的金枪鱼在形态上都很相似。它们的体形较长，粗壮而圆，呈流线型，向后渐细尖，尾部呈明显的新月形（图 13.1）。这种生理的适应性特征使它们尤其强健有力。金枪鱼是温血的，这意味着它们能将更多的氧气更快地吸收到肌肉中（Whynott，1995）。

金枪鱼是海洋中游水速度最快的鱼类之一（金枪鱼的速度接近每小时 70 英里）。它们的耐力也很好。一些金枪鱼的迁徙距离是所有动物中最远的，许多季节性迁徙的距离达到四千英里甚至更远。这无疑是非常了不起的。不仅如此，它们也对社会经济产生影响。因为它们生活范围很广，所以只有真正通过全球共同努力才能长期地保护这些鱼（Greenberg，2010）。

金枪鱼可以被加工成不同的食物。它可以生吃（“生鱼片”，即切成薄片的生食海鲜）。金枪鱼柳是户外烤架上受欢迎的“鱼排”。在世界上许多不同的烹饪方法中，金枪鱼也是制作浓汤和海鲜汤的受欢迎的食材。当然，许多美国小学生所知道的“金枪鱼”是装在罐头中的。金枪鱼最具有商业价值的种类是蓝鳍、黄鳍、大目、长鳍和飞鲔金枪鱼。每一种都有不同的市场，例如大目金枪鱼主要被日本人和韩国人生食，长鳍金枪鱼在美国被做成罐装的“白色”金枪鱼(Ellis,2008)。

在接下来的部分,我们将讨论蓝鳍和黄鳍金枪鱼。这些品种具有象征性,首先因为它们都是我们熟悉的消费对象,其次它们体现了世界海洋过度捕捞的危机(特别是蓝鳍金枪鱼),最后它们提出了在收获它们时会附带损害其他物种的问题(特别是黄鳍金枪鱼渔场中的海豚)。

注:蓝鳍金枪鱼是最大的金枪鱼(曾经捕获的最大一条重量超过1 496磅)。
资料来源:Brain J. Skerry/National Geographic/Getty Images.

图13.1 光滑有力的蓝鳍金枪鱼

蓝鳍金枪鱼:从竹荚鱼到养殖场的寿司

蓝鳍金枪鱼是最大的金枪鱼(事实上,它们通常被称作“巨型蓝鳍”),单个重量一般超过1 000磅。尽管它们体积巨大,在很长的一段时期里,它们都不具有较高的商业捕捞价值。在20世纪初的几十年,蓝鳍金枪鱼在北美通常被称作“竹荚鱼”,它的鱼肉被认为不适合人类食用,因此被当作宠物食品的配料出售。它曾经是并且依然是鱼类中的运动健将(Ellis,2008:84)。

20 世纪 60 年代,蓝鳍金枪鱼的命运发生了剧烈的转变。其实从 17 世纪开始,寿司就成为日本人饮食中的主角。然而,大众对蓝鳍金枪鱼的需求(特别是"大腹",蓝鳍金枪鱼红色有纹理的腹肉)还是最近才开始出现。在 20 世纪 60 年代,日本建造了有冷藏功能的金枪鱼货运船队,它们可以在海上续航数周,寻找之前难以接近的巨型蓝鳍金枪鱼渔场。人们对金枪鱼的需求一旦普及,需求量的增加就超过了捕捞的速度。很快,日本以外,来自美国、加拿大和地中海的渔民,纷纷投身于这个依旧有惊人利润的市场[例如 2012 年 11 月,一个钓鱼爱好者在加拿大的新斯科舍海岸边钓到一条巨大的蓝鳍金枪鱼,预计它在日本的拍卖会上将以超过 32 000 美元的价格售出(Johnson,2012)]。毫不出奇,有利可图导致了越来越严重、不可持续的捕捞。

渔民使蓝鳍金枪鱼产量最大化的一种最新的方法是"放牧式养殖金枪鱼"。在南太平洋和地中海的渔场,用"围网"①捕捞整群蓝鳍金枪鱼的幼鱼;之所以这么说是因为在渔网圈住鱼群之后,渔网的底部就像手提袋的绳子一样被一起拉拽起来。巨大的渔网被拖到近岸的水域,渔民在那里的围栏里养殖金枪鱼。几个月后,他们将其捕捞并出口到其他地方,主要是日本。

令人悲伤的是,放牧式养殖金枪鱼加重了对野生蓝鳍金枪鱼种群的破坏。为了发展放牧式养殖而捕捞金枪鱼不仅不会减少合法捕捞的配额(尽管它们正在永远地与野生群体分离),还会使它们不受水产行业管理条例的保护(因为它们不是被关起来养殖)。因此,这种做法几乎完全不受限制。放牧式养殖蓝鳍金枪鱼破坏了野生种群的年龄结构。在实行放牧式养殖之前,捕捞的重点对象是最大的金

① 围网捕捞(Purse-Seine Fishing):一种有效地捕捞靠近水面结群的鱼类的方法;在锁定的目标周围布一张大网,之后将渔网的底部像手提袋的抽绳一样拉紧,从而把捕获的鱼困在渔网中。

枪鱼。如今,更幼小的蓝鳍金枪鱼正在被从野生种群中去除。蓝鳍金枪鱼的种群正在失去今后赖以补充数量的鱼苗。

蓝鳍金枪鱼被过度捕捞,简单地说,这意味着正在被捕捞的数量超过了它们繁殖的数量。它产生的后果既是社会的,也是生态的。过度捕捞使依靠捕鱼为生的群体遭遇巨大的困难。在很多情况下,“手工的”(小规模的)渔民首当其冲,遭受的冲击也最严重。当本地的渔场捕捞过度时,跨国企业拥有的大型船只可以轻易地转移到另一个渔场,但是对于小规模的手工渔民来说,这是不可能的。许多在超市里伸手可及、为人们熟知的鱼类,实际上正是被严重过度捕捞的品种(表13.1)。

表13.1　严重过度捕捞的海洋物种

鱼　类	捕鱼方法	有趣的事实
大西洋鳕鱼	底部拖网捕鱼;竿钓	从1992年起,作为一种商业捕鱼在加拿大被正式叫停,乔治沙洲鱼的数量没有明显的回升
大西洋大比目鱼	多钩长线;竿钓	几百年来被过度捕捞;野生的种类可能绝迹
橘棘鲷(红鱼)	底部拖网捕鱼	可以生长100多年,在开始捕捞仅仅30年后,数量就下降了70%
鲈鲉	大部分是底部拖网捕鱼	生长缓慢的鱼类,繁殖的时间非常晚
路氏双髻鲨	多钩长线	数量减少了超过80%;兼捕渔获物包括信天翁和濒危的海龟

资料来源:数据来自蓝色海洋研究所:www.blueocean.org;减少野生动物兼捕渔获物联盟:http://www.bycatch.org.

热带东太平洋黄鳍金枪鱼渔场

黄鳍金枪鱼的体形虽然比蓝鳍金枪鱼小,但是也相当大,有些体重超过400磅。热带东太平洋(ETP)的黄鳍金枪鱼渔场是世界上最具商业价值,历史上捕捞量最大的金枪鱼渔场之一。热带东太平洋从加利福尼亚州南部向南一直延伸到南美洲海岸,覆盖大约1 800万平方公里的面积。20世纪30年代,美国的船只最先开发了这片渔场中有价值的南部区域(中南美洲海岸沿岸),此时,制冷技术的提高已经可以使船只在海洋中停留的时间更久,在离岸更远的地方展开探险活动。因为(在加利福尼亚海水温度较低水域使用的)棉质渔网在南部较温暖的水域中很容易分解,所以南部热带东太平洋的船只改用竿钓的方法进行捕鱼(Gosliner,1999)。

相对于围网捕捞,竿钓捕捞的方法需要投入更多人力,但是直到20世纪50年代它依旧是可以获利的,当时美国市场上到处都是便宜的进口金枪鱼。使用竿钓捕捞的热带东太平洋黄鳍金枪鱼渔场很快就没有什么利润可赚,但是它留下来两项技术创新。一个是在温度较高的水域中耐用的合成(尼龙)渔网。另一个是体积更大、功率更强的动力滑车,它可以收起曾经难以想象的大型渔网。热带东太平洋南部的船队迅速进行了围网捕鱼的改造。几年之内,渔场的产量和利润就大大超过了从前(Joseph,1994)。

飞鲔金枪鱼(顾名思义)沿着水面"飞起",因而它们很容易被渔船或者搜索鱼群的飞机发现,与它们不同的是,黄鳍金枪鱼游水的位置很深,这让它们很难被发现。热带东太平洋的黄鳍金枪鱼(奇怪的是其他地方的黄鳍金枪鱼并非如此)通常在成群的海豚下方游动,生态学家尚未找到其中的原因。这让渔民能够先寻找容易发现的海豚,再把成群的金枪鱼作为目标。到1960年,这已经成为发现黄鳍金枪鱼的主要方法。一旦发现海豚,一队快艇就"布阵"把它们围住。成功之后,在海豚群周围,一艘渔船拖动一个巨大的尼龙围捕渔网,同时把下面的黄鳍金枪鱼困在网中。然后,主船(利用全新的、大型的动力滑轮)收起渔网,获得收获(大多数是海豚)。这些"挽救了"商业捕鱼的技术创新,也使热带东太平洋的海豚在劫难逃。

在使用围网捕捞海豚的方法进行作业的早期,人们很少努力去减少因兼捕[①]而死亡的海豚。一小部分的海豚冲破渔网得以逃

---

① 兼捕渔获物(Bycatch):非目标的有机物附带地被商业捕鱼作业捕捞,包括许多鱼类物种,也包括大量的鸟类、海洋哺乳动物和海龟。

脱，但是大部分随着渔网被拖上渔船，在它们被扔回海里之前就已经死去。20 世纪 60 年代，与这片渔场有关的海豚死亡数量令人惊愕（图 13.2）。1968 年，媒体向公众公布了这些数字，立刻引起强烈的抗议，并产生了政治上的回应。“金枪鱼—海豚的问题”（与今天过度捕捞蓝鳍金枪鱼的问题一样）被提上议事日程，成为产生全球影响的人类/环境难题。

专栏 13.1 环境解决办法？开放性海洋水产养殖

在过去的几十年里，水产养殖（以获取收成为目的养殖水生生物）以指数增长的速度迅速发展。如今，养殖的水生物种产量差不多与全世界野生捕获的总数相当。与本章中金枪鱼的案例一样，潜在的需求似乎是个无底洞。但是，虽然与直接捕捞面临数量减少压力的野生鱼类相比，海洋水产养殖从直观上似乎更有益于环境，但是目前大多数的海洋水产养殖作业绝不是有利于生态的。许多问题的根源在于几乎所有现行的海洋水产养殖设施都是在容易进入，相对不受风雨侵袭、近岸水域的环境中作业。

例如，农场养殖三文鱼通常在海湾或者水湾中进行。它们养殖的密度也非常高，单个渔网或者围栏里有时有数万条三文鱼。这么多鱼排出的废物也是惊人的。因为它们周围的环境是一片相对平静的水域，排泄物不会迅速稀释或者散开，因此很容易成为当地主要的污染物。为了减少传染病的传播，这些挤在一起生长的三文鱼时常被喂食抗生素。围栏中甚至也使用杀虫剂。从这一点而论，合成的化学制品被直接用到海洋生态系统中。与海洋水产养殖有关的生态问题不仅限于三文鱼。例如，最近虾类的养殖成为全球沿海红树林被砍伐最主要的原因。

新型海洋水产养殖的支持者提出,可能是时候“跳出海湾思考”了。如果与海洋水产养殖有关的大多数生态问题源于进行作业的地方,为什么不把它们搬到离海岸更远的地方?海上渔场不仅为稀释和散开产生的排泄物提供了一个途径,而且这些设施可以利用的“土地”实际上几乎是无穷无尽的。(从理论上)海上渔场也可以在相对不那么局促的状况下,容纳更多的鱼。海上渔场可以缓解近海生态系统的压力,使完整的生态系统运作和服务得到恢复。但是,这种做法当然也存在问题。建造能够抵抗风云莫测的公海环境的海上渔场被证明是一项令人难以置信的工程技术挑战。运行和维护海上设备的成本将更高。投资者还没有完全打开新兴的海上水产养殖企业的大门。在养鱼场向海上推进的过程中,生态上的考虑也没有就此神奇地消失。污染物仍然不断产生。疾病依旧可以传播到野生种群中。虽然这些(还有其他的)问题在海上的环境中会减弱,但是没有被消除。而且,这还完全没有论及如果按照许多公海水产养殖支持者提出的规模开展粮食生产革命,随时都会产生不可预见的生态结果。

资料来源:Upton,Buck,2010.

金枪鱼之谜

对金枪鱼的概述进一步阐明了正在迅速变化的人类与全球海洋关系里一些似乎棘手的问题。对金枪鱼的历史回顾向我们展示了随着时间的推移,社会的变化——包括人类不断改变的口味、技术的进步以及不断发展的有关对与错的观念——怎样彻底地改变了我们收获和食用金枪鱼的方式。当我们认识到以下几点时,金枪鱼就是一个谜:

- 金枪鱼很珍贵。人类对金枪鱼的需求似乎没有止境,但不可否认野生金枪鱼群的资源有限。

● 金枪鱼无所不在！随处可见的金枪鱼（例如，在商店的货架上）掩盖了野生种群数量下降的事实。

● 由于金枪鱼与其他海洋生物（例如海豚）之间令人困惑的关系，很难在不对其他物种造成冲击的情况下大量捕获金枪鱼。

金枪鱼为我们理解它们对人类自身口味的特性、趋势、技术和文化的影响打开了一扇门。从这一点而言，金枪鱼提出了一个重要的难题：国际社会是否可以达成协议，共同保护野生金枪鱼群？通过市场和商品、政治经济学以及伦理学的视角来看待关于热带东太平洋金枪鱼—海豚的争论，我们发现不同的视角呈现不同的画面，它们也为我们指出了不同的解决办法。

市场与商品：用生态标签营救海豚？

第四章我们在讨论市场和商品时，首先提出了一个奇怪的问题："使用的东西越多，可以得到的东西就越多吗？"这个相同的逻辑适用于过度开发的海洋资源吗？更大胆地说，自由市场可以拯救已经枯竭的资源吗？从直觉上，这似乎不大可能。但是，对这个问题稍作调整，就切中目前一项有着宏大的愿景、涉及范围广泛的环境保护工作的要害。因此，在这种情况下我们也许可以这么问：消费一定量的鱼可以拯救我们的海洋吗？

这是许多科学家、政府官员、环保主义者和海产品企业最近下的赌注。尽管几百年来海洋资源过度开发一直持续到今天，有些人认为我们扭转这种趋势最好的机会是通过理智的、启发性的绿色消费[①]，驾驭市场力量。在这个部分中，我们将回顾给罐装金枪

① 绿色消费（Green Consumption）：购买所谓的比其他的选择对环境更有利或者危害更少的产品，一种依靠消费者的选择而不是管理来改变公司或者行业行为的环境保护模式。

鱼贴上标签，表明它们是“对海豚安全的金枪鱼”[1]的运动，它常被标榜为最成功的绿色消费运动案例之一。

通过立法解决问题的尝试

为了应对公众对在热带东太平洋围网捕捞黄鳍金枪鱼造成海豚死亡的强烈抗议，1972 年美国国会批准了《海洋哺乳动物保护法》（MMPA）。虽然 MMPA 禁止捕杀、售卖、进口和出口海洋哺乳动物或者海洋哺乳动物的各个部位，但是它却令人不解甚至自相矛盾地将热带东太平洋的海豚排除在外。其实，这部法律非常模糊，漏洞百出，以至于在 MMPA 批准之后的数年里，海豚的死亡率仍然居高不下（图13.2）。

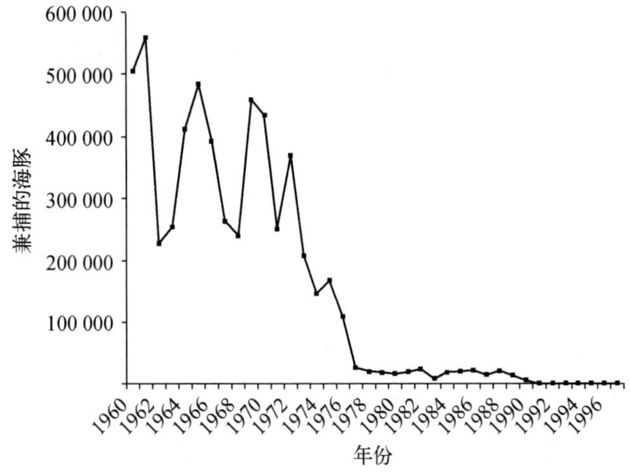

资料来源：Gosliner，1999，p. 124.

图 13.2　1960—1997 年，在热带东太平洋，美国捕鱼船利用围网捕捞金枪鱼的技术导致的海豚死亡数量

1976 年对 MMPA 的修正大幅减少了海豚的死亡率。渔船需要在海豚上方布阵，并把它们圈出渔网后，才能把渔网拉上船。如

① 对海豚安全的金枪鱼（Dolphin Safe Tuma）：没有杀害兼捕渔获物海豚而捕获的金枪鱼。

今,渔网还要安装一种细网格化的“麦地那面板”,以减少水下落入渔网的海豚数量(图 13.3)。然而即使做出这些改变,海豚仍然不断地死去。MMPA 期望将海豚的死亡率降为零的初衷依旧难以实现。其实 1984 年,MMPA 的修正允许美国的船队(当时,美国不再是唯一利用围网捕捞的方法在热带东太平洋捕获金枪鱼的国家)每年捕杀 20 500 只海豚就证明了这个问题确实一直存在(Joseph, 1994)。

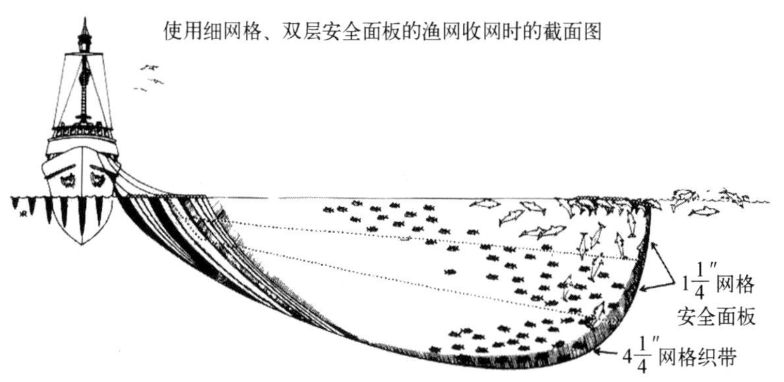

注:为了减少海豚死亡的数量,围网捕捞金枪鱼的渔民进行的一种技术和操作改进。

资料来源:联合国粮食与农业组织(FAO)。

图 13.3 “麦地那面板”

消费者活动家拯救海豚

令许多环保主义者非常愤慨的是,在 MMPA 批准了 12 年后,海豚的死亡依然被认为是可以接受的。用管理的途径解决这个问题难以令人满意。20 世纪 80 年代末,环境保护非政府组织地球岛屿协会(EII)组织进行了一场针对罐装金枪鱼的消费者抵制[①]活动,敦促消费者停止购买罐装金枪鱼,直到生产者能够证明它们的产品没有造成海豚的死亡。这场抵制是实实在在的,但是直到

① 消费者抵制(Consumer Boycott):通过鼓励人们停止购买目标企业的相关产品,向企业施压,要求它们改变做法的一种抗议方法。

1988 年拉巴德的影片——本章开始的那个故事——引起强烈反响,才给这项运动注入了一针强心剂。这部影片在全国上映后,抵制愈演愈烈,金枪鱼的销量下滑,同时环保主义者发起了一场大规模的致信金枪鱼生产者和政客的运动。地球岛屿协会领导的联盟开始推动给不以海豚为目标的金枪鱼捕捞贴上"海豚安全"标签的想法。

1990 年,美国市场占比达 90% 的三家最大的美国金枪鱼品牌(StarKist,Chicken of the Sea,Bumblebee)同意只购买"海豚安全"的金枪鱼,这场运动最终取得胜利(Baird,Quastel,2011)。随后,联邦政府通过一项法律,要求罐头商使用"海豚安全"的标签,遵守地球岛屿协会联盟确定的标准。总之,了解了情况的美国消费者明白,购买任何贴有"海豚安全"标签的金枪鱼不会涉及海豚的追捕或捕捞。国会也通过了一项贸易禁令,禁止从任何不能证明金枪鱼捕捞行为与美国法规"相符"的国家进口金枪鱼(Bonanno,Constance,1996:6)。这有效地关闭了墨西哥、委内瑞拉和巴拿马(这些国家拥有最大的热带东太平洋金枪鱼捕捞船队,仍然以海豚为目标)向它们最大的海外市场出口的大门。

标签保持完好无损

以后,拉丁美洲的国家联合起来对美国提起诉讼,指控美国违反自由贸易的协议,采取歧视性保护措施,但是因为渔民使用围网捕捞的方法捕捞金枪鱼,它们试图进入美国市场的努力屡次失败。(来自民主和共和两党政府)内部的压力也要求支持自由贸易,降低"海豚安全"的标准。然而,尽管面对国内外的政治压力,地球岛屿协会原先确定的"海豚安全"的标准至今完好无损。

从许多角度来看,在热带东太平洋保护海豚的运动似乎代表着市场力量在环境保护事业中取得了极大的成功。自激进人士发起运动后,海豚的死亡率不断下降,与 20 世纪 60 年代的峰值相比已经下降了99%。毫无疑问,如今大多数的美国消费者在购买完金枪鱼离开时感觉不错,这是因为他们知道自己的三明治没有浸染着海豚的鲜血。从那以后,在许多欧洲国家、澳大利亚和新西兰也出现类似的贴标签运动(尽管不是全世界所有“海豚安全”的标签都遵守同样的标准)。

但是,这项运动的成功也会让人质疑这种做法的总体影响。比如我们可能想知道:有多少消费者看见了“海豚安全”,并且明白它的含义?有多少消费者认为“海豚安全”的标签等同于显而易见的“对生态有益”?事实上,这将是一个不大可靠的假定(接下来我们将在环境伦理中讨论)。随着绿色标签的增加,普通消费者真可能去追踪每个“绿色”认证的合法性和与之相关的法规吗?毫无疑问的是他们不会,但是绿色认证的兴起确实标志着商品生产中权力的变化。在政治经济学视角的帮助下,我们可以更全面地评价为了“海豚安全”的金枪鱼和“绿色”海产品这种权力的转变。

政治经济学:重新规范渔业经济

在第七章我们说过,如果不考虑经济,就不可能理解我们与自然的关系。此外,我们还解释了经济与政治如何并且为什么永远不可分割(因此被称作“政治经济学”)。与问题出现时仅用以市场为基础的办法理解不同(例如前面说到的绿色标签),政治经济学采取了一种相反的方法,它阐释了资本主义的生产方式不管进行了多少修改补充,都不可能摆脱自身的危机和矛盾,无论是在陆地上还是海洋中。

例如,在热带东太平洋黄鳍金枪鱼渔场的案例中,我们可以看到资本主义的第二种矛盾①正在起作用。一旦捕捞金枪鱼的渔民

① 资本主义的第二种矛盾(Second Contradiction of Capitalism):马克思主义的观点认为,通过使自然资源退化或损害工人健康等方式,资本主义必然会破坏它永久存在所必须具备的环境条件,可以预见,这最终会导致环保运动和抵制资本主义的工人运动的爆发,从而出现一种新的经济形式。相较于资本主义的第一种矛盾。

开始以成群的海豚为目标,他们就立刻使自己赖以生存的生态系统恶化。即使热带东太平洋的黄鳍金枪鱼本身还没有被过度捕捞,但是过去几十年通过恶性竞争和发展的生产方式(渔船和尼龙围捕渔网),造成了生态系统的恶化(海豚的杀戮),这扰乱并最终偏离了生产的过程。因此,矛盾显而易见:金枪鱼捕捞业无法在不破坏生产条件[①]的情况下,不断提高产量。

此外,可以这么说,如果没有残酷的全球资本主义,捕鱼的方法绝不会发生改变(从竿钓到大型围网渔网)。毕竟,这种转变是为了以较低的成本提高收成。随着黄鳍金枪鱼的捕捞从劳动密集型(竿钓)向资本密集型(围捕)的生产方式转变,数以百计的渔民失去生计。在用竿钓捕捞热带东太平洋金枪鱼期间(1959年以前),渔夫和普通水手只是工人,按照他们的劳动获取报酬,操作作业的老板额外支付的奖金就是利润。从资本家的角度来看,他们完全是无足轻重的。

设想另一种生产关系[②],在这种生产关系中,工人拥有并且控制渔船、冷藏和加工设备,并且可以通过例如把更便宜的进口金枪鱼挡在国门之外的方法,维持国内市场。在这种制度下,他们就不会被迫使用更大的渔网,最终大量地依赖海豚获取他们的捕捞物。换句话说,他们不会让自己失业。理想的情况是他们将努力地维持生计,并保持维持生计所必需的生态条件。这些猜想可能有些乌托邦[③]式的,但是,它们却让我们一窥为什么其他的社会关系确实存在生态上的优势。

---

① 生产条件(Conditions of Production):在政治经济学(和马克思主义)的观点中,一种特定的经济运转所需要的材料或者环境条件,它包含的范围可能很广泛,从工业过程中用到的水到从事体力劳动的工人的健康。

② 生产关系(Relations of Production):在政治经济学(和马克思主义)的观点中,与特定的经济有关的社会关系,它对特定的经济也是必须的,就像农奴/骑士对于封建社会,工人/所有者对于现代资本主义。

③ 乌托邦/乌托邦式的(Utopia/Utopian):起源于促进合作而不是竞争的社会政治制度,它是空想的、理想化的社会状况。

金枪鱼的地缘政治

利用政治经济学的方法处理自然—社会难题的另一个优势在于它提供了一种解释资源利用与管理方法的深刻见解。为了努力维持热带东太平洋的金枪鱼渔场,从 1949 年开始,美国和拉丁美洲的金枪鱼捕鱼国同意根据对最大持续产量[①]的预测,设定每年捕捞金枪鱼的限额。然而,捕捞量的限制以先到先得为基础。一旦达到每个捕鱼季的限额,就要关闭渔场。这鼓励了使用更大的渔船、更大的渔网不计后果的“竞相捕捞”(Bonanno,Constance,1996:131)。

1976 年,墨西哥和太平洋沿岸其他的拉丁美洲国家紧跟美国之后,拓展了它们的“专属经济区”(EEZs)[②]——其有权管辖的海域,即海岸线以外延伸 200 海里。美国是最早实行专属经济区制度的国家。墨西哥政府开始抓捕未经许可在其专属经济区捕鱼的美国船只。因为还有其他方面的原因,包括厄尔尼诺年造成金枪鱼数量的减少,所以船上悬挂的旗帜从美国国旗变成墨西哥国旗,美国的船只离开了热带东太平洋驶向西太平洋,在此期间,热带东太平洋上美国船队的数量骤减。

然而,即使在美国的船队大批离开之后,墨西哥的金枪鱼捕鱼船仍因为 MMPA 贸易禁令被挡在美国市场之外。如果美国的船队没有失去进入这片最富饶的热带东太平洋金枪鱼渔场的机会,美国国会会通过这项禁令吗?即使我们永远无法确切地知道答案,有一件事很明确:环境管理通常是地缘政治为了控制自然资源生产和利润进行斗争的产物,它们从根本上也经常是以可持续性[③]为

---

① 最大持续产量(Maximum Sustainable Yield):任何一种可收获总量不确定的自然资源最大的季节性或者年产量(例如木材和鱼)。

② 专属经济区(EEZs)(Exclusive Economic Zone):通常是主权国家海岸线延伸 200 海里以内的区域,专属经济区是一国声称对渔业和矿产资源拥有主权的海域。

③ 可持续的/可持续性(Sustainable/Sustainability):为了子孙后代保护土地和资源。

目标的制度。同时，生产制度的变化也可能带来新的管理形式。

从福特主义渔场到后福特主义渔场

20 世纪 50 年代到 80 年代是美国控制热带东太平洋黄鳍金枪鱼渔场的初期，它体现了政治经济学家所称的“福特主义”[①]。以亨利·福特和福特汽车公司早期生产的车型命名，福特主义指的是结合了高工资、大生产、高消耗的生产关系。福特主义的特点是垂直型一体化的国内企业（公司拥有或者控制自下而上的生产链），支持对低成本的国外竞争征收关税这种形式的国家权力，从而维持大公司不断盈利的能力。

20 世纪 50 年代到 80 年代早期，金枪鱼的消费大国（即美国和日本）都是最大的金枪鱼捕捞和加工国。美国的金枪鱼渔船向美国的罐头制造商出售金枪鱼，再由他们制成金枪鱼罐头出售给消费者。有些金枪鱼的捕捞船甚至为金枪鱼加工公司所有，这体现了垂直型一体化的福特主义企业的特点。政府通过巩固和保持美国对热带东太平洋的控制（随后，正如前文所述，美国离开了这个区域），维持了这一产业的盈利能力。

可是，政府抢先一步采取行动阻止这种越来越广泛的趋势影响美国船队的努力只能到此为止了。当福特主义转变成所谓的“后福特主义”[②]的新型生产关系后，权力中心从国家转移到跨国企业（TNGs）[③]。20 世纪 80 年代见证了全球金枪鱼业的重建，它的特征是垂直一体化的美国金枪鱼公司的解体。这种趋势的推动因素有许多，包括越来越便宜的工厂化农场养殖（第四章）牛

---

① 福特主义（Fordism）：在 20 世纪早期的几十年中，许多工业化国家主要的生产关系；它的标志是大型垂直一体化的企业，高工资和高消耗，以及强大的政府影响力。

② 后福特主义（Post-Fordism）：它产生于 20 世纪末的几十年，是大多数工业化国家目前的生产关系；它的标志是分散化、专业化和通常转包的生产，跨国企业发挥重要的作用而政府影响力减弱。

③ 跨国企业（TNC）（Transnational Corporations）：在多个国家生产经营的企业；通常也被称作多国企业（MNCs）。

肉和家禽的兴起导致消费者对金枪鱼需求减少,生产过剩促使价格不断下降(见第七章)。结果,旧制度的瓦解迫使曾经的垂直一体化企业转移它们的经营业务中相当大的一部分。美国金枪鱼的大品牌最终并入亚洲的跨国企业。如今,大部分的捕鱼、装罐和加工已经被分包出去。因此,我们熟悉的金枪鱼"公司"现在仅仅是大型跨国企业的一个"品牌",它要在全球范围内寻找最便宜的材料和劳动进行产品组装。目前,全球金枪鱼业向后福特时代的转型已经完成,这对世界渔场的管理产生了深远影响。

注:放大了的标签清楚地显示了细节。在当地的连锁超市中,我们只能找到三种海洋管理委员会认证的产品,这是其中之一;所有都是罐装的阿拉斯加三文鱼。

图 13.4　获得海洋管理委员会认证许可的阿拉斯加三文鱼罐头的标签

后福特主义的管理:海洋管理委员会

在一个分散管理的全球金枪鱼生产体系中,传统(以国内各州为基础)的管理模式就不怎么行得通了,这给出现新的管理模式留下了空间。1997 年,世界自然基金会与农业食品跨国企业巨头联合利华合作共同成立了海洋管理委员会(MSC)。海洋管理委员会的使命是为企业生产可持续收获的海产品提供以市场为基础的激励机制。如果渔场符合海洋管理委员会的指导方针，其海产品就可以获得海洋管理委员会的认证许可（图 13.4）。它传递着与“海豚安全”标签相似的精神，鼓励消费者通过购买“良心”企业的海产品参与问题的解决。尽管这是一种有吸引力的绿色消费模式，消费者有理由对完全接受这种趋势持谨慎的态度。

从社会公正的视角来看，海洋管理委员会引起了来自全球发展中国家小户渔民的不满，他们因缺少关系和资本，甚至无法启动认证程序，所以被排除在海洋管理委员会的认证之外。当大公司进入贫困国家曾经捕鱼的水域时，当地人却因为明显的“绿色”标签被挡在富裕国家的市场之外，因此这加剧了世界上最贫困国家就业岗位和机会的流失。这样看来，随着向自由市场“开放”全世界，贫困国家的生产者要承受由此产生的不成比例的“打击”（Klein，2007）。就这一点而论，绿色标签似乎（有点讽刺地）更偏向于大规模、公司化、集团化的企业，而不是手工作业的小户渔民。

环保主义者和社会公正的活动家在了解了这种政治经济学的视角之后，应该依照他们在管理和责任中的发言权和影响力，批判地评价新的环境条例和管理机构。海洋管理委员会这种后福特主义管理的新形式越来越企业化，在规模上超越了国界，与福特主义国家管理相比，它使老百姓（除非是作为消费者）承受的负担更重。从这点来说，我们最好检查一下商品标签背后的意义。无论是单个物种还是更广泛的生态系统，不同的管理形式都会导致复杂的伦理权衡。

伦理学：拯救动物，保护物种

> “金枪鱼是一种有趣的食品。如果它牵涉到骚扰和杀害海豚这样的高贵生物，就是不对的。但愿，几年之后，对金枪鱼来说最安全的地方将是游在海豚的下方。”

[泰德·史密斯(Ted Smyth),亨氏公司的副总裁,当时这家公司拥有 StarKist 金枪鱼品牌(美国鱼类及野生动物管理局 ,2008)]

为什么这么多人被拉巴德电影中的画面深深感动而采取行动呢?为什么金枪鱼船上的水手把一条死去的海豚扔出船外的情景恰恰会成为破坏环境的标志呢?在金枪鱼的抵制活动一路高歌猛进的时候,无数其他的海洋渔场正面临越来越严重的过度捕捞。金枪鱼——某种以最不可持续的方式收获的海洋鱼类,几乎已等同于海豚的保护,这是不是有些讽刺呢?保护海豚安全的金枪鱼运动获得成功,而同时保护海洋渔场(包括金枪鱼在内)遭到失败,也可以被看成是动物权益[①]战胜了生态伦理。

“高贵生物”的权利:与海豚处境相反的案例

一说到“保护”或者“生态”,关于行为对错的讨论主要集中在处理物种遭遇的困境。例如,为了阻止动植物物种灭绝,美国在 1973 年批准了《濒危物种法案》(ESA)。一度濒危但是成为 ESA 成功案例的物种包括游隼和美国鳄鱼。通过联邦立法,社会已经公认因人类行为造成物种灭绝是错误的。然而,ESA 并没有就如何对待鳄鱼、游隼,或者其他动物个体制定道德命令。就这点而论,这些法律措施是生态伦理的表达,而不是动物权益的表述。可是辛格说道,环境伦理的问题不必停留在物种的层面上。

我们在第五章中曾回顾彼得·辛格赞成道德延伸主义[②](Singer,1975):我们应该将道德关怀延伸到所有有利益关系的生物。海豚是一种有智力、进化程度很高的动物,它们非常符合辛格

① 动物权益(Animal Rights):一种伦理立场和社会运动,它阐明非人类的动物,尤其是有智力的动物,应该作为伦理主体,被赋予与人类同等或者至少相似的权利。

② 道德延伸主义(Moral Extensionism):一种道德原则,它阐述了人类应该把道德关怀的范围拓宽到人类的范围之外;最常见的是有人认为有智力或有情感的动物应该是伦理主体。

(并且毫无疑问任何动物权益人士)有关利益等级的观点。因此,每年金枪鱼网中有数十万只海豚被杀害是错误的,这再简单不过了。就此而言,我们也可以说(曾经这么说过)杀死金枪鱼网中任何一只海豚都是错误的。难怪这么多人对拉巴德影片中的画面——明显有感知能力的生物遭遇相当可怕命运的画面感到触目惊心。

与海豚(和鲸)不同,金枪鱼在大多数人的利益等级中排名靠后。畅销书作者赞恩·格雷(Zane Grey)1925 年出版了《维京海上捕鱼的故事》,在这本讲述公海奇遇的书中,他将黄鳍金枪鱼描述为"愚蠢的猪"(Safina,2001:185)。想象一下如果将市场中残缺的金枪鱼(图 13.5)换作海豚会引起的强烈抗议。的确,对一些激进的动物权益人士来说,这样对待金枪鱼是他们极其厌恶的事。然而,对大多数人来

注:这张图片是"treehugger. com"中一篇关于过度捕捞的金枪鱼群的文章的配图。无论在捕捞前还是捕捞后,它都没有提及这侵犯了金枪鱼的权利或者尊严。

资料来源:(© 2008) P. Y. Yee, Singapore.

图 13.5　金枪鱼有权利吗?东京海产品批发商的托盘上残缺的金枪鱼

说,这仅仅是一张在售金枪鱼的图片。从这一点而论,海豚安全运动在更大程度上是动物权益的胜利,而不是生态伦理的胜利(因为例如运动的成功几乎没有阻止海洋物种的过度捕捞)。也可以这么说,可能是把海豚社会建构[①](见第八章)成一种相对于金枪鱼和其他鱼类有相关利益、魅力非凡的物种,造成了这种区别以及其令人困惑的伦理标准。

权益的胜利会造成生态的失败吗?

通过把关于海豚与金枪鱼的争论解读为涉及两种有时互相冲突的环境伦理,即动物权益与生态伦理的争论,我们就能够理解为什么海洋保护远远落后于海洋哺乳动物的保护。海豚和鲸保护的目标(通常)是将它们的死亡率降到最低或者甚至消灭死亡率,与此不同的是鱼类保护的目标通常是使可持续的捕鱼量最大化。使收获最大化的欲望总是高于保护海洋生态的考虑。

这并不是说社会缺乏关于海洋的生态道德观念。其实,主要的道德标准(有些高贵的物种除外,见下文中的练习 13.3)认为捕捞鱼类对它们进行管理和为了防止海洋哺乳动物被捕捞而保护它们都是正确的。这种道德标准没有提供一个向保守的(或者预防性的)渔场管理方式转变的范例,并且就这一点而论,它只是对早期未加规范的海洋过度开发这种"公地悲剧"稍作改进。这也支持了许多生态伦理学家所认为的越来越不可持续的自然开发将继续,直到社会发展出一种真正的生态伦理准则。

这对海洋会产生什么影响呢?思考一下:美国金枪鱼的销量创下历史最高纪录。此外,美国售出的每一罐金枪鱼都有海豚安全的标签。这回避了一个问题:当"海豚安全"运动极大地减少了

---

① 社会建构(Social Construction):在社会上被人们一致接受,任何存在的或者被理解为具有某些特点的分类、状况或者事情。

对产品的需求时，热带东太平洋上所有追击海豚的船只都遇到了什么情况？有一件事是可以确定的：它们没有简单地重拾竿钓的捕鱼方式。尽管这将会减少对黄鳍金枪鱼的压力，杜绝海豚的死亡，为渔民带来更多的工作，但是对于船主来说，这不是一个经济的选择，甚至不被认为是一个现实的选择（见上文中政治经济学的部分）。

其实，围网渔船采取的是下面两种做法中的一种。有些船只虽然仍然留在热带东太平洋，但是它们不再对海豚进行追击，而是在原木或者其他漂浮物周围围网，它们（像海豚群）的下面往往聚集着黄鳍金枪鱼。问题是海豚下方的捕获物，黄鳍金枪鱼群，往往比原木下方的"更加干净"，因为围着原木的渔网"获得的兼捕渔获物是围着海豚的渔网所获的数百倍"（Bloomberg Newswire，2008：436）。考虑到30%—40%兼捕的海豚在被扔回海里之前就已经死掉，增加两到三个数量级的兼捕渔获物可以被看作是为了单个海豚的生命，做出的巨大的生态权衡。

可是，虽然更多热带东太平洋上的围网渔船进入热带西太平洋（WTP）不会造成兼捕海豚的问题，但是它们导致了在热带西太平洋黄鳍金枪鱼捕捞量的大幅增长，如今该鱼群已经被彻底捕捞，或者被过度捕捞。其实，有些太平洋黄鳍金枪鱼种群已严重匮乏，以至于八个太平洋上的岛国因担心渔业资源的衰竭，呼吁国际社会在面积与阿拉斯加一样大的一块区域禁止捕捞金枪鱼（Back et al.，1995）。

许多消费者看到"海豚安全"的标签时会认为自己购买的是对生态有益的产品。消费者不仅可以买到罐装金枪鱼，也不会为此感到愧疚。况且，数十万的海豚的确因为这场运动幸免于难。然而，重要的生态问题仍在持续，或者甚至加剧：（非海豚的）兼捕渔获物有所增加，过度捕捞正向西推进。这么做存在什么问题？

金枪鱼的难题

本章我们学习了：

● 海洋里金枪鱼的数量多得几乎无法想象，但是差不多在它们所在的任何地方，它们正以不可持续的方式被捕获。

● 野生金枪鱼的渔业资源已经因为多种新型捕鱼技术（围网渔船、放牧式养殖金枪鱼）遭到破坏，因为每一种技术都允许我们从海洋中捕捞更多的鱼。

● 与人类不同（但是与其他非人类的自然界相似），金枪鱼不受政治界限的约束。但是，它们的命运不可避免地与地缘政治的决定相连。

● 金枪鱼的售价很高；照例，当人们可以大赚一笔时，生态的考虑可能就被搁一边了。

● 在热带东太平洋，成群的大型黄鳍金枪鱼潜游在容易被发现的海豚群下面，多年来大量海豚因为被兼捕而死去，消费者却可以因此买到便宜的罐装金枪鱼。

● 绿色消费者运动通过贴上“海豚安全”标签，成功地重新规范了金枪鱼的生产，这表明通过市场，消费者的倡议可以促使企业“做正确的事情”。

● 相反，政治经济学的方法要求我们用批判的眼光看待以市场为基础的解决方法，深刻评价改变了的地点以及伴随着每个以市场为基础的成功案例的权力影响范围，即使它们是“绿色”的。

● 伦理学的方法让我们看到，至少在海洋中，我们的生态伦理还没有跟上我们支持动物权益的脚步。

全世界的海洋是复杂的关系网络，金枪鱼只是其中一个很小的节点。许多物种大规模的过度捕捞，大量的海洋污染，全球变暖和许多其他方面的冲击都急剧地改变着海洋，远不止渔网中乱作一团的海豚。然而，金枪鱼仍然是最有助于我们理解个人的消费选择对全球生态系统的影响的途径之一，同时这个案例也突出了海洋融入全球贸易的方式是深层结构化的。在一定程度上，金枪鱼渔场已经出现了变革，人们正在寻找用新的方法处理海洋面临的全球危机。然而在一定程度上大量限制开采的努力只产生名义上的生态变化。因此金枪鱼的案例指出，环境保护还有很长的路要走。

问题回顾

1. 一个世纪以前，蓝鳍金枪鱼鱼肉的价值是多少？今天呢？这种变化如何影响它们的产量？

2. 描述并比较竿钓捕鱼法和围网捕捞法。美国东太平洋的黄鳍金枪鱼渔场是如何从围网捕捞逐步发展为竿钓捕鱼，又回到围网捕捞的？为什么？记得要考虑到政治经济学的因素和这种变化的地理因素。

3. 为了拯救热带东太平洋的海豚，由谁发起了消费者抵制运动？这项运动成功吗？请解释。

4. 从渔场管理的角度来看，200 海里内的海洋渔场与离岸更远的公海渔场有什么不同呢？

5. 金枪鱼和海豚，哪个更常受到道德延伸主义的影响？为什么？

练习 13.1　贴上生态标签和认证

金枪鱼只是无数贴有“绿色”或者“可持续性”消费标签的产品中的一种。但是，谁是监管这些产品认证的机构？它们使用了什么程序？在标签存在矛盾的情况下，它们有什么不同？找出一种贴有生态标签的产品，并尽量回答下面的问题：(1) 这个标签保证了什么？(2) 标签所保证的产品特点是否改进或者改变了产品生产者对待环境的做法？标签上的文字是什么意思（例如“自然的”)?(3)谁负责监管认证的过程;它们是否是“第三方”(独立于公司的人或者团体)?(4)产品需要经历哪些过程才能获得标签,并且如何进行认证?

现在思考下面的问题:确认(或否定)所讨论的标签是可靠且名副其实的需要花多少时间和劳动?假如你愿意的话,确认(或否定)你所消费的所有类似产品需要付出多少时间和劳动?你对所贴标签的信任度是多少?你觉得它贴对位置了吗?

练习 13.2　当代商业性捕鱼(和过度捕捞)

使用曾经无法想象的大型渔网围网捕捞不是唯一一种可能摧毁全世界海洋渔场的现代商业捕鱼技术。其他能够并经常导致过度捕捞的技术包括多钩长线和用漂网捕鱼(有时称作刺网)。

在这项任务中,选取一种现代密集型商业捕鱼方式(围网、多钩长线、刺网、海底拖网捕捞或者你自己发现的其他方法)进行研究。写一篇一页纸长度的文章,描述这种技术和经常使用这种技术的三个海洋渔场(包括物种和地点)。此外,描述这些渔场的捕捞是否可持续,如果真是这样的话,如何规范这些渔场的捕捞限制。

练习 13.3　科学捕鲸

“拯救鲸鱼!”是环境运动中最著名的口号之一。载有绿色和平或者海洋守护者协会活动家的橡皮艇猛烈撞击捕鲸船是环境行动主义“直接行动”的标志性画面。其实,国际鲸鱼保护运动已经如此普及,以致在全球范围内几乎没有国家从全世界的海洋中捕捞鲸鱼,并且大多数国家几十年来都没有这么做过。可是,有少数国家采取了被称为“科学捕鲸”的做法。什么是科学捕鲸?哪些国家采取这种做法?它们如何对其作出合理的解释?哪些组织(和国家)提出反对,为什么?阅读相关主题的文章并解释:科学捕鲸反对者的论点主要依据动物权益的道德准则还是生态伦理（或者也许两者兼而有之）。

参考文献

Back, W., E. R. Landa, et al. ,(1995),"Bottled Water, Spas, and Early Years of Water Chemistry"(《瓶装水、温泉浴场与水化学的早期》), *Ground Water* (《地下水》),33(4): 605—614.

Baird, I. , N. Quastel (2011), "Dolphin-safe Tuna from California to Thailand: Localisms in Environmental Certification of Global Commodity Networks"(《从加利福尼亚到泰国对海豚安全的金枪鱼：全球商品网络环境认证中的地方主义》), *Annals of the Association of American Geographers*(《美国地理学家协会年报》),101(2): 336—355.

Bloomberg Newswire(2008. 6. 16), "Pacific Nations Ban Tuna Boats to Stop Stock Collapse"(《太平洋国家为了阻止储量衰竭，禁止金枪鱼船》),2009 年 4 月 11 日检索, www. bloomberg. com/apps/news? pid = 20601101&sid = aqOdnFHygH1k.

Bonanno, A. , D. Constance (1996), *Caught in the Net: The Global Tuna Industry, Environmentalism and the State*(《困在网中：全球金枪鱼业，环境保护主义与国家》),Lawrence: University of Kansas.

Ellis, R. (2008), *Tuna: A Love Story*(《金枪鱼：爱的故事》),New York: Knopf.

Gosliner, M. L. (1999), "The Tuna-dolphin Controversy"(《金枪鱼与海豚的矛盾》), J. R. Twiss Jr. , R. R. Reeves eds., *Conservation and Management of Marine Mammals*(《保护与管理海洋哺乳动物》),Washington DC: Smithsonian Institution, pp. 120—155.

Greenberg. P. (2010), *Four Fish: The Future of the Last Wild Food*(《四条鱼：最后的野生鱼类的未来》),New York: Penguin.

Johnson, S. (2012), "Anyone for Sushi? Fisherman Catches 1,000 lb Tuna (that'll make 20,000 servings with rice)"(《有人要吃寿司吗？渔民捕捞到一条 1 000 磅重的金枪鱼（它将配上米饭做成 20 000 份寿司）》), *Daily Mail*(《每日邮报》),11 月 25 日,2013 年 1 月 3 日检索,http://www. dailymail. co. uk/news/article - 2238284/Anyone-sushi-Fisherman-catches-1-000lb-tuna-make-20-000-pieces-delicacy. html.

Joseph, J. (1994), "The Tuna-dolphin Controversy in the Eastern Tropical Pacific: Biological, Economic and Political Impacts"(《热带东太平洋金枪鱼与海豚的矛盾：对生物学、经济与政治的影响》), *Ocean Development and International Law*(《海洋发展与国际法》),25: 1—30.

Klein, N. (2007), *The Shock Doctrine: The Rise of Disaster Capitalism*(《休克主义:灾难资本主义的崛起》),New York: Metropolitan.

Safina, C. (2001), "Tuna Conservation"(《金枪鱼保护》), B. A. Block, E. D. Stevens eds., *Tuna: Physiology, Ecology and Evolution*(《金枪鱼:生理学、生态学与进化》),San Diego, CA: Academic Press, pp. 413—459.

Singer,P. (1975), *Animal Liberation: A New Ethics for Our Treatment of Animals* (《动物解放:对待动物的新伦理》), New York: New York Review (Random House 经销).

United States Fish and Wildlife Service (2008), *Factsheet: American Alligator: Alligator Mississippiensis* (《信息一览表:美国鳄鱼:美国短吻鳄》), Arlington, VA: Author.

Upton, H., E. Buck(2010), "*Open Ocean Aquaculture*"(《开放性海洋水产养殖》), Washington: Congressional Research Service,2013 年 8 月 8 日检索, http://www.cnie.org/NLE/CRSreports/10Sep/RL32694.pdf.

Whynott, D. (1995), *Giant Bluefin* (《巨型蓝鳍》), New York: Farrar, Straus & Giroux.

推荐阅读

Mansfield, B. (2004), "Neoliberalism in the Oceans: 'Rationalization,' Property Rights, and the Common Question"(《海洋中的新自由主义:"理性化"、财产权与公共财产的问题》), *Geoforum*(《地球论坛》),35: 313—326.

Rogers, R. A. (1995), *The Oceans Are Emptying: Fish Wars and Sustainability*(《海洋正被清空:鱼类战争与可持续性》),Cheektowaga, NY: Black Rose.

Sharpless, A., S. Evans(2003), *The Perfect Protein: The Fish Lover's Guide to Saving the Oceans and Feeding the World*(《完美的蛋白质:拯救海洋与供养世界,鱼类爱好者的指南》),Emmaus, PA: Rodale.

草　坪

图片来源:Suzanne Tucker/Shutterstock.

人们对草坪的爱有多深?

苏珊娜得面临一个进退两难的难题。几年前,一个普通美国业主曾经向本书的一位作者说起她的小狗遇到的一个问题。她这样解释道:“我们的一只小狗对[经化学制品处理的]草坪过敏。春天我们开始给草坪施肥的时候,它的爪子就会擦破,出血……因此，在处理完草坪之后的几天里，我们得给它穿上小袜子。否则就真的会伤害到它，而且它会用牙齿咬噬自己的爪子，血流得到处都是。我们真的很伤心。”(Robbins，2007:1)值得注意的是，当面对小狗遭受这种实实在在的痛苦时，苏珊娜没有停止在铺满草坪的院子里使用化学制品，而是选择给她的小狗穿上袜子。

苏珊娜是一位受过良好教育的专业人士。她明白使用杀虫剂和肥料带来的风险，甚至承认这些处理可能不利于环境或者家人的健康。但是，她还是继续为深度处理草坪的服务支付费用，整个夏天每隔几周就要处理一次。是什么促使她做自己似乎从根本上反对的事情呢？

答案在于人工草坪的巨大影响力，这是一道美国和其他许多国家数十万人共同维护的风景，一项在全球范围高达数十亿美元的生意。草坪是一种引人注目的文化现象。

但是，它也是一种环境现象。草坪对水的需求量极大，在美国它可能是面积最大的灌溉作物。此外，为了使草坪的外观“青翠欲滴”，它们还需要人们投入大量杀虫剂和除草剂，并且使用高燃耗的设备护理和修剪：除草机、修剪器、割草机。下游地区清楚地感受到草坪的生态足迹，从草坪表面流掉的肥料冲进溪流和湖里，造成当地藻类的爆发，导致淡水栖息地成为不毛之地。用来维护草坪的化学制品包括一些密集型产业化农业中常见的强效混合物；处理完草坪后，人们基本上总是要树立标识，提醒儿童和宠物离远点。

从这点来说，草坪是一个有趣的环境—社会问题。它们形成的基础是茁壮的多年生草种，经过数十万年的逐渐发展，它们生长茂盛，从这点来说，它们完全是“自然的”。另一方面，维护草坪需要人类面面俱到的呵护和使用人工化学制品，从这点来说，它们完全是“非自然的”。在多大程度上，草坪表现了我们在环境中生活并且呵护环境的本能？在多大程度上，它们体现了人类对控制的渴望，将野生的自然环境从我们周围的世界排除？为什么人们如此精心地培育草坪，即使他们知道这样做可能对环境有害？

草坪简史

正如我们今天所知道的，草坪实际上不是一个非常古老的文化现象，尽管生长在草坪中的草是人类历史中很复杂的一部分。草坪中生长的草为多年生植物，这意味着它们不会随着四季的更替而枯荣。今天，草坪中最常见的草种是几千年前人们为了饲养家畜，从野生原种驯化而来。它们通过新芽在土壤下横向生长来伸展根茎，因此往往会在牧场的条件下蓬勃生长。虽然在播种之前牛群吃掉了草的顶端，但是草继续生长、延伸，在土壤的表面扩展成茂密的一团。这些特性使得草坪草种适合形成广阔的开放牧场，但是也意味着如果经常修剪，它们会长得更好。

草坪草种是人类经济史的一部分

作为哥伦布交换①的一部分，这些草坪草种被带到了新世界。哥伦布交换是指在发现美洲后不久，植物和其他物种在美洲与其他地区间来回地转移，造成了全世界生态的转变。美国最重要的10种草坪草种，包括无所不在的肯塔基蓝草（草地早熟禾，Poapratensis），原产自欧洲、亚洲和非洲，而不是美洲。

17、18世纪期间，草坪草种在美国种植，它们一直主要被用来喂养牛羊，通常与许多其他的物种一起，例如苜蓿（三叶草属物种），在牧场中生长。从这个意义上说，长期以来，草坪草种都是农业多样性②体系的一部分。农业多样性是指在工业化之前的一段

---

① 哥伦布交换（Columbian Exchange）：物种在新世界与旧世界之间，跨越大西洋来回地移动并因此产生的生态变化。

② 农业多样性（Agrodiversity）：耕作区域物种的数量和种类。较高水平的农业多样性通常与农业体系的健康和它抵抗天气和疾病的能力有关（反义词：单一栽培）。

时间里,农业体系依靠的一种复杂的物种混合体。

为了审美的目的维护草坪在很久以后才出现。当然,耕作草坪草种的开放区域由来已久,欧洲大型的中世纪庄园拥有巨大的草坪,它们由仆人和农民打理。然而,今天前院里密集种植、精心修剪的草坪可能不过是20世纪中期才出现的景观。这主要因为:(1)二战之前,私人的庭院空地不足以铺设草坪,(2)要使草坪看上去像我们今天所见到的那样平整光滑、青翠欲滴,需要机械设备、化学制品和营养方面的投入,而在1950年以前,它们在公众中还没有普及。

在20世纪前,那些没有生活在农村地区(那里种植着放牧用的草坪草种)的人们生活在人口密集的城市中心,几乎没有露天的院子。然而随着汽车开始改变城市的面貌,人们可以在城市边缘新的土地上定居。20世纪早期,郊区开始形成,并随后在40、50年代迅速发展。在此期间出现了一种新的企业家类别,房地产开发商,他们不仅有强烈的动力策划开发新的住宅用地,而且策划和出售尽可能多的土地,把农业用地变成家庭用地(Jackson,1985)。因此,随着郊区住宅的发展,前后院有了大片的空地。在这段时期,房屋的建筑面积并没有太大的增加,但是地块的面积剧增,它的面积是所建房屋面积的两倍。大片的区域迅速被用来培植草坪,这个简单的景观选择可以让消费者清晰地看到待售的房屋外观很有吸引力。从这点来看,草坪就是北美地区城市定居以及房地产策划、营销和销售方式改变的人为产物。

化学制品的革命

恰好在可以通过集中的化学控制打造景观时,这些草坪出现了。虽然在1950年之前的一段时间,曾有很多维护草坪的化学制品,但是都不够成熟也极其危险。它们包括四氯化碳、氯化汞、煤油和当时效力最强、最常见的毒素之一:砷酸铅(图14.1)。这种产品来自商业化的农业生产,它不仅是一种强力杀虫剂,也是一种剧毒物质。铅和砷都有毒;接触砷可能导致多种癌症,如果儿童接触了铅,会影响神经系统,造成大脑发育受损。它们真是令人讨厌的东西。

然而,随着新一代杀虫剂,尤其是二氯二苯三氯乙烷这种农药:DDT 的到来,这些危险而棘手的化学制品几乎一夜之间就消失了。20 世纪 30 年代末研制出来的 DDT 在二战中对控制传染疟疾的蚊虫发挥了关键作用。战后,这种化学制品在商业领域和家庭中广泛应用。它比其他的化学制品更便宜,似乎也更安全,人们用 DDT 养护住宅、草坪和花园,它成为美国人生活中再平常不过的一部分。

资料来源:乔·霍夫曼(Joe Hoffman)。

图 14.1　砷酸铅——在 DDT 出现之前最受欢迎的杀虫剂

DDT 的问题很早就有所显现，但是直到 1962 年蕾切尔·卡森（Rachel Carson）出版了如今被奉为经典的环境问题著作《寂静的春天》，人们才开始充分意识到这种化学制品对环境的冲击。DDT 不仅对淡水和海洋生物有害，对鸟类也极具杀伤力。1972 年，美国最终对 DDT 下发了禁令。然而此后的 40 年里，为了取代 DDT，市场上推出了许多其他的化学制品，它们也都有已知或者可疑的、关系到健康与环境的风险。除草剂 2－4，D 是一种可疑的致癌物质。除草剂草甘膦被认为会对生态系统造成冲击。常用的有机磷酸酯化学制品会造成神经损伤。保证草坪快速生长和青翠欲滴的化肥会对水质产生重大影响，并通过富营养化[①]使湖水和溪流的状况恶化：航道中营养成分过剩造成藻类的爆发，并最终导致溶解氧的耗尽。当然，人们可以不使用化学制品护理和维护草坪，但是那样的话就无法做到单一栽培[②]，即没有杂草和其他草种，也无法实现大多数业主渴望的青翠欲滴。这些产品的销量只是在《寂静的春天》出版后的几十年有所增加。如今，草坪化学护理已不仅仅是一项年交易额超过 100 亿美元的化学制品生意。

草坪的爆发式增长

通过草坪覆盖范围的总体发展，我们可以预测这个行业的增长。俄亥俄州的富兰克林县是哥伦比亚市一个非常普通的近郊城市。最近一项研究表明那里的草坪覆盖面积达到土地面积的 23%（Robbins，Birkenholtz，2003）。一项运用卫星远程遥感技术进行的更全面的研究得出结论，美国有 12.8 万平方公里的草坪草种（图 14.2），这使得草坪超过大豆、玉米和其他主要的经济作物，成为美

① 富营养化（Eutrophication）：水体（以及有时土壤或者栖息地）营养成分变得过高的过程，它会导致藻类植物的频繁爆发、溶解氧浓度的改变以及整体状况的恶化。

② 单一栽培（Monoculture）：栽培单一的作物，排除其他任何可能的物种或收获物。

国灌溉量最大的单一作物(Milesi et al.,2005)。草坪也在全球范围内蓬勃发展。随着新兴的住宅市场以及世界上许多地区日渐富裕,在南非、澳大利亚和印度这些遥远的地方都能见到草坪。

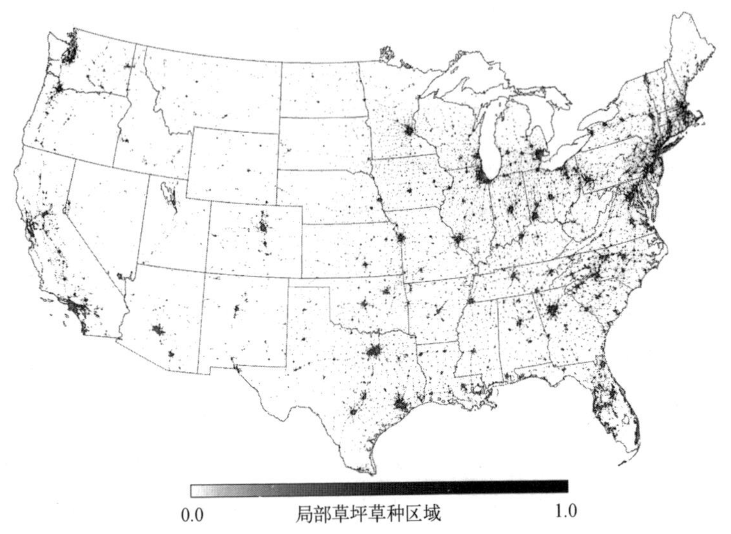

资料来源:经许可,重新绘制 http://earthobservatory. nasa. gov/IOTD/view. php? id =6019 和美国宇航局。

图 14.2　美国草坪草种数量分布图

草坪草种造成了广泛的环境影响。正如前面提到,化学制品的使用和肥料的流出对周围的生态系统不利。在这些化学制品中,许多也会对人类健康产生影响。草坪用水量极大,特别在夏天,因此草坪是城市用水预算中的主要部分。

当然,草坪也带来一些益处。城市热岛效应①是指吸收和再辐射来自建筑物和人行道的热量使城市温度升高。从这点来说,绿色植被覆盖绝对比光秃秃的混凝土要好。生长的草也会吸收二氧化碳(见第九章),因此对抵消全球变暖会产生一点作用。

---

① 城市热岛效应(Urban Heat Island Effect):通过吸收和再辐射来自建筑物和人行道的热量,城市温度升高。城市区域的植被会减少这种效应。

草坪之谜

可是,维护绿色草坪的经济和生态成本高昂。许多种植草坪的人(想一想之前提到的苏珊娜)也认为它们是危险、有问题的。但是,这些人还是愿意护理草坪。简而言之,草坪是一个谜。在这段简短的历史中,我们回顾了草坪草种的出现并做出如下总结:

- 经过缓慢的发展,草坪草种被放牧的动物吃掉或者修剪,并且在土壤下横向生长,因此,它们最适合创造大面积的草坪景观。
- 然而,单一栽培的家庭草坪的历史并不久远,一直到二战之后房地产市场兴起和现代杀虫剂和除草剂出现才开始。
- 在草坪中使用化学制品和其他物质会有潜在的危害,也会对周围的生态系统造成冲击。
- 即使经常有消息表明草坪草种的单一栽培会带来许多问题,在美国以及全世界,草坪的覆盖范围依然广泛。

这对人类的环境行为提出了一些基本问题。人们为什么会做可能有危害的事情?是因为他们不知道,还是因为他们不在乎?他们的决定是否会产生影响?社会规范和经济模式怎样受到这种决策的影响?

风险与化学制品决策

只要业主渴望有一个青翠欲滴、悉心照管、单一栽培的院落,就难免会造成与当代草坪相关的危害以及一些环境冲击,包括化学制品的外部效应和对水的需求。护理这种草坪的人们无异于正在做出一种理性的风险计算。你会记得在第六章里说过,风险[①]是与危险有关的决定将产生危害的、已知或者预估的可能性。就这

---

① 风险(Risk):已知的(或者预计的)、与危险有关的决定将产生负面结果的可能性。

点而言，我们可以预测草坪化学制品仍然在美国和其他地方广泛使用是因为人们没有充分认识到它们的危害，没有把它们考虑在内。缺乏宣传教育或者关键信息可能会阻碍对化学制品危害的风险认知[①]，例如杀虫剂对儿童健康产生的影响，除草剂对当代生物多样性产生的影响，或者化肥可能对附近水生生态系统的影响。

使用化学制品是非理性的，还是不知情的？

从这个假设出发，提倡采用更好的风险沟通策略，包括给产品加标注、教育消费者以及其他活动是合情理的。通过向消费者提供具体商品的危害等可靠信息，我们预计他们的环境行为会有所不同。

然而，这种理解在事实面前站不住脚。21 世纪初，对业主展开的全国性调查披露了一些情况。首先，根据统计，它推断那些在草坪中使用杀虫剂、除草剂和化肥的人比没有使用的人更有可能提出化学制品对环境、儿童和人类健康有害。简而言之，雇佣草坪化学护理公司员工或者直接购买使用化学制品护理草坪的人，比不使用化学制品的人更清楚它们的危害。此外，他们往往更富有，受教育程度更高。这至少意味着人们仔细阅读了这些商品的包装袋、警告标签和公司的免责声明。更重要的是，它表明仅仅对人们进行危险教育可能不会对他们的行为产生什么影响。

化学制品在经济上（或者社会上）是理性的

但是，用风险的方法思考也为我们提出了其他的假设。最值得我们注意的是，使用化学制品的人清楚地知道它们的风险，理性地看到获得的收益大于付出的代价。草坪中使用化学制品带来的一系列潜在的经济利益可能会影响到决策。例如，房地产市

---

① 风险认知（Risk Perception）：它既是一种现象也是一个相关的研究领域，即人们有可能不总是从理性的角度评价某一情形或者决定的危险性，它取决于个人的偏见、文化或者人类的倾向。

场的经纪人一般认为草坪会明显提高物业“外观的吸引力”，使房地产的销售价格大约提高10 000美元。因此，从理论上，使用化学制品护理草坪的人接受生态系统恶化、对儿童的发育和自身健康会存在风险作为他们拥有的房地产价值增加几千美元的一种权衡。无论你我是否认可这种权衡的合理性，它可能是一些消费者的环境行为的原因。

许多参与上述研究调查的业主的确提到过使用化学制品对物业的经济利益。调查中34%的人声称无论他们的邻居怎样维护自己的物业，这些行为对水质都会产生负面影响。可是，调查中有一半的人说这些行为提高了物业的价值。从这个意义上说，被调查者似乎认同人们使用化学制品的决定对物业的价值有利，即使有时不利于环境。正如一位居民告诉采访者：“人们想知道，你究竟在干什么？你正在减少我们物业的价值！”他的草坪曾经有一段时间快要枯萎（Robbins，2007：112）。

可是，这又一次地混淆了事实。尽管许多参与调查者和受访者提到草坪的经济利益动机，但是更多人利用更令人难以理解的方法来权衡利益。如果只有一半的人认同经济利益，那么绝大部分人（73%）指出“社区的自豪感”是使用化学制品带来的主要好处。很明显，使用化学制品不只是被简单的经济动机推动，人们更享受使用化学制品获得的集体或者社会效益。这种选择使他们接受了他们认可的与行为有关的风险，因此它必须被理解为是“理性的”，即使效益根植于情感[①]（见第六章）：一种情感经历（如自豪感）中。所以，从风险分析的观点来看，使用化学制品护理草坪似乎是一种符合逻辑的做法，但是它既有深层的社会原因也有经济原因。

---

① 情感（Affect）：影响决策的感情和对世界的无意识的反应。

专栏 14.1 环境解决办法？有机草坪添加物

考虑到草坪化学添加物的危害以及它们常会对环境造成不利的影响，许多消费者转而选择替代性的草坪护理产品和服务以满足他们的需要。这些产品的种类繁多，但主要分为几个门类。第一种是不以石油为原料生产的肥料（例如粉碎的玉米、苜蓿、棉花籽，或者血粉和羽毛粉）。另一种是应用有益的线虫，这些微小的捕食者可以杀死草坪中的昆虫寄生虫（如幼虫），所以不需要使用化学杀虫剂。对这一系列产品需求的逐渐上升使传统的化学品配方生产者和服务公司已经进入有机市场。想一想“有机的选择”，它是草坪化学制品行业最大的品牌（Scotts LawnService）推销的一种有机肥料管理。

无疑，使用有机添加物代替无机添加物确实代表了密集型、以石油为基础的化学制品以外的一种选择。另一方面，令人奇怪的是，这些绿色商品中有许多并非是必须的。例如，线虫被推销为草坪护理“自然”管理的一部分。而实际上，只要使土壤恢复健康的状态，它们就在土壤中天然存在。简单地说，有机制品公司正在向人们销售他们可以自己生产的东西，这再一次强调了草坪经济中包含了对剩余价值的不断追求。

此外，还有许多非商品性选择，包括培养个人对多样性风景的耐心。它可能涵盖多种物种，而且随着季节的更替，外观和色彩会有所变化。这样一种方法，即波尔曼等人（Bormann et al., 2001）所称的“自由草坪”，主要是指人类应该让草坪按照自身的方式生长，并且学着与之共同生存。这样做有许多优点。最明显的是减少添加富含营养成分的肥料，这意味着草坪生长有所放缓，因此需要修剪的频率就会降低，从而减少化石燃料的使用，产生更少的与草坪相关的废物。同样地，让苜蓿在草坪中生长替代了添加肥料的需求，因为苜蓿天生会固定住氮。从这个意义上说,什么都不做比做任何事情都好。

另一种更加激进的选择是完全更换草坪,在社会和法律的压力下,许多业主做出了这个决定。北美的许多组织,包括一个叫做“狂野”的组织,向人们提供了本地物种、生态恢复、种植和维护等信息,鼓励人们让原生的、历史悠久的本地物种重新回到他们的前院,模拟出一种殖民时期之前的景观。虽然这些草坪的人工痕迹不比草坪草种少,但是它们的生态功能截然不同。欢迎各种生物多样性可能是高添加物草坪最好的替代……最终完全没有草坪。

社会建构:漂亮的草坪意味着人品好

人们精心照料草坪的回报主要不在于经济上的价值,而体现在社会地位和责任感。让我们回到添加草坪化学制品行为的研究,使用草坪化学制品的人还有其他一些共同点。他们更可能会说自己“有兴趣知道社区里正在发生的事”,并且他们比不使用这些添加品的人能说出更多邻居的名字。可能更重要的是,根据统计分析,如果邻居使用草坪化学制品,那么这些人则更有可能也这么做。

对在任何情况下都会护理草坪的人来说,精心呵护草坪意味着你是一个好公民。正如一个业主告诉采访者,“我知道这个社区是身份和地位的象征。我肯定不愿意任何人破坏它”(Robbins,2007:111)。这种价值从严格意义上说不是个人的,而更是一种集体性或者共同的属性。从这个意义上说,它是一项社会公益。相反,没有精心护理草坪的行为则被视为品行不端的标志。“如果你不每周修剪两次草坪,你就是有问题的!”一个业主说道,“它好像在说,哦,天啦!”(Robbins,2007:111)这些负面的感受通常比积极的感受更重要,因为避免耻辱或者较低的社会地位的心理引导了我们的许多行为。

景观就是文本

因此,草坪不仅是一种设施;它实际上是一种叙述[①]形式,一个关于社区与生活在那里的人的故事。它表达了在那个地区种植草坪的人彼此相互联系,他们在各自的行为上对彼此负责,他们的行动关系到互相的利益和社区发展。这样看来,草坪景观是一种人们共同书写的文本。草坪似乎也承载着一种意识形态[②]——关于世界是什么样的以及应该是什么样的规范性世界观。在这种世界观里,人们有责任以一种特殊的方式行事,并为了对方做出某些努力。从这个意义上说,草坪是一种社会建构[③](见第八章)。这意味着它不仅是一种社会创造的生态,更确切地说它是包含公认含义的景观。通过经常修剪,添加化学制品,被护理得一丝不苟的草坪标志着重要的社会地位,对邻居的尊重,负责任的公民行为以及乐于助人。

既然草坪被看作一种社会建构,我们就可能找到一些改变自身行为的方法。如果某种社会力量使大家团结起来使用添加物,那么可以调动这种团结的意识引导人们使用非化学制品替代物吗?有证据表明这种情况是可能的。正如前面提到,如果邻居使用化学制品,人们就更有可能也使用。结果,当人们设计不同的景观时,他们的行为可能在社区里开创先例。例如在许多情况下,个

---

① 叙述(Narrative):有完整的开始和结局的故事。例如,“生物进化”和“公地悲剧”这些环境叙述有助于我们理解和建构世界。

② 意识形态(Ideologies):规范性的、有价值负载的世界观,清楚地解释了世界是什么样的以及它应该是什么样的。

③ 社会建构(Social Construction):在社会上被人们一致接受,任何存在的或者被理解为具有某些特点的分类、状况或者事情。

人业主也许会选择用本地植被替代草坪。在有些地区可能是本地草原草种,在其他地方可能是仙人掌和热带旱生灌丛,它取决于气候和当地的条件。在任何一种情况下,个人利用替代品打破社区的单一栽培,也许更容易使其他邻居效仿。从这个意义上说,社会环境问题或许可以用社会的办法解决。

社会和生态的忧虑

毫不出奇的是,改变景观设计的个人努力一开始通常会被一些邻居看作不友善。例如曾有这样的案例,选择其他景观设计取代草坪的业主被一个或者多个邻居起诉(Crumbley,2000)。城市法律中明确规定了只有在景观设计的选择安全合法的情况下,人们才可以免于诉讼(Rappaport,1993)。

然而,这些法律只是例外而不是规定,很多人依然积极地种植使用高添加物的草坪,认为自己继续添加化学制品的行为是市民责任的一部分。这些完全一致的景观和行为可能对邻居、他们的孩子和社区所在的环境状况造成危害的事实被居民们抛在脑后,或者被认为是为了获得这些好处难免要付出的代价。它们造成的矛盾并没能引起人们的注意。与他们的邻居一样,许多使用化学制品护理草坪的人继续用这种方式维护他们的物业,但同时也对此表达了潜在的焦虑。

在面对当地的鸭子相继死亡时,一位居民对采访者说道:“我想,啊,你知道这儿有一些非常可怕的环境影响……包装袋上提到了,但是你知道你不会太注意。而且它流进下水道。虽然我想有一片漂亮的草坪,但是我不想伤害任何[野生动物]。”(Robbins,2007:104)从这个意义上说,与草坪护理有关的担忧或者罪恶感,通常被抵消或者减弱了。

面对这种普遍的不满和改变行为的诱惑,使用草坪添加物如何、为何继续广泛存在?它的答案可能超越了社会压力,更多是来自推动草坪化学添加物生产销售的政治与经济的压力。

政治经济学：化学制品控制了草坪草种

在草坪化学制品的体系中，许多关键要素被大规模的经济利益所推动。包括草坪草种护理的所有部分（例如服务、设备、添加物等）在内，2002 年美国草坪草种业的总收入为 579 亿美元（Haydu et al., 2006）。草坪的化学制品只是这个产业中的一部分，但却是一个很大、很重要的部分，收入高达 100 亿美元甚至更多。因此，我们有必要从政治经济学的角度思考草坪的问题。毕竟，对消费者来说草坪只是一个单个家庭的选择，而对化学制品公司来说，它是销售、营销的主要部分，也是这项数十亿美元产业的发动机。

草坪化学制品经济由几个部分组成（图 14.3），包括：

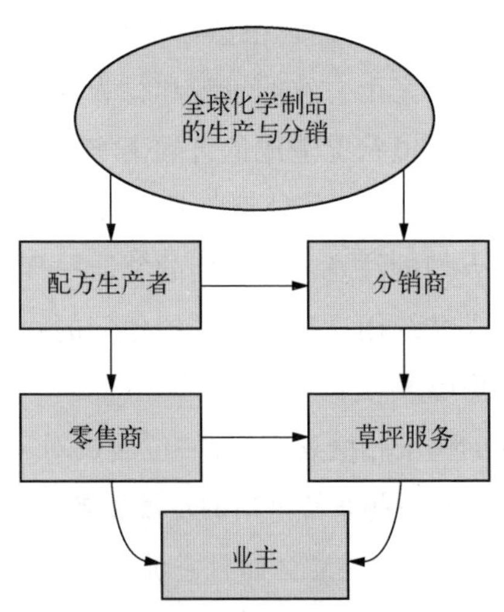

资料来源：改编自 Robbins（2007，Figure 5.1）。

图 14.3　草坪化学制品商品与知识链

- 零售商（如“仓储式”五金店）；
- 草坪服务（提供全套草坪护理服务）；

- 分销商(再销售和把化学制品打包给使用者);
- 配方生产者(获取化学原料并将它们整合成品牌产品);
- 生产者(大规模生产除草剂、杀虫剂和肥料等化学制品原料)。

草坪化学制品商品链的压力

让我们从生产者开始进行分析。化学原料由主要的跨国公司生产(熟悉的名字有陶氏化工)。这些化学品中的大部分用作供应农业市场。通常生产者使用石化原料生产出各种除草剂、杀虫剂和肥料,它们主要用于玉米、大豆和其他全球性商品的生产中。这些化学制品中有一小部分被配方生产者以家用品牌(例如人们熟悉的斯哥特)的形式进行销售。配方生产者积极地向家庭用户直接营销,并与分销商和零售商密切合作。大部分的消费者通过零售渠道(包括人们熟悉的家得宝这样的商店)或草坪服务公司(例如 TruGreen)接触到草坪化学添加物。从消费者到原料产品的商品链[1],其中任何一方都尽量维持和增加这条链条上的价值流动,因为他们从销售和再销售增值的材料中只获得微不足道的一部分利润。

当行业面对越来越多的约束时,上述结论就更加正确。这个行业中的每一个部门都正承受着越来越多的压力,面临收入来源的挑战。对生产者来说,输入成本(特别是石油)不断地上升,造成销售利润下滑。此外,农民效率的提升,包括使用对杀虫剂需求更少的作物[例如苏云金芽孢杆菌(BT)土豆——见第十六章],抑制了市场的需求,使企业需要寻找新的买家。近些年发展迅速的配方生产公司开始为数量有限的买家展开竞争。对杀虫剂行业越来越严格的管理也意味着测试和销售产品的成本在上涨,这又削减了利润。零售商面临越来越多的合并,呈现出仓储式商场大量扩

---

① 商品链(Commodity Chain):原材料转换成成品,并且最终被消耗的过程,链条中每一个环节或者节点都有增加的价值和获取利润的机会。

张而零售公司数量减少的趋势,这导致零售价格下降,竞争加剧。最终,消费者越来越多的担忧(在这个行业中被称作“化学品恐惧症”)削弱了化学品零售商和化学品应用公司的消费者基础。

这些都可以被看作是过度积累[①](见第七章)的症状,它是指在高速增长后,紧接着的财富集中和消费力缓慢下降会带来增长的停滞,从而导致消费不足的经济危机。在成功地发展为高度一体化的化学品生产供应体系后,草坪添加物的市场已经开始饱和。因为这些压力,草坪化学添加物这个行业的各部分都有一个共同的目标:让使用化学添加物的消费者加大使用量,并且让更多的家庭购买消费化学制品和服务。

营销策略:制造需求

这个体系承受着巨大的压力,它最明显的标志之一是在最近几十年,营销方式不断积极创新。特别是化学配方生产者,他们在尽量加快草坪化学产品的消费中极富创造力。在这方面,一个非常成功的经验要属从“推动”向“拉式营销”[②]的转变。过去,在“推动”销售中,企业将产品“推向”零售商,包括小型的五金店或者家居和园艺商店。当消费者维护草坪,偶尔发现问题(例如有一块草变成了褐色,或者缺了一块草)时,他们咨询五金店,然后获取杀虫剂或肥料的配方,这是由配方生产企业“推动”的消费。相反,“拉式”营销直接面向消费者,告诉他们可能存在的问题,用比喻的说法就是把他们“拉到”商店。从本质上,这种更积极的方法制造了更多的需求,而不是简单地守株待兔,通过向消费者灌输草坪景观的观念激励他们采取行动使用添加物(Robbins and Sharp, 2003)。

配方生产企业的另一个积极创新是把市场从美国和加拿大这

---

① 过度积累(Overaccumulation):在政治经济学(和马克思主义)的观点中,资本集中在极少数人(例如富人)或者公司(例如银行)手中的一种经济状况,这造成经济衰退和潜在的社会经济危机。

② 拉式营销(Pull Marketing):通过直接接触消费者,让他们相信用特殊的商品可以解决以前不知道的需求或者问题,从而提高产品需求或服务的策略。

些传统区域往外扩张。草坪化学制品公司不懈地努力,在澳大利亚、南非、印度和中国开拓(并且创造)新的市场。通过在全世界找到草坪经济尚未触及的地区,并且在消费群体中培养对精心呵护的草坪的热情和审美,这个行业又一次设法创造需求。空间修复[①](见第七章)代表了草坪化学添加物这个行业的一个暂时性的安全阀,当面临停滞不前或者本地收入减少时,它努力地使消费和生产体系全球化。

总而言之,用政治经济学的视角看待草坪化学制品的问题强调了个人消费者实际拥有的选择非常少,化学工业对需求的影响力是巨大的。此外,这个行业本身面临的持续不断的压力进一步限制和决定了行业的决策。简而言之,政治经济学的方法提出使用化学制品的行为是深刻结构化的。尽管应该是草坪草种的需求决定化学添加物,但是它看起来却恰好相反:对草坪的需求是草坪护理行业制造出来的。

因此,为了更深入地解决这个问题,各地出台了一些个人消费者之外的规定。例如在纽约州,在距离湖泊、池塘、河流、溪流或者湿地 100 英尺的区域内,明令禁止在草地和草皮上喷洒多种杀虫剂。加拿大的所有直辖市已经完全禁止使用"装点门面的"(如消费者的草坪)杀虫剂,它们已经从市场和当地的商店下架。虽然这些法律上的创新对环境的总体影响还不得而知,但是它们标志着在规范生产者和消费者的环境决定方面已经产生了重大的变化。

草坪的难题

本章我们学习了:

- 草坪草种是与人类和放牧一起发展的植物物种。

---

① 空间修复(Spatial Fix):通过在其他地区建立新的市场、新的资源和新的生产场所,暂时解决不可避免的周期性危机的资本主义趋势。

- 草坪是一种较新的人造文化产物。
- 青翠欲滴、修剪整齐、单一栽培的草坪通常需要一些化学添加物。
- 许多草坪的化学添加物对人类或者生态系统有害。
- 即使认识到相关的风险，人们依然使用这些添加物。
- 维护草坪有很强的社会影响，因为护理草坪与成为一个好公民、保持睦邻友好联系在一起。
- 也许存在减少使用化学制品的社会机会。
- 草坪业是一项价值数十亿美元由许多部分组成的全球性产业。
- 草坪经济面临的压力迫使企业开拓草坪化学制品的使用范围。
- 营销的创新和全球商业战略力图弥补化学产业的危机，保持消费者需要深度草坪护理的心理压力。

从这种方法来看，草坪不完全是一种独特的社会生态学，而是一种我们对自己构成的危险，它提出了什么是“自然的”，什么不是“自然的”，我们能否做出自由的“选择”，或我们是否不能做出自由的“选择”等问题。

让我们回到苏珊娜的例子，她继续使用对她心爱的小狗造成明显伤害的肥料处理草坪。我们可能明知这样做对环境不利，但还是开着高油耗的轻型货车或 SUV，或者明知这种“健康的”选择不利于环境，但还是购买瓶装水，她和我们有很大区别吗？即使我们为这些选择而担忧，我们还是把它们当作日常生活的一部分。这是因为我们的选择多少受到周围社会和经济状况的影响。不过尽管如此，草坪还是让我们有机会提出这些疑问，我们是否会选择保持草坪草种这种单一栽培的生态系统，还是相反，草坪的草皮是否使我们以维持它的方式来行事。

问题回顾

1. 描述草坪草种的生长方式。哪些因素影响了它们的进化，这对我们如何护理草坪有什么启示?

2. 什么是单一栽培，它与环境中更常见的生态有什么区别?这对护理草坪意味着什么?

3. 给草坪添加化学制品的决策中，哪些可以归为严格意义上的“理性的”和有意的?它们对业主的决策还有哪些影响?

4. “景观就是文本”这个短语是什么意思，它如何被应用到人工草坪中?

5. 列出草坪化学制品业面临的一些压力。这个行业如何应对它们，并产生了什么影响?

练习 14.1　什么是“野草”?

野草是一种主观的词语，它的意思只是一种植物生长在它不该生长的地方。有些植物在一种情况下是非常珍贵的，但是在其他情况下却是令人讨厌的。当然，单一栽培的草坪管理的目标是去除所有杂草。在这个过程中，我们是否失去了一些有价值的东西?上网或者通过其他渠道，列出四到五种通常在草坪或者在其他情况下被认为是野草的物种。这些物种有价值吗?它们可能有什么好处或者用途?它们有历史价值吗?在过去，谁会使用它们，并且为什么使用?“杂草”这个词仅仅是社会建构吗，还是有一些实际的用途?

练习 14.2　关于杀虫剂的战争

浏览美国陶氏益农公司的网站(http://www.dowagro.com/turf/)和超越杀虫剂(Beyond Pesticides)的网站(http://www.beyondpesticides.org/)。前者是一个重要的化学添加物生产者和

创新者,后者是一个致力于消除所有杀虫剂的非营利性组织。它们分别如何描述化学添加物?它们分别如何使用和理解"安全性"和"可持续性"这些词的意思?危险和风险是如何被表述给这些网站的访问者的?

练习 14.3　对环境的责任:客体(Objects)会使你成为一个主体(Subject)吗?

草坪只是在我们周围的世界里众多我们可能负有养护责任的事物之一(思考:宠物、汽车等)。列出两到三个事物、景观或者生态,养护它们是你日常生活的一部分。你必须采取哪些具体的行动?它们会产生相关的环境代价或者外部效应吗?在环境中维护或者管理这些东西是否会影响你的想法和感受?你认为你与这些事物的关系是否有助于你成为特定的一类人、公民、邻居或者社区成员?

参考文献

Bormann, F. H., D. Balmori, G. T. Geballe, L. Vernegaard, *Redesigning the American Lawn: A Search for Environmental Harmony*(《重新设计美国的草坪:环境和谐研究》),New Haven, CT: Yale University Press.

Crumbley, R. (2000), "Neighbors Sue over High Grass"(《邻居因为草长得过高而起诉》),*Columbus Dispatch*(《哥伦布快讯》),10 月 19 日。

Haydu, J. J., A. W. Hodges, C. R. Hall(2006), "Economic Impacts of the Turfgrass and Lawncare Industry in the United States"(《草坪草种的经济影响与美国的草坪护理业》), University of Florida Institute of Food and Agricultural Sciences.

Jackson, K. T. (1985), *Crabgrass Frontier: The Suburbanization of the United States* (《杂草的边界:美国的近郊化》),New York: Oxford University Press.

Milesi, C., S. W. Running, C. D. Elvidge, J. B. Dietz, B. T. Tuttle, eds., (2005),"Mapping and Modeling the Biogeochemical Cycling of Turf Grasses in the United States"(《美国草坪草种生物地球化学循环图绘与模型》), *Environmental Management*(《环境管理》),36: 426—438.

Rappaport, B. (1993), "As Natural Landscaping Takes Root We Must Weed

Out the Bad Laws: How Natural Landscaping and Leopold's Land Ethic Collide with Unenlightened Weed Laws and What Must be Done About It"(《当自然景观生根,我们必须淘汰劣法:自然景观与利奥波德的环境伦理如何与落后的除草法令相冲突,以及必须如何解决》), *The John Marshall Law Review*(《约翰·马歇尔法学院评论》),26.

Robbins,P.(2007), *Lawn People: How Grasses, Weeds, and Chemicals Make Us Who We Are*(《种植草坪的人类:草坪、野草和化学制品如何塑造了我们》), Philadelphia: Temple University Press.

Robbins, P., T. Birkenholtz(2003), "Turfgrass Revolution: Measuring the Expansion of the American Lawn"(《草坪草种革命:丈量美国草坪的扩张》), *Land Use Policy*(《土地使用政策》),20: 181—194.

Robbins, P., J. Sharp(2003), "Producing and Consuming Chemicals: The Moral Economy of the American Lawn"(《生产与消费化学制品:美国草坪的道德经济》), *Economic Geography*(《经济地理学》),79: 425—451.

推荐阅读

Jenkins, V. S.(1994), *The Lawn: A History of an American Obsession*(《草坪:一种美国式迷恋的历史》),Washington, DC: Smithsonian Institute Press.

Steinberg, T.(2006), *American Green: The Obsessive Quest for the Perfect Lawn*(《美国式的绿色:对完美草坪的狂热追求》),New York: W. W. Norton.

瓶装水

图片来源:Jason Keith Heydorn/Shutterstock.

两瓶水的故事

在墨西哥西北部的城市蒂华纳,路易莎·古兹曼爬上市郊临时街道的台阶,手里提着一桶五加仑的水,重量超过 40 磅。曲折的小巷坡度很陡,到处都是垃圾,它们是最近刚铺好的一段复杂的道路,蜿蜒盘绕在这个城市两侧的丘陵地带,这里是世界上经济增长速度最快的城市之一。路易莎提着重担穿过这片定居点——一个非正规、没有规划、违章居住区的街道,来到位于山上的家中。挑着重担走过这段道路是她日常家务的一部分,对全家人来说,这些瓶装水是饮用水的唯一来源。

蒂华纳公共服务国家委员会负责向全市五百万人提供用水,该机构因资金不足,无法将市政供水连接到这些居住区中的大部分地区。因此,可能有 25% 的蒂华纳居民生活"没有联网",他们不能打开水龙头就有自来水流出。出人意料的是,城市居民在争取获得用水方面的创造力简直令人难以置信。路易莎从屋顶接水,然后把水储存在大的塑料桶里。她附近的邻居同样很有创意,他们从附近市政水管中将水引出,间接地获取用水,这种做法并不合法。这些家庭都把水源用在了重要的地方,例如洗澡,然后再用洗澡水清洗大量衣服,最后把剩下的水排到花园里。用这种方法,蒂华纳的居民以及他们这样的墨西哥人民是世界上最节约用水的人。

但是,饮用水依然是一个极大的难题,因此大部分家庭完全依赖瓶装水。全市的卖水商贩在卡车上出售这些五加仑装的桶装水。每五加仑 10 比索(约 1 美元)的价格虽然还算合理,但它却是路易莎家庭开支中重要的一部分。不论对全市定居点的居民,还是对富裕的家庭来说,它都是一笔日常的开销。桶装水的来源渠道广泛,但在大多数情况下直接来自市政供给灌装。向路易莎这样无法获得基础服务的市民出售生活必需的商品,对他们来说,瓶装水的生意是有利可图的。

美墨边境以北仅仅几英里以外的圣地亚哥市,卡洛斯·佩雷斯开着他的普锐斯离开海港大道,来到海边 7 - 11 便利店的停车场。他走进商店,来到冰箱前,从里面拿出一瓶 16 盎司的达沙尼(Dasani)瓶装水,递给收银台。他付了 1.49 美元(按照这个比率,每五加仑的水大约 60 美元)后,便开车回家了。

与几乎所有圣地亚哥人一样,卡洛斯的家中接入了市政供排水体系,自来水每天 24 小时从不间断供应。然而他每年大约消耗 30 加仑瓶装水,接近全国平均水平。他为这种纳税人可以免费获得的产品每年花费数百美元。当然,他喜欢商店里购买的水的味道,他觉得经过"反向渗透"* 的水更安全。即使这样,卡洛斯喝的水与路易莎喝的水没什么区别,它只不过是经过处理的当地自来水,与供应给蒂华纳的水一样都来自科罗拉多河。但是与蒂华纳的瓶装水不同的是,圣地亚哥出售的水包装上标有可口可乐公司漂亮的蓝色标签,它的售价是墨西哥同类水售价的 60 倍,而自来水每加仑只花不到一分钱,因此它比自来水要贵数百倍。

这种无所不在、自由流动、地球上所有生命的基本构成物质,如何成为一种被获取、销售、在全世界分销的商品?在多大程度上水的销售反映了一种真实的稀缺状况,是对健康风险的合理回应,还是说它只是销售主管聪明的小花招?它对路易莎、卡洛斯,对墨西哥、美国以及世界上其他地方,有什么不同的影响?

瓶装水简史

水成为一种销售的商品,被装进特殊的瓶子里运往其他地方再销售和消费,是一个相对来说近期才出现的现象。瓶装水最早的市场需求源于人们认为"温泉水"(spa waters)有益健康。它来源于欧洲的温泉,因为被认为具有医学价值,所以人们早在 18 世纪就在全世界范围内获取并且销售温泉水。之后,化学的进步致

---

* 一种水净化工艺。——译者注

使这些水的销量下降,原因是许多有关它们功效的传闻在 18 世纪被一一揭穿。另一方面,一直以来认为瓶装矿泉水有益健康、是稀缺资源的看法,使人们今天依然饮用瓶装水(BMC, 2009)。

到 20 世纪初,“自流的”泉水和其他天然来源的水进入了新的市场阶段。许多今天为人们熟知的品牌(例如波兰泉)最早创建于 19 世纪中期。这些水体依然常与泉水联系在一起,它们同时作为疗养保健场所和浴池经营。因此,这种瓶装产品有几分精英的色彩,它们的价格不菲,绝不是普通的美国人、英国人还有刚刚开始获得可靠的现代市政自来水供给的欧洲人所消费得起的(图 15.1)。

注:和其他天然形成的泉水一样,在 19 世纪,这些水源地已经成为精英汇集之地。水的销售市场与奢华、健康和富裕联系在一起。然而,它们不是一般工薪阶层的家庭开销。他们刚开始从现代管道系统获得定期供应的水。

资料来源:照片由波兰泉保护委员会提供。

图 15.1　1910 年波兰泉的“泉室”

在此期间,世界上其他地方完全没有听说过销售瓶装水,而且这看起来可能也很奇怪。1900 年,对于印度、墨西哥、埃及,或者中国普通的农耕生产者或者农村居民来说,他们可以从当地的水井或水槽获得纯净的水源,通过投入大量体力劳动(通常是女性)从这些公共区域获取免费的水(图 15.2)。即使在今天世界上大部分地区,水仍然被看作是免费的商品,是社会公共财产①的一部分。

然而从 20 世纪 70 年代开始,瓶装水中领先的国际品牌,包括依云和巴黎矿泉水,开始进入消费者市场。到 20 世纪 90 年代,瓶装水消费开始在全球范围加速提升,速度之快令人难以置信,快速发展一直持续到今天。

注:尽管地下水的减少威胁着这些农村地区用水的供给,村民们仍然依靠免费获得的公共水源生存,每天抽水、挑水和分配用水主要依靠女性的劳动。

资料来源:特雷弗·博肯霍尔兹博士(Trevor Birkenholtz)。

图 15.2　印度的拉贾斯坦邦,女性从公共水井中取水

① 公共财产(Common Property):一种商品或者资源(例如带宽、牧场和海洋),它们的特点使之很难完全封闭和划分,因此非所有者能够享有资源的利益,而所有者得承担他人的行动造成的代价,通常需要某种有创意的制度对它们进行管理。

全球瓶装水市场的现状

截至2009年,品种繁多的瓶装水已经遍布消费者市场。这些产品千差万别,各国的法律和国际法对它们的态度也不尽相同。具体地说,瓶装水包括:

- 泉水和"自流的"泉水。这种水取自单一的地下水源。在"自流"水的情况中,这只代表来自承压含水层的地下水,水源从那里流向地表。
- 矿泉水。如果要被认定为真正的矿泉水,水中必须含有0.25‰的矿物质,而且它们必须是天然的,从水源获取的。
- 纯净水。目前这是一种最常见的瓶装水,这种水可能来自地表的水源(如河流和溪流),但是通常来自市政渠道。它经过加工处理,价格与昂贵的自来水差不多,是瓶装水市场中的主流。
- 强化产品。这包括一系列添加了营养添加剂,例如维生素或电解质的新型瓶装水。

2002年到2007年间,全球消费的各种瓶装水从每年340亿加仑上升到490亿加仑,这段时期的年增长率为7.6%。许多国家都是瓶装水的消费大国,这表明这种商品的市场种类差异很大。从总消费量来看,美国引领全球,每年大约总共消费90亿加仑瓶装水,墨西哥以58亿加仑紧随其后。从人均使用量来看,阿联酋排在第一位,然后是墨西哥、欧洲一些国家和美国。2007年,墨西哥人均消费68加仑的瓶装水。同一年,美国的人均消费量大约为30加仑。很清楚的是,全球每年瓶装水的消费量在递增(Landi,2008)(图15.3和15.4)。

这代表了一种大规模增长的经济。在2007年,美国瓶装水的销售额超过110亿美元。美国在售的饮料中,瓶装水的销售目前排在第二位,仅次于碳酸饮料。

贫困和富裕国家同时出现瓶装水消费量的增长,在某种程度上是因为人们认为传统市政水源只能算是差强人意(这种观点既

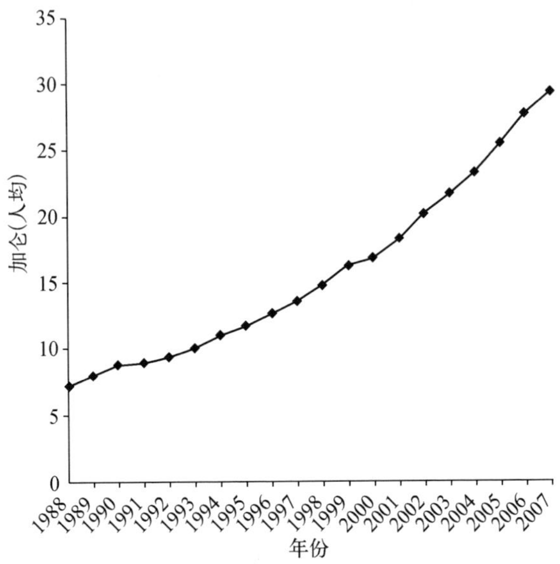

注：美国瓶装水消费的稳步上升显示它没有任何减少的迹象。过去的20年里，消费量翻了四倍。

资料来源：采用自兰迪（Landi，2008）。

图15.3　1988年到2007年间，美国人均瓶装水的消费量

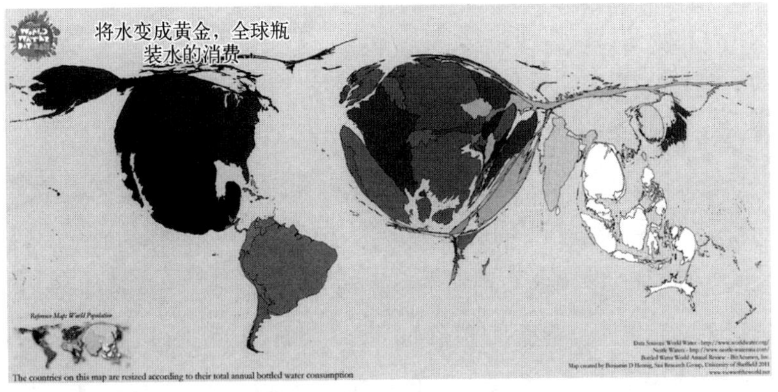

资料来源：改编自http://www.viewsoftheworld.net/wp-content/uploads/2011/03/BottledWaterConsumption.jpg. CC BY-NC-ND 3.0。

图15.4　全球瓶装水的消费比较统计图

是合理的也是不合理的，我们将在下文中分析）。近期爆发的水传播疾病、氮含量警报以及其他危机事件当然会引起消费者对水质的担忧。这与富裕国家消费者的一种不大符合逻辑，但是却很有说服力的感受有关，他们认为瓶装水是“天然的”，这种社会建构把瓶装水与健康以及对环境有益的生活联系在一起。而且从这点上说，相对于占据市场主导地位添加玉米糖浆的软饮料而言，瓶装水的确可能是一种进步。

另一方面，在墨西哥、印度和埃及这些国家，近些年来供水系统出现的巨大变化推动了城市和农村地区对瓶装水的需求。在一定程度上，这种需求是显著的城市化进程的产物，在这种情况下，正如我们开篇的故事所体现的那样，城市发展使市政服务的能力跟不上需求。可是除此之外，全世界拥有和管理水的方式也发生了改变。许多国家往往因为政府管理不善，已经将供水服务私有化，而且水的分配依靠市场管控。在这些情况下，购买水，无论是瓶装水还是直接购买罐车中的水，都是现实的日常生活。

瓶装水对环境的影响

瓶装水通常会与温暖的“环保”情感相关联（而且古朴的山间溪流是它典型的标签），与之矛盾的是，瓶装水毫无疑问会产生环境的代价。首先是包装本身。装水的瓶子是塑料制品（PET 或聚乙烯），这种产品本身是石油生产而来；生产每千克瓶子大约需要两千克石油。其次是运输水对能源和材料的影响。虽然大多数的瓶装水来自当地的水源（通常市镇自来水的来源和销售在同一个地方），然而将它装瓶、装车、从一个地方运到另一个地方需要消耗石油，排出二氧化碳，这让这种大多数消费者实际上伸手可及的产品进一步增加了环境的代价。最后，通常瓶子的生命周期止于垃圾填埋场，这也会产生相关的成本以及更广泛的垃圾管理的影响。它们包括搬运的成本和对环境造成的影响以及处理垃圾需要的土地。2007 年，市政固体垃圾中，塑料超过 3 000 万吨，只有不到 7% 被回收（Paster，2009）。当然，装水的瓶子可以被回收利用，但是它们中只有很小一部分被再循环利用。

装水的瓶子总共的碳足迹在很大程度上取决于它的品牌与地点，所以人们尚不清楚对产品完整的生命周期分析[①]。然而，与一玻璃杯自来水微不足道的环境代价相比，瓶装水的环境足迹令人大吃一惊。

专栏 15.1　环境解决办法？可重复使用瓶子的加水站

瓶装水巨大的隐形成本由几部分组成。生产瓶子既需要石油，也需要水。生产每个瓶子的用水量可能是它容量的两倍。运输水也需要化石燃料。通过计算所有瓶装水中最独特的品牌——斐泉耗费的化石燃料，我们发现结果十分惊人。估计的化石燃料需求量为：在中国生产一个瓶子需要 160 克，把瓶子运到斐济需要 2 克，然后还需要 81 克化石燃料，斐济才能进入欧美的商店（Hunt，2004）。斐济可能超过三分之一的人口无法获得干净的饮用水。暂且不谈这个悲剧性的讽刺，瓶子的生产和瓶装水的运输都对环境造成了很大的冲击。

从普通的，而且可能是当地的渠道购买瓶装水，会极大地降低瓶装水的碳足迹。但是既然大部分的瓶装水都是经过处理的自来水，打开龙头直接饮用可能更简单。然而消费者行为研究一再表明，人们看中的是瓶装水的可携带性和有用性。那么该怎么办呢？

一个简单的办法是安装加水站，给可灌装的瓶子加水。将它们建在饮水处和供水的现成网络中，安装成本相对较低。

---

① 生命周期分析（Life Cycle Analysis）：对一种产品、服务或事物造成的环境影响进行详细的分析，包括从它的制造一直到它变成废物被丢掉在内的整个过程；通常也被称为从摇篮到坟墓的评估。

水的供应体系表明市政供水已经经过处理,因此不需要引进额外的步骤再进行处理。

与传统的循环利用以及消费者购买的瓶装水相比,可灌装瓶子的生命周期评估表明这项技术前景广阔。从公共供水或者家中的水龙头(不管来自地下水还是地表水)饮水,相对于"单方面的"瓶装水,几乎在各个方面都有所改进,包括对废物产生、能源需求、气候变化、非生物资源的消耗以及富营养化的影响(Nessi et al., 2012)。

在过去的几年,这些装置已经在许多公共机构(特别是学校)使用,并且很有前景。一些机构的报告指出,在饮水器使用率高、人流量大的地区,每年节省了成千上万要处理或再利用的瓶子。再加上校园里禁止出售瓶装水,大部分学生和其他使用者已经接受了这种技术。

当然从全球来看,这种方法只在相对富裕的地区可行,而且这些地方配有运转有效、资金充足的市政水处理厂。尽管适用于商场和大学这些地方,但是在不发达的环境中它的应用有限。而且,它在任何方面都无法限制瓶装水产业的发展,只是稍微削减了其市场份额。可是,在没有产生不必要资源需求的情况下,让人们尽可能容易地获取水,加水站是瓶装水市场一种简单而原始的替代品。

瓶装水之谜

对瓶装水历史的简单回顾反映了环境与社会关系的一些情况。首先,它是一个相对较新的现象,这意味着我们只能根据人类生活目前的具体变化来解释这种产品。其次,事实上尽管它被包装成有益健康、清洁生活的形象,这种产品对环境产生了负面的影响。

上述回顾强调了瓶装水的几个特点,它们使之成为一种特殊的难题:

- 在历史上,瓶装水与精致的健康生活和精英的消费方式联系在一起,这让人们对这种产品的渴望超出了理性的选择。
- 过去十年里,认为公共供给存在健康风险的观念以及向人们营销一种与富裕紧密相连的"生活方式",共同造成了工业化国家瓶装水消费的爆增。
- 另一方面,在"不发达"或者贫困的国家,传统的社会供给越来越缺乏,污染更严重,私有化程度加深,导致瓶装水使用量的增加。
- 在工业化国家和贫困的国家中,水的价格逐渐上涨,消费瓶装水加重了人类对环境的影响,它们与其自身的生产运输和垃圾处理有关。
- 以上各点均指出了一种奇怪的现象:短短几年之后,一种可以免费获得、对生态无害、历史上曾经公有的资源,变成一种不利于环境的私有化商品。

因此,瓶装水为我们理解在不同发展条件下,随着时间推移人类资源利用的演化提供了借鉴,但是它也提出了一个难题:考虑到水迅速地变成商品,瓶装水是否是解决水稀缺问题的办法,是否是对与水质下降有关的风险的理性回应,还是人们为了维持利润,精心设计的市场?与本书中探讨的其他事物一样,不同的视角对这些问题会有不同的见解,它们将再次得出极其矛盾的答案。

人口:水被装入瓶中是为了解决稀缺?

一般而言,地球上的水既是无所不在,也是极其稀缺的。快速地查看一下全球水量的预算,可以证实地球上存在大量的水,尽管它不是在人们最需要的地点以最需要的形式存在。地球中大概有

150 亿立方千米水，其中大约 97% 都是海洋中的咸水。剩下大部分都储存在冰川和地下水中，湖泊河流中的水只占总量的 0.01%，并且在大气中循环。从这个意义上说，水绝对是稀缺的。此外，在发展迅速的不发达国家，大约有四分之一的人口无法获得安全的饮用水。这是一个严重的问题，因为仅仅 1998 一年，通过水传播的疾病就夺去了全球 350 万人的性命（Rogers，1996）。在过去 20 年，随着人口继续高速地增长（见第二章），而可获取的总水量大体上固定，因此人们也许可以得出这样的结论：可获取资源逐渐减少导致了资源日益匮乏，瓶装水是解决这个问题的一个办法。

然而从另一个方面看，水的稀缺确实是相对的；尽管分布不均或者未能有效利用，地球上有大量的淡水（大约 55 000 立方千米）。例如在非洲撒哈拉以南地区，人均可获得的淡水总量大约是 6 000 立方米。对生活在那里的人们而言，农业、工业和家庭用水只占淡水总量的 2%。另一方面，在加拿大和美国，人们至少使用可获取淡水量的四分之一。表 15.1 描述了全世界可更新淡水资源的使用情况（地表水和地下水的使用）以及不同行业用水量的百分比和家庭每年平均用水量。

值得注意的是，这里描述的只是在不同地区不同行业相对的用水程度。尽管欧洲农业用水量大约为其总水量的三分之一，亚洲的用量却达到五分之四。同样醒目的是不同地区间家庭用水量存在惊人的差异，每个北美家庭的用水量大约是非洲撒哈拉以南地区类似家庭的 15 倍。如果瓶装水的用量在一些不发达国家上升——例如墨西哥，它至少在一定程度上是因为可获得的水源不是针对家庭用户（因为基础设施发展落后）。

通过进一步的分析，我们发现美国平均家庭用水量也很发人深省。表 15.2 清楚地显示，大部分的家庭用水都用在了耗水量大的抽水马桶和其他便利设施。因此，这些方面也都有很大技术改进和节能改造的空间（5% 家庭用水来自抽水马桶的渗漏！）。如果在美国水是一种稀缺的产品，那么造成这种稀缺的原因主要是低效。

表 15.1　全球淡水使用情况。全世界每人总的平均淡水汲取量相差极大，家庭用水的占比同样相差很大

地　区	人均年汲取量（立方米）	农业用水汲取量（%）	工业用水汲取量（%）	家庭用水汲取量（%）	家庭用水汲取量（立方米）
北　美	1 663	38	48	14	233
大洋洲	900	72	10	18	162
中美洲及加勒比海	603	75	6	18	109
南美洲	474	68	12	19	90
欧　洲	581	33	52	15	87
中东/北非	807	86	6	8	65
亚　洲	631	81	12	7	44
非洲撒哈拉以南	173	88	4	9	16

资料来源：引自世界资源研究所，地球趋势数据表。

表 15.2　美国家庭用水情况（一个四口之家每天使用 400 加仑的水，其中 300 加仑用于室内）

用水	百分比（%）
抽水马桶	26.7
洗衣机	21.7
淋浴	16.8
水龙头	15.7
渗漏	13.7
其他	5.3

资料来源：引自 http://www.epa.gov/WaterSense/pubs/indoor.html。

表 15.3　2007 年，一些瓶装水人均消费领先的国家

排名	国家	2007 年人均瓶装水消费（升）*	人均实际可再生水资源（立方米）**	2002 年人口密度（每平方公里的人数）**	2008 年人均 GDP（美元）***
1	阿联酋	259.7	49	32	40 000
2	墨西哥	204.8	4 357	52	14 200
3	意大利	201.7	3 336	191	31 000
5	法国	135.5	3 371	108	32 700
9	美国	110.9	10 333	30	47 000
15	克罗地亚	92.0	23 890	82	16 100
18	泰国	89.3	6 459	125	8 500

注：* 来源：引自饮料营销公司（2009）；** 来源：引自世界资源研究所，地球趋势数据表；*** 来源：引自美国中央情报局《世界概况》。

谁饮用瓶装水?

当我们把这些估计的用水量与瓶装水市场巨大、销量不断增长的国家比较时,会得出更加复杂的画面。表 15.3 显示了世界上一些瓶装水人均消费大国,包括排名前三位的阿联酋、墨西哥和意大利。我们首先分析阿联酋的情况。可以看到,那里每年瓶装水的消耗量极大。这个国家(实际上是一个酋长制的联邦国家)人口并不多,实际上非常少,但是它由位于沙漠,几乎完全没有淡水资源的富裕产油酋长国组成。在这里,大量地消耗瓶装水并不奇怪。另一方面,水文学和气候方面的知识不能向我们解释在淡水资源丰富的墨西哥出现的情况。在墨西哥,城市化发展迅速的地区几乎没有满足人们对基础设施的需求,获取水源尤其成问题。在极度贫困和存在大规模非正规城市定居点的情况下(如本章一开始描述的那样),通过买卖瓶装水解决饮用水匮乏的问题也就不足为奇了,尽管它与阿联酋的原因截然不同。克罗地亚和泰国的情况很可能也是这样。

对于意大利、法国还有像它们这样的国家(包括美国),这些原因似乎都不适用。这些国家的人口总量适中,基础设施发达,天然的淡水资源相对充足。但是,它们对瓶装水的消费量依然很大。我们将看到,这种消费在一定程度上是因为,人们认为尽管这些地方的公共水源可能很充沛,但水质也许存在问题。

因此,尽管地球上人口的增长稍微增加了全球水系的压力,然而全球状况的变幻莫测意味着各国的财富和它们的基础设施技术肯定可以按照第二章中提出的 IPAT① 公式,对决定水的利用起到关键作用。你应该记得在这个公式中,人们对环境的影响是多重因素共同的结果,包括人口的总数,但是这些影响会因为该群体的富裕程度和他们可以在生活中应用的技术而加重或减弱。如上文

① IPAT:一种理论的公式,它认为人类的影响是人口总数、其整体富裕程度、技术水平作用的结果;这个公式为人类影响程度只与人口数量有关的简单假设提供了另一种选择。

所说,水的利用技术深刻地影响着可以获取的家庭用水量和人类消耗水量的比例。类似的,水处理的基础设施在很多不发达的地区量明显缺乏,严重地影响了对经过处理的瓶装水的真实需求。这么看来,人口压力推动的饮用水稀缺并不能完全解释全球瓶装水消费的暴增。

然而在当地情况与人们预期不断变化的情况下,还是存在某种相对的稀缺。人们可以得出结论:瓶装水不妨被看作是对稀缺的一种回应。但是很清楚的是,至少有三种类型的稀缺:水文的稀缺,技术经济的稀缺和理解的稀缺。在第一种情况下(水文稀缺),气候条件、富裕状况和人口数量的结合,正如最明显的在富裕的海湾石油国,提出一种水文管理制度,在这种制度下,瓶装水几乎是不可避免的应对措施。这些地区也最有可能寻求其他耗费大量资本和大量能源的用水方案,包括海水脱盐①。

在第二种情况下(技术经济),我们发现快速增长的城市化人口迅速向新兴城市迁移,这加剧了不发达的状况。此外,这些城市草率的水分配方案和落后的水处理设施会导致一种稀缺。尽管这里水资源供给充足,但是饮用水匮乏。因此我们预计这里瓶装水的市场潜力巨大。

在最后一种情况中,即使这些地方水资源充沛,水处理也很普及,但是瓶装水更安全或更健康的看法可能解释了一种稀缺(理解的稀缺),在这种情况下,富裕的消费者转向随处可得的主要资源替代品,例如水。

风险:瓶中有健康和安全?

暂且不谈世界上贫困地区不发达的安全供水问题(我们很快

---

① 脱盐(Desalinization):一种将盐和其他矿物质从水中,特别是海水中去除的技术;在大多数情况下代价极其高昂,目前的技术要消耗大量的能源。

会回到这些问题!),我们先讨论这个问题:当选择瓶装水时,发达国家的消费者是否在做出一种风险评估。当相对富有的消费者可以获得充足的自来水,却选择了达沙尼和依云时,就出现了人们对水质看法的问题。我们暂且忽略围绕着瓶装水与自来水口味的问题(下文有更多阐释)。相当大一部分的瓶装水饮用者购买这种产品可能是出于健康和安全的考虑。尽管这个问题的调查结果千差万别,但是许多消费者——有一半之多,在报告中指出,瓶装水是一种"更安全的选择"或者自来水比瓶装水"风险"更高(Napier,Kodner,2008)。

这就使瓶装水成了一个极其有趣的谜,对此我们可以应用风险分析和风险认知(第六章)领域中的概念进行理解。你应该记得,这些处理环境和社会问题的方法是从危害的角度来研究世界。这些领域不仅从某些决定的风险程度出发,也从为什么人们对行动和行为认定的风险等级可能不同于专家建议的角度研究风险的角色——危害的可能性。

关于水,我们有理由提出这样的疑问,如果存在与自来水有关的实际风险——风险评估①,那么它们是哪些。如果自来水的实际风险与人们想象的没有可比性,我们也可以考虑风险认知②的问题。这种评价产品或者行为风险的认知过程并不总是理智的,而是会受到社会和文化影响。在一定程度上人们认知自来水风险的方式可能是误导性的,所以我们最终会利用风险沟通③的技巧,尽量简便地表达专业的信息(例如关于水中的微量元素的信息),以便做出更明智的决定。

---

① 风险评估(Risk Assessment):严格地运用逻辑和信息来决定风险——产生不利结果的可能性,它与特殊的决定有关;用来实现更理想、更合理的结果。

② 风险认知(Risk Perception):它既是一种现象也是一个相关的研究领域,即人们有可能不总是从理性的角度评价某一情形或者决定的危险性,它取决于个人的偏见、文化或者人类的倾向。

③ 风险沟通(Risk Communication):该研究领域致力于了解如何最理想地呈现、传达与风险相关的信息,从而帮助人们实现更理想、更合理的结果。

风险评估:瓶装水"更健康"还是"风险更少"?

最早的瓶装水是温泉水,因为水中含有矿物质,所以它们的健康功效被大肆吹捧。然而各种水源成分的千差万别使对矿泉水的研究没有确切的定论。全世界自来水的情况也是如此,因此任何认为瓶装水比自来水更健康的说法通常都站不住脚。考虑到许多瓶装水就是自来水,这种比较则更是徒劳。对你来说,瓶里装的水可能并不比你花园的水管里放出来的水质量更好(Landi,2008)。

当然与其他的饮料相比,水总是一个相当不错的选择。瓶装水行业竭力捍卫这个观点是因为它有一个充分的理由。过去的几十年里,瓶装水消费的增长似乎在一定程度上是以软饮料消费的减少为代价。在美国这样的国家,成年发病型糖尿病的发病率正在上升,特别是由于人们的饮食中含糖量较高。从喝可乐和麦根沙士*改为喝瓶装水,对许多人来说可能是好事。

瓶装水是否比自来水更安全,这个问题也经得起风险评估的检验。当然,在用水供给总体上很成问题的地方以及在出现明显的用水突发情况时,瓶装水的风险毫无疑问比自来水小。

但是,对瓶装水的进一步调查提出了一个真正的问题,即它是否确实比其他日常的水源,特别是经过处理的市政用水更安全。最值得关注的是,1999 年美国自然资源保护委员会(NRDC)发布了一篇革命性的报告,它对美国的瓶装水进行了全面的检测。研究结果显示,大约三分之一的瓶装水只是经过包装后的市政用水,那些瓶子里装的实际上是自来水,许多并没有进行更多的处理(Napier, Kodner,2008)。

当然,市政自来水已经经过大量的处理。因为水龙头里放出的水来自多种渠道,包括湖泊、河流和地下水,所以它们会接触许

* 又称根啤,是一种用檫木树根(或树皮)制成的甜味碳酸饮料,流行于北美洲。——译者注

多不同的污染物,从活细菌到病毒和金属。可以理解的是,市政用水管理严格(美国了通过《安全饮用水法》),并经过深度处理。一般说来,从水源抽取的水经过过滤,再装罐絮凝和凝聚,即向罐中加入化学物质(如明矾)使细小的悬浮物质和水分开,大约可以杀死99%的病毒或者其他的污染物。过滤后的水再用沙子和碎石进一步过滤。在这个过程中向水中加入氟化物,有时也用氯来消毒。接下来可能会进行臭氧处理,利用臭氧消灭任何可能残留的微生物,在一些情况下也会运用紫外线(UV)辐射。因此,自来水和任何来源于自来水的瓶装水都相当安全。

然而,NRDC的调查结果总结道:瓶装水不仅没有比自来水更安全,在一些情况下,它们反而更不安全。这项研究指出美国的自来水必须符合美国安全保护局设定的严格标准,而瓶装水由食品药品监督管理局管理,因此这经常给瓶装水提供了豁免权以及可以钻空子的漏洞。最近的一项研究提出了更令人担忧的问题,例如有些瓶装泉水的水源可能含有对健康不利的微量元素(如砷)(Doria,2006)。

因此,在了解了瓶装水通常并不比自来水更健康,也绝不是更安全之后,我们发现在美国和英国这些自来水无所不在、监管严格的国家,理性的风险分析似乎不是越来越多的消费者购买瓶装水时考虑的核心。因此,我们把它看作风险认知的问题来思考可能有更好的解释。换句话说,人们如何看待瓶装水,他们为什么这么认为?

风险认知和水质风险沟通的局限

研究表明,一部分人坚持认为自来水代表着某种健康和安全的风险。也就是说,健康和安全很可能是瓶装水用户不喝自来水的主要原因。其实,有些瓶装水的饮用者(四分之一)通常认为瓶装水完全没有污染(Napier,Kodner,2008)。

如果我们考虑到风险认知科学中发现的一些普遍趋势，那么这些观点就不足为奇了。你应该记得在第六章中我们讨论过，相对于可以控制的事情，人们往往过于不信任自己无法直接控制的事情。饮用水的水质，还有处理公共用水的复杂体系肯定都不在大多数人的掌控之中。此外水质的风险是看不见的，而且一般人很少有客观的方法直接知道自己饮用水的质量。结果，人们常常根据口味或颜色判断。然而，公共用水味道不好并不能说明水存在质量或安全问题。因此，人们一直非理性地高估了公共自来水的危险（Anadu，Harding，2000）。

大部分自来水都经过严格管理，是安全的，而且很多瓶装水就是自来水。更清楚地了解了供水的信息后，人们可以克服带有偏见的认知吗？更确切地说，决策科学家声称，一说到水，公众就更喜欢把自家的自来水与其他地方的水、公共事业用水以及瓶装水进行比较。大家相信，通过这些比较有助于消除对水质很好的自来水的担忧。然而在过去，这导致他们错误地汇报自家的供水比其他公用事业供水或瓶装水更差。

该领域前期的试验让人们充满希望。虽然社区间盲目地进行比较，但是在那些地方，市政自来水的水质实际上与瓶装水的水质不相上下。研究结果表明，人们不能总是分辨出两种水源。如果得知这个结果，人们就不大可能低估自家的供水。简单地说，人们可以学着克服不喜欢自来水的个人偏好。然而，更新了对自来水的理解是否会实际地影响人们的行为，尤其是购买瓶装水，尚未被证实。明白了自家的水和瓶装水比较结果的人虽然逐渐减少对市政供水的不满，但是还是会继续购买既不是更健康，也不是更安全的瓶装水（Anadu，Harding，2000）。

最后一个发现说明，即便提高了风险沟通，人们还是很难处理瓶装水的问题。这暗示在解释人类行为时，风险/危害的方法还是有一定的局限。尽管我们乐观地希望更多的信息会带来更理性的行为，但是某种更根深蒂固的东西可能依然存在。相反，政治经济学的观点指出了瓶装水更坚定的推动力量。政治经济学可能提出，瓶装水是暗中滋生的公共商品私有化的一部分，它从穷人那里窃取而来，再被假扮成一种商品强加给富人。

政治经济学：制造对被圈为私有的公共资源的需求

几千年来，饮用水一直是一种典型的公共财产商品，人们通常从水井和河流中获取，通过非正式的社会规则（或者制度，如第四章中所述）对它进行管理。其实在世界上许多地方，人们仍然可以免费获取水，尽管有一些重要的规定防止公共供水被过度利用或者污染。在过去的几百年里，大城市纷纷出现，这些非正式的机制通常被由政府规定和管理的更大规模的市政供水系统取代。现代的供水网和复杂的水处理设施，与有着几百年历史的城市规划的产物并存。在很大程度上，全球发展已经是市政府和各国政府向百姓提供安全饮水的代名词。

水作为商品的兴起

然而，在20世纪八九十年代期间，这些体系受到了用新的方法思考水的挑战。公用事业逐渐成为“企业”单位，它们需要通过提高效率，合理地设定水费/水价，收回成本。一些公用事业完全被私有企业和出售水的商贩取代。在阿根廷的布宜诺斯艾利斯、印度尼西亚的雅加达等城市，市政对水源的控制和分配完全出让给私营公司。在其他情况下，不方便或者难以私营供水的地区继续由政府提供服务；在城市中，私营供水更容易、获利更多的地方逐渐被精心挑选出来，并被转交给私营商贩。在所有这些变化的过程中，效率和市场逻辑的作用被大肆吹捧（Bakker，2004；Grand Rapids Press，2007）。

瓶装水的兴起虽然不是供水服务私有化逐渐被公开的一部分,但是它与这个过程同时发生。瓶装水与城市供水的私有化一样,反映了供水总体上向个人责任和企业利润转移。从政治经济学的观点出发,这种趋势多半被认为是有害的,是令人沮丧的大环境中的一部分。具体地说,我们可以清晰地看到,在水成为瓶装水(还有其他类型的水的私有化)的过程中,水变成了一种商品①,一种为了利润营销的东西。这个过程包含政治经济学的两个基本概念:原始积累②和生产过剩③的危机(更多讨论见第七章)。

装进瓶中的积累:回售自然

在第一种情况下,很清楚的是,历史上曾经可以免费获取的全球水源正越来越多地被私人所控制。在瓶装水的例子中,不断出现向私营企业让步的情况。例如,根据一项为期 99 年的租约,雀巢公司可以从密歇根州的一处地下蓄水层每分钟抽取 218 加仑的地下水。把公司建在这里,雀巢不仅可以免费地取水,再把水装进瓶中冠以"冰山"的品牌出售,还可以获得高额的税收减免。虽然公众要求水应当流向附近的鱼鹰湖和当地的湿地,但是这家公司对此置之不理(《营销周刊》,2005)。从本质上,公共用水被私有化,然后再回售给被征用了用水的消费者。

在发展中国家,瓶装水与被占用的公共资源之间的关系更加复杂,但是却不那么明显。例如,在印度许多水商合法(通过合同)或非法(通过贿赂)控制了公共的管道供水,然后将水出售给家庭用户或者经销商。之前描述的蒂华纳的案例就是一个有力的证

---

① 商品(Commodity):一种具有经济价值的事物,从总体上、而不是把它当作一个具体的事物(例如:猪肉是一种商品,而不是一头特别的猪)进行估价。在政治经济学(和马克思主义)的观点中,用于交换的事物。

② 原始积累(Primitive Accumulatim):在马克思主义的观点中,资本家对历史上往往为社会共同拥有的自然资源或商品的直接占用。例如 18 世纪,富有的精英阶层和国家圈用了英国的公共土地。

③ 生产过剩(Overproduction):在政治经济学(和马克思主义)的观点中,这种经济状况是指行业生产商品和服务的能力超过了消费的需求和能力,从而导致经济放缓和潜在的社会经济危机。

据。公共资源,在这个案例中是市政供水,被免费灌装,再以高价出售给那些越来越难以获得市政服务的人民。

从以市场为导向的视角来看,我们当然可以说资本家在这里只是填补了一种需求的空白。从这个角度讲,蒂华纳无法为老百姓供水给有创意的企业家提供一个令人遗憾的空缺,由他们帮助贫困的人民并赚取合理利润。但是,考虑到实际上国家用纳税人支付的费用提供和处理水,把公共商品当作私有商品来攫取和开发也可能会被看作一种赤裸裸的盗窃。供水的原始积累为企业提供了免费的利润,让它们直接从原先为社会所有的天然水源获取用水,再把这些水以瓶装水的方式回售给大众。

瓶装的生产过剩:生产需求

另一方面,在圣地亚哥这些拥有相对健全的供水体系的地方,公众可以获取用水,因此问题不是供给,而是需求。在对苏打水、啤酒和果汁的选择远远超过全体居民可消费量的文化中,很难再提高对饮料的需求。对于入股了百事可乐、可口可乐或者许多其他大型跨国公司,以此寻求利润的公司和投资者来说,这限制了资本的积累。饮料,这个价值数十亿美元的行业,似乎达到了极限,这又加剧了市场萧条的风险。

解决这个问题唯一的办法就是创造需求,即让人们需要你的产品。在瓶装水的例子中,对瓶装水最大的投入是包装和营销。虽然有所不同,但是实际上很难区分的瓶装水品牌的总数突出了这一点。光是雀巢公司销售的瓶装水品牌就不少于 15 种。瓶装水市场的发展目标是使人们生活中所有非商品的事物(例如自来水)逐渐消失。这是可能带来真正的市场扩张和经济增长的唯一机会,从而避免滞销的严峻前景。

为此,该行业试图在年轻的消费者和儿童中发展并巩固他们的消费习惯,建立长期的品牌忠诚度。正如一份营销贸易日志抱怨道，因为人们正对自来水变得过于有信心，所以必须寻找新的、不那么明智的消费者：

> 消费者对自来水的信心逐渐增长，越来越多人在餐厅和酒吧里要求喝自来水，很可能是影响成年人市场增长和每人消费量增长的关键原因。但是，把成人的消费模式应用到儿童的态度和行为中，可能会抵消这种趋势，并证明从长远来看更加重要（National Petroleum News, 2007:34）。

这只是瓶子制造行业的贸易备忘录！

从政治经济学的角度来看，努力使人们花钱购买他们已经免费得到的东西体现了一个更大的问题：生产过剩。就这点而言，企业生产消费品的能力远超出消费它们的渴望或能力，特别是依靠同一家公司提供的有限工资生活的劳动阶层。这导致了消费不足的危机，在这种情况下，经济消化商品（例如啤酒和软饮料）的速度太慢，不足以维持利润。强制接受这种经济需要创造出新的需求，最好是必须的而不是可选择的需求。瓶装水完全符合这种情况。

用政治经济学的视角将两者合起来考虑，可以发现瓶装水有两种相关联的趋势：（1）在贫困的地区和国家，公共供水被征用，水以瓶装的形式再回售给居民；（2）在富裕的消费者中以及发达地区，尽管大量干净的水已经能够获得，依然需要创造对瓶装水的需求。批判地看，这些都是同一个制度的一部分。

瓶装水的难题

本章我们学习了：

- 在过去 20 年，全球瓶装水的消费爆发式增长，与其他来源的饮用水相竞争或者取代它们。

- 瓶装水的生产、包装和运输意味着它的获取和消费方式不利于环境保护。
- 在迅速发展与城市化进程加速的世界,人类对水的需求越来越难以满足,但是通过认识到不同类别的稀缺:水文的、社会经济的以及理解的,瓶装水可能只是被当作对稀缺的一种回应。
- 瓶装水消费的一个主要推动因素是认为其他的水源不够安全或者不够健康的观念。
- 风险评估表明,相对于自来水,瓶装水没有明显的优势,这提出了人类对风险认知存在偏见的问题。
- 瓶装水市场在不发达国家与富裕国家的同步增长表明,一种共同的经济驱动力——自然的商品化,可能推动了水的私有化。

让我们回到蒂华纳和圣地亚哥饮用水消费的案例中。在 21 世纪,向富人和穷人供应饮用水时,瓶装水是否代表着一种最高效、最安全的方式？还是说,它是环境对私有制的让步？市政供水(或者清洁的空气、垃圾回收、公园……)是否可以并应该通过社会供应而不是市场向全世界的穷人开放？更好的风险沟通是否可以让消费者对水(或者菠菜、花生、玩具……)的风险和威胁作出更明智的判断？允许企业控制水(或者公共空间、保护区、树木……)的来源和分配,在多大程度上可以提高运输的效率,在多大程度上提升了不必要的消费,并且导致公众失去对环境的控制？

因此,瓶装水是一种难题,它与众多天然的商品和环境服务有许多共性。全世界瓶装水的革命性快速增长要么是消费者革命令人满意的主导优势,要么是我们对彼此和地球责任感减少的警示。

问题回顾

1. “达沙尼”和“阿卡菲娜”是美国最畅销的两个瓶装水品牌。哪家公司拥有并销售这些品牌？它们从哪里获得装进瓶子中的水?

2. 在墨西哥、印度和埃及这些国家,近年来发展迅速的城市化如何(并且为什么)影响了对瓶装水的需求?

3. 讨论没有关联却共同推动全球水消费稳步上升的三种稀缺。

4. 在美国,市政饮用水和瓶装水执行的管理标准相同吗?请解释。

5. 最近全球许多地区见证了淡水供应的"积累",这是什么意思?

练习 15.1　用生命周期评估思考

正如本章中所描述的,生命周期评估是一种高度量化和严谨的方法,从产品、服务或者事物的制造到作为废物进行处理,追踪它们对环境的影响。以瓶装水或者日常接触的其他从世界上的某个地方获得,在你生活的地方购买和消费的事物为例,追踪这件产品的生命周期,列出该产品在这个过程中每一步可能产生的所有环境影响。在生产中,有哪些最不为人所见的成本或者外部效应?记得思考资源的获取、各种组成部件的制造以及该产品最终的命运。这些步骤或者隐藏的成本还可能有什么其他的选择?

练习 15.2　瓶装水的社会建构

本章,我们回顾了如何从人口、风险和政治经济学的角度去处理瓶装水的难题。解释如何用社会建构的框架(如第八章所述)理解这个问题。尤其是,你也许打算从瓶子标签的实际外观思考。它们利用了什么图像和文本?它们唤起了哪些自然、地理和历史的概念?这对于消费者思考自身和该产品的方式,有什么影响?对于环境有什么影响?

练习 15.3　瓶装水的味道测试

蒙上眼睛,对自来水和两种品牌瓶装水的味道进行一次测试(是的,我们要你购买瓶装水;但这是为了科学的目的)。你能分辨出它们的味道有什么不同吗?如果可以,你认为味道的差异反映了什么?如果可能的话,上网搜索你所在地区的市政用水供应者。水里含有哪些物质,质量如何?如果这些信息是真实的,这与你取样的瓶装水中的成分有什么区别?知道了这些,会鼓励还是阻止你购买或消费瓶装水?

参考文献

Anadu, E. C., A. K. Harding(2000), "Risk Perception and Bottled Water Use"(《风险认知和使用瓶装水》), *Journal of the American Water Works Association*(《美国给水工程协会期刊》), 92(11):82—92.

Bakker, K. (2004), *An Uncooperative Commodity: Privatizing Water in England and Wales*(《不合格的商品:英格兰和威尔士水的私有化》), Oxford: Oxford University Press.

Beverage Marketing Corporation (2009), *Beverage Marketing's 2007 Market Report Findings* (《2007 年饮料营销市场报告结果》), International Bottled Water Association 2009[cited April 3,2009], Retrieved April 3,2009, from www.bottledwater.org/public/statistics_main.htm.

Doria, M. F. (2006), "Bottled Water versus Tap Water: Understanding Consumers' Preferences"(《瓶装水对自来水:理解消费者偏好》), *Journal of Water and Health*(《水与健康期刊》), 4(2):271—276.

Grand Rapids Press (2007), "Ruling Dampens Challenge to Water Rights; Group Can't Sue over Nestlé's Private Land, Court Says"(《裁决向对水权利的挑战泼了一盆冷水:团体无法起诉雀巢的私有土地,法庭说》), *Grand Rapids Press*, July 26, p. A1.

Hunt, C. E. (2004), *Thirsty Planet*(《饥渴的星球》), New York: Zed Books.

Landi, H. (2008), "Bottled Water Report"(《瓶装水报告》), *Beverage World*(《饮料世界》), 127(4): S12—14.

Marketing Week (2005), "Profits Flow in from Bottled-water Market"(《从瓶装水市场流入的利润》), *Marketing Week*(《营销周刊》), 24.

Napier, G. L., C. M. Kodner (2008), "Health Risks and Benefits of Bottled Water"(《健康风险与瓶装水的利益》), *Primary Care*(《基础护理》), 35(4):789—802.

Nessi, S., L. Rigamonti, M. Grosso (2012), "LCA of Waste Prevention Activities: A Case Study for Drinking Water in Italy"(《水预防活动的 LCA：对意大利饮用水的个案研究》), *Journal of Environmental Management*(《环境管理周刊》), 108,73—83.

Päster, P. (2009), "Exotic Bottled Water"(《奇异的瓶装水》), Retrieved April 3,2009,from www.triplepundit.com/pages/askpablo-exotic-1.php.

Rogers, P. (1996), *America's Water*(《美国的水》), Boston, MA: MIT Press.

推荐阅读

Gleick, P. H. (2011), *Bottled and Sold: The Story Behind Our Obsession with Bottled Water* (《装瓶与销售：我们对瓶装水痴迷背后的故事》), Washington, DC: Island Press.

Opel, A. (1999), "Constructing purity: Bottled Water and the Commodification of Nature"(《构建纯净瓶装水与自然的商品化》), *The Journal of American Culture*(《美国文化周刊》), 22(4):67—76.

Royte, E. (2008), *Bottlemania: How Water Went on Sale and Why We Bought It*(《瓶装的狂热：水如何进入市场销售以及我们为何买水》), New York: Bloomsbury USA.

Senior, D. A. G., N. Dege eds.,(2005), *Technology of Bottled Water*(《瓶装水技术》), Oxford: Wiley Blackwell.

Wilk, R. (2006), "Bottled Water: The Pure Commodity in the Age of Branding"(《瓶装水：品牌化时代纯粹的商品》), *Journal of Consumer Culture*(《消费者文化周刊》), 6(3):303—325.

薯 条

图片来源:johnfoto 18/Shutterstock.

满足你对薯条的渴望

你开着车行驶在州际公路上,从学校放假回家。虽然你认为已经为旅途准备好足够的食物,但是从公路出口疾驰而过时,你发现路边有许多饭店向你招手。金色的拱门吸引着你,那里一定有香脆的热薯条,它们正好帮助你熬过下面几个小时的车程(远比你在尚未走出考试后的阴霾时装好的三明治有吸引力)。也许你很想抵制住诱惑,但很快你就发现自己已经来到麦当劳"汽车餐厅",和许多其他车辆一起排队等待。不幸的是,你正好赶上午餐时间。

幸运的是,和许多大规模的品牌商店一样,这家特殊的麦当劳在整个午餐高峰期有专人制作薯条。在 90 分钟或更长的时间里,里面的员工把按照规定重量切好,几乎一模一样的冷冻薯条倒进油炸的篮子里,然后把它们放入滚烫的植物油中。几分钟后,计时器一响,薯条的色泽恰到好处。他们从油中取出篮子,把薯条倒进附近的保温区并撒上适量的盐,再把薯条装进一系列不同大小的包装盒中——中份、大份还有你点的超大份。通常在午餐时间,这个过程在一小时内要重复几百遍。

这种流水线的运作效率非常高,很快你就结完账,开车来到第二个窗口。这里,有人递给你一个印有熟悉标志的白色袋子,里面装着你点的超大份薯条、几包番茄酱和盐还有几张纸巾。你一边开车,一边游刃有余地处理一套复杂的程序,一只手撒盐,把番茄酱挤在薯条上,眼睛盯着前面的路,另一只手握着方向盘。当你最终可以吃到第一口时,你发现薯条和想象中的一模一样——热乎乎、香脆、有点咸味,太美味了!

你和几百万像你一样每天消费薯条的人,是麦当劳几十亿服务对象中的一部分。不仅在美国,而是全世界。当然,在细节上会有所变化——在英格兰,如果你点了炸薯片,他们会给你盐和醋蘸着吃;在墨西哥,你可以搭配着墨西哥辣椒调味汁吃油炸马铃薯。但是,薯条本身的品质是可靠、可信赖、一模一样的。

在全世界实现这种统一性生产需要什么?你的超大份薯条如何把你与全球数百万消费者还有环境联系在一起?本章将回答这

些问题。首先，你将了解薯条的历史，它们经历了从曾经饱受诬蔑的土豆，到今天大规模生产、整齐划一的加工处理的过程。接下来，通过应用第五至七章所学习的知识，你会理解怎样用风险、政治经济学或者伦理学的方法研究今天薯条的难题。

薯条简史

要理解薯条是一种环境难题，必须先了解它非常重要的原料——土豆。今天，土豆是世界上第四大作物，仅次于玉米、小麦和水稻；在2005年，全世界的土豆产量超过3.23亿吨，其中大部分被食用。尽管全世界消费者仍然消费新鲜的土豆，但是在种植的土豆中，许多被加工制作成冷冻的土豆制品，其中相当大的一部是供应给餐馆的薯条。每年，全球大约消费1 000万吨冷冻薯条。薯条是美国出口量最大的土豆制品；在2009年，美国种植的土豆超过半数被制成薯条出口，冷冻薯条的出口量超过30亿磅。

野生土豆是不可食用的，味道苦涩，有毒，与今天制作薯条的布尔班克土豆差别很大。在这个部分，我们将从南美原住民主要的膳食，到今天经驯化的工业化土豆单一栽培[①]，去追寻土豆的历史。在这个过程中，土豆经历的历程突出了殖民化的历史，工业化农业的出现，全球化[②]以及食品生产和食品消费之间越来越大的距离。

多么漫长、奇怪的旅程：栽培和使用马铃薯，从新世界，到旧世界，再回到新世界

7 000年前，土豆最早在安第斯高原被驯化，那里有好几种野生的品种。蓝土豆、红土豆、黄土豆还有橙土豆，形状各异，味道从

① 单一栽培（Monoculture）：栽培单一的作物，排除其他任何可能的物种或收获物。
② 全球化（Globalization）：通过遍布全球的交换网络，地区经济、社会和文化一体化的持续过程。

到像黄油一般苦涩到甘甜,变化不一。安第斯人民在培育出一种适应各种环境的马铃薯的同时,还鼓励保持品种的多样性,增加作物的产量。除了有目的地交叉耕作,被驯化的土豆继续与当地杂草土豆杂交。

西班牙人来到南美洲后,他们不仅获得了金银染料,还有许多随后被引入欧洲的新食物。它们是所谓的哥伦布交换[①]的一部分,即物种跨越大西洋在新旧大陆之间的转移带来生态的转变(图16.1)。

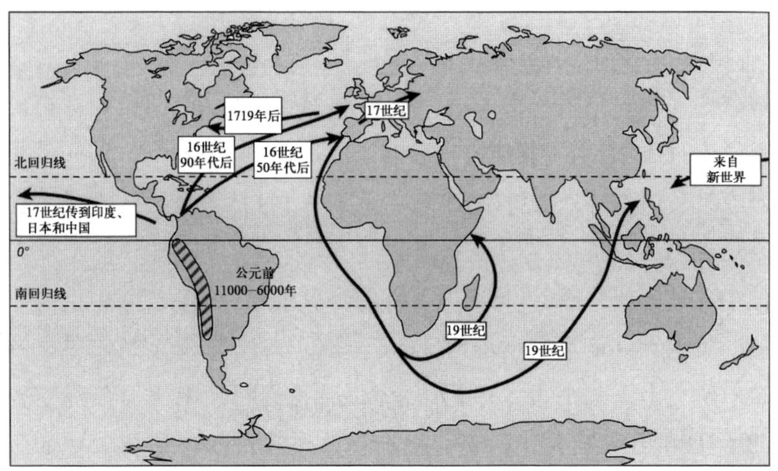

图 16.1　哥伦布交换之后土豆的转移和传播路线

土豆在欧洲第一个重要的立足点是爱尔兰,它们在1588年来到了那里。尽管适应了当地气候,但是土豆承载的文化包袱让它在接下来的一个世纪里无法在其他的欧洲国家广泛分布。人们怀疑这种新食物会导致麻风病,助长伤风败俗。土豆生长在地下的特点以及它来自落后、没有文化的美洲部落,令人产生怀疑。与殖民主义历史有关的种族主义假说在食物上留下了痕迹。此外,19世纪的爱尔兰

① 哥伦布交换(Columbian Exchange):物种在新世界与旧世界之间,跨越大西洋来回地移动以及因此产生的生态变化。

曾被英格兰殖民统治,因此它被建构为地位低于英格兰(见第八章),这又一次意味着土豆与一个民族的历史相连。另一方面,土豆让爱尔兰人养活了自己,而不是依赖更有权势,经济上处于支配地位的殖民者。土豆易于种植和养护,它不需要直行种植(不同于这片大陆上普遍的谷类作物),可以在边缘环境中生长,英格兰殖民主义就是这么管理爱尔兰耕作者的。

随着一些谷类作物逐渐收成不佳,土豆种植继续向欧洲大陆发展。尽管起初精英阶层和农民一致抵抗这种作物,但是欧洲的皇室开始把土豆当作一种让臣民填饱肚子的方法。在德国,腓特烈大帝强迫农民种植土豆,俄国的凯瑟琳女皇也是如此。1794 年北欧的小麦歉收,土豆被用来填补粮食缺口。在这种食物经历了一系列的争论之后,把人们喂饱的实际需求最终获胜,英格兰接受了土豆。

同时,爱尔兰对土豆的依赖,或者更确切地说,对通常被称作大马铃薯的单一品种的依赖被证明是致命的。1845 年夏末以及 1847 年和 1848 年,马铃薯晚疫病菌导致的病害袭击了爱尔兰并摧毁了土豆作物,因为是单一品种栽培,所以土豆作物的抵抗力格外脆弱。一百万人饿死,还有数千人在这三年里染疾。这导致大量的爱尔兰人迁移到美国。

在发生土豆饥荒前的一个世纪,爱尔兰人已经把土豆带(回!)到美洲。然而在美洲,直到 1872 年以后才广泛种植或食用土豆。那一年,美国的园艺家卢瑟·布尔班克(Luther Burbank)(1849—1926)培育出今天我们认为是标准爱达荷土豆的品种,布尔班克土豆。在苏格兰和爱尔兰移民带到美国的品种的基础上,布尔班克对土豆进行了改进,培育出一种抗病能力更强、黄褐色表皮的土豆。在 20 世纪初,布尔班克土豆是一种在爱达荷州广泛种植的作物。1882 年,爱达荷州土豆市场的总价值达到 25 万美元。仅仅 20 年后,1904 年爱达荷州土豆作物的价值就超过了 130 万美元。

薯条的到来和美国的世纪

尽管土豆的传播速度缓慢,并一直被视为低等的、可能有毒的食物,土豆的烹饪方法却在欧洲被发展和改良。究竟是法国人还是比利时人最先把土豆炸了吃,一直存在争议。不论怎样,直到20世纪早期,在欧洲参加一战的美军回国后对这种食品的强烈需求,才使炸土豆在美国流行起来。

在退伍老兵强烈要求这种食物期间,炸土豆这种工作得在饭店利用完善的设备才能完成。因此就在这个时候,薯条的历史开始不可改变地与全新就餐体验的出现联系在一起:汽车餐厅和快餐店。1921 年,第一家汽车餐厅在达拉斯开张(Plummer,2002),这个时期道路上日益增多的汽车推动了这一趋势,在二战之后出现了井喷。

1951 年,奶昔销售员雷· 克罗克(Ray Kroc)带着一份计划书找到理查德·麦当劳和莫里斯·麦当劳,他们是加州圣贝纳迪诺一家快餐店的老板。1955 年,第一家麦当劳直营店在伊利诺伊州芝加哥郊外的德斯普兰斯开业。紧接着第二家、第三家店陆续开张。到 1965 年,美国共有 700 家麦当劳餐厅。

在接下来的几十年,麦当劳开创的冷冻薯条在美国非常受欢迎。1960 年,美国的消费者每年大约吃掉 4 磅冷冻薯条和大约 81 磅新鲜土豆。40 年后的 2000 年,他们每年吃掉 30 磅冷冻薯条以及 50 磅新鲜土豆(Schlosser,2001)。今天,麦当劳依然是美国最大的土豆买家。考虑到贸易资讯报告估计今天美国消耗的土豆中有 90% 都卖给了快餐连锁店,这就不足为奇了。2000 年,冷冻土豆制品(其中 90% 是薯条)的全球出口额将近 20 亿美元(Yen et al. ,2007)。

对布尔班克土豆的需求与当代冷冻薯条的生产

快餐的日益普及以及对冷冻土豆供给源源不断的需求是布尔

班克土豆的福音。如前文所述,尽管布尔班克土豆的历史较短,是众多在安第斯地区被驯化的土豆品种中唯一在此后的几百年间全球栽培的品种,但是如今它是全世界最主要的土豆品种。

尽管很常见,但是种植布尔班克土豆并不容易。或者,至少很难生产出符合冷冻薯条业要求,大小和形状一致的产品。大规模生产用于冷冻薯条的布尔班克土豆需要许多的投入,包括水、化学制品和能源(表 16.1)。

表 16.1 美国每公顷土豆生产的能源投入和成本

投入	数量	千卡	成本(美元)
劳动	35 小时	1 964 000	350.00
机械	31 千克	574 000	300.00
柴油	152 升	1 735 000	31.92
汽油	272 升	2 750 000	78.88
氮	231 千克	4 292 000	142.60
磷	220 千克	911 000	121.00
钾	111 千克	362 000	34.41
种子	2 408 千克	1 478 000	687.00
硫酸	64.8 千克	0	73.00
除草剂	1.5 千克	150 000	13.50
杀虫剂	3.6 千克	360 000	14.40
杀真菌剂	4.5 千克	450 000	180.00
电	47 千瓦时	135 000	3.29
运输	2 779 千克	2 307 000	833.70
总计		17 470 000	2 863.70
土豆产量	40 656 千克	23 296 000	千卡投入/产出 1: 1.33

资料来源:Pimentel et al., 2002.

迈克尔·波伦(Michael Pollan)在《植物的欲望:植物眼中的世界》(2001)一书中列出了一个土豆种植户耕种土豆所有的步骤。首先使用土壤烟熏剂杀死土壤中所有微生物。接着,在种植时添加内吸杀虫剂。第三步,当植株长到 6 英寸高的时候使用除草剂。接下来,植株要每周循环添加化学肥料。然后,当一排排植株的生长开始靠近时，使用杀真菌剂。通常，下一步是用作物喷粉预防蚜虫等虫害。当然，在整个过程中作物还需要 500 到 700 毫升的水（根据粮食农业组织的数据）。尽管土豆的用水量没有许多谷类作物那么多，要想生产出一份薯条那么多的土豆，一般依然需要大约 6 加仑的水。此外，灌溉、能源以及经营性土豆种植户每英亩的平均成本，加起来共计1 950美元。每英亩土地生产 20 吨土豆，快餐企业为此支付 2 000 美元。考虑到这么微薄的利润，农民难以从不停投入的"跑步机"上脱身。即使农民愿意转种其他品种，他们也不能。因为快餐店供应商要求他们生产布尔班克土豆，所以他们不得不勉为其难地继续。他们几乎别无选择，只能投入更多的化学品、水和能源，哪怕产量只是稍微提高一点。

薯条之谜

薯条无所不在。从这一点来说，它们似乎是一种简单的事物。拿一个土豆，切开，炸一下，就好啦！但是，正如我们在土豆的社会自然历史中见到的那样，薯条不仅仅是看上去（或者吃起来！）那样简单。那么，薯条作为一种环境难题，我们必须考虑到它的一些主要特点：

- 不是任何土豆都可以制作加工为薯条。薯条的大规模生产和消费需要一种精挑细选的品种，它能满足工业生产的要求，切下和油炸时能符合我们的预期。这使它几乎是一种全世界单一栽培的土豆品种。
- 布尔班克土豆的生产与越来越密集的耕作紧密相连，这会产生广泛的环境影响，包括使用大量的水、肥料和杀虫剂。
- 薯条是一种文化现象，它受到大众的欢迎与汽车和快餐的到来以及全球化的均质化处理联系在一起。
- 对这种同质"薯条"的期待，造成土豆在快餐生产过程中需要繁琐的加工处理。

综上所述,薯条的环境难题是,它在世界各地(从斯洛文尼亚到关岛)的流行造成了一种没有任何变化的生产体系。因此我们需要思考如何生产我们消费的食物与如何重建我们赖以生存的环境之间的关系。在接下来的部分中,我们将从消费薯条是一种食物的选择开始,分析这个难题造成的影响。这样,我们就可以理解我们吃的食物为什么通常与复杂的风险评估过程联系在一起。不过,这些个人的决定是在社会和全球消费和生产的背景下作出的。因此,薯条的社会环境难题也许能通过政治经济学的框架解决。最后,我们将讨论生产销售规模越来越大的食品,例如薯条,为什么给我们带来棘手的食品生产伦理问题。

风险分析:吃我们选择的食物与选择我们吃的食物

在第六章,我们讨论了如何用危险[1]和风险的框架来解释社会环境的难题。在这个部分,我们将思考这种框架如何进一步解释人们为了减轻薯条对人类健康的影响所做的努力。2005 年,麦当劳遭到禁止反式脂肪组织(BTF)的起诉。他们声称这家快餐连锁企业没有遵守 2002 年对消费者作出的承诺,当时公司保证在产品中减少使用反式脂肪(对含有反式脂肪酸的不饱和脂肪的通俗说法,也被称作部分氢化植物油)。麦当劳最终了结了这场官司,并向美国心脏协会(AHA;若要了解这场运动的历史,请见该组织的档案 www. bantransfats. com)捐款 190 万美元。

这家企业以及其他快餐店为什么会面对这么大的压力,被要求不再使用反式脂肪,改用更健康的脂肪油炸食品呢?因为对快餐店的个人消费者而言,食用反式脂肪越来越成为一种难以接受的风险。如果累积起来,它将对人们的健康造成负担。

---

① 危险(Hazard):在生产或者再生产方面,威胁到个人和社会的事物、状况或者过程。

长期以来，膳食和营养科学一直致力于研究食物在人类健康中的作用，几百年来，我们关于食物对身体影响的理解已经发生了变化。值得注意的是，今天我们对消费某些食物的健康风险评估（可能产生负面的结果）越来越多地取决于对食物和营养的不同理解。营养信息以及我们获取信息的渠道，影响了一些消费者是否愿意吃某些食物的决定。

在反式脂肪的例子中，科学家如何确立与食用薯条有关的风险等级，并如何与公众沟通？得知了这种信息，人们怎样作出决定？如果食物选择牵涉到风险，谁负责减轻那些风险呢？

有益与有害脂肪的科学

尽管我们可能认为反式脂肪不是一种典型的环境危险（例如第六章所讨论的飓风或者核事故），但是它们有可能威胁到人类的健康。反式脂肪来自氢化的过程。氢化是一种利用压力，将氢原子转换成不饱和脂肪酸，例如植物脂肪和植物油的过程。部分氢化的过程是添加氢原子，直到食物达到理想的稳定状态。19 世纪 90 年代，法国的化学家最先研究出这个过程，并因此获得了诺贝尔奖。1902 年，威廉·诺曼（Wilhelm Normann）研发出用氢化的技术生产稳定的食用油，随后得到了该技术专利。之后不久，反式脂肪成为最早进入食品供应的人造脂肪。1911 年，宝洁公司开始销售克罗斯克牌（Crisco）起酥油，这是第一种在杂货店里能购买到的反式脂肪产品。最初，克罗斯克与它的竞争者（如人造黄油）并没有被广泛地使用，直到在二战期间定量供应黄油，人造黄油和其他反式脂肪产品才被普遍接受。

1957 年，AHA 宣布黄油和其他动物制品中的饱和脂肪是诱发心脏病的一个因素。这意味着从人类健康的角度来看，反式脂肪可能是一种风险较小的替代品。得到这条信息后，1984 年消费者宣传组织采取行动，成功地让许多在油锅中使用牛油的快餐店转而使用反式脂肪。这种油的用量随之猛增。考虑到快餐越来越受到人们的欢迎，反式脂肪成为普通美国人以及一些欧洲人日常饮食重要的一部分。

但是，即使许多人主张反式脂肪是更健康的选择，20 世纪 90 年代早期的一些科学研究将使用反式脂肪与我们今天称之为有害（LDL——低密度脂蛋白）胆固醇的上升联系在了一起。高水平的 LDL 不仅与心脏病有关，也与糖尿病等其他严重的疾病有关。在这个十年结束前，美国国会提议，要求食品生产者在营养标签中列出反式脂肪的含量。这项提案未获批准。然而，2003 年，丹麦在此基础上迈出了更大的一步。实际上，他们是对某些食品中的反式脂肪含量加以限制。同一年，因为消费者组织不断开展行动，美国食品药品管理局开始要求生产商在营养标签上列出反式脂肪。尽管许多食品生产商和餐厅，包括快餐连锁店，减少了反式脂肪的使用，但不是所有都能令 BTF 这样的游说团体满意。这就导致了法律诉讼案件的出现，例如该部分开始时提到的案例。

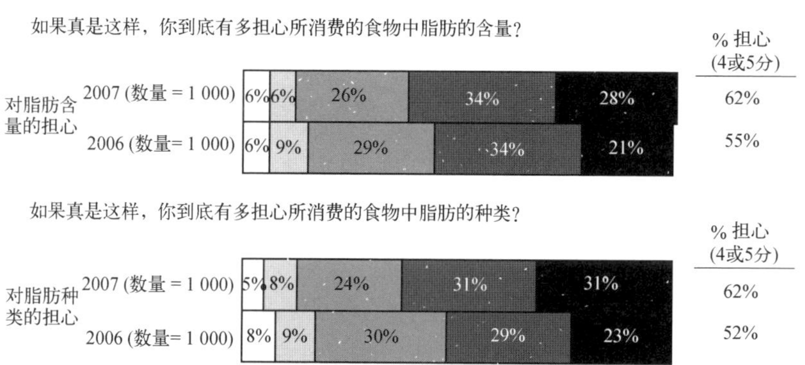

资料来源：翻印自《美国饮食协会期刊》，109:2，埃克尔，R. H.，R. 克里斯-埃瑟顿，等，《美国人关于脂肪的意识、知识和行为：2006—2007》，288—296，版权（2009）经 Elsevier 和美国饮食协会授权。

图 16.2 对脂肪含量和种类的担忧

更好的信息，更健康的选择？

随着饮食选择带来的健康风险等信息发生改变，人们调整了自己的行为作为对它们的回应。AHA 是这种信息的一个来源渠道，2007 年 4 月，它发起了一场名为“面对脂肪”的消费者教育活动。为了评估这场活动和类似活动是否成功，AHA 委托了一项研究，追踪人们对反式脂肪的理解和看法以及它们对饮食行为的影响。由医生、营养专家和市场研究人员组成的团队承担了这项研究。研究结果表明，美国公众对反式脂肪的意识有所提高。研究者发现，在 2006 到 2007 年间，消费者对食物中总的脂肪含量和脂肪类型的关注度有所增加（图 16.2）。同时，对反式脂肪的新闻报道翻了一番，从 516 篇增加到1 138篇。认为反式脂肪是心脏病潜在诱因的人数比例也在上升，73% 的人回答道，这种脂肪增加了发生心脏病的风险。在这种情况下，增加的信息和意识也改变了受访者的行为。更多的人说到他们在购物前，先查看反式脂肪的信息，寻找“反式脂肪为零”的标签，选择反式脂肪为零或者较低的产品。与此同时，越来越多的人知道哪些常见的食品中含有反式脂肪。在这种情况下，薯条最容易被认为含有反式脂肪。人们开始更彻底地思考反式脂肪和薯条的问题。

风险、选择和管理

然而，知识并不总会带来行为的改变。例如，一项对中等城市的研究表明，一些女性群体把她们所在社区的快餐店看作是一种危险（Colapinto et al., 2007）。不过，这项研究还发现，尽管知道了快餐消费会对健康造成风险，人们仍然选择它们。对许多人来说，与这些食物的便利性相比，长期风险的严重性不那么重要，而且它们也不会立刻体现出来。与沙门氏菌感染、三聚氰胺中毒或者食物过敏这些会立刻明显地改变消费者行为的风险不同，饮食中包含大量薯条和其他快餐食品的消极后果,要等食用以后很久才能体现。所以,即使消费者可以获得更多充分的信息,薯条消费造成的风险并不总会产生立竿见影的回应(本能反应!)。

责备他们的饮食行为以及从劳动效率低到对医疗体系造成压力等各方面诋毁体重偏重的人,这样做是很容易的(Guthman,DuPuis,2006),但是做出食品选择的社会、经济和政治背景代表着一种无法忽略的重要影响。例如在上文对反式脂肪的研究中,虽然总体上越来越多的人意识到这种脂肪不利于身体健康,但是这种意识和相关的行为变化在不同的群体中并不平均分布。它们更多地集中在45岁以上的女性,她们至少接受了一些大学教育,年收入达到或超过75 000美元,并且生活在东北或者南方地区。

因此,我们该做些什么呢?考虑到饮食中包含大量的薯条、其他快餐食品造成的风险已经被证实以及公众对肥胖这种“流行病”的担忧,我们怎样决定应该吃什么呢?应该由个人的选择和自由市场决定人们的饮食行为吗?还是说把所有公众的健康考虑在内,就有充分的理由禁止薯条等快餐店的主要食物吗?尽管许多人会赞成前者,截至2008年,美国大约20个州和当地的司法部门提议减少在餐馆或学校中反式脂肪的用量,11个市县已经通过法规禁止餐馆在烹饪中使用反式脂肪。许多人选择用法规控制这种危险、减轻相关风险,一个原因是实际上我们通常没有对自己吃的食品做出选择。更确切地说,我们的选择不受我们的直接控制,它们是被政治经济环境推动的。换句话说,食品的政治经济学——在这个例子中是薯条——在发挥作用。我们将在下一个部分讨论这个问题。

政治经济学:吃薯条还是吃其他的食物!

在第七章,我们讨论了政治经济学的框架可以为思考环境难题提供一定的见解。这个框架的一个关键在于思考社会环境的事物如何推动资本主义体系中剩余价值的创造。对我们消费的食物和购买的网球鞋来说，剩余价值产生和循环的过程同样适用。在这个部分中，我们将明白，如果把薯条造成的环境难题看作一个政治经济学的问题，我们则不仅可以提出有关食物选择的问题，还可以提出那些选择如何与更广泛的社会经济状况相连的问题，包括快餐的营销、快餐店在边缘化社区的集中、快餐店的全球化和食品生产体系本身。

我们说你需要什么，你就需要什么——营销和食品的选择

无论你什么时候走进一家快餐，都会有人问"你想要点什么？"有些地方甚至让你"随便吃"。而且，不管你是立刻回答（请给我薯条和奶昔！）还是想了一会儿（嗯，啊，我想来一份鸡柳和可乐的超值套餐），这都是你的选择。再补充一点——我还要一个苹果派！或者——等等，下周我要去海滩——还是要健怡可乐吧！但是，真的那么简单吗？你已经权衡了各个选项，做出了合适的选择吗？或者，还有别的什么？是什么让我们选择了我们所选的食物？

当然，膳食学家、营养师、医生、减肥顾问、健身教练、心理学家和美容杂志的编辑都信奉可以解释人们行为的各种理论。大量的讯息指出，许多心理状况（压力！）、缺乏营养、缺少锻炼、某种激素过剩，或者来自同伴的压力，妨碍了人们做出理性的食品选择。然而，我们需要的正是做出更理性的选择。

但是，在多大程度上个人选择排在第一位呢？你对食品的选择受到营销的影响吗，不仅包括商业广告还有其他微妙的卖点，比如分量大小？

快餐店的发展是一种品牌化的运作。与今天一样，早期的快餐店通过其醒目的建筑形状为人们所熟知。当你见到路标上金色的拱门，你就能猜到里面都有什么。的确如此，因为这种品牌化策略带来

了产品的标准化。你很可能不假思索就能知道麦当劳的双层芝士汉堡、汉堡王的皇堡、小份豪华套餐和双份奶油、双份糖之间的区别。但是,是什么让你选项了这个而不是另一个,或者其他不同的选项呢? 这并不奇怪,接触和接受广告是决定谁会吃快餐以及在哪里吃快餐的关键因素。清楚了这一点后,快餐店每年在广告上投入大量资金。它们必须这么做,因为企业间的竞争导致盈余的下降,除非有企业能用某种方法弥补潜在的顾客减少造成的损失。在许多情况下,企业可以降低劳动成本来保持盈余。但是,通过区分彼此基本上相同的产品,品牌化策略可以使企业尽量维持忠诚的客户群体。

一旦餐馆吸引你走了进去,它可能就找到了其他更微妙的方法确保获得利润。例如,怎么没有小份薯条? 常见的超大化做法经常被用来提高利润空间。随着这种做法越来越普遍(即使在热门影片《超大号的我》中遭到谴责),我们自己对分量大小的观念也改变了。有一些证据表明,接触快餐广告的儿童开始对这些超大的分量习以为常(Schlosser,2001)。也许这对盈亏的底线是有益的,但是对腰围是有害的。好吧,可能你会说生意场上一切都是公平的。即使广告影响了你的选择,如果你确实想要或者需要,你依然能选择更健康的食品。你当然可以,除非生活和工作地点的原因使你没有更健康的选择。

需求还是供给:快餐的地理

根据埃里克·施洛瑟(Eric Schlosser),《快餐国家:发迹史、黑幕和暴富之路》作者的调查,1970 年,美国人在快餐上的消费达到 60 亿美元,到了 2000 年,该项花费超过了 1 100 亿美元。在美国,薯条是畅销的餐饮服务品种。今天,美国半数以上的食物开销都花在了餐馆,大部分是快餐店。这都没有什么好奇怪的。可能更令一些人感到奇怪的是,能否获得快餐(以及格外健康的食品)因人们生活的地区而异。许多研究已经表明,不仅快餐广告特别集中在某些地方,而且餐馆的实际选址本身也有模式可循。

在许多贫困的社区,快餐店格外地集中,这意味着它们在该地区的数量高于在其他同等规模社区的数量。在对餐馆密度、社会经济指标和肥胖率等研究的回顾中,拉森等(Larson et al ., 2009)发现更方便去超市,不方便去便利店的社区居民往往饮食更健康,肥胖率更低。相反地,有证据显示不方便去快餐店的居民饮食更健康,肥胖率更低。此外,低收入、少数族裔和农村社区的居民最容易受到没有超市、无法获得健康食物的影响,而在低收入和少数族裔的社区,经常有更多快餐店和高能量的食物。作者根据这些数据总结道,为了保证人们公平地获得健康的食物,必须进行政策干预(Apple,1996;Larson et al., 2009)。因此,也许看起来是个人对食物消费的选择其实直接与政治和经济的因素有关。

我们需要更多的薯条!!!

无论我们是否相信个人的选择受到心理学、营销或者选择的空间分布的影响,很清楚的是,我们吃进肚子里的东西不仅对我们,也在全球范围内对社会和环境产生不良的后果。迈克尔·阿普尔(Michael Apple,1996)是一位批判教育学专家,他在《教育、身份和廉价的薯条》一书中述说了有关这种影响的一个令人悲伤的故事。在一个被他称作"遥远的亚洲国家"的地方,他拜访了一位朋友兼同事。天气潮湿炎热,阳光耀眼夺目,他们驱车在一条两车道的道路上行驶。路边熟悉的标志使他对高等教育陷入了沉思。对他来说,这个标志太熟悉了。它是一家美国快餐店的象征,他小心翼翼,不愿说出它的名字。他感到奇怪而困惑,便向他的朋友,一个本地人,询问这个标志为什么会在这里出现,因为附近明显没有这家餐厅。但是,他的朋友同样感到纳闷,对他说:"迈克尔,你不知道它们表示什么吗? ……这些标志准确地指出了这个国家的教育出现的问题。"(第2页)

专栏 16.1 环境解决办法？慢餐

在美国，吃一顿饭通常只花短短的几分钟。讽刺的是，食物配料运送的时间和距离可能要长很多。其实，一顿普通的午餐也许是一项复杂的进口工作；想一想，美国进口的食品不仅包括蔬菜和水果，还有家禽、牛肉、海鲜和乳制品。这顿午餐可能也要经过多道加工工序，食品可能与填料一起加工制作，经过保存处理、冷冻，再加水复原、加热，最终被端上饭桌。不可否认，这种食品非常方便，但是它的代价难以衡量，包括对健康（防腐剂未必都是健康的）、环境（食物运送的每一英里都需要排放碳）以及我们的心理（你真的能充分享用那样的一顿饭吗？）造成的代价。

成立于20世纪80年代的慢食运动就是为了抵制这种饮食和生活的趋势应运而生的，它建立的原则是，每顿饭从食物的品质以及体验来说，应该是“好的”；在它生长和准备的过程中，应该留下较轻的环境足迹，是“干净的”；从推动社会公正的食品经济来说，它是“公平的”。

从一顿饭中个人体验的角度来说，慢餐就应该耐心等待，以惬意的节奏就餐。因此，它代表一种典型的现代生活方式的转变，让我们停下日常生活中忙碌的脚步。更根本的是，慢餐运动提出了一种全新的食品经济，它赞成保护许多逐渐消失的当地食物品种，从稀有的苹果到当地特色奶酪，保护小规模的本地市场和小农户，而不是超市和工厂化农场。它也强调在小餐馆和厨房里，食材应该在当地准备。尽管最先在意大利发起并在欧洲发展壮大，这项运动在英国和美国产生了更大的影响。

至少到目前为止，随着慢食运动的推广，可能存在一种批评，即它可能是精英主义的。实际上，美国联邦法律没有要求给予工人休息时间,尽管它的确规定如果有任何这样的休息,必须支付报酬。一般工人的午餐时间是30分钟,并且没有报酬。有机食品通常比其他非有机食品价格更高。许多穷人生活的区域在较短的车程内甚至没有一家杂货店。人们可能会问,谁又能花得起时间和金钱享受慢餐?因此,在讨论我们的饮食方式时,一种全新的食品经济将不得不解决世界财富和工作时间这些基本问题。

即便如此,慢餐的逐渐流行还是表明人们不仅逐渐重新重视环境的可持续性,也重新享受他们日常生活的简单快乐。未来,新型的社会与环境可能会有一种令人愉快的趋同性。

资料来源:Petrini,Padovani,2006.

随后,他的朋友描述了为了努力地吸引外资,该国如何将大片的土地提供给国际化农业综合企业。他们驶过的这块土地已经被土豆种植户和薯条供应商以低廉的价格买下,供货给他们刚刚经过的标志所代表的餐馆。当然,企业已经抓住了机会以更低的成本种植土豆。现在只剩下一个问题——数百位居民生活在这片土地上。政府把这些人从这里赶了出去。尽管他们在此生活了几百年,但是几乎没有人有正式的契据。以密集型土豆生产为形式的发展来到了这个地区。但是,这种发展的代价超过了使数百人失去生计,无法从事自给自足的农业生产造成的损失。为了鼓励企业到这里来生产土豆,政府实行税收减免,因此没有资金维护公共服务,如公共事业或学校。"迈克尔,"他的朋友总结道,"因为人们喜欢吃薯条,这里就没有学校了。"(第4页)

从快餐企业的角度来说,想要继续获得剩余价值就必须国际化,不仅是薯条的消费,还有它的生产。从全球来看,如今发展中国家的土豆产量在几百年来第一次超过了发达国家(FAO, 2008)(见表16.2)。尽管其中一些用于当地消费,然而这些地方种植的土豆中有许多用于供应冷冻薯条市场。如我们在上文阿普尔给的例子中所见,这可能是推动景观变化的一个因素。

当小农户和自给自足的种植者被赶离土地为工厂化农业让步,农村从多样化的景观转变成一种大规模的单一栽培。正如我们在前文中所看到的那样,为了供应薯条市场,种植单一栽培的土豆需要大量的投入,包括化肥、杀虫剂、水和能源。当作物不是种植地区本地的品种时,投入量还要有所增加。因此,试想一下爱达荷州种植土豆的农民不断投入的经历(见前文)被复制到世界各地。尽管有些人认为这可以通过市场与合同(第三章)来解决,但是政治经济学家把它看作是环境公正的问题。让亚洲小国的人民失去生计,那里的土壤和溪流遭到污染,以便其他人获得便宜的薯条,这公平吗?

公正的问题尽管属于政治经济学的范畴,但也许可以从伦理学的角度思考,特别是在它们被拓展到非人类世界的情况下。在这种情况下,薯条的农业转变如何导致全世界环境的改变?在布尔班克土豆革命之后,人类有哪些责任,特别是有哪些涉及全球生物多样性的责任?当我们喂饱全世界的时候,我们对地球又欠下什么?接下来,我们将通过伦理学的视角思考薯条这种社会自然的难题,进一步探讨这些问题。

表 16.2 1991—2007 年世界土豆产量(百万吨)

国家	1991 年	1993 年	1995 年	1997 年	1999 年	2001 年	2003 年	2005 年	2007 年
发达国家	183.13	199.31	177.47	174.63	165.93	166.93	160.97	159.97	159.89
发展中国家	84.86	101.95	108.50	128.72	135.15	145.92	152.11	160.01	165.41
总量	267.99	301.26	285.97	303.35	301.08	312.85	313.08	319.98	325.30

资料来源:改编自 www.potato2008.org/en/world/index.html(数据来自 FAOSTAT)。

伦理学:保护还是改造土豆遗产?

第五章,我们讨论了用伦理学的方法解决环境问题。这种方法提出了环境的价值以及我们该怎样衡量和平衡其与人类需求的问题。关于这些问题的讨论大部分都集中在物种的价值和物种的多样性。在这个部分,我们将重点分析薯条可能造成的伦理问题,特别是关于生物多样性的问题。

农业多样性

为了用伦理学的方法解决薯条的难题,首先让我们回到安第斯山地区和许多在那里被驯化的土豆品种。在土豆来到欧洲再被带回美洲的过程中,新的品种被培育出来,但是有更多的品种丢失了。爱尔兰大马铃薯曾经是全世界最主要的品种,如今它基本上已经消失,而今天最普遍的土豆品种,在冷冻薯条市场使用的布尔班克土豆所达到的占有率几乎是空前的(Pollan, 2001)。

这会对生态产生影响。我们在前文讨论了单一栽培和它所需要的大量投入。为了生产一致的样本以满足商业需求,同时保护物种不被自己的成功栽培拖累,这些投入是必须的。越是鼓励一种物种单独生存,在该生产体系中允许的生物多样性和作物多样性就越少,它就越容易染上大面积的病害,使种植者遭受作物歉收。通过种植大片单一栽培、密集型投入的布尔班克土豆,我们成为消灭其他作物物种的帮凶,并造成通常不利于周围环境生态系统(违反了用生态中心主义[①]的方法解决环境伦理)的环境状况。可是,我们也注定会使我们耕作的作物有歉收的风险,从而危及人

① 生态中心主义(Ecocentrism):一种环境伦理立场,主张生态关怀应该包括并超越优先考虑人类,它是做出正确与错误行为决定的核心(相较于人类中心主义)。

类所需的粮食供给（违反了人类中心主义[1]的自然评价）。记住，毕竟作为一种单一栽培的品种，爱尔兰的大马铃薯曾遭受马铃薯晚疫病菌的侵袭，一百万人因此失去了生命，还有数千人染上疾病。

无论我们从生态的还是人类中心主义的角度定义环境伦理，很清楚的是，我们需要采取正确的行动解决这个问题。薯条的生产已经成为全球性公司化的农业，我们怎样思考并补救它造成的农业多样性减少？尽管有许多可能的途径，我们将关注两点，它们都表现了非常深刻的问题。首先，虽然国际的土豆生产是被冷冻薯条的需求所推动，并由单一物种主导，但是一些地方性组织正在努力地恢复物种的多样性，这主要通过本地创新和寻找可替代的农业网络。相反，其他人关心的是利用有争议的生物技术保护布尔班克土豆免遭病害，与此同时尽量减少对其他投入的需求。

拯救多样性：回到未来？

在秘鲁的安第斯山区，土豆的故事开始的地方，今天我们发现农民广泛栽培四种土豆物种，其中三种只在邻近地区被发现。2008 年，政府创建了一种全国土豆登记制度以保存来自当地品种的遗传物质。有人担心为了满足城市发展和全世界人口的需求进行商业种植会对许多本地物种和品种产生威胁。这种制度就是对这种担忧的回应。此外在保护物种方面，当地还采取了其他措施。

利诺·马马尼（Lino Mamani）是萨卡拉农业社区的一员，他与来自附近五个社区的人们一起创建了一个 12 000 英亩的土豆园。他们之所以能够这么做，是得到了国际土豆中心的帮助。根据马马尼的介绍，园内大约有1 000个土豆品种，其中 400 个不得不利用国际土豆中心提供的原料种植。这些土豆在园中分散耕种，以使它们可以按照最容易适应的高度生长。与古老的印加农业体系类

---

① 人类中心主义（Anthropocentrism）：一种伦理立场，当考虑在自然中以及对待自然的行为对错时，把人类看作是核心的因素（相较于生态中心主义）。

似，每一个品种都有一片自己的空间，但是各种品种也可以与它们野生近缘并行生长。这种种植方式提高了土豆园的适应力。在联合国土豆年的网页上，马马尼这样描述道："我们的本地品种与它们无所不在的野生近缘和谐相处。它们的关系非常好，就像一家人。但是，我们的土豆与现代的品种却无法和睦相处。这里，你见到的土豆都属于我们。我们的祖先把它们传给我们，我们将继续传给我们的子孙。"（Sullins，2001）他还描述了商业种植土豆所需的多种投入以及它们对当代环境造成的严重破坏。

通过让本地物种回归到它们原先的家园，该项目解决了人们对物种和品种多样性的担忧。许多人主张，这是一件好事。但是，这种项目也有它的局限。为了再造"本地的"环境，许多人认为必须选择适当的时机"回到过去"。真正的保存[①]主义者会寻找一种朴素的自然，将所有的人类活动排除在外。这种保存主义的伦理认为，这个土豆园也许朝着正确的方向迈出了一步，但是它走得不够远，因为它允许人类利用土地获取收成。

另一方面，它与保全[②]主义者的主张可能也不是完全吻合。尽管这里鼓励人们利用土地，但是创建这种公园的目标既不是土地利用的最大化，也不是为了人类的利用确保未来的生产力。

作为一种中间路线，建立土豆园可能反映了一种类似奥尔多·利奥波德（见第五章的讨论）提出的土地伦理。利奥波德的土地伦理介于保全和保存之间，它同意今天我们可能称之为可持续农业的观点。从这点来说，土豆园也许是解决物种减少这个环境问题的一种负责任的办法。当思考利奥波德的名言："只要它能保护生物群落的完整性、稳定性和美，它就是正确的；否则，它就是错误的。"时，我们不禁会问，谁来决定什么是正确的，什么是错误的？

---

① 保存（Preservation）：为了保护和保存而管理资源或环境，通常以自身的存在为目的，正如在荒野保存中那样（相较于保全）。

② 保全（Conservation）：为了保持资源在一段时间里持续的生产力而管理资源或者系统，通常与科学地管理集体商品有关，例如渔场或者森林（相较于保存）。

我们怎样衡量再引进物种对“生物群落的完整性、稳定性和美”产生的影响?

无论你相信保存、保全还是一种介于两者之间的观点(在这件事上,或不相信上述任何观点),如果人们不仅可以保护物种,还可以创造和改变物种,那么我们在思考什么才是正确的行为时,则要面对不同的生态问题。

生物技术

作为土豆的一个品种,布尔班克土豆显然需要大量的投入才能生产出那些人见人爱、可以预测形状一模一样的薯条。它们非常容易患上被称作网状坏死的病害,这种土豆病害会危及所有作物,把它们彻底摧毁。但是,因为如今土豆市场中大部分都是最终要进入快餐连锁店的冷冻土豆,所以个体土豆生产者几乎没有选择,只能继续种植布尔班克土豆。为了让这个品种对农民(以及环境)更加有益,企业转向了生物技术,结果是生产出转基因土豆。

新叶土豆就是其中的一个例子,它由孟山都(Monsanto)公司开发,如今已经被放弃。新叶基本上就是在基因上经过改良的布尔班克,它能自动生成杀虫成分。这么做是为了抵抗会对商业性土豆作物造成威胁的科罗拉多薯虫。新叶的植株中产生的细菌(苏云金芽孢杆菌,或称作 BT)可以抵挡虫害。实际上,这种土豆本身就被美国环境保护局登记为一种杀虫剂(Pollan, 2001)。

在此,它可能会带来许多益处。种植这个品种几乎不需要杀虫剂,这对农民(他们更少接触到化学制品)和周围生态系统都是好事。

然而,生产和消费转基因有机物(GMOs)的想法也引发了人们的不安。因为这些有机物是实验室里的人员开发创造出来的,所以企业申请专利限制了它们自由的传播。一方面,这可能是好事,因为转基因有机物不被允许“污染”其他的物种,但是它们常常挣脱了这种约束,例如墨西哥南部转基因玉米。在这一点上,尽管企业做出了承诺,但是实际上转基因有机物也许会威胁本地、野生,甚至其他商业种植的物种。此外,因为这些植物受专利保护,所以农民不能年复一年随意地拿自己的存货再种植。他们必须合法地向企业购买新种子和植株,在这个案例中是向孟山都公司购买。

尽管人类改变植物已经有很长的一段时间(土著的安第斯人混合了各种被驯化的土豆品种),但是新的生物技术正允许我们在基因组①的层面上实现改变。我们可以从伦理学的角度提出这些问题:这么做是否正确?我们也许正在改变土豆和其他作物帮助我们更高效地养活更多人,但是我们如何将它与我们对自然世界的评价进行权衡?由谁决定哪些新物种应该存在,并且他们是出于什么目的?这些社会、自然的新事物如何影响着其他的物质世界?

尽管其他 BT 物种(如棉花)已经获得较大的成功,但是新叶却没有维持多久。麦当劳,这种转基因土豆的最初推动者之一和主要买家,因为消费者的担忧,在 2002 年不得不放弃了使用它的计划。显然,虽然消费者要满足自己对便宜薯条的渴望,但是他们尚不愿意跨越这条界线。

薯条的难题

本章我们学习了:

- 和其他食物一样,冷冻薯条的历史跨越几百年,纵穿几大洲。
- 大规模的薯条生产与 20 世纪 50 年代左右开始的快餐业的兴起和发展密切相连。
- 不是任何土豆都可以制作成薯条。大规模的冷冻薯条生产需要一种能广泛种植,适应商业性农业生产状况的物种。布尔班

① 基因组(Genome):有机物、物种等的一整套基因。

克土豆的耕种需要大量的投入，包括化学品、水和能源，这种土豆是薯条的理想原料。

• 用风险的方法理解薯条的环境难题，首先可以集中在身体健康的范畴。我们在选择食物时，有时会考虑它们可能造成的不良后果。我们对风险的评估往往受到更大的社会背景的影响，包括但也不限于科学知识的产生。

• 政治经济学的框架有助于我们理解薯条消费并不总像它看起来那样是个人的选择。相反，它与更广泛的政治经济过程联系在一起，这些过程通常影响着全球食品的消费与生产。

• 伦理学的方法强调相对于其他不太适宜大规模商业生产的品种，布尔班克土豆的主导地位给生物多样性造成了危害。我们也许可以通过重新引进消失的土豆物种来保护生态体系。另一方面，我们也许可以通过生物技术改进布尔班克土豆。这种有争议的方法允许我们改变和创造新的物种。

问题回顾

1. 土豆经过“哥伦布交换”来到了欧洲。请加以解释。
2. 描述几种因我们贪婪地消费薯条而造成的环境代价。
3. 追寻从 1957 年至今，反式脂肪“起起伏伏”的历史。
4. 为什么发展中国家日益增加的“麦当劳化”对那里的小农户来说会带来更多的坏消息？（尽管所有的新餐馆肯定会购买农场种植的大量农产品。）
5. 每年，全球所有的土豆生产都集中在越来越少的土豆品种，它为什么（也许）应该引起我们的关注？讨论在面对这种趋势时秘鲁采取的行动。

练习 16.1　健康知识还是食品时尚？

作为从动物中提取的膳食脂肪，尤其是黄油和牛油的健康替代品,20 世纪反式脂肪在美国渐渐流行。现在,我们知道反式脂肪可能有非常大的危害。考虑到健康信息总是在改变并随着新的讯息不断更新,什么是评估食品风险以及做出健康的食品选择的最佳方式?你觉得哪种信息来源最可靠?为什么?哪些因素对人们可以获得的各种信息影响最大?在面对(例如网络上)有关食品风险的说法相互矛盾时,什么是最理性的协调方法?

练习 16.2 用市场的办法解决农业多样性?

本章我们回顾了如何从风险、伦理学和政治经济学的角度处理薯条的难题。市场可以被运用在社会和环境商品(如第三章所述)中,从这种观点出发,我们对这个问题的理解会有什么不同?具体地说,请思考作物多样性的问题。阅读这篇关于水稻品种的简短案例(http://news.bbc.co.uk/2/hi/science/nature/7753267.stm)并回答下面的问题:是否存在可能增加、而不是减少世界上作物品种数量的市场机会或压力?在多大程度上,对其他食品和食品生产体系还有未满足的需求?可以怎样释放供给?

练习 16.3 是什么让薯条如此便宜?

思考薯条从一棵土豆植株最终进入到你的体内的过程。尽量列出这个过程中所有的成本,包括已付的和未付的,在制作薯条时发生的生产、运输、消费成本(如劳动、环境影响等)。理出一张消耗的清单后,思考谁来为每一项成本买单。是消费者,零售商,还是农民?哪些成本"没有计算在内",在公众中外在化了?哪些成本"隐藏得最深",或者最难追踪或衡量?如果这些成本都包括在薯条的价格里,你认为它们的价格应该是多少?

参考文献

Apple, M. W. (1996), *Education, Identity and Cheap French Fries*(《教

育、身份与廉价的薯条》), New York: Teachers College Press.

Colapinto, C. K., A. Fitzgerald, et al. (2007), "Children's Preference for Large Portions: Prevalence, Determinants, and Consequences"(《儿童对大分量的偏好:流行、决定因素和结果》), *Journal of the American Dietetic Association*(《美国膳食协会期刊》), 107(7):1183—1190.

Food and Agriculture Organization (FAO)(2008), "International Year of the Potato"(《国家土豆年》), Retrieved April 2009, from www. potato2008. org/en/perspectives/mamani. html.

Guthman, J., M. DuPuis (2006), "Embodying Neoliberalism: Economy, Culture, and the Politics of Fat"(《新自由主义的具体化:脂肪的经济、文化和政治》), *Environment and Planning D: Society and Space*(《环境与规划 D:社会与空间》), 24(3):427—448.

Larson, N. I., M. T. Story, et al. (2009), "Neighborhood Environments: Disparities in Access to Healthy Foods in the US"(《社区环境:美国获取健康食品的差异》), *Amercian Journal of Preventive Medicine*(《美国预防医学期刊》), 36(1): 74—81.

Petrini, C., G. Padovani(2006), *Slow Food Revolution: A New Culture for Eating and Living*(《慢食革命:饮食与生活新文化》), New York: Rizzoli.

Pimentel, D., R. Doughty, C. Carothers, S. Lamberson, N. Bora, et al. (2002), "Energy Inputs in Crop Production in Developing and Developed Countries"(《发展中国家和发达国家作物生产的能量摄入》), R. Lal, D. O. Hansen, N. Uphoff, S. A. Slack eds., *Food Security and Environmental Quality in the Developing World*(《发展中国家的安全和环境质量》), Boca Raton, FL: CRC Press.

Plummer, C. (2002), "French Fries Driving Globalization of Frozen Potato Industry"(《薯条推动冷冻土豆业的全球化》), *Frozen Food Digest*(《冷冻食品杂志》), 18(2):12—15.

Pollan, M. (2001), *The Botany of Desire: A Plant's Eye View of the World*(《植物的欲望:植物眼中的世界》), New York: Random House.

Schlosser, E. (2001), *Fast Food Nation: The Dark Side of the All-American Meal*(《快餐国家:全美膳食的阴暗面》), Boston, MA: Houghton Mifflin.

Sullins, T. (2001), *ESA: Endangered Species Act*(《ESA:濒危物种法案》), Chicago, IL: American Bar Association.

Yen, I. H., T. Scherzer, et al. (2007), "Women's Perceptions of Neighborhood Resources and Hazards Related to Diet, Physical Activity, and Smoking: Focus Group Results from Economically Distinct Neighborhoods in A Mid-sized US City"(《女性对社区资源与关于饮食、体育活动和吸烟危害的看法:分组数据来源于美国中等规模城市经济差别明显的社区》), *American*

Journal of Health Promotion(《美国健康促进杂志》), 22(2):98—106.

推荐阅读

Crosby, A. W. (1986), *Ecological Imperialism: The Biological Expansion of Europe, 900—1900* (《生态帝国主义:欧洲生物扩张, 900—1900》), Cambridge: Cambridge University Press.

Goodman, D., M. Watts (2002), *Globalising Food: Agrarian Questions and Global Restructuring*(《全球化的食品:耕地的问题与全球重建》), New York: Routledge.

Guthman, J. (2004), *Agrarian Dreams: The Paradox of Organic Farming in California*(《耕地的梦想:加利福尼亚有机农业的悖论》), Berkeley: University of California Press.

Kloppenburg, J. (1988), *First the Seed: The Political Economy of Plant Biotechnology*(《第一种子:植物生物技术等政治经济学》), Cambridge: Cambridge University Press.

Schlosser, E. (2002), *Fast Food Nation* (《快餐国家》), New York: Penguin.

第十七章

电子垃圾

图片来源:© Andrew McConnell/Panos.

数字鸿沟

一些年轻人正监控着焚烧铜线上塑料套管的电炉。他们面带微笑,邀请参观者上前更仔细地观看。于是,这群参观者靠近冒着烟的电炉,没有说话,手里拿着相机。这些年轻人简单地解释道,他们正在从电子垃圾中回收有价值的材料。许多人参与这项工作,这里已经成为著名的阿格博格布洛西(Agbogbloshie)"电子垃圾倾倒场"(图 17.1)。这个非正规定居点位于阿克拉(Accra)中央商务区西北,这里每年要处理数百万吨电子垃圾。大约 4 万名居民中一些是来自加纳北部地区贫困的难民,一些来自首都附近的农村地区。在这样一个阴天里,参加海外研究的师生来到这个地区参观,他们尴尬地站在一边看着这些人工作,并询问他们的工作和生活等客套的问题。他们周围是有序的混乱。塑料儿童玩具——超市手推车的迷你版,与带 CD 播放器和可移动话筒的便携式音响分开堆放,它们的包装还没有拆开。年纪小一些的孩子看上去正在玩玩具。然而再一看,原来孩子们在把玩具拆开,他们的工作是处理废弃的,或者有时毫不夸张地说,对生活在地球的另一端的人过度营销的消费品。

资料来源:安德鲁·麦克科内尔(Andrew McConnel)/帕诺斯。

图 17.1　阿格博格布洛西(加纳)

在 20 世纪 90 年代末,为了缩短加纳和较发达国家的数字鸿沟,人们曾做过许多努力。捐赠项目把美国和欧洲尚能使用的旧电脑以新电脑售价的十分之一出售给加纳人。虽然这些项目中有许多是出于好意,但是随着美国和欧洲消费者购买的个人电脑(PC)越来越多,处置旧电脑的速度也越来越快,成堆无法使用的零部件悄悄地流向了这些捐赠。通过把坏掉的电子产品贴上二手商品的标签,出口商利用了反倾倒条例中的漏洞,虽然条例的初衷是防止贫困国家过多地接收潜在的有害废物。在阿格博格布洛西这样的地方,不是缺少可以帮助加纳人跨越数字鸿沟的可用电脑,而是坏掉的电脑和其他废弃电子产品泛滥成灾。

这里与中国、印度以及其他非洲地区许多非正规的定居点一样,年轻人在没有安全设备的情况下从事着有风险的劳动,勤恳地把废弃的电子产品变成可被出售用作进一步生产的原材料。尽管中间商把众人回收的铜或铝积聚起来每天可以挣到 6 美元,但大多数工人的收入只是其中的一个零头。此外,这份收入使该地区付出了沉重的公众与环境健康代价。电子产品中的塑料涂层和金属被焚烧时,会释放出有毒的化学物质。恶心、头痛以及呼吸疾病是直接的后果,与此同时,过度接触致癌物质会造成更长期的健康隐患。毒性很强的物质残留在土壤里,因为这里原先为湿地,所以它们最终渗透到供水中。电子产品的生产和处理不但没有修复数字鸿沟,反而加大了它们的消费者与"回收者"之间收入和工作条件的差距。美国是加纳最主要的垃圾出口国,英国、德国、韩国、瑞士和荷兰所占比例相对较小。因此,一种新的数字鸿沟正在形成,它不是在于人们能否获得电子商品(或者它们可能帮助人们获取的信息),而是在于他们能否远离废弃的电子产品。

一旦手机、电脑、电视机以及其他电子产品被丢弃,他们就成了电子垃圾(e-垃圾,或 WEEE——废旧电气和电子设备)。根据最近的估算,每年被丢弃的后消费者电子垃圾高达 5 000 万吨。电子垃圾构成了一种独特的社会和环境难题。它不是自然的产物,但是它的管理极大地影响着环境和公众的健康,正如阿格博格布洛西的例子所展现的那样。在垃圾与商品,风险与资源之间,它处在一个非常尴尬的位置。本章，我们将探讨电子垃圾在这些方面造成的难题，首先对电子垃圾进行定义，追踪它在过去的几十年里逐渐成为一种重要的环境挑战的过程。然后，我们将通过风险、市场和政治经济学的视角思考电子垃圾。

电子垃圾简史（2000）

电子垃圾的种类包括寿命终止的（EOL）家用电器和商业电器，主要包括电视机［平面和更早的阴极射线管（CRT）机型］、个人台式和手提电脑以及外部设备（打印机、传真机、复印机）、显示器和手机以及其他移动设备。尽管电子产品在美国和其他发达国家（以及少数不发达国家）的市政固体废物（MSW）流中占比不到2%，但是它们是令环境组织非常担心的一个领域，因为它们产生的影响与它们在垃圾场中所占的体积不成比例。例如，据估计在美国垃圾场中70%的重金属来源于废弃的电子产品。此外，它是垃圾流中发展十分迅速的一部分，因此可以预计在接下来的二三十年里，这些产品的影响会越来越严重。

因为制造这些产品的材料在处理和加工过程中会产生危险，所以它们通常被认为是有害垃圾。与其他的垃圾一样，人们很难获得和比较有关生产和处理电子垃圾的可靠数据。这部分是因为各国、各州或各省以及各市对它们的分类不同，衡量或估算垃圾管理总量的方法也不同。除此之外，在许多地方缺乏管理的监督。近些年，尽管存在这些困难，国内外一些组织以及管理机构已经尝试加强对各国产生、处理垃圾数量的监督，这在一定程度上是因为他们把垃圾流看作是一个非常严峻、正在加剧的环境挑战。

美国是世界上最大的电子垃圾生产国，一年大约要处理300万吨垃圾。当然，这也反映了美国是世界上最大的电子产品消费国之一。根据美国环境保护局（EPA）的统计，2010年美国销售了

4.4 亿件电子产品。这表明自 1997 年这方面的销售量翻了一番。该增长主要的原因是移动设备的销售增长了九倍。事实上,其他设备的总销售量略有下滑。2010 年,移动设备的销量大约占所有种类产品总销量的 53%,而 1998 年,它们仅占 12%。尽管销售的电子产品总数随着时间推移在增加,但是,因为垃圾流构成的变化,电子垃圾的总重量在一些地方反而减轻。例如,从笨重的 CRT 电视机和显示器到平面屏幕的变化,降低了每年处理的电子产品的重量(尽管在一定程度上它被更大尺寸的屏幕抵消了)。同时,重量更轻的手机和其他移动设备如今是电子垃圾中的重要部分。中国是世界上第二大电子垃圾生产国,2010 年处理了 230 万吨电子垃圾(Schluep et al., 2010)。其他国家,如印度,随着可能购买手机和电脑的中产阶级的增多,在下一个十年里电子垃圾可能增长 500%(Schluep et al., 2010)。

一个电视观众的世界?

尽管许多废弃的家用电器,如电冰箱,可以被算作是电子垃圾,本章我们还是主要集中讨论废弃的电视机、电脑和外部设备以及移动设备。它们中最早大规模生产、销售的要属电视机。英国的贝尔德公司最先销售了大规模生产被称作"Televisor"的电视机,在 1930 年到 1933 年之间一共售出大约 1 000 台。按照最初的设计,这种产品是与当时另一种流行的家用电器收音机一起使用,但随后它被单独使用。1934 年,德国公司德律风根(Telefunken)制造出第一台可以在市场上买到的电子式 CRT 电视机。紧跟着,法国(1936 年)、英国(1936 年)以及美国(1938 年)纷纷制造出这种电视机。二战前,英国生产了大约19 000台电子式电视机,德国大约1 600台;美国在 1941 年参战前的产量大约在 7 000—8 000 之间。美国从 1942 年 4 月到 1945 年 8 月的夏末暂停了电视机的生产。随着战后的繁荣,空闲时间的增多,网络的发展以及使生产和购买电视机更便宜的技术的进步，电视机的需求和生产迅速攀升。尽管在 1946 年只有 0.5% 的美国家庭拥有一台电视机，但是这一比例在 1954 年上升到 55.7%，到 1962 年为 90%。1947 年，英国有 15 000 户家庭拥有电视机，1952 年为 140 万户，到 1968 年为1 510 万户。今天，全球电视市场中大约共有 12 亿户家庭，每年电视机的购买量接近 5 000 万台。北美的消费者每七年购买一台新的电视机，平均每个家庭拥有 2.8 台电视机。尽管北美和欧洲的观众大约占电视机销售市场份额的 70%，在亚太地区（21%）、拉丁美洲（8%）和非洲以及中东（2%），电视观众和电视机的购买量正在增长。

直到 21 世纪初，电视显示屏以及后来在电脑显示器中主要使用的技术一直是 CRT。它们含有大量的铅（每根管子重达 4—8 磅!），是令垃圾场管理者头疼的问题。在美国，从 2000 年起许多州开始禁止处理 CRT。政府鼓励消费者和垃圾管理者回收利用这些含铅的玻璃，而不是把以 CRT 为基础的设备扔到垃圾场。为了利用新市场，新型的回收企业纷纷出现，但是随着生产电视机和显示器技术的改变，全球越来越少的企业接受打碎后可以用来生产新管子的二手 CRT。2013 年，仅存两家这样的企业，它们都在印度。这已经导致了一些官员所谓的“玻璃海啸”的现象，公司的仓库堆满了大量回收的，如今却没有用的材料。反过来，几家“回收利用的”企业因为违反了环境条例，在美国和其他地方被传讯。目前回收利用的技术也不够环保。虽然 CRT 已经被使用荧光灯的平板取代，但是荧光灯中含有剧毒的水银，它们也几乎没有回收利用的价值，所以许多回收者最终把它们扔进垃圾场。

个人电脑和手机

1977 年，世界上第一台可以在市场上买到的个人电脑成功问世。接下来的十年里，在美国等国家，个人电脑的销售量稳步增长。到 20 世纪 90 年代,出现销量增长,但是使用电脑和外部设备的时间开始下降的现象。2000 年,全球电脑销售量大约为 1.35 亿台,其中美国的销售量为4 600万台。到 2011 年,这些数字翻了一番,分别达到 3.55 亿台和 9 500 万台。尽管美国依然是全球最大的电脑买家(约占市场的 40%),但是随着世界其他地区购买量的增加,其销售量所占比例正缓慢下降。目前,欧洲占 25% 的市场份额,亚太地区大约占 12%。

在 20 世纪的最后的二三十年,手机的拥有和使用都落后于个人电脑,但是在 21 世纪的头十年一举赶超后者。1973 年,美国两家竞争企业的发明者第一次用非车载手机进行了通话(摩托罗拉公司打给贝尔产业)。然而,日本人最先运行了商业手机系统。1979 年在东京首次启用。一年后,伊利诺伊州的芝加哥是美国第一个开展试点计划的城市,它向 1 000 户家庭提供手机和服务。1982 年,联邦通信委员会(FCC),即美国政府负责管理州际和州内通讯的分支机构,对规定进行了修改,允许在美国大范围使用蜂窝网络。从 1990 年到 2011 年,全世界手机用户从 1 240 万发展成超过 60 亿,覆盖全球超过大约 87% 的人口。2011 年,全球手机拥有量排名前列的国家有:(1) 中国(1 150 000 000);(2) 印度(861 660 000);(3) 美国(327 577 529);(4) 巴西(263 040 000)和俄罗斯(256 117 000)。然而,如果比较各国人均使用手机数,这些排名会稍微有点变化。俄罗斯人均手机拥有量超过 1.5,排在第一,紧随其后的为(2) 巴西(1.37);(3) 美国(1.04);(4) 中国(0.85)和(5) 印度(0.70)。

2009 年,美国有 237 万短吨(1 短吨相当于 2 000 磅)即将报废的电子垃圾,该数字比 1999 年增长了 120%。其中,CRT 产品占总数的 47%。同一年,美国预计还存有 500 万短吨的产品,其中以 CRT 为基础的产品(电视和显示器)占比最高。2009 年,大约 1.41 亿移动设备将要报废,虽然它们的数量多于其他类型的产品,但是从重量看,它们在处理的电子产品中只占不到 1%。在美国,25% 的电子产品被回收利用,其中电脑回收率最高(38%)。

电视、个人电脑、手机消费和使用的历史,指出了思考电子垃圾这个难题时需要考虑的因素。首先,技术的革新虽然带来了新商品的消费,却没有考虑到怎样安全地处理那些商品。其次,尽管美国、欧洲还有其他地区的发达国家是这些商品的主要消费国,但是其他地方的消费正在增长。随着这些产品的使用寿命终止,我们可以预料全球产生的电子垃圾总量也将上升。第三,技术革新也导致电子商品的寿命更短(图17.2),因为消费者争相购买最新的产品或者最适合运行当前软件和操作系统的产品。这种有计划的淘汰也造成全球电子垃圾的负担越来越重。第四,尽管新技术通常会逐渐停止使用极其有害的化学物质,但是它们的制造材料中可能包含其他有毒物质。例如,从 CRT 到平面电视的转变,虽然也许减少了垃圾场中铅的含量,但是可能增加了水银的含量。在下面的部分,我们将通过风险、市场和政治经济学的角度,思考电子垃圾这个难题。

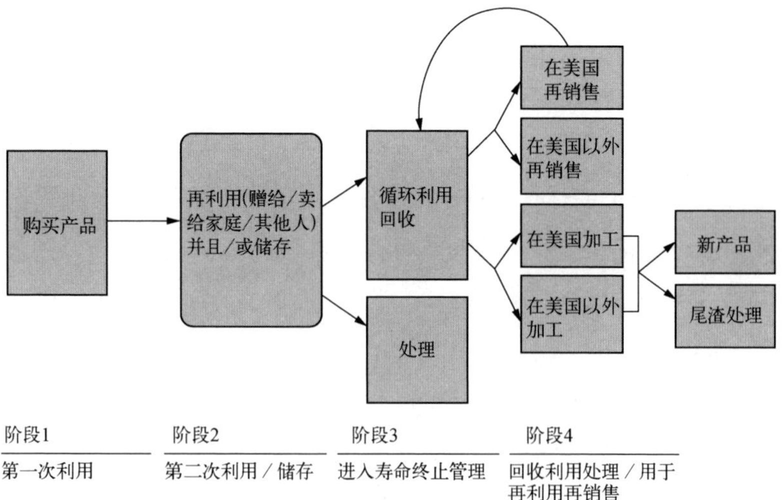

资料来源:美国环境保护局:美国电子垃圾的管理办法 1,http://www.epa.gov/osw/conserve/materials/ecycling/docs/app-1.pdf。

图 17.2　电子产品的生命周期流程图

风险管理和电子垃圾的危险

正如前文所讨论的，电子垃圾通常含有有毒物质，例如铅、水银、PCB（多氯联二苯）、石棉和氟利昂，因而对公众和环境健康有害。电子垃圾的危害主要来自三个方面：(1) 产品本身（来自 CRT 或平面屏幕的铅和水银在填埋时可能会渗透到土壤和水源中）；(2) 不符合规范的处理（焚烧和熔炼过程中释放出化学物质）；(3) 再循环过程中使用的试剂（氰化物和其他强浸出剂）。虽然处理电子垃圾时产生的危害与干旱或洪涝这些“自然”现象带来的危害不完全一样，但是也必须对它们进行管理。在一定程度上，通过评估用特定方法处理特定材料时可能造成的风险，环境管理者可以对这些危害进行管理。在第六章，风险被定义为某种决定或行为将产生负面结果的可能性。风险评估和相关决定受到获取信息的程度和文化等因素的影响。然而，信息和管理文化随着时间的推移而改变，并且通常不存在最完备的知识。那么，对环境管理者来说，问题就是眼下如何以最好的方式发展，尽量减少已知的风险。这种类型的决策也可能有意想不到的结果。

以美国的 CRT 为例。CRT 是一种真空管，里面含有电子枪和用于观看图像的荧光屏。CRT 的表面通常是一层厚厚的铅，用来保护它的内部并阻挡 X 射线的发射。随着消费者数量不断增加以及随之而来的以 CRT 为基础的待处理产品，例如电视机和电脑显示器逐渐增多，有证据开始显示有毒物质，主要是铅，正从这些垃圾中渗透到垃圾场，对附近的水质和土壤质量造成潜在的危害。到 20 世纪 80 年代，它引起了美国和其他地区垃圾场管理者的担忧，但是直到 21 世纪初才成为各种垃圾处理禁令关注的焦点。2001 年 10 月，美国环境保护局（EPA）规定 CRT 必须用特殊的循环设施处理，而不是被直接丢进垃圾场。仅过了一年，EPA 就开始对在垃圾场或通过焚化处理 CRT 的公司开罚单。这使得向城市和消费者提供 CRT 回收利用服务的企业增多。在欧洲也有类似的处理方法,如按照 WEEE 指令的规定管理 CRT,该指令在 2013 年正式成为法律。

当许多类似禁令开始生效后,回收 CRT 的企业就可以把它们出售给 12 家美国企业和另外 13 家国际企业,由它们把这些管子熔化,制造新的管子,或为其他产品提供原材料。然而,在过去的十年里市场对这些生产材料的需求已大幅度下降。电视和电脑企业已经转向利用其他技术生产的平面屏幕,例如发光二极管(LED)、液晶显示(LCD,最常见的一种)和等离子。自 21 世纪初以来,大多数回收利用 CRT 的工厂纷纷关闭,或者改变加工类型。仅剩下两家印度企业仍在从事 CRT 的再加工。尽管 2004 年,循环利用 CRT 的企业能够以超过 200 美元每吨的价格出售这些材料,到 2012 年,它们却不得不付差不多同样的价钱请别人把 CRT 运走。美国本地的企业在回收了大量的 CRT 产品之后,却发现自己拥有的储备基本上一文不值。它们对此的处理方法各不相同,从非法倾倒到抛弃堆满含铅玻璃的仓库。因此,2012 年 9 月加利福尼亚批准了一项紧急措施,在 2014 年以前允许企业将 CRT 运送到有害废物垃圾场。在这种情况下,加利福尼亚管理机构依据限制风险的原则,做出了决定。无法处理大量有害废物的废弃仓库,则可能成为污染严重的工业场所。向有害废物垃圾场倾倒 CRT 虽然不是理想的解决办法,但是一种风险较小的选择。

这不是管理者和其他环境决策者面对的唯一风险估算。CRT 正被其他虽然含铅较少,但是含有更多水银的技术替代。EPA 估计 CRT 的含铅量是 LCD 的 25 倍,但是也指出有鉴于水银对人类和环境健康都存在毒害,它可能对土壤和有害废物垃圾场产生更大的影响。因为 LCD 和其他平面显示器在现有技术条件下回收前景较小,所以它们更可能最终被丢进垃圾场。技术的变化通常意味着一个问题与另一个问题的交换，导致凭借目前获得的最佳知识做出的风险评估不足以管理当代和未来的风险。此外，EPA 的管理策略在面对可能无法预测的市场波动时会失灵。接下来，我们将思考当我们关注的不是风险而是这些波动的市场时，我们将怎样理解电子垃圾。

电子垃圾与市场：从外部效应到商品

用市场的方法解决电子垃圾的难题，首先要考虑电子垃圾如何成为一种通常在国际间交易的重要商品。其次也是与此相关的，必须考虑到电子垃圾的处理方式会影响人们对这种商品的性质的看法。电子垃圾可以从一个地方运到另一个地方，进行处理或者回收利用。它们分别体现了电子垃圾难题的两个特点，下面我们将进行详细讨论。

污染避难所

20 世纪七八十年代期间，全球发达国家的有害物质处理成本增加了 25 倍。这导致有害废物交易，包括日益增长的电子垃圾，成为一项价值高达数十亿美元的产业。在环境经济中，有人认为一些国家缺乏足够的环境政策会扰乱市场，使国际有害废物贸易对环境和公众健康产生更多危害（Rauscher，2001）。这通常被称为污染避难所假说①。

“污染避难所假说”认为，有些国家可能为了吸引外国直接投资，自愿减少对环境的管理。尽管生产者往往不会重新选择环境管理更少、劳动成本更低的地方作为生产地点，但是他们也许依然会决定把产生的负面外部效应（例如有害废物）出口到处理成本较低的地方。为了防止不平衡、不公正、有潜在危险的废物越境转

① 污染避难所假说（Pullution Haven Hypothesis）：该理论认为为了吸引外国直接投资，一些国家可能自愿减少环境管理。

移，贸易伙伴必须加入国际协议，例如1992年生效的《巴塞尔公约》[①]。《巴塞尔公约》的目的是防止富裕国家把有害废物出口到贫困国家，它获得了172个国家的批准。美国在20世纪90年代初签署了这项协议，但是尚未批准，考虑到美国是世界上最大的电子垃圾和其他有害废物生产国，这对追踪它们的去向造成了极大的困难。公约开始生效后，许多企业和国家已经从为了处理掉电子垃圾而出口，转变成为了回收利用它们而出口。

回收利用电子垃圾

从国际环境经济的角度，有人提议在或称之为“最佳的”平等交易关系的世界中，有害废物的国际贸易可能对涉及的所有国家都有利。其实，这种逻辑在20世纪90年代末得到了EPA的响应，它提出出口有害废物的一个原因是在许多情况下“有害废物构成了工业和制造过程中投入的‘原’材料。在许多自然资源稀缺或者没有资源的发展中国家，就存在这种情况”（美国EPA，1998）。

尽管电子垃圾给附近的环境和人民带来了极大的危害，但是它们也含有一些有价值的材料，可以被“开采”用作再销售和今后的生产。这些材料包括铁、铝、铜、金、银、铂、钯、铟、镓和稀土等金属。在电子垃圾中能发现多达60种的元素。如果垃圾的总量足够大，这些材料的数量和价值可能非常可观。根据StEP（一个名为解决电子垃圾问题的联合国环境项目组织；2009）的统计，每吨手机（大约6 000部）中含有约3.5千克银，340克金，140克钯和130克铜。此外，手机电池中也含有大约3.5克铜。这些材料的目前市价加起来可能达到15 000美元。除此之外，再加工电子废物比开采新材料更容易，对环境的影响也更小。回收

---

①《巴塞尔公约》（The Basel Convention）：全称为《控制危险废物越境转移及其处置的巴塞尔公约》，该国际条约于1992年生效，用来防止富裕国家向不发达国家倾倒有害废物。

利用电子垃圾的另一个好处是它将创造更多工作机会。在这种情况下，预计每年每10 000吨再加工而不是简单销毁的材料，会创造296个职位。

废物，包括有害废物和电子废物，通常被认为是生产过程中负面的外部效应[①]。处理废物的费用通常被当作是必要的代价。在整个资本主义生产的历史过程中，制造商通过提高效率和减少劳动以及其他输入成本，寻找减少开销的方法。此外，许多企业还寻求以最便宜的方法来处理生产的外部效应。可是，废物也同样是消费过程的产物。因此，它们通常是家庭的事，也是城市以及其他级别管理的一部分，而不是企业不得不处理的外部效应。为了把这样的材料拦在本地垃圾场以外，废物管理者要尽量判断消费者是否愿意通过回收，为更环保或者更可持续的做法买单并加以利用。考虑到消费者必须愿意为减少危害这个更抽象的概念，而不是一个实实在在的设施买单，对许多废物管理者来说，这是一笔相当困难的交易。因为消费者一般接触不到，或者甚至意识不到处理电子垃圾的后果，所以通常很难说服他们参与这种回收利用的项目。即使消费者参与了百思买、史泰博（Staples[*]）、威讯（Verizon[**]）等商户，或西雅图、华盛顿等城市赞助的免费“回收”项目，他们依然会带来交易成本——“适当”处理电子垃圾，而不是仅仅采取权宜之计把它倒进家庭固体废物站，所花费的时间和能源。此外，如我们在下一个部分会看到的那样，我们尚不清楚通过这样的项目能管理多少电子垃圾，实际上，是回收利用而不是倾倒。巴塞尔行动网络（BAN）这样的组织已经试图通过认证项目来解决这个问题（见专栏17.1）。

尽管电子垃圾代表着一个重要的出口市场，然而最近的趋势

---

① 外部效应（Externality）：成本或者利益溢出的部分，即当工厂的工业活动造成区域外的污染时，必须向他人支付的部分。

* 全球领先的办公用品公司，世界500强企业。——译者注

** 美国最大无线营运商。——译者注

表明,废物中产品不断增长的价值已经使将它们留在原产国并重新改变它们的作用成为一种越来越有吸引力的做法。根据 2013 年美国国际贸易协会的一项研究,美国通报的(合法的)价值 206 亿美元的废旧电子产品(UEP)交易中,整整 192 亿美元为国内销售;出口只有 14.5 亿美元,只占 7% 的销售额。这表明,真正意义上的废旧产品市场已经在发达国家形成,并且电子垃圾流中相当大一部分在它的原产国国内进行再加工。其实,这个研究说明一些曾经进口大量的废物的地方——例如中国的贵屿镇,它因处理数量众多的电子垃圾而闻名——因为出口的减少,已经开始严重依赖当地的材料(例如来自中国的电子垃圾)。

当然,这个事实不应该转移我们对一些重要现实问题的关注。首先,许多电子垃圾贸易仍旧是非法的、未如实通报的或者未通报的。换句话说,我们无法追查到最严重的出口案例。因此,虽然回收和再利用材料可能在它们的原产国进行,但是这不能排除回收利用的废物(常常含有一些最危险的材料)经常被再次出售、出口或倾倒到其他国家。处理废物不等同于没有废物。最后,在原产国处理电子垃圾并不意味着工人不会面临风险、不会接触它们,进一步的倾倒不会在原产国发生,或者被剥夺权利的或贫困的群体就不会接触处理的设施、不会遇到空气质量排放的问题或与回收利用以及再处理相关的其他外部效应。避免在贫困国家倾倒电子垃圾并不能保证不向穷人倾倒。

专栏 17.1　环境解决办法?电子垃圾管理项目

巴塞尔行动网络是一项非营利性、非政府慈善组织,在《巴塞尔公约》制定之后成立。这个组织致力于对抗"全球环境不公正和有毒贸易(有毒废物、产品和技术)的经济效率低下以及它毁灭性的影响"。该网络重点集中在几个有害废物倾倒问题严重的领域,包括剧毒的废船拆卸业(2012年,欧洲船主在南亚的海滨丢弃了365艘有毒的船只!)和持续的国际有害物运输问题。相对于众多标志性的运动,它完全致力于促进用负责任的方法处理电子垃圾:电子垃圾管理项目(EWSP)。

从事循环利用和资产恢复行业的企业如果遵守公认的最佳处理与回收利用电子垃圾的做法,将获得EWSP颁发的证书。这些最佳做法既是社会的,也是环境的,包括:禁止将电子垃圾中的有毒物质倒进垃圾场;遵守进出口废物相关的国际法;禁止使用狱中劳役回收利用电子产品;并且保护从事回收利用的工人,因为他们经常接触到大量的有毒物质。遵循这些规定的公司会得到“E 管理”(E-stewards)证书,该组织也鼓励消费者和零售商与这些公司做生意。

EWSP运动的发起主要是为了改进美国这个电子垃圾大国的做法。因为美国没有批准《巴塞尔公约》,因此不受公约的限制,这也使它成为利用其他机制采取行动的关注对象。通过让企业直接加入这个项目,要求它们遵守国际规定,EWSP实际上强制美国的公司执行《巴塞尔公约》,采取改进措施,虽然美国不遵守这项协议。

这种处理电子垃圾问题的方法是管理体系和市场机制有趣的结合,说它是管理体系的产物是因为企业只有遵守了规定才能获得证书;说它是市场机制的产物是因为它完全取决于个人和企业是否自愿只与遵守这些限制规定的公司签约。它尤其依赖大型零售商,与这些回收利用者签合约可以帮助它们建立环保的形象。例如,2013年史泰博——一家大型电子产品和办公用品零售商,成为“E 管理”认证企业,它承诺只使用获得E 管理证书的回收利用者生产的产品。这种方法保证了其在美国的超过1500家店铺都遵守这些规定。

当然,这种方法也有局限。因为完全依赖自愿,所以该项目几乎无法接触到选择与没有证书的回收利用者合作的企业。与对生态更负责任的同行相比,它们的出价和售价可能低很多。此外,对零售商是否加入该项目所知甚少的消费者不可能促进合规企业业务的增长。EWSP 反映了以市场为基础的认证方案既有很多优点,也存在内在的缺陷。

电子垃圾与环境公正:电子垃圾的政治经济学

尽管市场的方法强调在某些方面,我们可以利用经济的刺激使电子垃圾的管理更有可持续性,但是用政治经济学的方法理解电子垃圾的难题则强调不均衡发展[①]与积累[②]以及劳动和价值流通的问题。在这个部分,我们先从这些方面讨论电子垃圾难题,然后再关注环境公正的问题。

前面讨论过的电子垃圾的历史证明了电子垃圾是一种人为的危害,是大众消费传播的副产品。这种现象在一定程度上是因为二战后的几十年里全球财富的增长。新技术也使商品更便宜,更容易得到。可是与此同时,公司通过营销和有计划的淘汰,努力创造并保持消费者对产品的渴求。资本主义经济依靠市场的扩张,这意味着它需要发现新的消费者,或者让已有的消费者购买已有的商品。电子垃圾的历史证明全球电子产品的消费在过去 60 年已经得到发展,但是无疑,相比于其他地区的人民来说,美国和其他富裕国家的消费者对这些产品的购买量仍然很大。通过不断更

① 不均衡发展(Uneven Development):资本主义制度中,不同地区可能产生极度差异化的经济状况(富裕/贫困)和经济活动。

② (资本)积累(Copital Accumulation):资本主义制度中,利润、资本商品、积蓄和价值流向、集中,并且/或者聚集到特定的地方的趋势,导致金钱和权力的集中和聚集。

新电视、手机和电脑，企业保证有更多的产品将被消费。为了给新产品腾出空间，它们也必须让旧的产品被存放起来（将来进入电子垃圾流），或者被丢掉。

尽管富裕国家仍然是电子产品最大的消费国，但是它们却享受着远离这种消费造成的必然结果——废物——的特权。在20世纪七八十年代，富裕国家的企业与废物管理者采用空间修复①，即将有害废物运到其他地区的方法克服增加的处理成本。正如在前面有关市场的部分里讨论到的，《巴塞尔公约》这样的国际协议的出台就是为了控制这种做法。随着出口废物限制的增多，废物管理公司开发出"回收利用"项目作为一种替代性的电子垃圾交易。这些可循环利用的后消费者产品与一些从仓库里倒掉的前消费者电子垃圾最终的归宿通常都是环境管理较松或者缺少监管的国家的垃圾场。前面讨论过的回收利用项目经常利用漂绿的办法解决废旧或废弃电子设备进口配额限制。许多非政府环境组织（ENGOS）表示，尽管面对管理措施的制约，依然有多达50%到80%应该在加拿大和美国回收利用的电子垃圾被出口到国外（Lepawsky，McNabb，2010；Basel Action Network，2002）。

从政治经济学的角度来看，回收利用项目是企业冲破积累障碍的机会。通过将废物转变为商品②，资本主义解决了一个存在已久的问题。除此之外，还应该注意到这种类型的商品化不仅仅是经济发展必然的结果。让废物回到资本主义的流通中可以重新调配搁在一边浪费掉的价值，为积累和资本主义扩张提供新机会。

当企业按照环境和劳动的管理规定，合法地进行电子垃圾循环利用时，它一般包括一种正式的劳动关系，在这种关系中，它们

---

① 空间修复（Spatial Fix）：通过在其他地区建立新的市场、新的资源和新的生产场所，暂时解决不可避免的周期性危机的资本主义趋势。

② 商品（Commodity）：一种具有经济价值的事物，从总体上、而不是把它当作一个具体的事物（例如：猪肉是一种商品，而不是一头特别的猪）进行估价。在政治经济学（和马克思主义）的观点中，用于交换的事物。

向拆开和处理产品的工人支付工资。这也许还涉及到安全操作和设备投入。当然,即使在这些情况下,只有支付给劳动者的报酬低于他们劳动的真实价值,企业才可以积累资本。但是,在灰色市场或者非法倾倒的情况下,资源回收更加危险,对大多数"工人"来说从事这一行不太合算。从本章开始阿格博格布洛西的故事中,这个结果就可见一斑。在这个部分剩下的内容里,我们将讨论电子垃圾交易中持续的不平衡以及由此带来的环境公正①的问题。

全球电子垃圾/全球环境公正

我们很难跟踪和衡量全球电子垃圾的流动,特别是因为美国,这个世界上最大的电子垃圾出口国,尚未批准《巴塞尔公约》。因此,与许多其他国家不同,它不受这些追踪的约束。然而,有些学者已经尝试着追踪电子垃圾国际间的运送,还有更多的学者已经访问过处理电子垃圾的地区,去收集和那里人们生活相关的信息。

尽管在北美和欧洲,许多电子垃圾被就地处置或者回收利用,但是依然有证据表明,"在人均 GDP 较低的国家与它们是电子垃圾净进口国之间,有一种系统性的关系"(Lepawsky, McNabb, 2010)。

约什·莱波斯基(Josh Lepawsky)和克里斯·麦克纳博(Chris McNabb)研究了联合国有关的电子垃圾全球流动的数据。根据他们的调查,到 2006 年,亚洲已成为从其他国家出口的电子垃圾最主要的接受者(图 17.3)。这体现了与 2001 年截然不同的变化。当时,美洲与欧洲向亚洲出口了超过其出口总量 50% 的电子垃圾,大洋洲大约为 80%,中东则为 100%。到 2006 年,来自中东的电子垃圾稍有减少(98%),但是来自美洲(96%)、大洋洲(99%)的大幅增加。莱波斯基和麦克纳博还发现,大部分合法交易的电子垃

---

① 环境公正(Environmental Justice):该原则也是一种思想或研究主体,它强调需要在人群中平等地分配环境商品(公园、干净的空气、健康的工作条件)和环境危害(污染、危害、废物),不考虑他们的种族、民族或者性别。相反,环境不公正描述的是弱势群体不成比例地接触到不健康或者危险的情形。

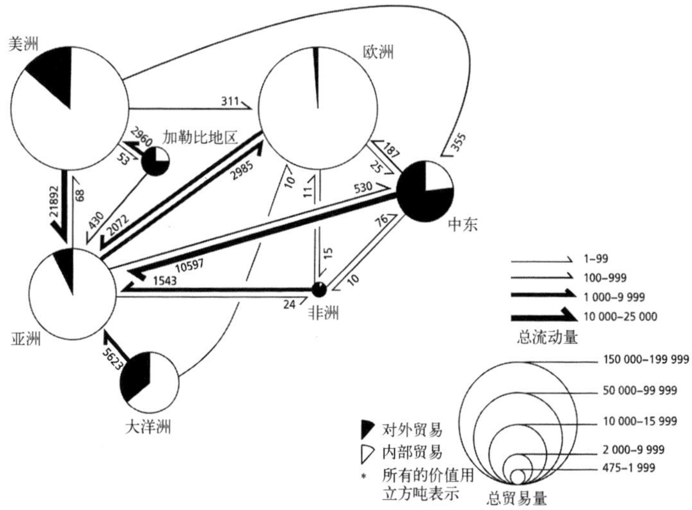

资料来源:Lepawsky,McNabb,2010;引用数据来自:联合国商品贸易统计数据库。

图 17.3　2006 年全球电子垃圾贸易

圾在同一地区的国家间流动。随着时间推移,当国家的财富相对增长时,这个比例也会增加。到 2006 年,非洲超过 10% 的电子垃圾交易在非洲国家间进行,相对而言,加勒比海地区和中东为 20%,大洋洲为 60%。特别需要注意的是,这些数字只说明了合法交易的情况,而大量电子垃圾的交易是不合法的。例如,绿色和平组织的报告中说,2005 年在对 18 个欧洲海港检查后发现,可能有 47% 将要出口的废物(包括电子垃圾)是非法的,它们被运往远东、印度、非洲和中国。估计美国大约 50%—80% 被回收循环利用的废物也是以类似的方法被处置。

尽管全世界的非政府组织,如绿色和平组织,已经注意到许多电子垃圾倾倒的案例,但是只有很少的一些地方被详细地记录下来。除了阿格博格布洛西,中国广东省的贵屿也是最著名的倾倒点之一,它有时被称为世界电子垃圾之都。据估计,生活在这里的 15 万人口中,成千上万的人从事非正规的电子垃圾回收,该现象最早在2003年就被BAN的电影《输出伤害》记录下来(见专栏17.1)。贵屿每年加工处理150万磅废弃的电脑、手机以及其他电子产品。研究披露,高浓度的重金属,如铅、铜和锌,已经污染了这个地区的空气和供水,并污染到粮食产品。虽然与其他国家一样,2000年,中国采取措施禁止进口电子垃圾,但是这无法阻止废物被源源不断地运到那里。非洲许多地区的人民也面临类似的情况,包括尼日利亚的港口城镇,此外还有马来西亚以及印度的一些城市。

贵屿与阿格博格布洛西这些地方证明了全球经济发展的不平衡仍在继续,数字的鸿沟把电子产品的消费者与在电子垃圾中生活和工作的人分开。在一些情况下,增长的中产阶级(像在印度)家庭消耗的电子垃圾正加剧这个问题。但是无论如何,生活在边缘地带非正式定居点、贫困的、被边缘化的群体,承受着全球消费增长对公共和环境健康的负担。

然而,他们并不是被动的受害者。非正规的电子垃圾处理不仅是一项危险的工作,也需要技术和主动性。它也是一种权宜之计——利用所有可得到的东西,勉强维持生活。在一些地方,如阿格博格布洛西,中间商努力地不断引进需要再加工的电子垃圾,而其他人加班加点辛苦地工作,提取铜和其他矿物质来维持自己和家人的生活。通过全世界非正规回收者艰辛的劳动,废物正变成经济持续发展宝贵的原材料。可是不管事实如何,环境公正的视角提出,更广泛的政治经济学过程造成了被边缘化的群体不断地接触有毒物质,但是商品的生产者和消费者却不会接触它们的情况。此外,它指出了从非正规回收者的劳动中榨取的最大剩余价值。在许多方面,这些人通过提供极其便宜的材料,贴补了资本主义企业,同时他们也为当地提供了环境服务,否则它们还得想方设法管理不断增加、堆积如山的电子垃圾。

电子垃圾的难题

本章,我们学习了:

• 电子垃圾是一种人为的危害,随着时间推移,因为电视、个人电脑和手机这些商品的出现和消费增长而不断增加。

• 电子垃圾产品对环境和公众健康造成不同的,通常无法预见的风险,它取决于在生产和加工中使用的技术。

• 随着对某种产品和能从中提取的原材料的需求的变化,电子垃圾的市场会出现波动。

• 必须用管理的方式阻止向贫困国家大规模地倾倒电子垃圾。

• 有些企业已经找到把电子垃圾从一种外部效应变成一种商品的方法。

• 尽管有管理规定,影子回收计划仍与合法的回收计划并行发展,因此电子垃圾和它的危害不均衡地分布在全球各地。

• 这种不均衡的分布加剧了环境公正的问题。

在这些方面,电子垃圾与许多有害的垃圾是一样的。它是大众消费社会的副产品,在大众消费社会中,技术的进步与有计划的淘汰共同促进了需求。对有些人来说,它是一种资源,而对另一些人来说,却是一种危害。我们必须用当前风险评估的视角去管理电子垃圾,但是这无法解释技术的变化以及随后可能会影响企业处理电子垃圾方法的市场价值的波动。

问题回顾

1. 什么是电子垃圾,什么因素使得电子垃圾随着时间推移,不断增长?

2. 环境管理者如何利用风险评估做出有关电子垃圾的决定?这么做存在什么问题?

3. 什么是污染避难所假说,它对于解释全球电子垃圾交易有什么重要性?

4. 如何比较全球产生电子垃圾的地理与处理电子垃圾的地理?什么地区生产的电子垃圾最多,哪些国家接受的需要处置或回收利用的电子垃圾最多?

5. 许多非正规电子垃圾回收者的生活状况如何?

练习 17.1 手机的秘密生活

观看 INFORM 公司(一家非政府环境组织)制作的视频《手机的秘密生活》(http://www.youtube.com/watch?v=UkbpiL9UsY8)。至今你拥有过多少部手机?你多久更换一次手机?你怎么处理旧手机?如果你把旧手机交给一家公司(手机公司或零售商),你知道手机的回收者会怎么处理它吗?你是如何知道的?我们可以用什么方法鼓励人们回收利用手机?谁从回收利用手机中获得利润和好处?

练习 17.2 你的学校(或公司)怎样处理电子垃圾?

你们学院/大学(如果你是学生)或者公司(如果你是雇员)如何处理电子垃圾,比如实验室的旧电脑?找到并且确认处理这些材料的方法容易吗?是不是有一个办公室或部门负责管理电子垃圾的处理或签署电子垃圾处理的协议呢?它是如何运作的,机构花费的成本是多少?

练习 17.3 我们究竟对废物流知道多少?

访问 UNEP/GRID(http://www.grida.no/files/publications/vital-waste2/VWG2_p34and35.pdf)制作的信息图。这张图与配套的地图反映了按照《巴塞尔公约》进行报告的官方废物交易。它体现了废物的进出口中的哪些内容?用它来追踪这些流动的数据,有哪些局限？数据中遗漏了哪些重要的流动信息，哪些信息没有表现在地图中？考虑到这些数据存在的问题，必须开展哪些研究才能了解电子垃圾（更笼统地说，有害的废物）国际间流动的真实程度？关于废物来自何方，去向何处，我们如何得到全面的描述？

参考文献

Basel Action Network (2002), *Exporting Harm: The High-Tech Trashing of Asia*(《出口危害：流向亚洲的高科技垃圾》), Seattle, WA: Basel Action Network.

Lepawsky, J. McNabb, C. (2010), Mapping International Flows of Electronic Waste (《绘制电子废物国际间流动的地图》), *The Canadian Geographer// Le Géographe canadien*(《加拿大地理学家》), 54: 177—195. doi: 10.1111/j.1541 -0064.2009.00279.x.

Rauscher, M. (2005), "International Trade, Foreign Investment, and the Environment"(《国际贸易，国外投资以及环境》), K. G. Mäler ,J. R. Vincent, eds., *Handbook of Environmental Economics*, 1st edn, vol. 3(《环境经济学手册》第一版，第三卷), Amsterdam: Elsevier, ch. 27, pp. 1403—1456.

Schluep, M., C. Hagelueken, R. Kuehr, F. Magalini, C. Maurer, et al. (2010), *Recycling: From E-Waste to Resources*(《回收：从电子垃圾到资源》), United Nations Environment Programme.

StEP(Solving the E-waste Problem) (2009), *Recycling—From E-Waste to Resources*(《回收——从电子垃圾到资源》), United Nations Environmental Program. Retrieved from http://www.unep.org/PDF/PressReleases/E-Waste_publication_screen_FINALVERSION-sml.pdf.

United States Environmental Protection Agency (1998), *International Trade in Hazardous Waste: An Overview* (《有害废物到国际贸易：回顾》), EPA Brochure 305-K-98-001, November.

United States Environmental Protection Agency (2008), *Electronics Waste Management in the United States, Approach 1*(《联合国电子废物管理，方法 1》), Retrieved April 30, 2013, from http://www.epa.gov/osw/conserve/materials/ecycling/docs/app-1.pdf.

词汇表

酸雨 向空气中排放二氧化硫和氮氧化物造成的雨水或者降雪的沉积中酸度过高，它们通常来自工业排放。这种形式的降水会对植物和水生生态系统造成危害

情感 影响决策的感情和对世界的无意识反应

农业多样性 耕作区域物种的数量和种类。较高水平的农业多样性通常与农业体系的健康和它抵抗天气和疾病的能力有关（反义词：单一栽培）

动物解放 以彼得·辛格 1975 年开创性的著作命名，这场激烈的社会运动旨在把所有动物从人类的利用中解放，无论它们是用于食品、医学测试、工业、个人的喜爱、娱乐还是其他方面

动物权益 一种伦理立场和社会运动，它阐明非人类的动物，尤其是有智力的动物，应该作为伦理主体，被赋予与人类同等或者至少相似的权利

人类世 一种比喻的术语，有时用来指我们当前的时代，人们对地球环境产生巨大的影响，但是要控制这些环境和它们纷繁复杂的生态，又必然是难以实现的

人类中心主义 一种伦理立场，当考虑在自然中以及对待自然的行为对错时，把人类看作核心的因素（相较于生态中心主义）

顶级掠食者 也被称作“顶级食肉动物”，这些动物在任何一种生态系统中都占据顶端的营养级；顶端掠食者没有任何天敌

背景灭绝率　通常以每年动植物物种的数量估算出在一段较长的地质时间内的平均灭绝率,不包括大规模的灭绝事件

《巴塞尔公约》　全称为《控制危险废物越境转移及其处置的巴塞尔公约》,该国际条约于 1992 年生效,用来防止富裕国家向不发达国家倾倒有害废物

生物多样性　一个地区、一种生态系统或者全世界生命形式总体的可变性和多样性;通常被用作衡量一种环境系统的健康程度

出生率　衡量某一群体人口的自然增长,通常用每年每千人中出生的人数表示

兼捕渔获物　非目标的有机物附带地被商业捕鱼作业捕捞,包括许多鱼类物种,也包括大量的鸟类、海洋哺乳动物和海龟

限额与交易　一种以市场为基础管理环境污染物的制度,在这种情况下,在管辖区域(州、国家、全世界等)对所有的排放设定总限额,个人或企业拥有总量中可交换的份额,理论上,它可以带来最高效的总体制度,保持和减少总体污染水平

资本积累　资本主义制度中,利润、资本商品、积蓄和价值流向、集中,并且/或者聚集到特定的地方的趋势,导致金钱和权力的集中和聚集

碳循环　碳在地球的岩石圈、大气层和生物圈中循环的系统,尤其包括地球上的碳(例如石油)和大气中的碳(如二氧化碳)通过燃烧发生转换以及通过封存再回收

碳足迹　特定的个人、组织、经济部门或者商品生产过程产生的温室气体(二氧化碳、甲烷)总量

碳封存　通过生物的手段,如植物的光合作用或者工程技术的方式,从大气中获取碳储存到生物圈或岩石圈

承载力　系统理论上可以承载人口(动物、人类及其他)的极限

顶级植被 随着时间推移,演替产生的植物的理论集合,它由气候和土壤的状况决定

科斯定理 它以新古典经济学为基础,认为外部效应(例如污染)可以通过契约或者双方议价得到最有效率的控制,它假设达成议价的交易成本不会过高

集体行动 个体间为了达到共同的目标和结果协调合作

哥伦布交换 物种在新世界与旧世界之间,跨越大西洋来回地移动并因此产生的生态变化

命令—控制 依赖政府制定的规章和机构强制执行规定的管理形式,包括规定污染排放的限制或者燃料效率的标准;与以市场为基础或者以激励为基础的方法相反

商品化 把一种事物或者资源从某种以内在和自身估价的东西,转化成某种通常为了交换进行估价的东西。马克思主义的观点认为它们的交换价值提高并超过了它们的使用价值

商品链 原材料转换成成品,并且最终被消耗的过程,链条中每一个环节或者节点都有增加的价值和获取利润的机会

商品 一种具有经济价值的事物,从总体上、而不是把它当作一个具体的事物(例如:猪肉是一种商品,而不是一头特别的猪)进行估价。在政治经济学(和马克思主义)的观点中,用于交换的事物

公共财产 一种商品或者资源(例如带宽、牧场和海洋),它们的特点使之很难完全封闭和划分,因此非所有者能够享有资源的利益,而所有者得承担他人的行动造成的代价,通常需要某种有创意的制度对它们进行管理

概念 简单的观点,通常用一个单词或者一个短语概括

生产条件 在政治经济学(和马克思主义)的观点中,一种特定的经济运转所需要的材料或者环境条件,它包含的范围可能很广泛,从工业过程中用到的水到从事体力劳动的工人的健康

保全 为了保持资源在一段时间里持续的生产力而管理资源或者系统，通常与科学地管理集体商品有关，例如渔场或者森林（相较于保存）

保全生物学 科学生物学的一个分支，致力于探索和保持生物多样性和动植物物种

建构主义的 强调概念、意识形态和社会实践对于我们理解、构成（字面意思是构建）世界的重要性

消费者抵制 通过鼓励人们停止购买目标企业的相关产品，向企业施压，要求它们改变做法的一种抗议方法

合作生产 在一种不可避免并且持续进行的过程中，人类与非人类通过相互作用和相互联系，产生和改变彼此

文化理论 人类学家玛丽·道格拉斯提出的一种理论框架，它强调个人认知（例如风险）被集体社会的变化强化，形成一些典型的、特有的以及分立的看待和解决问题的方法

死亡率 衡量某一群体人口的死亡，通常用每年每千人中死亡的人数表示

深层生态学 一种环境伦理哲学，它与“浅层”或者主流环境保护主义有所不同，主张一种“更深刻的”并可能更具有真正生态意识的世界观

人口转型模型 一种人口变化的模型，它预测现代化会使人口死亡率下降，随后，工业化和城市化会使出生率下降；人口在一段时期迅速增长之后，逐渐稳定，从而形成一条 S 型曲线

贫铀 铀浓缩的副产品；由几乎 100% 未裂变的 U^{238} 原子构成的高密度、高纯度的铀；一旦用于盔甲和武器，在销毁时可能会留下放射性污染

话语 从本质上，它是书面和口语的交流；对这个术语的充分利用承认了陈述和文本不仅是物质世界的表现，更是充满权力的建构，它们（在一定程度上）组成了我们生活的世界

脱盐　一种将盐和其他矿物质从水中,特别是海水中去除的技术;在大多数情况下代价极其高昂,目前的技术要消耗大量的能源

干扰　扰乱生态系统的事件或者冲击,致使系统恢复(例如通过演替)或者系统进入一种新的状态

对海豚安全的金枪鱼　没有杀害兼捕渔获物海豚而捕获的金枪鱼

统治论点　来源于《创世纪》,统治论点主张人类是创造的巅峰;正因为如此,人类被赋予可以按照任何认为是有利的方式,在伦理上自由利用自然的权利

生态中心主义　一种环境伦理立场,主张生态关怀应该包括并超越优先考虑人类,它是做出正确与错误行为决定的核心(相较于人类中心主义)

生态女性主义　众多批判父权社会造成自然环境和女性社会状况恶化的理论中的一种

生态足迹　理论上维持个人、群体、系统、组织所需的地球表面的空间范围;一项环境影响指数

生态学　对有机物之间以及有机物与它们所生活的栖息地或生态系统间相互作用的科学研究

生态系统服务　一种有机的系统通过自身的运作产生的益处,包括粮食资源、清洁的空气或水、授粉、碳封存、能源、氮循环等

环境公正　该原则也是一种思想或研究主体,它强调需要在人群中平等地分配环境商品(公园、干净的空气、健康的工作条件)和环境危害(污染、危害、废物),不考虑他们的种族、民族或者性别。相反,环境不公正描述的是弱势群体不成比例地接触到不健康或者危险的情形

伦理学/伦理的　哲学的一个分支,讨论道德或者世界上人类行为对与错的问题

富营养化 水体（以及有时土壤或者栖息地）营养成分变得过高的过程，它会导致藻类植物的频繁爆发、溶解氧浓度的改变以及整体状况的恶化

专属经济区（EEZs） 通常是主权国家海岸线延伸200海里以内的区域，专属经济区是一国声称对渔业和矿产资源拥有主权的海域

指数增长 增长的速度与当前数值成数学比例，造成数量上持续的、非线性的上升；在人口方面，它指的是一种不断加快、复合性的增长状态，对稀缺的资源产生生态影响

外部效应 成本或者利益溢出的部分，即当工厂的工业活动造成区域外的污染时，必须向他人支付的部分

灭绝危机 当代人为引起的动植物灭绝，据估计，它的速度是历史平均水平或者背景灭绝率的1 000至10 000倍

工厂化农场 密集型动物饲养的农业经营；工厂化农场在尽可能少的空间里饲养尽可能多的动物，试图使产量最大化，它通常会造成严重的空气污染和水污染

放射性尘埃 核武器或者核电站及其他类似设施的爆炸造成的空气中放射性污染

生育率 育龄妇女生育子女的平均数量

资本主义的第一种矛盾 马克思主义的观点认为资本主义因为商品的生产过剩、削减未来消费者的工资等原因必然会破坏它永久存在所必须具备的经济条件，可以预见，这终将导致工人起义抵制资本主义，从而出现一种新的经济形式。相较于资本主义的第二种矛盾

福特主义 在20世纪早期的几十年中，许多工业化国家主要的生产关系；它的标志是大型垂直一体化的企业，高工资和高消耗，以及强大的政府影响力

森林转型理论 该模型预测在一个地区发展过程中，当森林

作为一种资源或土地被开垦用于农业生产时,有一段时期会出现森林砍伐,随着经济发生变化,人口迁出并且/或者以节约为导向,森林会得到恢复

博弈论 应用数学的一个分支,被用作建立模型并预测在战略性情况下人们的行为,在这种情况下,人们的选择是预测他人行为的基础

基因组 有机物、物种等的一整套基因

全球化 通过遍布全球的交换网络,地区经济、社会和文化一体化的持续过程

绿色认证 为证明商品对生态有利,对商品进行认证,例如有机种植的蔬菜或可持续收获的木制品

绿色消费 购买所谓的比其他的选择对环境更有利或者危害更少的产品,一种依靠消费者的选择而不是管理来改变公司或者行业行为的环境保护模式

绿色革命 由高校和国际研究中心开发出的一系列技术革命,在20世纪50年代到20世纪80年代被应用于农业。它极大地提高了农业产量,但是也伴随着化学物质(化肥和杀虫剂)投入的增加以及用水量和对机械需求的上升

温室效应 地球大气的特性,凭借包括水蒸气与二氧化碳等重要气体的存在,锁住并保留热量,以此达到维持生命的温度

漂绿 夸大或虚假地营销产品、商品或者服务,称它们对环境有利

危险 在生产或者再生产的方面,威胁到个人和社会的事物、状况或者过程

整体论 任何认为整体系统(例如一个"生态系统"或者地球)比各部分总和更重要的理论

意识形态 规范性的、有价值负载的世界观,清楚地解释了世界是什么样的以及它应该是什么样的

诱导性增强　该论点预测在农业人口增长的地区,对粮食的需求促成了技术的革新,使得在等量的可利用土地上生产出更多的粮食

制度　管理集体行动的规定和规则,特别指管理公共财产环境资源的规定,例如河流、海洋或者大气

内在价值　自然事物(例如猫头鹰或者溪流)内在的以及为了自身存在而具有的价值,它是一种目的而不是一种手段

IPAT　一种理论的公式,它认为人类的影响是人口总数、其整体富裕程度、技术水平作用的结果;这个公式为人类影响程度只与人口数量有关的简单假设提供了另一种选择

库兹涅茨(环境)曲线　其理论来源是经济发展期间收入的不平等会加大,而当总体富裕达到一定状态后,收入不平等又会减少,该理论预测在发展期间环境影响会增加,只有在经济成熟后才会回落

生命周期分析　对一种产品、服务或事物造成的环境影响进行详细的分析,包括从它的制造一直到它变成废物被丢掉在内的整个过程;通常也被称为从摇篮到坟墓的评估

"曼哈顿计划"　第二次世界大战期间,美国(和盟友)研制第一批原子弹,这是一项高度机密的核研究项目

市场失效　生产、交换商品或服务缺乏效率;这是卖方垄断或者不受控制的外部效应等市场问题引起的一系列有悖常理的经济结果

市场反应模型　该模型预测对资源稀缺作出的经济反应将导致价格上升,这会造成对该资源的需求下降或者供给增加,或者两种情况同时发生

男子气概　在任何一个社会中,社会公认的与男性有关的行为特征;在不同的文化、地区和历史阶段,这些特征可能差异很大

最大持续产量　任何一种可收获总量不确定的自然资源最大

的季节性或者年产量(例如木材和鱼)

生产资料 在政治经济学(或者马克思主义)的观点中,生产物品、货物和商品所需要的基础设施、设备、机械等

单一栽培 栽培单一的作物,排除其他任何可能的物种或收获物

卖方垄断 在这种市场情况下,有很多买方却只有一个卖方,导致了商品或者服务定价的反常或者人为的上涨

买方垄断 在这种市场情况下,有很多卖方却只有一个买方,导致了商品或者服务定价的反常或者人为的下降

道德延伸主义 一种道德原则,它阐述了人类应该把道德关怀的范围拓宽到人类的范围之外;最常见的是有人认为有智力或有情感的动物应该是伦理主体

叙述 有完整的开始和结局的故事。例如,“生物进化”和“公地悲剧”这些环境叙述有助于我们理解和建构世界

自然资源管理 既是一门学科也是一项专业领域,为了实现社会目标,它致力于管理环境状况、商品或者服务,它的范围可能包括它们对人类的实用性和生态可持续性

自然主义谬论 从自然的“是”衍生出伦理的“应该”,它在哲学上站不住脚

自然 自然的世界,所有存在着的、非人类活动的产物;时常放在引号中,虽然不是完全不可能,但是我们也很难把整个世界拆分成自然和人类两个独立的部分

新马尔萨斯主义者 马尔萨斯在19世纪建立的学说在当代的追随者,他们认为人口增长超过了有限的自然资源,是环境退化和危机唯一的最主要推动因素

NEPA 1970年通过的《国家环境政策法案》,旨在让美国政府保护和改善自然环境;在NEPA之后,联邦政府需要编写指导政府行为的《环境影响评价报告书》(EIS),它们对环境产生了巨大的

影响

生态位　在生态学的概念里，有机物或者物种在较大的生态系统中的位置，它通常实现了一种生态功能

核连锁反应　单一的核裂变或者裂变事件触发一系列自动生成的核裂变或聚变反应

核裂变　原子核分裂成两个质量较轻的核，产生两个质量较轻的原子并释放出能量的过程；在此过程中，通常也释放出核粒子(例如中子)

核能　核电站利用诱发核裂变生成热量、蒸汽和电力而产生的电能

核扩散　全球范围的核武器扩散

过度积累　在政治经济学(和马克思主义)的观点中，资本集中在极少数人(例如富人)或者公司(例如银行)手中的一种经济状况，这造成了经济衰退和潜在的社会经济危机

生产过剩　在政治经济学(和马克思主义)的观点中，这种经济状况是指行业生产商品和服务的能力超过了消费的需求和能力，从而导致经济放缓和潜在的社会经济危机

光合作用　植物利用太阳的能量将二氧化碳转化为有机化合物，特别是用来构建组织的糖类的过程

政治生态学　一种把生态问题和广义的政治经济学视角联系起来解决环境问题的方法

污染避难所假说　该理论认为为了吸引外国直接投资，一些国家可能自愿减少环境管理

后福特主义　它产生于20世纪末的几十年，是大多数工业化国家目前的生产关系；它的标志是分散化、专业化和通常转包的生产，跨国企业发挥重要的作用而政府影响力减弱

保存　为了保护和保存而管理资源或环境，通常以自身的存在为目的，正如在荒野保存中那样(相较于保全)

第一产业 涉及从环境中直接开采资源的经济活动，例如采矿业、林业和海洋渔业

原始积累 在马克思主义的观点中，资本家对历史上往往为社会共同拥有的自然资源或商品的直接占用。例如 18 世纪，富有的精英阶层和国家圈用了英国的公共土地

囚徒困境 一种用寓言描述博弈理论的情形。在这种情况下，许多为追求各自利益而作出决定的个人往往得出对每个人未必最优的集体结果

自然生产 按照政治经济学的理论，这种观点认为如果环境曾经确实独立于人类而存在，那么它现在是人类工业或者活动的产物

拉式营销 通过直接接触消费者，让他们相信用特殊的商品可以解决以前不知道的需求或者问题，从而提高产品需求或服务的策略

围网捕捞 一种有效地捕捞靠近水面结群的鱼类的方法；在锁定的目标周围布一张大网，之后将渔网的底部像手提袋的抽绳一样拉紧，从而把捕获的鱼困在渔网中

种族 一套虚构的区分人的种类的分类方法，通常以肤色或身体形态为基础，在不同的文化、地域和历史阶段，有所不同

放射性废物 核能、核武器生产等核技术产生的放射性废品；通常分为高水平的废物（放射性较强，持续时间较长）与低水平的废物（放射性较弱，持续时间较短）。也被称为“核废料”

和解生态学 设想、创造和维持人类利用、经过和居住的地方的生物栖息地、生产环境和生物多样性的科学

生产关系 在政治经济学（和马克思主义）的观点中，与特定的经济有关的社会关系，它对特定的经济也是必须的，就像农奴/骑士对于封建社会，工人/所有者对于现代资本主义

相对主义 相对主义质疑普遍真理表述的真实性，它认为所

有的信念、真理和事实从根本上都是它们由此产生的特定社会关系的产物

再野生化 一种保全的做法，有意地恢复或创造人们认为曾经在生态系统中或在人类影响之前存在的生态功能和进化过程；再野生化通常需要在生态系统中重新引进或者恢复大型的捕食者

风险评估 严格地运用逻辑和信息来决定风险——产生不利结果的可能性，它与特殊的决定有关；用来实现更理想、更合理的结果

风险沟通 该研究领域致力于了解如何最理想地呈现、传达与风险相关的信息，从而帮助人们实现更理想、更合理的结果

风险认知 它既是一种现象也是一个相关的研究领域，即人们有可能不总是从理性的角度评价某一情形或者决定的危险性，它取决于个人的偏见、文化或者人类的倾向

风险 已知的（或者预计的）、与危险有关的决定将产生负面结果的可能性

科学主义 通常被用作一个嘲弄的术语；指不加批判地依赖自然科学，将其作为社会决策和伦理判断的基础

资本主义的第二种矛盾 马克思主义的观点认为，通过使自然资源退化或损害工人健康等方式，资本主义必然会破坏它永久存在所必须具备的环境条件，可以预见，这最终会导致环保运动和抵制资本主义的工人运动的爆发，从而出现一种新的经济形式。相较于资本主义的第一种矛盾

次级演替 植被的再生长和物种返回被开垦的土地或者因为干扰而植被减少的地区，正如一场大火之后，森林恢复了“顶级植被”的覆盖情况

表意实践 表现的模式和方法；讲故事、介绍和定义概念、交流意识形态的技巧

社会建构 在社会上被人们一致接受，任何存在的或者被理

解为具有某些特点的分类、状况或者事情

社会背景 特定时间、特定地点和社会关系的集合；包括信仰体系、经济生产关系和管理制度

社会生态学 思想家默里·布克金提出的一种思想流派和一系列与之相关的社会运动，它坚持认为环境问题和危机的根源是有代表性的社会结构和关系，因为它们往往是等级森严、受政府控制，并且以对人类和自然的统治为基础的

社会再生产 依赖于无报酬的劳动，特别是包括家庭劳动的那部分经济，但是如果没有它，较正式的现金经济会受到损害甚至崩溃

空间修复 通过在其他地区建立新的市场、新的资源和新的生产场所，暂时解决不可避免的周期性危机的资本主义趋势

废核燃料 裂变程度不再足以维持核连锁反应的核燃料

利益相关者 在有争议的行为结果中存在既得利益的个人或组织

管理职责 对财产或者他人的命运负有责任；管理土地和自然资源的职责通常用于宗教的背景中，例如“照顾万物”

演替 在生态上，一种理想化的趋势，即受到干扰的森林区域经过物种入侵、生长的不同阶段后得到恢复，从草地到灌木不断发展，最终回到林木植被

超级基金 美国为处理废弃的有害废物场所创立的环境计划

剩余价值 在政治经济学（和马克思主义）的观点中，所有者和投资者通过向劳动者支付较低的工资或者过度榨取环境积累的价值

可持续的/可持续性 为了子孙后代保护土地和资源

交易成本 在经济学上一切与交换有关的成本，包括例如起草契约、在市场上传递或者商议价格；尽管大多数经济模型假设交易成本较低，但是实际上这些成本相当高，特别是对于外部效应很

高的制度来说

跨国企业(TNC) 在多个国家生产经营的企业;通常也被称作多国企业(MNCs)

营养级联 消灭或减少一个营养级大量的个体后,对相邻的(更高或更低)营养级的影响

营养级 在生态食物网中,能量同化和转移的平行等级;在陆地生态系统中,进行光合作用的植物形成基础营养级,这个网络的"上"一级是食草动物,再往上一级是食肉动物

不确定性 某一决定或者情况的结果的未知程度

不均衡发展 资本主义制度中,不同地区可能产生极度差异化的经济状况(富裕/贫困)和经济活动

城市热岛效应 通过吸收和再辐射来自建筑物和人行道的热量,城市温度升高。城市区域的植被会减少这种效应

功利主义的 一种伦理理论,它假定商品的价值应该只由(或者至少主要由)它对社会的用途来判断;根据18—19世纪的哲学家杰里米·边沁的说法,有用性等同于快乐或者幸福的最大化,痛苦和苦难的最小化

乌托邦/乌托邦式的 起源于促进合作而不是竞争的社会政治制度,它是空想的、理想化的社会状况

荒野 一片自然状态的土地,它或多或少不受人为力量的影响;荒野越来越被看作是一种社会建构

人口零增长 出生人数和死亡人数相当,因此没有净增长,对担心人口过剩的人来说,这是一种理想的状态